實用與
娛樂與
奢侈與消費

李衣雲 著

TAIWAN'S
DEPARTMENT
STORES

臺灣百貨公司文化的流變

作者序

TAIWAN'S
DEPARTMENT
STORES

這本書的源起，來自於 2011 年中研院台史所由許雪姬老師發起的「臺灣歷史的多元傳承與鑲嵌」主題計畫，該計畫分成政治組、經濟組、法律組和文化組，而我分屬於文化組，子題就是台灣臺貨公司的研究。

　　會想到要作百貨公司，是在逛百貨公司時，對符號展演所產生的莫大興趣。這與我的另一個研究主題──漫畫──緊密相關，都是以符號在說故事。漫畫是以平面符號呈現氛圍、動感，百貨公司則是以物與符號的關連，創造一個物的體系，讓人能走進入那個世界中，在那個氛圍的裡面去感受，這是我最初覺得非常有意思的出發點。

　　但當鑽入史料中之後，就發現我犯了大多數人會犯的錯誤：我忘了時間的進程。當我以為身在「物」中感受是理所當然時，其實這是很晚近才出現的感受，或者說，是很晚近才又重新回歸的感受。首先，人必須與物、與自然脫離開來，用觀看、觀察的角度去對待物，物才能關活生生的物，變成為空虛能承載符號的載體之「物」。所以在近百年間，物先從人的世界被對象化出去，成為人觀看的對象，視覺的地位在五感中變得特別重要，之後，慢慢地，其他的感官位置再逐漸復權：我們可以拿著布料比試、可以觸碰商品、可以自由試穿、開始有了餐廳、有了娛樂，到了現代，更有了背景音樂、香氛精油。

　　這些是一層一層變化而來的。也是本書的背景架構，本書一開頭試圖將這段「物」的歷史先梳理出來，作為台灣百貨公司史的背景。

　　百貨公司迷人的地方在於它的矛盾，它一方面作為現代化的產物，講求大量販賣、理性與有效率的經營、可預測性的銷售評估，另一方面，它用符號催化人們內在的欲望，把人內在感性的部分激發出來，形成欲望的循環，為消費者打造出一個作白日夢的世界。當我們走進百貨公司時，大量的「物」展演著無數的故事在那裡，目不暇己，奢侈的不只是「物」本身，而是選擇，這正是百貨公司迷人的地方。而也正是因為這個迷人之處的弔詭性，使得百貨公司極容易出現破綻，一旦它作夢的魔法消失，讓人們看到它背後理性效率的原則，例如不斷的大特價、廉價化的店內裝潢，百貨公司也就淪為一般商店，12 點的鐘聲響起，馬車變回南瓜，消費者轉過身，一去不回頭。

　　台灣的百貨公司當然也是這種矛盾的產物，從日治時期開始至今。中間也經歷過幻滅的時後，譬如說在戰時體制之下，一切都講求國家最大利益，所有的「浪費」都必須被回收為軍用，百貨公司在這種體制下，不是作為配給之處，就是作為一般銷售之處，沒有華麗展演的空間。又例如百貨公司作為符號展演的空間，但符號必須要有足夠的意義可以被玩弄，但這在封閉的社會下是難以達成的。台

灣在解嚴前約十年，才開始忐忑地嘗試著符號的遊戲。這些都是本書想要藉由百貨公司來探討的問題。

這本書從 2011 年開始著手，中間岔出去寫了漫畫的專著《變形、象徵與符號化的系譜》（稻鄉，2012），又寫了家父的回憶錄《邊緣的自由人》（游擊文化，2019），百貨公司的研究可說是與漫畫研究交錯進行。但也在這交錯之間，互相有所溝通，至少從視覺觀看的歷史、符號展演的部分，得益良多。

這本書要感謝的人非常多，首先要感謝的是諸位讓我訪談的受訪者，沒有你們的慷慨，就沒有這本書的完整呈現。再來要感謝許雪姬老師忍耐我多年的拖稿，並一再給我打氣。感謝為楨與薛化元老師在經濟學上給我許多幫助。感謝謝國興老師牽線帶我訪談林百貨的石允忠老先生，可惜這本書未能在他在世之年誕生。感謝所澤潤老師在日文版翻譯時給予我許多日文史料的見解。還有柚子、立婷、埒至、蕙安、雅涵、榆諭幫忙整理資料，以及小黎幫忙繪製地圖。並感謝匿名審查人們給予的各項意見，希望我有好好地回應了。最後，感謝爸爸幫忙數次看完初稿與完稿，給予我非常多指正。當然，如果還有未盡之處，一切都在我而已。

希望這本書能給喜歡臺灣社會文化史的人，帶來一段有意思的時光。那就是給撰文者最大的鼓勵。

李衣雲
2024/3/31
貓咪皮蛋、麻糬熟睡於身邊

前言

TAIWAN'S
DEPARTMENT
STORES

18 世紀西方工業革命動生產力的革新，引領 19 世紀技術革命、工業化，使得物品在工廠規模性地大量地生產出來，人口大量集中往都市，造成各區域內部供需體系逐漸瓦解。同樣地，在 19 世紀，傳遞訊息的媒介也發生鉅變，1820 至 30 年代電報興起，文字可以跨越空間傳送，同時攝影技術也不斷進步，1870 年代末電話的發明，使得聲音突破空間的限制。而此時期不僅鐵路已鋪向各地，地下鐵也開始進駐城市，到了 20 世紀初，沒有馬車的一般人亦可以離開自己的居住圈，前往他處去購物。

原本人們是在居住區域內進行交易、解決需求（needs）[1]，但在這樣的狀況下，開始有了其他的選擇，他們可以為了某種購物需求而特地前往他處，這種跨區域的購物行動本身，即含有了離開安全圈的冒險遊戲性格，以及欲望的動力。購物於是不再僅出於需求。面對這樣變化的環境，商店則必須有超越需求的魅力，才能吸引常客以外的過路客，尤其是那些跨區而來的人。在 19 世紀發展出來的近代大都會裡，人口迅速增長，也促使都市中的商店不斷變化，想盡辦法在最有效率的方法下，吸引、消化、促生這股新生出來的金錢力。

百貨公司便是在這樣快速變遷的近代化背景下，率先在 19 世紀中葉的法國巴黎登場，旋即擴散於歐洲、北美，再傳到日本、中國，臺灣在 1932 年也迎來臺北與臺南的二間百貨公司。

西方近代百貨公司的特色是借用習自博覽會的手法，[2]內部一次性地將大量不同的商品以奇觀的樣貌展現在觀者面前，引發目不暇給的眩惑感，讓人們忘卻日常經濟理性的算計。到了 19 世紀後半期，百貨公司再換上巨大華麗的建築，形塑出一種非日常的感受，促使來店的人在進入百貨公司的空間前就感受到壓倒性的氣勢。人對物的欲望高低，源自人與物之間存在著一定距離——太遠了難以產生想法，隨手可得的又不感到珍貴——氣魄華貴的百貨公司正打破人與物之間日常性的距離：人們可以觀看到這些珍奇的「物」，[3]但博覽會的觀看方式乃至櫥窗、玻璃櫃，讓人只能觀看而不能觸及，更有助於增加商品的價值。到了 1900

1　在本書中所指的需求，是依亞伯拉罕・馬斯洛（Abraham Harold Maslow, 1908-1970）的需求理論所述，最基本的吃、喝、居住、安全等基本需求。在基本需求滿足之後，會再追求更高層次的愛情、尊嚴、自我實現等需求，同時，對吃、喝、居住等基本需求的滿足最低閾值也會隨之提高，並被視為當然。Abraham Harold Maslow，《人間性の心理学》（東京：產業能率短期大学出版部，1987）。

2　關於博覽會的手法，將在第一章再詳加討論。

3　這裡將「物」加上括號的原因，在於消費對象不一定是實質的物品，也包含了符號、音樂、影像、偶像、文本等無形的「物」。本書中遇到同樣的地方，也將以這樣的方式表現。

年時，百貨公司、博物館和水龍頭、天然氣管，已成為都市現代化的象徵。[4]

日本在 1930 年代時便相當關注百貨公司的問題，堀新一、水野祐吉（1904-?）、向井鹿松（1888-1979）等經濟學者認為百貨公司對於國家的經濟與流通業而言，是相當重要的，因此對百貨公司的組織、制度、當時歐美日百貨公司的交易數量等，做了詳盡的研究。[5]堀新一還關注到日本百貨公司對殖民地臺灣、朝鮮等地進行的「出張販賣」、[6]在朝鮮開設百貨公司分店的狀況。這些雖然與在帝國主義擴張下，軍方對流通業的需求有關，但堀新一認為這也與資本主義帶來的經濟擴張有關：百貨公司發展到一個程度後，必然會達到原定客群的飽和，那麼在高壓促銷——例如折扣、大量廣告等——之外，從大都市向衛星都市、再向殖民地都市進行出張販賣、開拓新客源，也是資本主義邏輯下必然的結果。[7]

從上述我們可以看到百貨公司的兩個命題：眩惑地誘發消費感性，以及資本主義合理性的運作。這是百貨公司在近代化的脈絡下出現的重要特徵。

美國經濟學者赫蘭特・帕斯德曼金（Hrant Pasdermadjian, 1904-）在 1954 年所寫的《百貨公司》一開頭，引用奧古斯特・孔德（Auguste Comte, 1798-1857）的話：「沒有任何概念可以被理解——除非透過它的歷史。」因此，雖然該書的重心是放在經濟與經營學上，但他仍花了超過四分之一的頁數，從 1852 年阿里斯蒂德・布斯柯（Aristide Boucicaut, 1810-1877）在法國巴黎開的日用品零售百貨店：「篷瑪榭」（Le Bon Marché）開始，梳理從法國向歐美擴張的近代百貨公司史。不過，在這裡必須要提出的是，赫蘭特・帕斯德曼金認為巴黎和美國是百貨公司的發源地，也是它存在時間最長、發展最先進的地方，因此他的書主要是以巴黎和美國作為分析討論的對象，在他的數據分析中，英國大都市中的百貨公司營運，一直保持在合理標準之內，沒有像巴黎和美國——尤其是後者——那樣陷入高壓促銷、與其他形式的零售店鋪競爭，而導致到一九三〇年代時已超過最適合的經濟規模，或是高

4　Frank Trentmann，林資香譯，《爆買帝國》（新北：野人文化，2019），頁 227。

5　堀新一，《百貨店問題の研究》（東京：有斐閣，1937）。《百貨店論》（京都：関書院，1957）。水野祐吉，《百貨店研究》（東京：同文館，1940）。水野祐吉，《百貨店論》（東京：日本評論社，1937）。向井鹿松，《百貨店の過去現在及未来》（東京：同文館，1941）。

6　百貨公司的「出張販賣」一詞，指的是百貨公司派員帶著商品到全日本各地城市——包括殖民地，租借公會堂、劇場、大飯店等交通往來方便的大場地，以類同百貨公司的陳列販賣方式販賣給當地消費者的意思。第二章將再詳論。

7　〈百貨店の植民地進出（一）〉，《経済論叢》38：3（1934 年 3 月），頁 119-128。〈百貨店の植民地進出（二）〉，《経済論叢》38：4（1938 年 4 月），頁 114-126。

效運營的最大單一規模，也就是已渡過了最巔峰的時刻。[8]

　　如同格奧爾格・齊美爾（Georg Simmel, 1858-1918）的形式社會學所指出，文化研究可以分為形式（form）與內容（content）兩個層面來看，文化的內容隨著各歷史社會而流動變化，研究者則是在試圖普遍化的基礎上，尋找出各文化共通的形式。[9]在不同文化體系下的百貨公司會有不同的內容（content），卻也會分享共通的形式特質，使其能被辨識為百貨公司。從堀新一、赫蘭特・帕斯德曼金等人的研究總合而言，以法國巴黎為中心所發展出的近代百貨公司（department stores），從形式上可以定義出下列六點特徵：[10]

1、　在一棟建築之中，將廣泛多樣類型的商品，以分部門方式販賣的大規模零售業。大規模地進貨，可以有效地降低進貨價格，同時，在都市中，高層樓房的大規模佔地率，也有助於平均分攤租金。

2、　自由入店，顧客即使只是觀看而不購買，也能在百貨公司中漫步。傳統的店鋪多以地緣的熟客為主，顧客若進店後不購買商品，在店員強勢的態度下很難離開，因此，顧客必須想好要買什麼才進店，不買光逛是不被接受的。[11]

3、　商品的販售方式為陳列展示、通常是有玻璃的陳列櫃檯。傳統販賣昂貴品的店裡，客人碰不到甚至看不到商品的。[12]

8　Hrant Pasdermadjian, *The Department store: Its Origins, Evolution and Economics* (London: Newman Books, 1954), pp. ix, 56,90-91.

9　Georg Simmel，居安政譯，《社会学の根本問題》（東京：社会思想社，1993），頁 46-47。阿閉吉男，《ジンメル社会学の方法》（東京：御茶の水書房，1994），頁 160-176。

10　堀新一，《百貨店問題の研究》（東京：有斐閣，1937），頁 150。Hrant Pasdermadjian, *The Department store: Its Origins, Evolution and Economics*, pp. 3-4, 12, 17-18, 22-23,199. Kerrie L. MacPherson, "Introduction：Asia's Universal Providers" ,in Kerrie L. MacPherson eds. *Asian Department Stories* (Honolulu: University Hawaii press. 1998), pp. 5-6.

11　當然，這法則不適用極度高端的奢侈品店。維爾納・桑巴特（Werner Sombart）舉了丹尼爾・笛福在他 1727 年版的《十足的英國商人》這本書中所提到的例子，一名綢布商在自己的商店裡僱用了很多僕人和熟練工。他曾接待過一位女性顧客，在整整二小時內，向她展示的商品高達 3,000 美元，但最後這位客人什麼也沒買。維爾納・桑巴特認為奢侈品行業是唯一能促動欲望，而且所需投資超過 500 美元的行業，而這些行業是為城市的富裕階級服務。他列出一張這些行業的表，包括：書店、瓷器店、藥店、雜貨店、花邊（邊飾、金銀絲花邊）、針織品店（主要為絲織物）、苗圃（鮮花和灌木）、線紡、玩具商，其中以玩具商的投資門檻最高。Werner Sombart，王燕平、侯小河譯，《奢侈與資本主義》（上海：上海人民出版社，2000），頁 174-175。

12　在傳統型賣較昂貴商品的店內，商品是放在顧客碰不到的櫃檯後的架子上、甚至看不到的倉庫中。神田由紀，《趣味の誕生》（東京：勁草書房，1994），頁 2-34。

4、 定價販賣，初期採現金交易，目的在於透過縮短銷售過程（效率）來促進營業額。在此之前，一般的商店內，商品沒有標明定價，價格由店員與客人交涉後達成協定，同時可以掛帳或使用長期支票，會耗費很多時間，但這也是當時一種社交的方式，「時間」在近代化以前，並不是可以被擁有的對象。[13]

5、 百貨公司中，商品的價格與品質，透過可退換貨的政策得到保證。

6、 百貨公司內強調氛圍[14]環境的創造。

一、關於百貨公司研究的回顧與提問

邁克爾・米爾（Michael Barry Miller, 1945- ）與蒂姆・戴爾（Tim Dale）分別透過百

-----

13 從尚・布希亞（Jean Baudrillard, 1929-2007）的論點來看，近代化過程中，「時間」從自然中被切割出去，成為一個對象。時間於是被視為有使用價值的成分，也就是可以放在生產體系的架構中賺取金錢的，成為可以被處理的財貨，有了交換價值，人們要取回「時間自由」，則需要投資。因此擁有時間的「有閒階級」，是值得向勞動者炫耀的財富。在近代化之前，人生活於自然之中，並不擁有時間，也就無所謂浪費時間這回事。Jean Baudrillard，今村仁司、塚原史譯，《消費社会の神話と構造》（東京：紀伊国屋書店，1993），頁 225-239。

14 日本的中村雄二郎（1925-2017）在其著名的《共通感覺論》中，指出人有所謂的五感（視覺、聽覺、嗅覺、味覺、觸覺），而將此五感相互流通並統合起來運作的總合性、全體性的感受力（sense），即為共通感覺。共通感覺是理性與感性的結合，它能統一所有感覺領域的基礎，在於能識別出五感中的各種個別感覺，例如視覺上的白、味覺上的甜，而又能在感覺上將這兩個感覺統合起來，讓我們在看到白色的砂糖（視覺）時，會在身體中感覺到甜味（味覺）。

德國學者格諾特・伯曼（Gernot Böhme, 1937-2022）的理論也有相似的概念，他從赫爾曼・施密茨（Hermann Schmitz, 1928-2021）的理論出發，指出共感覺（Synästhesie）是以身體為基礎，首先五感相互流通，假設其相互間具有特有的感覺動力與感覺性質，從而會發動各種感情作用，而由主體總合地知覺到。這裡而注意的是，所謂的身體不是肉體，而是經驗著文化與歷史的身體，因此，共感覺同時包含了主觀與客觀的層面在裡面。格諾特・伯曼對「氛圍」的著名研究，即是從共感覺的論述出發，他以建築物的空間設計、音樂、光影的例子，指出共感覺如何運作形塑氛圍。例如我們看到夕陽西下的照片時，會感受到情緒低落；或是當我們聆聽低沉的音律時感到壓抑，與聽到進行曲時感到開闊，這都顯示出五感並不是單獨作用，而是彼此相聯作用。

從這個角度而言，人處在氛圍之中，全身的五感共同產生的作用，與單由視覺引發的共感覺，效果是不同的。

Gernot Böhme，梶谷真司、斉藤渉、野村文宏編譯，《雰囲気の美学》（京都：晃洋書房，2006），頁 42-55。Hermann Schmitz（赫爾曼・施密茨），小川侃編、石田三千雄等譯，《身体と感情の現象学》（東京：産業図書，1986），頁 142。中村雄二郎，《共通感覺論》（東京：岩波書店），頁 6-9。

貨公司內部的資料，寫下來世界第一間百貨公司篷瑪榭，[15]以及在二戰後仍屹立不搖的英國哈洛茲百貨（Harrods）[16]的歷史與組織、人事分析。

當然，因為歐美的百貨公司幾乎都是從新奇商店（magasins de nouveautés）逐漸轉型而來，關於哪一間是第一家百貨公司，學者們有不同的意見。邁克爾・米爾認為，在 1830 至 70 年代的法國巴黎的社會經濟體系下，商業空間的發展是不可逆的，即使沒有阿里斯蒂德・布斯柯，百貨公司文化應該也會在法國誕生，然而，這仍然不可否認布斯柯在創立篷瑪榭百貨時所導入的各種新手法，確實對當時而言是極具衝擊性的，因此，即使 1852 年成立的篷瑪榭，其規模較 1855 年成立的「羅浮宮」（Lourvre）百貨公司來得小，但因其確定了近代以來百貨公司的基礎原則，因此，邁克爾・米爾仍將篷瑪榭視為世界第一家百貨公司。[17]

相對於法國工商業在 19 世紀仍受到行會的限制，英國倫敦在 18 世紀時，櫥窗展示和店內裝潢已相當常見，同時，英國也是最早舉辦萬國博覽會的國家，但是，在一棟建築內、販賣大量不同種類商品的近代百貨公司，則要到 1860 至 70 年代才出現，而像巴黎、紐約、費城等地一樣的大規模百貨公司，在 1890 年代才在倫敦出現。[18]哈洛茲百貨與其他歐美百貨公司最大的不同，是其他的百貨公司大多是由布料為主的新奇商店起家，而哈洛茲的創辦人亨利・哈洛德（Herry Chart Harrod）最初在 1835 年開的店是經營食料批發與茶葉零售店，即使後來發展成了百貨公司，茶葉始終是該百貨的招牌商品。同時，英國的百貨公司與法、美的不同之處，在於相當重視男性顧客。例如在哈洛茲百貨後續的擴建與改革中，

15　Michael B. Miller, *The Bon Marché：bourgeois culture and the department store, 1869-1920.*（Princeton, N.J.：Princeton University Press, 1981）.

16　Tim Dale，坂倉芳明譯，《ハロッズ―伝統と栄光の百貨店》（東京：リブロポート，1982）。

17　魯迪・拉爾曼斯（Rudi Laermans, 1957- ）認為最早的百貨公司，應是 Alexander Turney Stewart 於 1846 年在紐約百老匯開的纖維製品雜貨店「史特瓦特」（A. T. Stewart & Co.），因外觀覆蓋著白色大理石，又被稱為「大理石宮殿」（Marble Palace）。這間店最早成立於 1820 年代，1862 年，耗時二年完成的新建築，外觀覆蓋著鑄鐵與義大利大理石，內有大階梯、上面有扇玻璃窗的圓頂天頂。維姬・霍華德（Vicki Howard, 1965- ）也認為史特瓦特百貨公司，是美國最早的百貨公司。但赫蘭特・帕斯德曼金認為史特瓦特的商店是在 1896 年被費城的沃納梅克（Wanamaker's）百貨公司合併後，才發展成百貨公司的，在此之前，只是以纖維製品與日用布料雜貨（dry goods）為主的零售商店。

Hrant Pasdermadjian, *The Department Store*, pp. 1-5. Michael B. Miller, *The Bon Marché：bourgeois culture and the department store, 1869-1920*, pp. 19-47. Rudi Laermans, "Learning to consume." Theory, Culture & Society. January 10, (1993)：pp. 79-102. Vicki Howard, From Main Street To Mall, Philadelphia: university of Pennsylvania Press, 2015, pp. 10-12.

18　Hrant Pasdermadjian, The Department Stores. pp. 6-7. Michael B. Miller, *The Bon Marché：bourgeois culture and the department store, 1869-1920*, p. 22.

紳士髮廊、紳士服賣場與酒吧等都逐漸被獨立成區。[19]

消費客群的擴張與臨界線

　　相較於赫蘭特・帕斯德曼金對英國百貨公司的不重視，都市社會學者比爾・蘭卡斯特（Bill Lancaster, 1938-）以英國百貨公司為對象所做的社會史研究，從都市發展去看百貨公司的發展，他認為英國最初的百貨布料店的成功，是利用定價等方式，消除新低中產階層和過得比較好的勞工中產階級的家庭主婦們的消費恐懼。但直到19世紀中，英國的銷售方式都只反映在新社會團體的需求上：節儉而平實的生活。因此，比爾・蘭卡斯特認為，商業發展的下一個階段，需要提高可支配收入水準、促進消費者對產品的新態度和認知，以及企業家有意識地努力創造一個需求可以同時被滿足又再生的環境——也就是百貨公司，而這個階級會誕生在法國（布斯柯夫婦手上），是可以理解的。比爾・蘭卡斯特的著眼點一直放在都市變遷與勞工的身上，但也因此可以看出，英國的百貨公司學到的是誘人的環境與理性選擇相互結合的必要，以及廉價的經濟合理性。由於顧客有限的可支配收入是各零售店和商品爭奪的對象，而現代工業社會裡階級地位又不斷變化，因此多數的百貨公司都處於低加價和高周轉的狀態，而高檔客戶則由倫敦的高檔商店為之單獨服務。[20]因此，英國的百貨公司沒有走上美國在1940年代時高壓促銷，造成百貨公司間相互犧牲的大戰。

　　不過，邁克爾・米爾、比爾・蘭卡斯特以及日本的初田亨（1947-）都提到了家庭是20世紀時百貨公司的消費單位。不過，前兩者提到的是由家庭中的女性作為主要的消費者，她們購物目的對象之一會是家庭與孩子，而初田亨則指出日本的父母會帶著孩子全家一起去百貨公司。[21]從梅西百貨（Macy's）的傳記與高山宏的研究中，也提到了此時兒童作為了一個牽引消費的對象。[22]

　　換言之，從19到20世紀初，歐美百貨公司的消費者從布爾喬亞的女性逐漸擴大到中・上中產階級的家庭，再開始擴展向中間階級。最重要的原因在於1920

19　Tim Dale，《ハロッズ―伝統と栄光の百貨店》，頁18-35、106-107。

20　Bill Lancaster, *The department store:a social history* (London：Leicester University Press. 1995），pp. 7-15, 105.

21　初田亨，《百貨店の誕生》（東京：三省堂，1993），頁120-129、138-145。

22　Robert M. Grippo,*Macy's:the store, the star, the story. N.Y.*:Square One Publishers, 2009. 高山宏，〈贅沢のイメージ・メーキング〉，《RIRI流通産業》25:6（1993年6月），頁10-24。

年代後，歐美科技進展帶來愈來愈多的消費選項：收音機、家用電器、美容院、電話的廣泛普及、1920 年代起在美國流行起來的汽車和 30 年代的電視機，越來越多的人將收入用於旅遊、體育、教育和休閒活動，期刊出版物數量的增加、保險的進步等，社會整體消費結構發生根本性的變化。人口的購買力總體上比以前高，但可用的「購買力」卻較之前來得低，甚至養成了把收入全花光——甚至借貸——的習慣。其結果是消費者對百貨公司的任何高壓促銷活動的反應，不再像如以前那般好，只帶來較小幅度的銷售增長，對百貨公司而言，對應著成本增加，增長的那點銷售量通常是無利可圖的。[23]這些都使得歐美的百貨公司不得不一再向下擴展消費者群，但這樣的作法讓百貨公司流失了在原有的高級文化位階。

赫蘭特・帕斯德曼金提到 1880 到 1914 年是歐美百貨公司在歷史上最輝煌的時期，接著一次世界大戰爆發，戰後隨著銷量的增長和價格的上漲，在 1919 和 1920 年初裡有一段不錯的時期，然而百貨公司未能注意到這種不尋常，「忽略了他們職業的真正使命，是服務而不是投機」，於是，當 1920 至 1921 年發生了短暫但劇烈的世界價格通縮危機、1920 至 1940 年代兩次大戰之間又遇上了經濟大蕭條，再加上學到了百貨公司大規模零售店手法的均一價格商店、大規模連鎖店、專門店等其他零售店紛紛興起，法國與美國的百貨公司幾乎都受到重創。[24]

然而，也正是在 1920 年代，東亞的日本與中國上海的百貨公司正是迎向燦爛的時代，而臺灣也在 1932 年才迎來了百貨公司這項現代化都市的象徵。

19 世紀末與 20 世紀初傳入東亞的近代百貨公司

隨著西方勢力的擴張與文化的傳遞，百貨公司這種新的商業手法傳進了亞洲，二十世紀初，日本各大城市、香港、中國的廣州、上海等地，紛紛出現了百貨公司。菊池敏夫（1947-）與連玲玲對上海百貨公司的研究，可以說將 1950 年以前的上海都市消費與百貨公司文化，做了相當完整地描繪與分析。[25]菊池敏夫同時在書中特別增加了〈補論〉，描述 1941 年起的二戰期間，日本百貨公司大丸、

-----

23 Hrant Pasdermadjian, *The Department Stores*, pp. 52-54

24 Hrant Pasdermadjian, *The Department Stores*, pp. 41-42, 46-50, 55-73.

25 菊池敏夫，《民国期上海の百貨店と都市文化》（東京：研文出版，2012）。連玲玲，《打造消費天堂》（臺北：中央研究院近代史研究所，2017）。連玲玲，〈企業文化的形成與轉型：以民國時期的上海永安公司為例〉，《中央研究院近代史研究集刊》49（2005 年 9 月），頁 127-173。連玲玲，〈從零售革命到消費革命：以近代上海百貨公司為中心〉，《歷史研究》5（2008 年 10 月），頁 79-81。

松坂、白木屋作為流通業，隨著軍方勢力進入上海開店的歷史。相較於菊池敏夫著重在百貨公司與都市功能的關係上，連玲玲更重視百貨公司如何作為一個新的消費體系被帶入上海，並對原本的空間、人事物帶來變化。例如百貨公司中女性職員這項工作的出現，是真的表現了職業的平等，還是將原本的不平等展現到了檯面上？菊池敏夫與連玲玲兩人也都提出了上海百貨公司的折扣與廉價市場，不過，菊池敏夫認為相較於西洋資本的惠羅百貨，華僑資本的四大百貨折扣期更頻繁，全日數也更多，而連玲玲則指出了廉價市場是被放在地下層，與百貨公司的本體空間產生了空間區隔化。

日比翁助（1860-1931）在擔任三越的專任董事（取締役）後，於 1904 年 12 月 17 日在各報上刊登廣告，發表了「百貨公司宣言」（「デパートメントストーア宣言」），開啟了日本高級吳服店轉型成為百貨公司的歷史。或許因為他十分注重文化資本，主張「學俗協同」[26]，因此，日本的百貨公司研究方向除了經濟領域之外，在展示消費與文化史的領域也相當豐富。研究日本百貨公司的優勢在於老牌的百貨公司，在戰前都積極出版公司誌（PR 誌），裡面有許多關於當時流行品味的評論文章。同時，各大百貨公司如三越、白木屋、高島屋等，也積極於留存 PR 誌、各時期照片歸檔，並編纂公司史，每逢整年數紀念——25、50、75、100 年等——便會出版公司史（社史），並樂於參與甚至請人為公司立著。[27]而初田亨（1947-）的《百貨公司的誕生》對日本百貨公司的發展作了整體的回顧。神野由紀（1964-）利用百貨公司的 PR 誌等資料，分析了明治至大正時期的百貨公司如何借用櫥窗、展示空間，以及三越百貨透過 PR 誌連結文人雅士，共同建構出「文化品味」，從而讓百貨公司成為高品味的流行引領中心。[28]

山本武利（1940-）與西澤保（1950-）等人編著的《百貨公司的文化史》，從消費革命的觀點，以百貨公司作為消費文化的一種生活風格，集結了 12 位研究者對歷史、展示文化、符號演出與都市文化觀點，分析了日本百貨公司從明治時期至 1990 年代，在消費文化上所代表的意義。山本武利作出了與赫蘭特‧帕斯德曼金相當類似的結語，也就是日本在戰前，百貨公司發展在正輝煌的時後，受到了「十五年戰爭」[29]的影響，也就是軍方逐漸對百貨公司提出了協助流通的要

26　學 = 文化、啟蒙。俗 = 商業，business。學俗協同，意味著共同發展文化與商業。

27　如：高橋潤二郎，《三越三百年の經營戰略》（東京：サンケイ新聞社出版局，1972）。島田比早子、石川智規、朝永久見雄，《高島屋》（東京：出版文化社，2008）。

28　神野由紀，《趣味の誕生》（東京：勁草書房，1994）。

29　鶴見俊輔於 1956 年在〈知識人の戰爭責任〉一文中，提出了「十五年戰爭」一詞，指從 1931

求，1937 年至 1953 年這段時間，日本的百貨公司以消費文化而言是在休眠的狀態，1953 年回復到戰前的水準，1960 年後進入了高度成長時期，大眾消費社會在這個時候形成。然而，就像歐美一樣，百貨公司開始失去了朝氣，1990 年代更陷入了沉滯的狀態，1999 年白木屋轉型的東急百貨日本橋店倒閉，昭示了日本百貨公司業的夕陽餘暉。[30]

關於臺灣日治時期的百貨公司研究

臺灣近年來開始重新審視日治時期的資料，林百貨、菊元等百貨公司史料也被出版成書。[31]但關於臺灣百貨公司最初的研究者，應是堀新一，他對臺灣的鐵路交通里數、人口數等做了統計後，認為 1920 年代以後的臺北市與臺南市等臺灣大都市，已符合了出張販賣的要件時：（一）殖民地人口的激增（二）殖民地都市的顯著發展（三）交通、電信、郵政、電話的發達，因此日本的百貨公司會來臺發展。[32]不過，他的研究只將日本內地人[33]當作對象，同時沒有考慮到性別比，這是作為帝國內地研究者的盲點，這部分是本書將在後續要進一步探究的。

林惠玉（1960-）是較早研究臺灣日治時期百貨公司的研究者，她的博士論文研究的主題是〈日本統治下的台灣廣告研究〉（1999），其中一章在處理臺灣百貨公司的廣告，她將這一章編整後發表成〈臺灣的百貨店與殖民地文化〉，[34]透過堀新一的論文以及紙本的日治時期報章雜誌的報導與廣告，記述 1932 年成立的臺北菊元、臺南林百貨，及 1938 年在高雄成立的吉井百貨的建築樣貌、樓層

年的九一八事變至 1945 年 8 脫 15 日投降的這段時間，包括了九一八事變（滿洲事變）、中日戰爭、二次大戰（太平洋戰爭）。鶴見俊輔，〈知識人の戰爭責任〉，收錄於氏著《鶴見俊輔著作集第五卷》（東京：筑摩書房，1976），頁 15。

30 山本武利，〈百貨店と消費革命〉，收錄於山本武利與西沢保編著，《百貨店の文化史》（東京：世界思想社，1999），頁 3-11。

31 陳柔縉，《臺灣西方文明初體驗》（臺北：麥田，2011）。陳秀琍，《林百貨》（臺北：前衛出版，2015）。文可璽，《菊元百貨：漫步臺北島都》（臺北：前衛出版，2022）。

32 堀新一，〈百貨店の植民地進出（一）〉，《経済論叢》38:3，頁 119-128。堀新一〈百貨店の植民地進出（二）〉，《経済論叢》38:4，頁 114-126。堀新一《百貨店問題の研究》（東京：有斐閣，1937）。

33 在日治時期，雖然名義上都是日本帝國的國民，但事實上對臺灣人稱為本島人，對日本人稱內地人。在本書中為行文便宜，戰前戰後的部分都一致用日本人、臺灣人來稱呼。

34 林惠玉，〈臺灣の百貨店と植民地文化〉，收於山本武利、西沢保編《百貨店の文化史：日本の消費革命》（京都：世界思想社，1999），頁 109-129。

販賣圖,以及 1899 年起日本百貨公司透過定點目錄放置,到報紙上刊登目錄等方式,對臺灣進行郵購事業,還有出張販賣的概要,可以說是對日本資本的百貨公司在臺灣的發展所進行之最初步的研究。但也因為是初步,所以還有非常多需要細部討論的地方,同時,她的論文較少論及吉井百貨,這部分在之後楊晴惠的論文中,有了進一步的補充。[35]

呂紹理(1961-)的《展示臺灣》,則是從 1851 年英國倫敦萬國博覽會出發,由博覽會對於「分類」與「專業」制度,以及事物重新被安置在會場中的角度,討論 19 世紀這種具有嶄新意義的凝視世界的手法,而這種手法正是之後百貨公司所採用的新式商業手法。明治維新後積極近代化的日本,在參與博覽會的同時,不僅是在觀看世界與自己,同時,也把臺灣編入了視覺展示的體系中,1903年大阪內國勸業博覽會中的「臺灣館」,即是借用了這種新的商業手法,把「臺灣」當作了一個與原生脈絡切割,再被殖民母國重新定義後展出的「物」。博覽會也刺激了視覺廣告手法,並提供了近代廣告重要的語意資源,讓其逐漸擴散到日常生活的媒介中。呂紹理用了一整章的篇幅來論述臺灣觀看文化的興起與滲透,其中提及在 1920 年代末以來,臺灣島內各種品評會、展覽會、商工會美術展等愈來愈多,而這種視覺展示的果實,即是在 1932 年後從布料日用品商店轉型而生的臺灣百貨公司。[36]可以說呂紹理的研究從視覺展示觀點切入,將林惠玉沒有處理的百貨公司的發生的脈絡給填補上來。

消費文化史的匱乏

從上述整體文獻回顧可看到,對百貨公司的主要研究方向大約分為三大的領域。最主要的是在經濟・商學領域,如帕斯德曼金、堀新一、水野祐吉、邁克爾・米爾、蒂姆・戴爾等人的重點均是放在商業組織、經濟成效與人事商法上。[37]其

35　楊晴惠,〈高雄五層樓仔滄桑史──由吉井百貨到高雄百貨公司〉,《高雄文獻》6:1(2016年 4 月),頁 96-115。

36　呂紹理,《展示臺灣:權力、空間與殖民統治的形象表述》(臺北:麥田,2011),頁 293-390。

37　如:余耀順,〈臺灣百貨業之環保市場機能分布以及財務績效評估〉,《觀光與休閒管理期刊》4:1(2016 年 06 月),頁 109-118。黃振誼.〈新竹巨城 Big City 週年慶目標管理與促銷策略之探討〉,《觀光與休閒管理期刊》3:特刊(2015 年 8 月),頁 1-8。陳亭羽、黃聖芬,〈以直覺模糊集合平均運算衡量商店形象 - 以百貨公司為例〉,《朝陽商管評論》8:3/4(2009年 12),頁 75-98。

次是社會學，這部分包含了都市軟硬體問題、[38]勞工、[39]性別研究、消費者研究等。[40]第三是法學，除了百貨公司之間，或是其與消費者或勞工之間的法律問題外，還常見於百貨公司與專櫃之間的糾紛問題。[41]而百貨公司史大都是作為上述研究的一部分存在。在上述領域中，經濟學、經營學、商學、組織、勞動等算是比較多的研究取向。而消費文化中的陳列展示手法與廣告作用，雖然在論及到百貨公司史時，必定會被提及，甚至在百貨公司的商業或經營學分析時，也常被當成討論的項目，顯示出展演確實是百貨公司一項非常重要的特徵，但以展演與消費文化本身作為對象來討論的百貨公司研究，在臺灣卻相當罕見。再進一步而言，意義體系是人定位世界、界定自我的價值核心的外顯，消費文化作為意義體系的一環，亦是內在文化精神的一種外在表現，分析各個時代的購買／消費文化現象的變化與異同，應能觸及其後設意義乃至精神的層面，百貨公司作為意義外延的符號展演，以及理性化且有效率地分配「物」的近代產物，在這方面應是很好的分析對象，而卻鮮少有相關探討，正顯示出百貨公司在社會文化史這一取徑上的不足之處。而這也是本書試圖想以臺灣百貨公司為研究對象，所探究出的文化變遷的意義。

目前，臺灣的百貨公司史研究大約到日治時期結束為止，關於戰後如亂麻般的百貨公司史，只有斷片的研究，其中王振寰與姜懿紘所著的〈家族關係對臺灣百貨公司發展的影響：以遠東和新光百貨為例〉是少數的例外。該文用了相當多

38　如：簡賢文，〈臺北市百貨公司用途建築物火災危險因素選定及消防安全防護等級之調查研究〉，《警政學報》11（1987年6月），頁291-318。胡至沛、林旋凱、鄭仁雄，〈百貨公司室內空氣品質管理之認知與評價—以新光三越信義新天地為例〉，《物業管理學報》10：1（2019年3月），頁13-23。陳弘毅，〈臺北市百貨公司避難設施及其使用狀況之研究〉，《警學叢刊》卷17期1（1986年9月），頁95-102。

39　陳建和、吳沛妤，〈百貨公司專櫃人員工作壓力、情緒勞務與工作倦怠之探討〉，《觀光旅遊研究學刊》14：2（2019年12月），頁41-57。

40　如：蔡毓純、鄭育書，〈百貨公司週年慶促銷活動對消費者購買意願之影響〉，《華人經濟研究》14：2（2016年9月），頁75-89。顏慧明、林芯仔、劉俐君、呂俊儀、陳薇如，〈知名度、顧客滿意度與顧客忠誠度影響之探討——以京站時尚廣場及新光三越站前店為例〉《觀光與休閒管理期刊》2：特刊（2014年10月），頁104-114。胡同來、何怡萱、謝文雀，〈探討百貨業於關係信任、品牌形象、體驗行銷與顧客忠誠度關聯性之研究〉，《北商學報》25/26（2014年7月），頁55-75。陳妙玲、陳信宏，〈運用顧客終身價值模型及ARIMA分析評估顧客價值：臺灣百貨公司個案分析〉，《中山管理評論》17：2（2009年6月），頁339-365。

41　如：林國彬，〈公司違法增資決議發行新股與公司資本維持原則之關係—以遠東集團增資太平洋流通入主SOGO百貨案為例〉，《月旦法學雜誌》236（2015年1月），頁119-146。劉姿汝，〈百貨公司限制專櫃廠商設櫃區域之行為——談「太平洋百貨案」之地域限制條款〉，《萬國法律》134（2004年4月），頁13-22。

銀行的資料，以企業史的觀點比較了遠東與新光百貨的家族與人事關係，以及日本資本與百貨公司知識在這兩間公司發展的過程中所具有的利弊，究其關懷的焦點仍是放在組織與營運。[42]其他相關的研究，則如前段所述，幾乎都是各時期百貨公司的各學門領域的專題論文，並沒有統整性的討論。這也是本書想要這一塊領域最初的動機。

二、理論概念

大量「物」的產生與越級的購買

正如法蘭克・川特曼（Frank Trentmann）指出，在一個世代之前，歷史學者將百貨公司的誕生，視為從宮廷消費轉向大眾消費的頂峰。認為百貨公司使原先習慣一無所有的人們猛然躍升至一個充滿欲望的世界，而且太強烈了。但法蘭克・川特曼卻表示，近代早期並非一個前消費主義的黑暗時代。「許多近代的作者都採取漸進主義的觀點，強調百貨公司並未開創新紀元，它所帶來的所有新事物，幾乎都可以回溯至歷史。……與其說百貨公司是某種徹底而極端的驟然改變，不如說它是零售業長期演變所達到的高潮。……百貨公司所做的事，就是把各式各樣的新鮮事物聚集在一座由巨大鐵框所支撐的龐大玻璃屋頂下。最大的商店將自己強行加諸於城市景觀中，宛如公民建築和皇室宮殿。」[43]換言之，百貨公司是在西方近代化的脈絡下誕生，而不是一個突發的現象。它是從販售衣料為主的新奇商店、大型的怪物商店（monster shop）、拱廊商場、博物館、博覽會這樣慢慢地發展出來，背後則是資本主義合理性的邏輯與工業革命後帶來的大量的「物」。

相對的，在日本 19 世紀末出現的百貨公司，是從高級吳服店轉型過來，雖然如三越百貨在吳服店的 17 世紀越後屋時代就是以現金進行交易，但西方近代百貨公司的新商業手法、豪華大型建築等，仍是要等到西化後才被引入店內。也就是在整體上，日本自明治維新後接收西方文明的思考體系，並由上而下推廣，而日本的吳服店本身也是從 19 世紀末至 20 世紀初的十數年間，自歐美學習百貨公司的新商業手法，才被逐步應用在自己的店裡。

-----

42 王振寰、姜懿紘，〈第九章家族關係對臺灣百貨公司發展的影響：以遠東和新光百貨為例〉，收於王振寰、溫肇東編，《家族企業還重要嗎？》（臺北：巨流，2011），頁 317-355。

43 Frank Trentmann，《爆買帝國》，頁 242-243。

而中國在 20 世紀初興起的近代大型百貨公司，一部分是由英商的洋行發展成百貨公司，類似歐洲的新奇商店的型式，另一部分由華僑資本經營的，則是這些華僑將在外國吸取的百貨公司經驗帶進香港、中國，並直接在上海蓋起華麗的百貨公司，省略了中間從小新奇商店變身的過程。對日本與中國而言，百貨公司均是外來的。這帶出一個重要的問題意識：近代百貨公司作為一個資本主義發展脈絡中誕生出來的產物，與在被傳入東亞，經過轉譯與接收的過程中，會產生什麼樣的變化？這與如何界定「百貨公司」這個形式，又有什麼樣的關係？

當然，在這裡必須提出一點，那就是百貨公司消費體系成立的前提，在於身分階級之間的界線被消解或弱化──無論這個界線是由法律規定的、或是因權力而不證自明地存在著的。唯有身分區隔的意識型態與思想體系發生變化，欲望得以民主化，人們才可能去想像超越自己階級地位的理想像，去欲求自己財富能力以上的「物」，大量的物也才得以成為商品被銷售出去。

文化的轉譯：內生因型與外生因型

近代化、工業化、與資本主義的發展，是一種包含了社會文化與精神整體系統性的變化，所謂的「西方」也只是一個相對於東亞的概念，在歐洲國家的歷史中有其各自不同的變化。在這裡，筆者並沒有試圖要去處理這麼大範圍的問題。僅只從日本歷史社會學者富永健一（1931-2019）的內生因型與外生因型的觀點，來切入西方與東亞近代資本主義脈絡的基本差異。

就富永健一的觀點而言，一個社會體系的結構性變動，必然有誘發的起動因，這個起動因來自該社會體系的內部自發而生時，這樣的社會發展是內生因型的發展；相對的，社會系統結構變化的起動因是透過外部傳播而來，則是外生因型的。前者為先發國，後者為後發國。

如同日本經濟史學者大塚久雄所述，資本主義是以生產者為基礎所發生的市場開展出來的，而不是以商人為基礎的市場，後者是前期資本主義明顯的特徵，其中商人的交易可能發生大量貨幣的交換，但卻沒有生產者的介入，而是由地主＝商人之道為基本形成市場，換言之，在這樣的市場中沒有生產的投入，也就沒有生產─再生產的循環，而這卻是資本主義形成的基本要件。因此，在前期資本主義也可以看到商業的繁盛，但它只集中於少數人。在內因型的先發資本主義社會中，瑪克斯・韋伯（Max Weber 1864-1920）認為生產的積累與再生產的循環、合理計算、對效率的重視，已經成為一種包括上從資本家、下至生產者在內的資本

主義的精神。[44]作為經濟近代化之起動因的資本主義精神,將為了滿足(核心家庭為主的)家計需求的經營,與為了獲得利潤的經營這兩者,有制度地分割了開來,後者才是資本主義的精神的生產方式。但無論是家計式或利潤式經營,都是以市場交換作為中介,與 18 世紀以前那種家族利益共同體的生存方式已經產生區隔。這是西方內在產生出來的心理原動力(ethos),[45]也是資本主義的生產者在近代資本主義社會所共有的。

同樣的,西方政治近代化的起動因是從對王權與家父長制的反抗,發展出市民中心的社會概念,形成民主主義精神。而從血緣・地緣的社會,轉向透過合理的選擇訂定契約關係等制度的社會,或是以瑪克斯・韋伯的用語而言,從傳統型支配轉向法理型支配的次元,這個基本邏輯來自合理主義精神,也就是社會近代化的起動因,這也連結著從神學與形上學中抽離開來,著重實證與經驗主義的科學精神的文化近代化的起動因。近代化是可驗證計算的合理性、可預測性、效率以及自我主體性等相互纏繞的思想體系,而這些都發生於西方內部。[46]在東亞或許某些時代裡曾經出現過類似的一部分,例如王陽明的陽明學與實證學之間的關聯,或是日本的淨土宗與現世精神的連結,但整個體系本身沒有從內在發生近代化的起動因。近代工業化與資本主義對東亞而言,是一個外生因型的社會結構體系變動,也就是在自身原本的文化脈絡之上,加入了外來的體系。當然,前期資本主義在東亞是有發展的痕跡,不過,本文是採取生產出大量商品後的消費文化取徑,此先略過資本主義的生產與商業之間的關係,對百貨公司會有什麼樣的影響,這部分也有待經濟史、經營史與商業史的先進們的研究。

-----

44 大塚久雄,〈第一―いわゆる前期資本主義なる範疇〉,收入大塚久雄著,《大塚久雄全集第 3 卷》(東京:岩波書店 1969),頁 56-58。大塚久雄,〈総説 後進資本主義とその諸類型〉,收入大塚久雄著,《大塚久雄全集第 11 卷》(東京:岩波書店,1986),頁 245-251。

45 Ethos 是指一群人或一個民族有某一種習俗或風氣,也譯作「民族性、風氣、社會風氣」。不過,瑪克斯・韋伯談到近代 ethos 時相當重視人們心理的自我控欲,也就是人的自我控欲會產生一種精神力量,當這種精神力量普遍化以後,就形成一個時代或社會的 ethos。日本在談這個概念時,會用「心理原動力」這樣的詞彙來表示,歷史學者李永熾在翻譯 ethos 時就借用這個詞,有時會再簡化譯為「心原力」。他會選擇這個譯法,在於基督新教強調精神的自我控欲,當這種自我控欲漸漸存在於每個基督新教——尤其清教徒——身上時,就變成一種普遍的東西。當它變得普遍時,近代資本主義就從中發展出來。如果只看字典對 ethos 的定義,將之理解成「風氣」,易誤會它是一種短暫的風潮而已,這樣就會忽略韋伯討論的核心:從基督新教倫理轉化成資本主義精神的過程,亦即基督新教講求自我內部的力量,是如何與發展出資本主義這種外在的力量產生親近性關係。李永熾、李衣雲,《邊緣的自由人:一個歷史學者的抉擇》(臺北:游擊文化,2019),頁 195。

46 富永健一,《近代化の理論》(東京:講談社,1996),頁 352-358。

在日本與中國原本的脈絡上，並沒有近代百貨公司的發生的要件。日本思想史學者丸山真男（1914-1996）提出「古層論」，古層指的是意識層的最底層，他也稱之為「執拗低音」（basso osstinato），這是一組在交響樂中反覆出現的低音，上面是高音階，但這音響會影響到整部交響樂的全局。而傳統就是一個很低的音響，所以即使近代化了，傳統依然潛伏在近代化的運作裡面，外來的思想進到日本，就要接受某種修正，因為它們就像高音階一樣，會和執拗低音混合響起，進而使樂曲整體產生變化，讓近代化改變，而不可能複製出和西方完全相同的近代化。[47]因此，日本與上海的百貨公司顯現了與西方相似，卻也不同的樣貌，而日本與上海的百貨公司也產生了不同的面貌，例如日本的百貨公司更重視文學文化資本，而上海的百貨公司則重視戲劇和明星，這點將在下一章來探討。

不過，全球性的事件仍會讓各地的百貨公司，在同時發生類似的現象。例如從時間點上可以看到美國在一次大戰前，1元或5角的均一價格店已經創立，但卻是在1920至1940年間以非比尋常的速度擴張，並在歐洲嶄露頭角且迅速發展。[48]而1930年代，上海的先施公司在法國租界開設了2家「一元商店」。[49]日本在1929年時出現以大眾為對象的終點站百貨公司，其實是類似現今的超級市場加食堂。之後高島屋、松坂屋等高級百貨公司也注意到這塊商機，將一些分店改設為終點站型大眾商店，也就是高檔的吳服系百貨公司開始開拓大眾市場。事實上，高島屋早在1922年派員去美國考察時，就看到了「10分銅板店」，並開始研討其可能性，到了1930年時，將大阪南海店的一部分轉設為「十錢二十錢均一商店」，接下來1931年在大阪、東京、京都的熱鬧區陸續開了14間店。[50]可以說日本、上海的大百貨公司與美國的百貨公司一樣，在1930年代也出現了高壓促銷，以及百貨公司間相互競價犧牲的現象。不過，日本百貨公司主要是將低價店開在本館的外面，保持百貨公司本身的文化資本與價位。雖然此時日本與上海百貨僅發展了十多年，照先發國的歷程來說，應該還未到達飽和點，卻已開

-----

47 丸山真男，〈歷史意識の『古層』〉，收於《丸山真男集第十一卷》（東京：岩波書店，1997）頁3-64。〈原型・古層・執拗低音——日本思想史方法論についての私の步み〉，收錄丸山真男等共著《日本文化のかくれた形》（東京：岩波書店，1984），頁88-151。

48 Hrant Pasdermadjian, *The Department Stores. pp. 49-50.*

49 連玲玲，《打造消費天堂》，頁151。

50 西沢保，〈百貨店経営における伝統と革新〉，收錄於山本武利與西沢保編著，《百貨店の文化史》（東京：世界思想社，1999），頁78。
    川勝堅一，〈「高島屋十錢二十錢ストア」に就いて〉。東京：商工省商務局，不詳。頁4-10。
    https://dl.ndl.go.jp/info:ndljp/pid/1905774?tocOpened=1（查看日期：2022/7/4）

始面對廉價大眾化的問題，顯然一方面全球經濟在此時已經連成一個商品的體系，歐美的經濟大蕭條也影響到了亞洲。

二方面外生因型的日本與上海資本主義社會雖然是後發的，但卻無法顯示在經濟購買力的速度上是否也是後發。因此，我們在思考外生因時，必須參考古層的概念，有些外來的因素是易於被學習的，如百貨公司的建築、陳列展示法、現金交易等；有些觀念與思考的部分卻是難以撼動的，例如合理性的觀念：不討價還價的理由，不消費亦可出入店自由等，也就是心理原動力（ethos）的問題。

對臺灣百貨公司的提問

那麼，從整個心理原動力的角度來看，臺灣在 1945 年之前屬於日本，對於視覺消費和百貨公司的概念，是接受了日本轉譯而來，1930 年代在臺灣南北登場的百貨公司，是由 1900 年代來臺的日本人成立的，他們所轉譯的日本百貨公司，其中是否有臺灣本島的內容（content）存在？亦或只是將日本的百貨公司形式照樣搬到臺灣來安置？

1945 年後，臺灣被中華民國政府接收，初期的百貨店與百貨公司都與上海商人和上海商人的紡織業緊密相關，那麼，這一時期的百貨公司是否是與上海外省人的古層相結合？在臺灣的土地上，重現上海風華的百貨公司，這中間是否會呈現出臺灣的執拗低音？而日治時期臺灣人所認識的百貨公司，在 1965 年後又要重新再接受一次新的轉譯。這部分可以從連玲玲、菊池敏夫等人關於上海的百貨公司研究，以及堀新一、林惠玉、呂紹理等人對日治時期臺灣百貨的研究為基底，作為文化比較研究的基礎。

另一方面，百貨公司作為西方的近代化合理性的成果，在西方 1940 年代被認為已經結束了最耀眼的時代，1950 年代後的歐美的百貨公司已逐漸兩極化，昂貴者愈貴，其他的則流於一般化、被合併、倒閉，尤其是美國的百貨公司受到購物中心（shopping mall）的競爭，逐漸失去了都市中心的誇耀地位，但英國的百貨公司在 1960 年代注意到人們關注在什麼樣的氛圍的地方買，比買什麼更重要，因此開始重新重視大店裝潢，使得他們的百貨公司再度上揚，直到 1990 年代。[51]日治時期最初的臺灣百貨公司，在開幕 5 年後即進入中日戰爭，尚未經歷到上述百貨公司的飽和點。二戰後，臺灣可說是進入了另一個準戰時體制與文化意識型態的架構，資本主義與近代化也重新開展，大規模的百貨公司要到 1960 年代政

51　Bill Lancaster, *The department store*：*a social history.* p. 201.

府重新准許某種程度的商業化後才重新問世。那麼，是否臺灣的百貨公司業，也會面臨歐美的百貨公司興衰史？這是一個需要考察的課題。

這段歷史中，在西方的百貨公司形式上，首先由 1964 年高雄的臺灣人吳耀庭興建起習自日本形式的大新百貨，臺北則由上海商人們紛創立上海風格的百貨公司，在 1970 年代日本的內容又融進了臺灣百貨公司的體系，直到 1987 年日本吳服系的 SOGO 百貨、1991 年三越百貨，各自與臺灣的公司合資，日本資本的百貨公司在臺灣登場。臺灣百貨公司史中，可以看見臺灣文化中有多重的、複雜的低音不斷在迴響，而這是本書試圖透過梳理百貨公司史，去探討臺灣的近代化與消費文化中，所含有的西洋、中國與日本的元素，以及共同雜揉下的「臺灣」百貨公司的樣貌。

意義賦與和意義體系

研究消費文化有許多不同的取徑，本書主要將以百貨公司最被注意的特徵：視覺展示，作為切入點。如同前文所說，百貨公司中的「物」，是被與原生的脈絡切割後，再重新安置並賦與意義，那麼，「物」是如何被定義與展現，就將關連到了各個時期的意義體系與社會關係的定位。

意義的賦與是一種語言交換的過程，也就是符號作用的交換體系。斐迪南·德·索緒爾（Ferdinand de Saussure, 1857-1913）提出「意義體系」，把語言看作獨立完整的系統。他以研究上的便宜，將語言中用來代表其他事物的實體或物體的符號（sign），在結構在切分成了表音或形的意符（signifier），以及其概念上所指示的對象為意指（signified），符號則是音形與概念的結合。由於語言有流動性，意符與意指之間的指示關係最初存在著恣意性，唯有當共同使用的成員間的約定／規則確立下來，指示關係才能成立，意義關係也才能成形。也就是符號意義體系必然是一種社會共識下的產物，也就是具有他者性的存在。[52] 關於物的他者性，心理學者米哈里·奇克森特米海伊（Mihaly Csikszentmihalyi, 1934-2021）進一步討論，物本身帶有一種「客體性」的固有特質。「客觀」，意謂著並非個人主觀的意願所能改變，當然，物理的客體性是一部分，米哈里·奇克森特米海伊著重的是物作

52　參見 Roland Barthes，董學文、王葵譯，《符號學美學》（臺北：商鼎，1992）。丸山圭三郎，《言語とは何かソシュールとともに》（東京：朝日出版社，1974）。Luis J. Prieto，丸山圭三郎譯，《記号学とは何かメッセージと信号》（東京：白水社，1974）。Jonathan Culler，川本茂雄譯，《ソシュール》（東京：岩波書店，1992）。

為象徵符號的客體性，與觀念或情感相較，物有其自身的具象性與永續性，能夠將其承載的意義超越時間、空間地傳遞下來。這個角度來看，具有意義的物，是人們表現內部感情的客觀媒介，透過選擇、擁有的物，人們也能將這個客觀性帶進自身內部，整理自身的內在感情，並將之意義化，甚至建立自我認同，在這個層面上，「物」給個人帶來了秩序感，也就將個人放進了社會的意義秩序中。[53]

換言之，「物」能夠承載被人賦與、被轉嫁的意義，也被人誤認為是可以透過「物」去取得意義的。這即是尚·布希亞（Jean Baudrillard, 1929-2007）所稱的透過符號交換形成的文化體系背後，支撐著這個體系的社會意識型態，[54] 或是羅蘭·巴特（Roland Barthes, 1915-1980）所說的神話作用，[55] 使得社會集體產生了一種視為當然的信念／誤認。[56]

羅蘭·巴特所說的誤認，可以從他的「神話學」的概念來理解。他在《神話作用》一書中，更進一步將斐迪南·索緒爾符號的意義作用（Signification）推展到「二次秩序的體系」（圖1）。在第一層次體系中是意符與意指所成立的社會性關係，也就是約定的規則，在第二層次體系中被神話化，神話指的是後設（meta）語言，亦即為了建構意義，而使用了其他體系的語言。於是，第一層次體系中的符號，被空虛化，遠離了其原本指示的意指，成為一個空洞的「形式」（form），而其指示關係則承載開放式的意指：「概念」（concept）。「形式」遠離原初的意義，獨立化成為一意指，而對應之的「概念」則具有豐厚的意涵。當這形式與概念的指示關係成立，得以被傳達出去後，就形成了第三層次體系的後設性的符號。舉例而言，玫瑰（這個符號的音／形）在第一層次中，指示的是一種（統合性的）植物的花。透過電影、小說等各種媒介的作用，玫瑰這個符號被空虛化（玫瑰的「形式」），遠離了活生生的花，而與愛情、浪漫等其他的意義給連結在一起（玫瑰的「概念」），如果玫瑰花被送給一位理解到「玫瑰象徵著愛情」的人，玫瑰的形式與概念之間的指示關係於焉成立，意義被傳達了出去，第三層次體系的符號於焉產生，神話作用也就完成。反之，如果收到玫瑰者只以為那是一種植物，則神

-----

53 Mihaly Csikszentmihalyi，市川孝一、川浦康至譯，《モノの意味》（東京：誠信書房，2009），頁 17、21、48-132。

54 Jean Baudrillard，《消費社会の神話と構造》，頁 48-132。

55 Roland Barthes，篠沢秀夫譯，《神話作用》（東京：現代思潮社，1976），頁 147-156。

56 「誤認」，指的是事實上不存在，但人們卻有相信它是存在的共通認識之意。例如尚·布希亞所指的平等的誤認，即是民主社會中相信人人平等，但「人人平等」在事實上並不存在，只存在於價值層次，把價值面與事實面混同，而以為人真的生而平等，即是一種神話作用產生的誤認。然而，也正因為這種誤認，人們才有動力去追求價值層次上的平等。

話對該者沒有起到作用，第二、三層次體系也就不成立。[57]換言之，附加價值的「神話作用」要能運作，有賴於第二層次體系中意符空虛化成為「形式」，並可自然而然地連結上開放的、互文性（intertextuality）的「概念」（第二層次的意指），[58]而這概念得以傳達出去，即意味著第三層次體系的符號擁有著豐厚的貯槽。

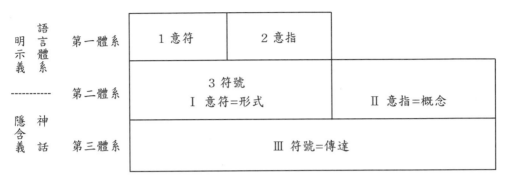

圖 1、羅蘭・巴特的符號體系的「神話作用」，作者自繪。

上海華僑資本的四大百貨公司

新的上海四大百貨公司的創辦人，都是從澳洲習得百貨公司商法的廣東華僑，他們先到香港投資百貨公司，其中先施百貨成立於 1900 年，永安百貨成立於 1908 年。最早成立的先施於 1917 年進軍上海（佔地 1,060 平方公尺），其後永安公司在 1918 年開張上海店（佔地 870 平方公尺），1920 年代後，上海店成為永安公司的主軸，並超越先施，成為上海最大的百貨公司。[59]新新百貨則是由先施百貨的舊員工劉錫基等人，因對先施百貨不滿而出走，於 1926 年時另行成立的，佔地 530 平方公尺。最晚進軍上海的大新公司的創辦人蔡興，原本也入股香港先施百貨，其弟蔡昌在先施百貨工作，1910 年獨立出來在香港、之後在廣州開大新百貨，因為不想與三大百貨一樣租地，因此遲至 1934 年才在上海購下 820 平方公尺的地基，於 1936 年成立上海大新百貨。[60]

57　Roland Barthes，篠沢秀夫譯，《神話作用》，頁 147-156。

58　參看：Jean Baudrillard，《消費社會の神話と構造》。Roland Barthes，《神話作用》。Roland Barthes，陳志敏譯，《符號的想像：巴特評論集》（臺北：桂冠，2008）。

59　連玲玲，〈企業文化的形成與轉型：以民國時期的上海永安公司為例〉，頁 127-173。連玲玲，《打造消費天堂》，頁 72-79。

60　菊池敏夫，《民国期上海の百貨店と都市文化》，頁 124-131。連玲玲，《打造消費天

這四人百貨公司的創立者均為廣東幫，均位於南京路上——只有新新百貨略離了一街區——皆為洋式大型豪華建築：先施百貨是七層樓高的巴洛克建築，永安百貨為六層高的新古典主義建築。這兩家百貨公司均採用外挑陽台、窗花雕飾、鑄鐵欄杆及古典式圓柱的建築設計。新新百貨則是六層樓的折衷主義式現代建築。先施、永安和新新百貨都設有高塔樓。大新百貨是以日本大阪的大丸百貨為藍本的九層樓建築，採用實用主義的鋼窗立面，除有電梯等新科技設備，並擁有上海第一台自動手扶梯。先施、永安、新新這三家百貨公司將客群定位在上海的上、中階層，而大新則著眼於中層和低層，其中最能體現的便是它開幕時設置上海第一個地下階「廉價商場」的賣場，當時客人湧入的速度，連號碼牌都要用買的，一人一張4毛錢。這也是一種百貨公司空間內部的階級化。不過關於中低階層這點，岩間一弘提出質疑，他認為戰前的上海能夠享受消費與娛樂活動的人，應只有中間階級，這點容後再論述。[61]

　　除卻外觀，內部設計也非常重要。如同世界各國的百貨公司一樣，上海的百貨公司也重視以符號挑動欲望的作法。在櫥窗陳列方面，1920年代是萌芽期，上海的百貨公司採用單純陳列商品的方式，1930年代開始重視櫥窗的廣告作用，吸收美國的櫥窗知識，發展出情境主題式的展示，用櫥窗與商品來說故事，例如冬天時將櫥窗布置成雪景，以棉絮作雪花，在機器運作下循環紛飛，陳列冬季商品。最晚興建的大新百貨更在一樓設置了18座玻璃櫥窗。[62]

　　店內也陳設大量的玻璃櫃，1936年成立的大新百貨趁新科技之便，於一樓設置3,000尺的玻璃陳列櫃，而且接縫處以金屬代替木製圓柱，使顧客視線不受阻礙。[63]近代百貨公司的革命性變化，即在於「自由入店」：把入店等同於購買的義務感給去除掉。上海的百貨公司亦藉由玻璃櫃的展示，減少客人與店員間互動，讓顧客能自由瀏覽。換言之，上海百貨公司也開始在各種層面上販售「剩

　　堂》，頁76-79、150-153。Kerrie L. MacPherson, "Introduction: Asia's Universal Providers." In Kerrie L. MacPherson eds. *Asian Department Stories*, Honolulu: University Hawaii press. 1998. p. 11.

61　菊池敏夫，《民国期上海の百貨店と都市文化》，頁85-101。岩間一弘，《上海大衆の誕生と変貌－近代新中間層の消費・動員・イベント》（東京：東京大学出版会，2012）。連玲玲，《打造消費天堂》，頁102-111。Kerrie L. MacPherson, "Introduction: Asia's Universal Providers." p. 11.

62　菊池敏夫，《民国期上海の百貨店と都市文化》，頁17-18、92-97。連玲玲，〈從零售革命到消費革命：以近代上海百貨公司為中心〉，頁79-81。連玲玲，《打造消費天堂》，頁1113-124。

63　連玲玲，《打造消費天堂》，頁118-119。

餘」，包括開發兒童市場，[64]也是上海百貨公司的重頭戲。

　　關於百貨公司的檔次與交通工具的連結，1920 年出生於上海、父親在美孚洋行工作，自己本身是小學老師的姚老太太是見證，她去過四大百貨公司，比較喜歡去先施、永安和惠羅逛，覺得最漂亮最華麗的是惠羅公司。那時百貨公司裡已經有人偶模特兒穿著衣服展示，布料可以請店員拿出來看，她還回憶起百貨公司門前鋪著華麗的地毯，大門口連著地上電車，她可以直接穿著家裡的繡花鞋去逛。

　　「去百貨公司的人教育程度比較好，不會亂碰」。家境富裕的她，「繡花鞋是可以穿出門的，像白的淺色的容易髒，但都是高級的人穿的，走地毯不走泥巴地，所以不沾泥。我們以前就穿繡花鞋去逛街。那時上海有無軌電車——上面有個電線管道，坐那個去逛，還有人力車，坐到門口下來。」[65]（圖 2）

圖 2、上海先施百貨的先施樂園。先施與對面的永安百貨正打著折扣戰。
圖片來源：WIKIMEDIA。[66]

64　連玲玲，《打造消費天堂》，頁 134-137。

65　李衣雲、嚴婉玲口訪，「姚老太太口訪」，時間：2011/2/14，地點：姚老太太於新北市大坪林自宅。

66　圖片來源：「這張 20 世紀 20 年代的上海明信片上，一部有軌電車正在行經上海最繁忙的購物街之一」，WIKIMEDIA. https://commons.wikimedia.org/wiki/File:Shanghai_tram,_British_section,_1920s_John_Rossman%27s_collection.jpg（查看日期：2022/12/25）

意義體系的定位與象徵權力／資本

在此，若以法國社會學者皮耶‧布爾迪厄（Pierre Bourdieu, 1930-2002）的象徵權力與象徵資本的概念來理解，或許更可以釐清這個概念。布爾迪厄指出，說話能力並不稀有，它是人類生物性遺產的一部分，因此本質上不具有區辨性（non-distinctive），然而，說正當的語言（legitimate language）是社會性遺產，將社會的差異重新轉化成為有區隔偏差的特定象徵邏輯（the specifically symbolic logic of differential deviations），也就是「秀異」（distinction）。那麼，什麼是正當的語言？這個「正當性」不是本質的，而是社會的，是透過在社會中的各種鬥爭而來的，這其中專業人士的存在密不可分，他們壟斷正當語言的認定，為自己所的慣域／習癖（habitus）與實作／實踐（pratique）[67]產出一種特殊的語言，並作為副產品，這種語言也具有區辨的社會功能，例如涉及正確發音，或是審查語言交換的形式，界定什麼是「說得好」，並將之強加給具有某種社會能力的演講者或作家，使得這一種說話的方式、某種用語、口音成為社會上擁有支配力的言談方式。這些象徵權力關係具有或多或少重要的象徵權力。而專家的權力從何而來，國家／支配者的背書固然是重要的來源，但更重要的是，象徵權力是一種無形的權力，是一種集體誤認，這種集體的誤認來自對象徵的無條件相信。皮耶‧布爾迪厄舉人類學者馬塞爾‧毛斯（Marcel Mauss, 1872-1950）對魔術的觀察為例，魔術的本質問題並不在於魔術師的特質或是魔術的程序與表現，而在於如何產生與維持集體信念（collective belief）的基礎。唯有當群眾願意去相信並真的相信了某種事物擁有神聖性（崇高性），此物才具有「有效詐欺」的資本。[68]換言之，當日常生活中，人們相信了某種符號言說是高尚的、有文化水準的，並參與學習這種符號的積累時，便是默認了這個符號體系裡上下位置的結構，以及這個符號體系所確保通過其獨特權力關係，所用來支配其他階級的象徵性暴力，或是所謂的命名權。

通過話語構成給定的象徵權力，是一種只有在被承認的情況下才能行使的權力，它並不以「言外之意」的形式存在於象徵系統中，而是存在於行使權力的人和服從權力的人之間的既定關係中，是一種能夠維持或顛覆社會秩序的力量，且

-----

67 關於譯詞，葉啟政將 habitus 翻為習癖，以相對於皮耶‧布爾迪厄的場域（Field）一詞。但之後多半使用習癖一語，本書也就遵循前例翻為習癖。Pratique 一詞，葉啟政將之翻譯為實作，以為單純去完成一件事的「實踐」作區隔。本人在這裡採用「實作」一詞的翻譯，因為有時沒有目的的實作，也可以具有銘刻在身體內部的無意識的目的的作用。

68 Pierre Bourdieu, *The Field of Cultural Production*, Cambridge: Polity Press, 1993. p. 81-85. Pierre Bourdieu, *Language and Symbolic Power*, Cambridge: Polity Press, 1991. pp. 55-59, 78-79.

單靠文字無法創造這種信念。[69]從象徵權力的概念去理解意義體系的話，意義體系指的是社會認識世界的抽象概念體系，這個意義體系如何被界定，乃透過象徵權力，也就是每一個時代的社會集體信念／誤認，其權力來源則來自支配者，如酋長、國王、皇帝、總統、總裁等，專家學者則在不同的時代有不同的稱呼：巫師、儒士、教士、學者、藝術家、專家、科學家等等。於是，每個時代被稱為奢侈品與必需品的定義不同，被允許消費甚至購物的人也有不同，各種物的定義也不相同。

　　這裡很重要的是行為者（agent）的習癖與實作感覺。正如前文所述，象徵權力來自集體的信念／誤認，意義的來源在於具有某種客觀性價值體系。也就是社會體系中某種程度的客觀意義（denotation），或是尚・布希亞所說的最小共通文化（la Plus Petite Commune Culture）。[70]這些都必須仰賴行為者的存在，人的身體是一個「社會化的身體」，同時也是「個體內在的社會」。習癖的形成是以身體為容器，透過客觀構造與個人史，將行為者過去的經驗、歷史刻進其無意識中，使其能不自覺地反應外在的刺激，作出行為。而這些過去的經驗，是以其所在各個團體的知覺・思考・行動的架構的形式而沉澱，而在時間的推移中，具有保持實作的恆久性的傾向。[71]透過習癖，行為者所處的社會銘刻進了其無意識之中，使得行為者能對其所處的社會狀態採取立即而不需計劃的反應，這即是皮耶・布爾迪厄所強調的「實作感覺」。實作感覺使得個體屬於某團體成為自然而然，當然，同一個體也能同時屬於多個團體。

　　因此，對於支配性的象徵權力主導下的符號意義體系，被神話化地銘刻進了行為者的習癖後，也會保持一種恆久的主導傾向，認為這個意義體系是正確的且無庸置疑。而這個符號體系的轉變，例如百貨公司的廣告文本、新型百貨公司出現後的傳統百貨公司的設計等，也顯示出了行為者原本神話體系的崩解與重構，並可以從分析新的消費文化中，爬梳符號意義體系即其後設象徵權力的來源，並藉以理解在歷史中可能被淹沒的常民行為者的行動與思考方式。

69　Pierre Bourdieu, *Language and Symbolic Power*, pp. 163-170.

70　Jean Baudrillard，《消費社会の神話と構造》，頁 139-144。

71　Pierre Bourdieu，今村仁司、港道隆譯，《実践感覚 I》（東京：みすず書房，1988），頁 86-97。

二、本書的取徑與限制

本書即試圖藉由符號學、象徵權力與文化資本的觀點，將百貨公司視作一種歷史文本，透過分析文本的內容、建構與解釋權，去爬梳在某些「物」的分類、定義、論說發生轉換的時期，發生了哪些現象，讓什麼「物」如何被言說，以及可以被展示或不展示——如同米歇爾・傅柯（Michel Foucault, 1926-1984）所說的，否定某物、禁止其相關言說，正恰好是顯示了關於該事物及其言說的重要性。[72]例如日治時期戰時體制下的禁止奢侈品的命令，與二戰後國民黨統治下 1952 年後的奢侈品禁止令，同樣是對奢侈品的禁止令，從二個時期百貨公司樣貌的對照，是否能發掘出文化意識型態上的異同？這也是本書想要處理的課題例之一。

如前文所述，西洋、日本、上海的形式與內容共同雜揉，形塑了不同時期的「臺灣」百貨公司的樣貌，然後，這些樣貌的背後都有支撐它們的象徵權力與符號體系，以及行為者的習癖與實作感覺在裡面運作。例如，解嚴後的 1989 年中興百貨重新裝潢、開店，並大作廣告，其取的廣告標語是「中國不見了」、「中國出發了」。而日本的百貨公司為何要等到 1987 年才能在臺灣登場，當然與政治的金融制度脫不開關係，但是從 1970 年代以來，臺灣各百貨公司雖然赴歐美考察，但不論上海商人或臺灣人開設的百貨公司，大多與日本百貨公司有合作關係，只是多少而已。這與日治時期以來，日本在臺灣建立的社會與文化關係不能說無關。而上海商人在臺灣開設百貨公司時，他們雖然赴日本、美國考察過，但關於百貨公司的概念，仍然是以上海四大百貨為模型。這些都與行為者的習癖與實作緊密相關。

此外，在這裡必須要敘明的是，陳列並不等同於展示（display），「看得見」商品，固然具有提醒告知商品的存在、具體的想像、意義轉嫁等作用，但「如何看見」則更影響了「物」與「物」之間的意義轉化，「物」本身的物理性質被象徵意義覆蓋：堆在雜貨店陳列架上的蜜粉，與百貨公司中安置在珍珠毛皮間的同一款蜜粉，在物理性質上是一樣的，但在消費者的眼中，後者的意象毋寧說更能連結到高貴與美麗。展示正是將「物」的文化意義「彷彿自然」地在消費者眼前演出，形成一種「毋庸置疑」的連結，而巨大華麗的空間對消費者產生壓倒性的力量，讓消費者憧憬、讚嘆甚至臣服，產生與日常隔絕的「神聖性」，有助於商品轉嫁意義的連結更「顯得」當然。這又可以回歸到博覽會展示的初衷：藉由國

-----

72 Michel Foucault，尚衡譯，《性意識史》（臺北：桂冠，1990），頁 132。

家等象徵權力的介入，將人為賦與的意義，轉化為理所當然、甚至是權威的理想像。[73]

然而，正如所有的常民文化研究一樣，本研究遇到的困難點即在於資料的取得不易。很多當時的廣告或目錄、公司誌，在用過即丟的想法下，沒有被保存下來。而臺灣的百貨公司沒有建立公司史或是留存活動紀念照的習慣，無論已關閉或尚在開設中的百貨公司，都沒有留存公司史。再加上 1965 年以來，臺灣有太多的百貨公司，因此在日治時期的三大百貨公司之後，本研究的對象只能選擇聚焦於臺灣流行時尚中心的臺北市的百貨公司。雖然高雄的大新百貨、大統百貨在臺灣的百貨公司史上，具有相當重要的歷史地位，但因筆者能力所及，只能暫時割捨，留作未來的課題。在主要使用的資料上，則有《臺灣日日新報》、《新生報》、《聯合報》、《民生報》、《經濟日報》、《中國時報》、《中央日報》、《臺灣新生報》、《中華日報》等報紙的報導與廣告，以及《臺灣實業界》、《經濟參考資料》、《消費人》等雜誌，各家百貨公司刊物、政府檔案，以及吳火獅、徐有庠等百貨公司創辦人的傳記為主，加上林百貨老員工石允忠先生，太平洋崇光百貨的創立者章家第三代章克勤先生，崇光百貨忠孝店店長吳素吟女士與販賣促進部副理曹春輝女士，以及 2 名在 1950 至 70 年代逛過臺北市百貨公司的消費者的口述訪談。試著藉此梳理 1908 年日本三越百貨帶著商品來臺灣出張販賣，到 1991 年三越百貨再來臺灣開店的這段時期，臺北的百貨公司所呈現出來的文化史中，所展現出來變化的現象，並藉以分析在這些現象背後的意義體系，及該時代的心理原動力（ethos）。

本書接下來第一章將先從西方近代百貨公司的前身：「新奇商店」（magasins de nouveautés）開始切入，談論近代百貨公司是如何從歐美興起，有著什麼樣的特徵，之後擴散到東亞，其間又發生什麼樣的形式與內容的變化。第二章回到臺灣，梳理百貨公司出現之前的零售業——尤其是較屬於百貨公司販賣的奢侈品，是如何邁入視覺展視販賣的道路，並在 1932 年時迎來南北兩間百貨公司，而這兩間日本人創辦的百貨公司，又與歐美和日本的百貨公司，有什麼樣的異同。

第三章要處理的是與百貨消費完全相反的戰時體制，臺灣從 1937 年開始便被置入戰時體制，百貨公司也在 1940 年面對全面禁止奢侈品販賣的「七七禁

-----

73 1851 年英國倫敦萬國博覽會的會場「水晶宮」的建築，最初目的即是透過建築的華麗、新技術來表現英國強盛國力，建立一種壓倒性的氛圍。可參看：松村昌家，《ロンドン万国博覧会（1851 年）新聞‧雜誌記事集成》（東京：本の友社，1996）。吉見俊哉，《博覽會的政治學》（臺北：群學出版社，2010），頁 2-58。

令」。但臺灣並沒有如日本一般在 1945 年 8 月後迎接終戰，而是在戰後曖昧地被丟進另一場戰時體制，並在 1947 年中華民國國家總動員法被宣布依然有效後，再度確切投入戰時體制，1951 年的奢侈品禁令將百貨公司的展演、奢侈品販售捲入了戰時體制，雖然 1961 年這項禁令解除，1965 年經濟部次長公開表示力挺商業化，但真正戰時經濟體制的結束，要等到 1991 年動員戡亂時期臨時條款廢止，諸多關稅開放為止。第三章僅討論百貨公司至 1960 年的狀況。

第四章則處理 1965 年政府主張商業化之後，一直到 1970 年代末，以臺北市為中心的大型百貨公司——如第一、萬國、今日、新光等——紛紛成立後，這些百貨公司與客群之間的關係。此時，臺灣的經濟正開始起飛，人們前往城市或其附近的衛星都市（臺北／臺北縣）裡居住，擁有固定薪資但卻不必然有可以閒費的餘款，同時，在戒嚴時期，客群的意義貯槽是匱乏的，百貨公司面對這的客群，要如何吸引他們上門，實用性與可得性是一個選項，同時必須注意的是，1965 年至 1970 年第一波投入百貨公司的是上海徐家，當時的臺灣的百貨公司也充滿著戰前上海風情。

第五章則是討論在 1970 年代末興起的永琦、芝麻（之後為中興百貨），這二間中型百貨選擇與第四章的百貨公司不同的路線，強調文化品味的建構，選址也在北市東擴後的新金融商圈，在 1970 年代末這裡恰好有一批女性白領階級興起，在百貨公司的運作下，形成一種客群與百貨公司的忠誠度，而文化資本的建立在這過程中扮演著不可或缺的角色。到了 1987 年解嚴後，日本百貨公司 SOGO 在臺灣登場，超大型的面積可以容納從大眾到精品的階級消費，日式的服務很快使其成為臺北市民常去的百貨公司，當然，這與當時正在興起中的「哈日現象」也不能說不無關係。而 1970 年代的強調實用性的新光百貨，在 1980 年代也亟於轉型，其與日本三越百貨合作，在 1989 年開設極為強調文化資本與品味的新光三越百貨，至此之後，臺灣的百貨公司大多是採日式風格。

第一章
近代百貨公司的興起與轉譯

TAIWAN'S
DEPARTMENT
STORES

在 19 世紀之前的歐洲，人口超過 10 萬的大都市相當有限，而且公眾交通並不發達，因此，即使是大都市裡的居民，大多僅在其生活區域內購買食衣住行所需的一切。直到 19 世紀前半，才開始出現將目標客群設定在所在區域之外的大型零售店——不過這時所謂大型，規模也不會超過 100 名員工。[1]但是，像倫敦、巴黎這種超級大都市則是例外，在 1800 年時，其人口數已有 50 萬人，到了 1850 年時，則已超過 150 萬人。[2]

不過即使如此，17 世紀的比利時的安特衛普（Antorf）、法國巴黎、英國倫敦已經有許多購物廊的存在，而土耳其伊斯坦堡的集市中總單計有 1 萬間店鋪與貨攤。[3] 在 17 世紀中以後，歐洲的大都市——如英國倫敦——已有許多小巧精緻的物品（bijoux）[4]店，開始配合上流階級客群的喜好，將店內裝潢得華美，此時的主要客群當然是能自由外出的紳士。18 世紀，倫敦已出現使用鏡子、整列的玻璃櫃、雕像、廊柱、風景畫與天頂壁畫、水晶吊燈、銀製器皿、燭光等，展現戲劇性、誘人購物氛圍與階級特色的高級奢侈品店，包括布料飾品、肉派點心店等。[5]不過，整體而言，昂貴商品店的商品仍是放在顧客碰不到的櫃台後的架子上、甚至看不到的倉庫中，商品的販賣仍是以櫃台服務為中心，顧客與商品之間需透過售貨員才能接觸，在同一時間內瀏覽大量昂貴商品、觀賞之後購買的商業手法還相當稀少。[6]以視覺作為販賣的手法，大約要到 18 世紀末至 19 世紀初，才開始逐漸興起。當然，這是針對昂貴品而言，若是一般食品原料、雜貨、日用品這類一般商品的話，擺攤集市這種陳列販賣法，則一直以來便是如此。

面對都市人口的增加、工業革命帶來生產物的大量化，目標客群逐漸從地緣常客轉向不特定客群等變化，如法蘭克・川特曼指出百貨公司是在西方近代化的脈絡下，從販售衣料為主的新奇商店、大型的怪物商店、拱廊商場、博物館、博

-----

1 Hrant Pasdermadjian, *The Department store*, pp. 1-2.

2 高山宏，〈贅沢のイメージ・メーキング〉，頁 10-24。

3 Frank Trentmann，《爆買帝國》，頁 243。

4 依維爾納・桑巴特所述，「bijoux」在當時不僅指的時狹義的裝飾品，還包含了「conlifichets」（玩物）、玩具、和其他用貴金屬精密加工而成的小物品。Werner Sombart，《奢侈與資本主義》，頁 172。

5 Claire Walsh, "The Newness of the department store: a view from the eighteenth century." In Geoffrey Crossick and Serge Jaumain ed., *Cathedrals of Consumption*, Haunt: Asugate Publishing Limited, 1999, pp. 46-60. Werner Sombart，金森誠也譯，《恋愛と贅沢と資本主義》（東京：論創社，1987），頁 177-179、215-217。Frank Trentmann，《爆買帝國》，頁 243。

6 神田由紀，《趣味の誕生》（東京：勁草書房，1994），頁 2-34。

覽會，慢慢發展出來達到的高潮，[7]這種新商業手法的形式在 19 世紀後期的歐洲與北美確立後，傳播到了東亞，也進入了臺灣。本章即先梳理西方近代化百貨公司的形式發展的脈絡。對於臺灣的視覺消費文化與百貨公司影響最大的，無疑是日本與上海的百貨公司，因此，本章的第二、三節將梳理西方的百貨公司形式傳入東亞後，在上海與日本轉譯出了什麼樣的內容，以及從內生因與外生因的角度，來討論其與西方百貨公司形式之間的異同。

一、視覺消費的誕生

一直到 1830 年以前，歐洲大多數的商店都只販賣某一類的商品，如食品店、布料店、帽子店等。在 18 世紀末到 1830 年代後半的這段時間慢慢發生變化，巴黎出現新式的「新奇商店」：在一間商店中販售多種商品。[8]只是販售商品種類仍有限，而且不會是太過不同的商品——像是銅器與衣服，大多不會在同一家店內販售。例如 1793 年在巴黎的聖東尼大道上開業的「比克馬利翁」（Pygmalion），除了絹製品外，也販售內衣、手套等配件。

除了販賣商品的種類增加外，新奇商店也發明一些劃時代的新商業手法：「自由進店、定價標示、現金交易」。在傳統商法中，顧客若是進店後不購買商品，則在店員強勢的態度下很難離開，因此，顧客必須想好要買什麼才進店，不買光逛是不被接受的，也就是在商店與顧客之間有一種進店等於購買的義務性默契存在，[9]當然，這也與過去的商店多半是以地緣關係的熟客為主有關。[10]在這樣的狀況下，買只是單純的購入需要，不包含遊戲性或消費性在內。

-----

7 Frank Trentmann，《爆買帝國》，頁 242-243。

8 Peter D. Smith，中島由華譯，《都市の誕生》（東京：河出書房新社，2013），頁 301-303。

9 鹿島茂，《デパートを發明した夫婦》（東京：講談社，1991），頁 29-34。

10 當然，這法則不適用極高端的奢侈品店。維爾納‧桑巴特舉了丹尼爾‧笛福在他 1727 年版的《十足的英國商人》這本書中所提到的例子，一名綢布商在自己的商店裡僱用了很多僕人和熟練工。他曾接待過一位女性顧客，在整整二小時內，向她展示的商品高達 3,000 美元，但最後這位客人什麼也沒買。維爾納‧桑巴特認為奢侈品行業是唯一能促動需求，而且所需投資超過 500 美元的行業，而這些行業是為城市的富裕階級服務。他列出了一張這些行業的表，包括：書店、瓷器店、藥店、雜貨店、花邊（邊飾、金銀絲花邊）、針織品店（主要為絲織物）、苗圃（鮮花和灌木）、線紡、玩具商，其中以玩具商的投資門檻最高。

鹿島茂，《デパートを發明した夫婦》，頁 14-34。Werner Sombart，《奢侈與資本主義》，頁 174-175。

視覺展示手法的興起

19 世紀歐洲的服飾產業進入工業化，機械被大量使用，生產出多而廉價的服飾品，於是，更需要販售流通的管道與方法，這也有助於新奇商店的增長。而都市人口的增加，使得新奇商店在常客之外，需要爭取更多的過路客，陳列櫥窗可以吸引不熟悉的過路客的目光，標定價格則讓顧客可以在看到櫥窗時衡量計算，自由入店，同時，標定價格也可以減少討價還價的時間，增加效率。法國新奇商店的商業手法，打破歐美過往購物方式的傳統。不過 1830 年代，英國新堡（Newcastle）的布商「班布里奇」（Bainbridge），就已在紡織品上標示出定價。[11]到了 1840 年代末時，有些大型的新奇商店，每年會舉辦一次特別拍賣會。[12]

當然，藉新奇挑起欲望的商品，不是從新奇商店或百貨公司才開始販售的，在中世紀時的集市裡——不論東西方——都有許多新奇的、不尋常的事物被展示販售，但中世紀時的集市都是個人在販賣，[13]而新奇商店則是在固定店面中，同時開始以玻璃陳列櫃展示多樣商品，並且會布置櫥窗與陳列櫃，也就是有某程度的符號氛圍，而不僅是用新奇之物來挑起購買欲。

大約也在 1780 年代至 1840 年代，從巴黎到歐美各地出現拱廊商場（圖 1-1）：在街道的上方架起光滑、透明的大片平板玻璃頂，讓陽光透入、遮風擋雨，禁止車輛通行，街的兩側集合各種新式大型商店，有的商場建築物有二、三層樓高，將交會的商業大街變成幻想世界。人們走進拱廊，雙邊整排的櫥窗便如透視點的兩條線，吸引住人們的視線。巴黎會開發出拱廊商場這樣的空間，是因為相較於街道寬、設有行人道而容易漫步的倫敦，此時的巴黎道路較狹窄，沒有行人道，因此需要拱廊商場這樣的公共區域，更方便人們逛街與購物。[14]

華特・班雅明（Walter Benjamin, 1892-1940）引述當時的《巴黎繪圖指南》，描述這種商場：「以玻璃為天花板，以大理石作柱頂盤的走廊，穿過一整塊的樓房方區，而方區內的屋主也支持著這類的工程。通道由上方受光，其兩旁則排列著最優雅的商店，使得這樣的玻璃通道像是一座城市，一個世界的縮小圖」。在透光

11　Frank Trentmann，《爆買帝國》，頁 243。

12　吉見俊哉，〈万国博覧会とデパートの誕生〉，《RIRI 流通產業》24：8（1992 年 8 月），頁 25-30。

13　Hrant Pasdermadjian, *The Department store.* pp. 9-21.

14　George Ritzer，山本徹夫、坂田恵美譯，《消費社会の魔術体系》（東京：明石書店，2009），頁 122。神田由紀，《趣味の誕生》，頁 2-34。

的屋頂下，民眾可以漫步於其中觀賞兩旁的商店街。華特‧班雅明認為，拱廊商場是奢侈品商業的核心，也是百貨公司的前身。[15]

　　法蘭克福學派的華特‧班雅明對於拱廊商場，其實抱持著批判的態度，他引用法蘭茲‧黑塞爾（Franz Hessel, 1880-1941）在《柏林散步》（*Walking in Berlin: A Flaneur in the Capital*）中，關於模仿巴黎的「凱撒喀雷利」拱廊商場的描述，認為拱廊商場像迷宮一樣難以出入、賣店的入口不明確，商品多得讓人眼花瞭亂，卻很多賣的是不需要的、奇怪的商品，是促使人們沉溺於大量消費的場所。[16]但無論如何，新奇商店與拱廊商場都顯現出商業中逐漸滲進觀賞的特質，為了吸引遊步者，不僅將商品陳列出來，櫥窗的設計也受到關注，消費空間由過去不買不能離開、看不到商品的半開放式，轉變為在視覺上與出入上的開放式。商品之外，空間亦成為觀看、消費的目標。

　　瓦斯燈發明後，1816 年，法國的「全景拱廊商場」（Passage des Panoramas）在通道內裝設瓦斯燈。原本由於法國緯度高、天黑得早，商店也不得不在天黑後即關門，1830 年後，街道乃至拱廊商場逐漸裝上瓦斯燈後，不只打破了漫步逛街的時間限制，也給予拱廊商場一種燈飾炫目的效果。[17]不過，此時的遊步者是男性，女性並沒有漫步逛街的自由。

圖 1-1、茹弗魯瓦廊街（Passage Jouffroy），
興建於 1845 年，為全景廊街的延伸。
圖片來源：維基百科。[18]

15　Walter Benjamin，林志明譯，〈巴黎，十九世紀的首都〉，《說故事的人》（臺北：臺灣攝影出版，1998），頁 94-101。

16　George Ritzer，《消費社会の魔術体系》，頁 122-124。

17　鹿島茂，《デパートを発明した夫婦》，頁 22。班雅明，〈巴黎，十九世紀的首都〉，頁 95。

18　「茹弗魯瓦廊街」（Passage Jouffroy），維基百科。https://zh.wikipedia.org/zh-tw/％E8％8C％B9％E5％BC％97％E9％B2％81％E7％93％A6％E5％BB％8A％E8％A1％97#/media/File:Paris_-_Passage_Jouffroy_01.jpg（查看日期：2022/12/16）

圖 1-2、1851 年英國為舉辦萬國博覽會，在倫敦的海德公園內建立的水晶宮（上圖）。
內部的展示採用將新式的觀看方式（下圖），圖片來源：維基百科。[19]

　　與拱廊商場同樣改變「觀看」的意義的，是 18 世紀末以來的博覽會。1798 年，
法國在巴黎舉辦了第一場國內博覽會，歐洲其他各國紛紛跟進，1851 年，在英國
倫敦舉辦了第一場萬國博覽會。博覽會雖說是啟蒙與教育人民、展現文明與進
步，其中卻包含著各國展示國力的目的，除了競相在會場建設指標性的建築，如

19　圖片來源：「萬國工業博覽會」。維基百科。上圖：https://zh.wikipedia.org/wiki/％E8％90％
　　AC％E5％9C％8B％E5％B7％A5％E6％A5％AD％E5％8D％9A％E8％A6％BD％E6％
　　9C％83#/media/File:Crystal_Palace.PNG

　　下圖：https://zh.wikipedia.org/wiki/％E8％90％AC％E5％9C％8B％E5％B7％A5％E6％A5％
　　AD％E5％8D％9A％E8％A6％BD％E6％9C％83#/media/File:Crystal_Palace_-_interior.jpg
　　（2022/12/16）

英國的水晶宮（圖1-2）、法國的巴黎艾菲爾鐵塔、及各國在會場中的展示館等之外，如何展示、形塑「觀看」的對象，也就成為當時近代化與權力展現的一種方式。[20]

博覽會一次性地將大量不同的商品展現在觀者面前，首先，大量的陳列品與巨大會場和華麗建築，讓觀者在壓倒性的氣勢中，產生與日常斷裂的驚奇感。其次，博覽會的展示手法，是將事物從其原本所屬的脈絡中切離出來，重新安置在博覽會的特定空間中，建構出展示者希望這個事物被認知的樣態或意義。[21]這背後近代國家象徵權力的作用展露無遺。參觀者一到會場，立刻被大量的物與裝飾包圍，環景畫（panorama）、將原住民當作展品的「人類展示」等，讓參觀者感到新奇、炫目，可以說這是一種將參觀者從「內＝身處的世界」拉向「外＝異世界」的外部指向活動，參觀者不斷地看到大量的新事物，也不斷地知道自己缺少什麼、能擁有什麼，欲望於是被創造出來，再不斷地被喚起。在這個過程中，感官中最具效率的視覺，被從五感中突顯出來，受到格外的重視。

觀看的方式與時空的對象化

在這裡必須注意到視覺作用的變化。人們透過五感的共同作用來知覺這個世界。在近代以前的感覺世界是小而複雜的，人與自然的關係是一體的，人是自然的一部分，身體被包裹在自然之中。傑克・哈特涅（Jack Hartnell）指出，在中世紀時，觸覺是五感中最基本的一種，和其他嗅覺、味覺、視覺、聽覺不同，觸覺是一種踏實、堅定、明確的感覺，讓周遭的環境變成可以直接摸到的存在。在這種想法下，中世紀把觸覺當成活力的基本衡量標準。[22]愛德華・霍爾（Edward T. Hall, 1914-2009）引用精神分析學的說法，將知覺世界分為視覺中心的世界與觸覺中心的世界。相較於前者，觸覺中心的世界是較直接的，空間內部因此也相對是較持續友善的，而視覺中心的世界，因為充滿著不可預測的物體（人類）——可看到卻不必然是可接觸的——所以即使友善卻也具備著危險性。[23]換言之，當世界開

20　吉見俊哉，《博覽會的政治學》，頁26-101。呂紹理，《展示台灣》，頁316-320。

21　關於博覽會、博物館的展示陳列史，可參看：松村昌家，《ロンドン万国博覧会（1851年）新聞・雑誌記事集成》。高橋雄造，《博物館の歴史》（東京：法政大学出版局，2008）。

22　Jack Hartnell，《中世紀的身體》（臺北：時報文化，2021），頁207-208。

23　Edward T. Hall，日高敏隆、佐藤信行譯，《かくれた次元》（東京：みすず書房，1970），頁90。

始從面對面關係的觸覺中心世界，轉變往人與人、人與事物彼此以觀看為主、透過媒介理解彼此的視覺中心世界，例如人口眾多的大都會時，危險與疏離也就連帶產生。這即是在論述近代化時，奧爾格・齊美爾所談到的麻木疏離，或是卡爾・馬克思（Karl Marx, 1818-1883）所謂的異化（alienation）。

關於視覺文化的興起，可以追溯到歐洲文藝復興時期，人與自然的關係從此時逐漸發生變化，人從自然中獨立出來，將自然視作觀察與控制的對象，也就是可以被切割、被擁有的對象，而介在人與自然之間的技術，是人控制自然的手段，這即是近代化的過程。在這個過程中，時間、空間都被對象化出去，具有使用價值，到了資本主義的概念下，使用價值某種程度上都與交換價值連結在一起，也就是必須要透過金錢交換去取得，而不再是自然而然地存在。因此，時間等於金錢，少做的工時等於少獲得金錢，也就少買到空間－住所、新鮮的空氣、與其他人之間的距離。[24]

再從廣義層面來思考「中介」概念的話，可以說技術是一種媒介體系，每個時代、社會往往有一個以生態體系式存在的「主導性媒體技術」，對人的心性與社會的結構產生作用。[25]例如中世紀是觸覺中心社會，常以聽覺媒介為中心，戲曲、表演乃至商業手法均是經由身體共感覺而形成的共同體之活動方式被接收。而歐洲自中世紀末以來，印刷術逐漸發展起來，城鎮與工坊帶起局地經濟圈的發展，到了 18、19 世紀工廠與大都市興起，人與人之間的關係從面對面的觸覺中心，轉向透過媒介相互溝通的視覺中心的近代知覺經驗，視覺刺激逐漸在共感覺中佔有壓倒性的地位。如愛德華・霍爾所指出的，雖然聽覺比視覺能更快速引發反應，但視覺是五感中最有效率的感官，所獲得的訊息較聽覺或觸覺來得多且快

-----

24 從卡爾・馬克思的經濟學觀點而言，使用價值是指由具體勞動生產出來的。但這個概念有更廣義的論述角度。美國人類學者馬歇爾・大衛・薩林斯（Marshall David Sahlins, 1930-2021）從對人的有用性（utility）角度來定義使用價值有交換價值。而尚・布希亞從符號／象徵的生產過程的角度來思考，意指／使用價值，意符／交換價值，以此作為消費社會的政治經濟學的理論取徑。

山本哲士，〈交換價值／使用價值〉，收入木田元、丸山圭三郎、栗原彬、野家啟一編，《コンサインス 20 世紀思想事典》（東京：三省堂，1989），頁 313、316。

25 大黑岳彥，《「情報社会」とは何か？「メディア」論への前哨》（東京：NTT 出版，2010），頁 48-77。

關於近代化的概念，可進一步參考：今村仁司，《近代性の構造：「企て」から「試み」へ》（東京：講談社，1994）。今村仁司，《近代の思想構造——世界像・時間意識・勞働》（京都：人文書院，1998）。桜井哲夫，《「近代」の意味：制度としての学校・工場》（東京：日本放送出版協会，1984）。廣松渉《近代の超克》（東京：岩波書店，1997）。

速，同時，與感情也最無連帶關係，是最能與抽象思考相連的感官。因此，在理性主義興起的近代化過程中，有效率又冷靜抽象的視覺會被突顯出來，是有脈絡可尋的。19 世紀以來，無論是報紙與大眾圖像印刷物、火車車窗旅行、博覽會、櫥窗觀賞等的興起，都是以視覺為主的媒介體系。

再以對於鄉野生活看法的變化為例。19 世紀可以看到二種對鄉野的描述，一種是認為土壤會生出有害氣體，菜園因施肥而產生惡臭的空氣，使鄉間村落跟沼澤一樣會產生有毒的瘴氣。另一種則是詠嘆鄉間花卉香氛，有水車、木屋，是一片為了獨居而生的鄉野。前者是深入其中，鄉野是令人嫌惡歧視的下等人，後者則是在被警告不該離開山坡小徑的旅行者的路線上，遠遠去感受的視覺美。[26]這意味著被氣味環繞的觸覺為主的共感覺經驗，是劣等的；而以視覺抽象遠觀的經驗，是文明並具美學的。

視覺被強調的同時，眺望的觀看方式、透視法也發展開來，在過去的五感時代，人是在環境之中認識世界。而近代的視覺世界裡，人們開始在一定的距離外觀看世界，這也與理性主義的發展相關：人們將自身從世界中抽離出來，把世界及事物給對象化，從而進行觀察、分解、剖析。[27]將事物去脈絡化後再現的博覽會，即是最好的代表例。換言之，這是一個思考架構與符號意義體系整體包含上下位階反轉的變化。

過去，風景是有特定意義的場所、是一種此時此地的禮拜式經驗，然而 19 世紀火車旅行興起，尤其是英國的湯瑪斯・庫克（Thomas Cook, 1808-1892）在 1841 年推出火車鐵路旅行團的企畫，蔚為流行後，透過車窗在一定的距離外眺望風景的觀看方式，逐漸取代過去以五感在風景中漫步前進的旅行方式，[28]人們不再是與事物混沌一體，人與物的關係不再緊密，而是在距離之外冷靜地瀏覽；事物的

26　Alain Corbin，蔡孟貞譯，《惡臭與芬芳》（臺北：臺灣商務印書館，2021），頁 221-225。

27　例如文藝復興時期出現並快速擴散的三點透視與一點集中的繪畫法，即顯示出了與中世紀不同知覺觀點。中世紀的西洋繪畫中，遠方的事物有時會與近的事物同等大小，因為其呈現出的比例是繪者的知覺世界、而不是其網膜上所映出的事物。但遠近法則是將流動的感官靜止下來，也就是讓空間靜止、從某一點要素去觀看並建構空間的圖像，也就是將實際上動態的三次元的空間轉換成二次元，以靜止的眼去平視前方，用視覺去處理空間，這個變化不只是顯示出畫家構圖的結果，更是顯示出以數學式嚴密的方法，將人類與空間關係起來的整個的近代化概念的轉變。Edward T. Hall，《かくれた次元》，頁 63-75、89-96、120-124。Sir Ernst Hans Jose Gornbrich & Julian Hochberg & Max Black《藝術、知覺與現實》（臺北：木馬文化，2021）。

28　Wolfgang Schivelbusch，加藤二郎譯，《鉄道旅行の歴史》（東京：法政大学出版局，1982），頁 62-66。

意義也不再只屬於原生的脈絡，而可以被任意創造。這種在距離之外毫無遮蔽、快速地觀看大量訊息的環景畫方式，被帶入博覽會的展示文化、再被收納進百貨公司的消費文化中：人們經過一排又一排的陳列展示櫃、櫥窗與大量商品，經驗著奇觀式的瀏覽，與飛速退去、不斷變化的車窗旅行擁有同樣的特質，人們可以觀看事物，再藉由主觀的感情與理想去想像事物的意義，意義的轉嫁與消費的遊戲性得以成立。

新奇商店、拱廊商場、博覽會等消費空間，便是在視覺文化的脈絡下一步步發展出來，背後當然連結著工業革命與資本主義帶來的商品過剩生產，以及市場擴張的需求。透過一次性地觀賞大量「物」，並利用展示重新賦與商品意義的百貨公司，也就在這樣的背景下，在 19 世紀中的法國巴黎誕生了。

二、近代西方百貨公司的誕生

歐美的百貨公司大多是從以布料雜貨為主的新奇商店，逐漸變身而來。從英國「懷特里斯」（Whiteleys）百貨的例子，可以看到百貨公司與博覽會之間的連結。其創辦人威廉‧懷特里（William Whiteley）在 20 歲時到倫敦市中心的海德公園（Hyde Park）參觀英國的萬國博覽會（Great Exhibition, 1951）後，決定從英國東北部的約克夏（Yorkshire）搬到倫敦，尋找他的零售店的未來。1863 年，懷特里在倫敦開設布料店「懷特里斯」。1872 年，懷特里斯百貨獲得「國家的與世界的藝術和工業的無限饗宴」（an immense symposium of the arts and industries of the nation and of the world）之美譽，相當於英國 1851 年萬國博覽會中水晶宮所得到的美稱。[29]

不過，邁克爾‧米爾認為最早的百貨公司，應是法國的「篷瑪榭」。1852 年，阿里斯蒂德‧布斯柯在法國巴黎市中心開了一間的日用品零售百貨店：「篷瑪榭」（圖 1-3），法文意思為「廉價好商店」，布斯柯將早年在新奇商店工作時，所學習到的新商業手法帶進自己的店裡，包括自由出入店、標明定價、現金交易、可退換貨，並善用櫥窗。

29　Claire Masset, *Department stores*, N.Y.：Shire. 2010. p. 11. "The Whiteley London"，https://www.thewhiteleylondon.com/history，查看日期：2022/6/20。

世界初的百貨公司：巴黎的篷瑪榭

　　阿里斯蒂德‧布斯柯所導入的新商法中，與新奇商店最大不同之處，乃是建基於資本主義合理性與效率的邏輯。原本現金交易即有助於加快資金回轉速度，布斯柯又採用直接從工廠大量進貨、薄利多銷的方式，使得商品低價化。當時，一般零售店販售的，大多是庫存流動緩慢的商品，篷瑪榭最初也是以絹、綿等布料與少數成衣為主，加上一些床單、帽子和生活用品，之後則增加低價但流動快的商品種類，以減少庫存壓力，並開始將眾多商品分門別類地陳列、販售。不過，這時的篷瑪榭規模並不大，只有四個部門。1860 年後，再增加披風、大衣等大型成衣，以及手套、領帶、傘、內衣、絨毯等商品。大量購入使得成本降低，也使得選擇多樣化的商品成為可能，開啟了百貨公司的新商法。[31]

　　篷瑪榭百貨創造了一個與日常隔絕的夢幻空間，在這裡所有的一切物都與原生的世界斷離開來，由篷瑪榭百貨重新為它定義。這即是從博覽會習得的視覺展

30　圖片來源：Kaufhaus Au Bon Marché in Paris, 1852." WIKIMEDIA COMONS.https://commons.wikimedia.org/wiki/File:Le_Bon_March% C3% A9,_013.jpg（查看日期：2022/12/16）

31　鹿島茂，《デパートを発明した夫婦》，頁 39-40。

示的文化。例如，篷瑪榭若在櫥窗中將毛皮、絲絹與玫瑰放在一起，則三者之間產生了逐字關係：以物而言，即是在明示義的層次上，因為位置相近而發生聯想產生意義作用，[32]它們各自與原生產地的獸、蠶、土壤斷裂開來，而在玻璃光影折射下，被神話作用形構為富麗堂皇的代名詞。又或是篷瑪榭百貨利用 19 世紀時細緻的黑白印刷術印製精緻的商品目錄，佐以美麗的彩色封面，將所謂時尚的「物」全部展現在商品目錄，並加入生活方式的論述，描繪出理想家庭的生活樣貌：自宅的沙龍該如何舉辦、參加別人的沙龍時又該如何打扮；劇場或音樂會等社交場合的細節處；假期間該去哪裡、如何準備；公園散步要怎麼裝扮、哪個公園才是良好的去處等等，這些都是身屬布爾喬亞階級應該要作到。[33]於是，什麼帽子搭配什麼披風才是時尚，沒有自然的脈絡，只有篷瑪榭百貨定義、且被消費者們相信的、社會文化的脈絡。不僅是上百貨公司的消費者沉浸在夢幻的國度中，連收到郵購目錄的人也接收到了應該要這麼作才能成為那個階級的義務感，成為布爾喬亞階級[34]學習貴族階級生活方式的來源之一。

　　篷瑪榭在 1852 年時的營業額為 45 萬法郎，1863 年時增至 700 萬，擴大店面（圖 1-4）、1869 年時再激增至 2,100 萬法郎。他在 1868 年買下原店鋪旁邊，因巴黎大改造而要拆掉的「濟貧院」（Petit Ménage），總共 5,000 平方公尺，[35]邀請設計巴黎艾菲爾鐵塔的建築師古斯塔夫・艾菲爾（Alexandre Gustave Eiffel, 1832-1923），以巴黎歌劇院為模型，從 1869 至 1872 年蓋起一棟宛如重現倫敦萬國博覽會的水晶宮那般，善用玻璃折射與鐵骨的豪華建築（圖 1-5）。四角圓拱頂塔、中央是大片透光

32　Roland Barthes 在〈映像の修辭学〉一文中指出，當畫面中有一連串事物／符號，會產生出社會文化所具有的明示與共示的意義，這種「逐字的關係」存在於符號的明示義的層次，是相對於象徵的、共示義的訊息；是事物／符號在人類學層面的知識上，在日常生活中理解事物的基本層面。Roland Barthes，〈映像の修辭学〉，《第三の意味》（東京：みすず書房，1984），頁 25-30。

33　鹿島茂，《デパートを發明した夫婦》，頁 100-102。

34　17 至 18 世紀經歷初期的近代化革命的歐洲，社會結構開始產生變化，當時最主要的革命主體為市民階級，在法國大革命時被稱為第三身分者，包括大商人、法律家、軍人、金融利息者等「bourgeoisie」，也是有產業的階級：布爾喬亞。此時的布爾喬亞與 20 世紀的布爾喬亞階級不同，仍然是一種身分的延長。19 世紀因工業革命，發生劇烈的社會變動，依卡爾・馬克思所述，社會階級逐漸分為貴族、布爾喬亞－中間層－無產階級。中間層又包括傳統的舊中間層（農民、中工業者、小生產業者、小商人等）與新中間層，後者雖然是被僱用的無產者，但在職業分類上屬於專業技術者、管理人員、事務員、服務業等白領階級，具有較高的教育與知識水準，所得與威信也較高，也被視是小布爾喬亞階級，是也就是在 20 世紀初接替布爾喬亞階級成為新消費群的人。富永健一，《近代化の理論》，頁 315-232。

35　到了 1906 年時，篷瑪榭百貨佔地更增至 53,000 平方公尺。Frank Trentmann，《爆買帝國》，頁 244。

玻璃的天頂，上方細鐵骨為柱、柱上有精美的雕刻，金色與奶油色為底的內部空間中，優美曲線的大階梯連結挑高的中庭，每層樓有細鐵鑄成的陽台可眺望中庭賣場的風情；賣場之間間以數層鐵鑄的蕾絲裝飾成的鐵橋相隔，錦緞、絲綢有如瀑布般洩下，形成壯麗絢爛的景觀（圖1-6）。[36]

圖1-4、篷瑪榭1863年時的建築。圖片來源：WIKIMEDIA。[37]

圖1-5、篷瑪榭1873年時的建築。圖片來源：WIKIMEDIA。[38]

36　篷瑪榭對店員除了提供訓練外，還有員工免費餐廳、單身宿舍、文化講座、退休金等福利。鹿島茂，《デパートを発明した夫婦》，頁62-75，159-221。吉見俊哉，〈万国博覧会とデパートの誕生〉，頁26-27。

37　圖片來源："Kaufhaus Bon Marché in Paris, 1863. Fassade an der Rue de Sèvres, links Einmündung der Rue du Bac.." WIKIMEDIA COMONS. https://commons.wikimedia.org/wiki/File:Le_Bon_March％C3％A9,_008.jpg（查看日期：2022/12/16）

38　圖片來源："Kaufhaus Bon Marché in Paris, 1873. Fassade an der Rue de Sèvres und der Rue Velpeau." WIKIMEDIA COMONS. https://commons.wikimedia.org/wiki/File:Le_Bon_March％C3％A9,_009.jpg（查看日期：2022/12/16）

圖 1-6、篷瑪榭（Le Bon Marché）百貨 1872 年時大廳主樓梯與內觀，四週垂下著豪華繡紋的布匹。屋頂是天井玻璃，沒有安置任何施設於其上。圖片來源：WIKIMEDIA。[39]

　　隨著店的擴張，大型百貨公司的人事組織與運作也和以往不同。阿里斯蒂德‧布斯柯採用理性的現代化組織架構、積效獎金制、升級制，提高運轉效率，並促使員工提供客戶完善的服務。同時，因為大量進貨、薄利多銷，一旦因為某些理由滯銷，即會造成惡性循環，為了加快庫存的清空，布斯柯發明「特價拍賣」的銷售法。當時有一些百貨公司或高級商品店，會將退流行的商品賣給行商，賣到鄉下地方，但布斯柯認為這樣會有損商譽，因此，每數個月便進行一次出清退流行庫存商品的過季大拍賣。[40]

　　當然，在還是以高級商品與布爾喬亞階級為對象的新興時期，百貨公司的特賣會是相當吸引人的。而且，阿里斯蒂德‧布斯柯注意到了與其由自家商店販賣流行品，不如由自身來創造流行商品更好，而這正是百貨公司能強烈地影響當時

39　圖片來源：Hubert Clerget 版畫，" Hubert Clerget: Le Bon Marché, Innenansicht, 1872." WIKIMEDIA COMONS. https://commons.wikimedia.org/wiki/File:Le_Bon_March% C3% A9,_006.jpg（查看日期：2022/12/16）

40　從米爾的看法而言，篷瑪榭百貨公司是以家庭企業的概念在經營，依據他的論述，19 世紀的布爾喬亞與資本主義乃是以核心家庭為中心在運作。Michael B. Miller, *The Bon Marché：bourgeois culture and the department store, 1869-1920*. pp. 75-165. 鹿島茂，《デパートを発明した夫婦》，頁 42-52。

的布爾喬亞階級文化的理由，亦即「能刺激架空的欲望，誘發難以抗拒的衝動，創造新的精神狀態的魔術」[41]是非常重要的，布斯柯正是誘惑手法與表演技巧方面的天才。1872 年新建的華麗巨大店鋪，恰好作為他展演的舞台，讓來客陶醉在他所演出的夢幻氛圍中。[42]

新館開幕後，阿里斯蒂德‧布斯柯大幅增加了成衣賣場，並加入兒童服、玩具、香水、珠寶、運動用品、露營及旅行用品等區域。在布斯柯於 1877 年過世時，篷瑪榭所銷售的商品，大約已包括現今法國百貨公司所有販賣的商品類別，也就是達到現今多樣化的水準。[43]

建構布爾喬亞階級文化

篷瑪榭百貨販賣的家俱，桌椅、床、梳妝台、窗簾等，多是仿效貴族階級生活方式打造的。過去的市民們看不到的奢侈華麗——例如義大利的梅迪奇家中再如何絢爛奢靡，對被隔絕在外的人而言都是秘密——在身分制度崩壞後，可以被市民們擁有。大約在 1850 年以後，商人們開始將過去隔絕在貴族宮廷館邸裡的奢華意象，以成套商品的方式具象化地販售著，讓市民們看見、甚至買入過去屬於王侯貴族專屬的用品，[44]而這也與私人住宅的空間配置與裝潢的變化有關。

法國在 18 世紀中期以後，私人建築開始著重舒適便利的新需求，各個空間之間有了區隔與專屬用途。而 19 世紀的核心家庭是布爾喬亞階級「名副其實的工具，是其成功與失敗的終極仲裁者」，[45]布爾喬亞階級的體面、地位、社交、野心，都由他們的日常生活以及在其中追尋的意義，所形塑出來的家庭價值、忠誠和關係來彰顯。尚‧布希亞也提到，居住環境的空間具有社會地位區辨的功能，自然、空間、清新的空氣、安靜等被視為稀少財，是要高價追求的對象，也最能顯現出上下階層的支出差異。[46]因此，19 世紀的布爾喬亞階級大規模地去關注庶民住宅，謹慎地與這類住宅區保持距離。這一方面讓核心家庭成為布爾喬亞階級

-----

41 鹿島茂，《デパートを発明した夫婦》，頁 30-31。

42 Michael B. Miller, *The Bon Marché：bourgeois culture and the department store, 1869-1920*. pp. 166-178.

43 鹿島茂，《デパートを発明した夫婦》，頁 103。Michael B. Miller, *The Bon Marché：bourgeois culture and the department store, 1869-1920*. pp. 167-168.

44 雖然赫蘭特‧帕斯德曼金指出在二次大戰前幾十年，至少在 1928 年時，傢俱已是百貨公司利潤最低的部門。Hrant Pasdermadjian, The Department store, pp. 51, 83.

45 Michael B. Miller, *The Bon Marché：bourgeois culture and the department store, 1869-1920*. p. 75

46 Jean Baudrillard，《消費社会の神話と構造》，頁 62-63。

的快樂之處，同時，也使得居家衛生——無臭、芳香——成為區辨階級的品味，尤其是清淡自然的花香味更是仕女的地位象徵。[47]香水會成為之後百貨公司的熱賣品，與這一點密切相關。

家庭既然是布爾喬亞文化的中心，巴黎的布爾喬亞階級購入的新建築，便要將日常生活的住家打造為有意義的生活空間。百貨公司正提供一套套貴族生活方式的樣本：化妝間、兒童房、主臥室、待客室等，而首先，布爾喬亞階級必須先為所有的窗子裝上華美適當的窗簾，將家裡與外在隔開，形成「快樂的家庭生活＝內部」[48]。提供著貴族階級生活方式與傢俱等的篷瑪榭百貨，藉此取得象徵資本，為自己在新的階級文化中建立象徵權力，奪下創造流行的領導權。

新建的篷瑪榭百貨公司裡，不僅只有賣場，二樓還有宛如巴黎的歌劇院——貴族巴洛克文化——的讀書室：挑高的天井，室中央是一張大書桌，備有筆和印有篷瑪榭印的便箋與信封，讀書室的兩端設有巨大的暖爐，暖爐上方是鑲在柱上的巨大時鐘。1875 年第二期工程完後，二樓的畫廊與讀書室合併為長 20 公尺、高 8 公尺的、內部採羅浮宮博物館畫廊般宏大風格的空間，裡面的畫作並非高級畫作，但對小布爾喬亞階級的女性消費者而言，這樣的文化氛圍足矣。讀書室附近有一個小的自助餐室，裡面擺設著精美的傢俱、窗簾與象徵南亞風光的棕櫚葉，華貴一如劇院的休閒室（lounge）。[49]此時的近代化概念中，「空間」也與「時間」一樣，被從自然中切割出去，成為一種可以被擁有的對象，[50]因此，百貨公司中沒有用作賣場、無法產生利潤的空間（讀書室），乃作為一種被享受的「剩餘」／留白、一種附加價值而存在，對篷瑪榭百貨或是使用者而言，都是一種地位的象徵。

「阿里斯蒂德‧布斯柯的企圖是在中上階級的女性無法在市街上漫遊的時代，打消女性消費者們對『購物』即是要『外出』的心防，讓她們可以輕鬆地抱著『可以免費利用百貨公司』的心情，前往篷瑪榭百貨。」[51]

來客可以在讀書室裡閱報讀書、等人、寫信、休憩，甚至成為情人間私會的場所，百貨公司對此也採默認的態度，甚至將之當成一種攬客的賣點。高山宏

-----

47 相反的，濃烈的香味則被視為劣等的、獸性的、下層階級的。Alain Corbin，《惡臭與芬芳》，頁 230-285。

48 Alain Corbin，《惡臭與芬芳》，頁 230。

49 鹿島茂，《デパートを発明した夫婦》，頁 133、136。

50 Jean Baudrillard，《消費社会の神話と構造》，頁 63。

51 鹿島茂，《デパートを発明した夫婦》，頁 134-135。

（1947-）認為，從現代效率主義的觀點來看，讀書室的空間或許是不必要的，但卻可以從此處看到 19 世紀後半的布爾喬亞文化所追尋的基本意象，是直接引用貴族的巴洛克文化。[52]

不過，有趣的是，與法國不同，德國的貴族與受過教育的布爾喬亞階級（Bildungsbürgertum）[53] 對百貨公司表示沉默與敵意。一些德皇威廉時代（1890-1918）的知識份子、中上階級者在被發現於百貨公司消費時，會感到非常可恥。慕尼黑的提茲（Tietz）百貨曾揭露有許多出身高社會地位家庭的富裕女士，告訴百貨公司店員說，她們是「代僕役」在此消費，並堅持不用標有百貨公司主題圖案的提袋，而要用日常的、匿名的、褐色的紙袋來裝她們買的東西。[54]這也符應了奧爾格·齊美爾在談到流行時所說的，上層階級會對下層級階的模仿感到不滿，並試圖產生區辨化。[55]

阿里斯蒂德·布斯柯的新手法也受到其他商人的注意。1855 年，巴黎為了萬國博覽會的展開，開設一間可以容納 8,000 名觀光客的「羅浮宮大飯店」（Hôtel du Louvre），「羅浮宮百貨」即在大飯店的一角成立，並採用與篷瑪榭百貨同樣的商業手法，標的客群是入住大飯店的高收入階層，販售商品包括日用品、衣服、傢俱家飾等。1874 年，羅浮宮百貨克服資金問題，將整棟飯店買下來，轉變為將商品分門別類販售的百貨公司。[56]

1865 年「春天百貨」（Printemps）成立，建築物是由之後設計了 1900 年巴黎萬國博覽會指標性大門（the Monumental Gate）的名建築師勒內·比內（René Binet, 1866-1911）主導，1874 年擴大店面成為大型百貨公司，這是巴黎第一間使用新奇的電燈，也是巴黎第一間與地鐵接口的百貨公司。1869 年，歐內斯特·科尼西克（Ernest Cognacq）成立「莎瑪麗丹」（Samaritaine）商店，1872 年，他與篷瑪榭百貨的第一位女性售貨員 Marie-Louise Jaÿ 結婚，一起經營這家店，逐步擴大店面成為

52　高山宏，〈贅沢のイメージ・メーキング〉，頁 19-20。

53　主要是指在 18 世紀後半出現在德國的有教養（Bildung）的市民階級。他們擁有富裕的生活與社會地位，試圖透過古典教育的人文學、文學、科學教育與對國家事務的參與，而與其他階層產生差異化。

54　Tim Cole, "Department store as retail innovations in Germany: a historical-geographical perspective on the period 1870 to 1914." In Geoffrey Crossick and Serge Jaumain Haunt, ed., *Cathedrals of Consumption*, Hants: Ashgate Publishing Limited, 1999, p. 78.

55　Georg Simmel，〈時尚心理的社會學〉，收錄於劉小楓編選，《金錢、性別、性代生活風格》（臺北：聯經，2001），頁 103-104。

56　佐藤肇、高丘季昭，《現代の百貨店》（東京：日本経済新聞社，1975），頁 36-37。吉見俊哉，〈万国博覧会とデパートの誕生〉，頁 26。

百貨公司。

　　整體而言，巴黎的百貨公司文化經過中等商店的階段後，在 1860 至 70 年代已然確立下來。當然，1850 至 1870 年巴黎進行都市大改造後，都市有了一定的基礎建設，舖好的道路變寬，上下水道等衛生系統完善，在衛生保健的策略與消毒去污除臭的計畫下，原本充滿惡臭的巴黎公共空間，開始變得乾淨，[57]新建築與大街相繼完成，再加上交通網乃至公眾交通系統的建立，使得跨區域的消費成為可能，這些都是新的商業空間能被發展出來的背景條件，同時，也給予百貨公司櫥窗展示更好的空間。百貨公司隨著華麗的空間布置、販售象徵貴族階級的生活方式與文化商品，成為流行時尚與高級的代名詞，開啟展示商品的消費文化，而安全封閉的空間也給予當時的女性可以閒逛消費的場所。[58]

百貨公司到英美

　　法國的新商法刺激了各國商業界，歐美各地出現了百貨公司潮。相對法國受到行會的限制，英國倫敦在 18 世紀時，櫥窗展示和店內裝潢已相當常見，同時，英國也是最早舉辦萬國博覽會的國家，但是，在一棟建築內、販賣大量不同種類商品的近代百貨公司，則要到 1860 至 70 年代才出現，而像巴黎、紐約、費城等地一樣的大規模百貨公司，在 1890 年代才在倫敦出現。[59]

　　1863 年，正值英國百貨公司草創時代，「懷特里斯」衣料店成立，到了 1867 年佔據一整排街的商店。1870 年代中，威廉・懷特里自稱為「萬能供應商」（the Universal Provider），除了女裝、珠寶、皮草、傘、人造花之外，增加家俱、靴帽的品項，以及衣著設計剪裁、美髮、房仲、衣物乾洗等服務，並開設茶室。1881 年

57　就柯爾本而言，去除臭味可以說是一種現代化的過程。Alain Corbin，《惡臭與芬芳》，頁 136-151。

58　Rosalind H. Williams，吉田典子、田村真理譯，《夢の消費革命》（東京：工作舍，1996）。海野弘，《百貨店の博物史》（東京：アーツアンドクラフツ，2003），頁 14。佐藤肇、高丘季昭，《現代の百貨店》，頁 9。神田由紀，《趣味の誕生》，頁 2-34。Michael Winstanley, *The Shopkeeper's World*. Manchester: Manchester University Press, 1983, p. 58. Hrant Pasdermadjian, The Department store. p. 5. 高山宏，〈贅沢のイメージ・メーキング〉，頁 10-24，吉見俊哉，〈万国博覧会とデパートの誕生〉，頁 26-27。Michael B. Miller, *The Bon Marché：bourgeois culture and the department store, 1869-1920*. p. 36.

59　Hrant Pasdermadjian, The Department stores. 6-7. Michael B. Miller, *The Bon Marché：bourgeois culture and the department store, 1869-1920*. p. 22.

更增加賣畫、鋼琴、花等文化商品，以及車票。1911 年，遭遇大火後，懷特里斯的董事會決定搬到皇后路（Queensway）上一棟新建築中，該處鄰近倫敦第一條地下鐵的潘丁頓車站（Paddington Station），[60]除了乘馬車的有錢人之外，一般大眾也能乘地下鐵到店內購物。這也顯示出 20 世紀初百貨公司開始邁向接收新中間階級客群的變化。

　　另一方面，英國「哈洛茲（Harrods）百貨」與其他百貨公司是由布料店起家不同，創辦人亨利・哈洛德（Charles Henry Harrod）最初在 1835 年開的店是經營食料批發與茶葉零售，1853 年正式成立「哈洛茲（Harrods）商店」。1861 年將店賣給兒子查爾斯・哈洛德（Charles Digby Harrod），但茶葉始終是該百貨的招牌商品。1868 年營業額達 1,000 鎊後開始轉移至二層樓的大店面，並增加販賣品項，包括香水、藥品和文具。1874 年接手隔壁店面並設立了「Harrods Stores」的看板，逐步開拓客源。1883 年，哈洛茲遭遇大火，全店幾乎化為廢墟，1884 年重建店鋪，新店鋪一入大門迎面就是巨大的空間，中央是圓型的櫃台，有專員在登記訂單。左側陳列著各種酒、接著是陳列著如山的茶、糖、咖啡、罐頭、食料、海鮮等的長型櫃台。右側是水果與鮮花、灌木、肉類的賣場。一樓中央是可容五、六人的大階梯，往上走可看到包括了紅茶茶具組、鍋、酒瓶、衛浴等各種炫目的銀器，二樓有待客室用的金飾、女性臥室裝飾用的繪陶瓷器，掛在牆上的馬具裝飾、高級的旅行箱等高級飾品，三樓是女性樓層，有各式化妝用品、香水、遊戲用品，四樓則是傢俱。地下階仍保有 1878 年時開設的貴重品寄放保險箱業務。1898 年，哈洛茲百貨公司在一、二樓間安裝了帶狀手扶梯，一開始，店員們必須在電扶梯口提供嗅鹽和白蘭地給乘客壓驚。[61] 20 世紀初，哈洛茲超越了懷特里斯，成為倫敦第一的百貨公司。英國的百貨公司與法、美的百貨公司不同之處，在於相當重視男性顧客。例如在哈洛茲百貨後續的擴建與改革中，紳士髮廊、紳士服賣場與酒吧等都逐漸獨立成區。[62]到了 1911 年時，哈洛茲百貨已擁有現今店鋪的廣大面積。[63]

60　Claire Masset, *Department stores*, pp. 11-12.

　　"The Whiteley London：History," The Whiteley London. https://www.thewhiteleylondon.com/history（查看日期：2022/6/20）

61　Claire Masset, *Department stores*. p. 21.

62　Tim Dale，《ハロッズ―伝統と栄光の百貨店》，頁 18-35、106-107。

63　Tim Dale，《ハロッズ―伝統と栄光の百貨店》，頁 58。

　　根據維基百科，目前哈洛茲百貨的佔地約 20,234 平方公尺（5 英畝），賣場有 100,000 平方公尺。Harrods, https://en.wikipedia.org/wiki/Harrods（查看日期：2022/6/21）

經濟學者赫蘭特‧帕斯德曼金認為，美國是最早仿效法國的百貨公司商法的國家，[64]美國大型店鋪均派員至法國學習百貨公司的經營方式——當然，在此之前，美國已有定價販售的大型化商店。[65] 19 世紀後半，美國急速都市化，都市人口激增，同時鐵路、馬車等交通工具發達，使得人與物均能快速移動，而報紙的價格下降，刊登便宜的報紙廣告成為可能，這些都有助於百貨公司的建立與宣傳。[66]

從 1860 年代至 1910 年代，「沃納梅克」（Wanamaker's）、「梅西」（Macy's）、「羅德與泰勒」（Lord & Taylor）、「希爾頓與休斯」（Hilton, Hughes & Co.）、「阿諾德‧康斯特布爾」（Arnold Constable & Co.）等商店，紛紛從原本的服裝雜貨零售店轉型成為百貨公司。以 1876 年沃納梅克在費城新建的百貨公司為例，店內鋪著大理石板，陽光從彩繪玻璃照射進來，大廳中裝設著水晶吊燈，商品以同心圓的方式展示，從華麗的大門進來的顧客立刻可以一覽無遺，同時，店內也設有剩餘的空間，如埃及廳（Egyptian Hall），以獅身人面像和純粹的風格、埃及式燈、壁畫和浮雕塑造出可容納 1,400 人宏偉的禮堂，可以用來表演音樂、舉辦活動等。[67]

再如美國芝加哥的「格西爾‧古柏公司」（Siegel-Cooper & Company）在 1879 年前後於紐約設的新店，一層的面積約為 68,796 平方公尺，為當時世界最大的百貨公司，店內設有銀行、醫療室、藥局、理髮店、電信局、照相館、溫室、育兒室、郵局與展望塔，[68]可以說集各種都市機能於一身，創造出一個便利的都市空間。而紐約的梅西百貨在 1902 年時從舊店移轉到曼哈頓區的先驅廣場（Herald Square），新建築佔地 23 萬平方公尺，採用時流行的學院派風格（Beaux-Arts），加上精細的古典紋飾，內部有六個優雅的大理石與鐵鑄的大階梯連接各樓層，此外，新的梅西百貨引入現代化科技，裝設了 33 台液壓電梯和 4 座木製手扶梯，

64　Ralph Hower 從商品多樣化的角度研究梅西百貨，指出美國的零售業與法國的是平行發展，而不是模仿的。Ralph Merle Hower, *History of Macy's of New York*, 1858-1919. Cambridge, MA: Harvard University Press.Jean-Noël Kapferer, 1943, p. 31.

65　Hrant Pasdermadjian, *The Department store*. pp. 5-6.

66　Michael B. Miller, *The Bon Marché：bourgeois culture and the department store, 1869-1920*. p39. 北山晴一，《おしゃれの社会史》（東京：朝日新聞社，1991），頁 14-35、186-190。海野弘，《百貨店の博物史》，頁 10-17，110-115。

67　吉見俊哉，〈万国博覧会とデパートの誕生〉，頁 25-30。John Wanamaker, *GOLDEN BOOK OF THE WANAMAKER STORES：Jubilee Year 1861 - 1911* (copy right by John Wanamaker. 1911) https://archive.org/details/goldenbookofwana00wana/page/n75/mode/2up?view=theater（查看日期：2021/12/12）

68　吉見俊哉，〈万国博覧会とデパートの誕生〉，頁 30。

1 小時可以載送 4 萬人。[69]引進最新科技讓消費者感受驚奇的體驗，[70]也是承自博覽會以來的奇觀經驗的手法。這些百貨公司也不斷在創造消費的範例，透過百貨公司在消費文化中引領風潮的象徵權力，去製造有利於百貨公司的消費符號。例如紐約的梅西百貨在 1880 年代「發明」了聖誕節送禮物的習慣，[71]而有餘裕能在聖誕節為孩子準備禮物在當時是一件奢侈的行為（圖 1-7）。

圖 1-7、梅西百貨 1942 年時的聖誕節。圖片來源：WIKIMEDIA。[72]

-----

69 Robert M. Grippo, *Macy's：the store, the star, the story*. N.Y.：Square One Publishers, 2009. p. 75.

70 Bill Lancaster, *The Department Store*, p. 201.

71 高山宏，〈贅沢のイメージ・メーキング〉，頁 12-13。

72 "New York, New York. R. H. Macy and Company department store during the week before Christmas." WIKIMEDIA COMONS. https://commons.wikimedia.org/wiki/File:R._H._Macy_and_Company_department_store_8d23935v.jpg（查看日期：2022/6/22）

奢侈、藝術與百貨公司

　　送孩童禮物是為奢侈的象徵意義，首先，孩童期（childhood）的概念是近代才產生的，在 17 世紀之前，孩童通常被送出去當作成人一樣的勞力。孩童與核心家庭之間的愛情與關懷的連結，是於近代化過程中被發明出來的，菲利普‧亞力耶斯（Philippe Ariès, 1914-1984）論述指出，能擁有低孩童死亡率、並讓父母能安全地對孩童發展出高度依戀的階級，應是布爾喬亞階級，[73]而孩子們從父母那裡收到包裝在印有梅西標誌的包裝紙裡的禮物的這個新習慣，意味著能這樣做的家庭／父母是有錢的階級：被寵愛的孩童象徵著家庭中有能夠被剩餘出來的勞力，而且父母願意為這個餘剩花費金錢、想像力，並滿足他／她的想像力。篷瑪樹著名的免費彩色廣告卡中，也有母親帶著小女兒到店中，得意地看著女兒在洋娃娃堆中挑選的卡片。[74]梅西百貨透過「孩童」這個符號的神話作用，區別化了自身與其他商店間的位階，同時將聖誕節從宗教的神聖節日轉向為消費的儀禮，並成為當時各百貨公司仿效的時尚。

　　1880 到 1914 年的這段時間，是歐美的百貨公司快速成長的時期，除了篷瑪樹，英國的哈洛茲、美國的梅西、沃納梅克、西爾斯（Sears）、金泊斯（Gimbels）、

73　Philippe Ariès，杉山光信、杉山惠美子譯，《〈子供〉の誕生：アンシァン・レジーム期の子供と家族生活》）（東京：みすず書房，1980）。

　　此外，松田佑子對 1901 至 1914 年的婦女雜誌《Femina》中的報導進行考察，該雜誌的讀者包括了金融資本家、產業資本家、高級官僚等的大布爾喬亞階級，以及小商店主、中小企業経営者等小布爾喬亞階級，以及在服裝、生活風格上與一般民眾劃分開來的中間階級，包括中間管理職、技術者、公務員、教員等人的妻子。松田佑子的將這些人視為是當時中‧上布爾喬亞階級女性。由於當時已提倡母乳的好處，因此這些布爾喬亞的女性認為必須要讓孩子喝母乳，但自身因工作、維持社交關係等原因不方便親自餵乳，因此僱用乳母，但因為乳母通常來自貧戶，因此他們會為乳母準備特別高的待遇與單獨的房間，同時有監視、指導乳母的義務。到了 19 世紀末，甚至有典型的乳母專用式服裝出現，讓人一眼就能辨識出乳母的身分，使得入住型乳母成為布爾喬亞家庭的一種裝飾品、富裕家庭的標識。不過，這也使得低階的布爾喬亞階級學著僱用入住乳母，讓她們穿上乳母服裝，使得原本的中上布爾喬亞階級對於社會秩序的混亂感到不滿。法國的這個入住乳母的風潮，直到一次大戰才消退，改由母親親自餵乳。

　　松田佑子的分類方式，涵括了馬克思所說的布爾喬亞階級與上層中間階級。而從這裡可以看到法國布爾喬亞家庭對孩童的重視。相對的，乳母的孩子則是被放置在原生家中，與母親分離。這也顯示出不同階級對於孩童的概念是不一樣的。

　　松田佑子，〈パリにおける「住み込み乳母」（1865-1914）〉，《国立女性教育会館研究紀要》vol.8，2004，頁 51-60。

74　Claire Masset, Department stores. p. 20.

佩瑞頓（Perry, Dame & Co.），加拿人的艾頓斯（Eaton's），德國的掃荔、西部（Westens）、亨利喬丹（Heinrich Jordan）、韋森海姆（Wertheim）等百貨公司，紛紛以精筆細緻的畫工佐以具有文化藝術品味的封面與插頁，出版象徵著自家公司門面的商品目錄，不僅每項產品有細緻的材質樣式敘述，並會用短文教育每季的新流行，同時有尺寸可供選擇。[75]這顯示出此時西方的百貨公司，已經有了一定的身體標準尺寸（圖 1-8）。同時，隨著當時報業的快速成長，百貨公司也注意到廣告的使用。1867 年時，巴黎的百貨公司已在報紙上刊登廣告。之後，美國的沃納梅克百貨更大量在報紙中插入夾頁廣告，為百貨公司的商業形式注入新的經營手段。1880 年到第一次大戰爆發的 1914 年這段歐美百貨公司的黃金時期，百貨公司在廣告上投入的金額也愈來愈多。[76]

　　此時的百貨公司已是都市現代化的象徵。[78]內部裝潢愈來愈受到重視，1890年代，百貨公司的巨大舞台，也生產出櫥窗藝術家這種新職業，並給予他們生出宏大幻想力的空間。例如亞瑟・弗雷澤（Arthur Fraser）便將芝加哥的馬歇爾・菲爾德（Marshall Field）百貨公司的整個店面，變成一座 17 世紀的莊園宅邸。[79]又如美國沃納梅克百貨費城店臨崔斯特奈特街（chestnut street）的三個櫥窗，被打造成法國路易十五和路易十六時期金碧輝煌的宮殿。[80] 1910 年代起，美國的百貨公司更致力於戲劇化地透過櫥窗展示商品，吸引過路客。

　　歐洲百貨公司在內部舉辦文化展覽會或設立美術館也相當常見。其中莎瑪麗丹百貨更是美術館與百貨公司之間有力關係的重要例證，其經營者科尼西克夫婦很喜歡收藏 18 世紀的藝術品，1914 年時，他們在嘉布遣大道（boulevard des Capucines）設立新店，1917 年成立為「豪華莎瑪麗丹」（La Samaritaine De luxe），並在

-----

75 以《佩瑞頓 1919-1920 秋冬商品目錄》為例，其在介紹一樓的女裝時，即寫著「本季最權威性的風格：一個有價值的非凡超絕即是這條優雅的絲綢連身裙」，下面並附著「如何訂製最適合你尺寸的服飾」，商品目錄的最後付有整頁的尺寸表，女裝分女仕與少女，尺寸還包括了手套、鞋子。Perry, Dame & Co., *Perry, Dame & Co. Catalog Fall & Winter* 1919-1920. No.72.（1919）N.Y.: Perry, Dame & Co.. https://archive.org/details/newyorkstylesfal00perr/mode/2up?view=theater（查看日期：2022/6/22）

76 Hrant Pasdermadjian, *The Department store.* pp. 6, 32.

77 圖片來源："Français: Catalogue de vêtements et articles pour ecclésiastiques, linge d'église, chasublerie, bronzes et orfèvrerie d'art." WIKIMEDIA COMONS.https://commons.wikimedia.org/wiki/File:Au_Bon_March ％ C3% A9_-_Page_（07）.jpg（查看日期：2022/12/16）

78 Frank Trentmann，《爆買帝國》，頁 227。

79 Frank Trentmann，《爆買帝國》，頁 245。

80 John Wanamaker, *GOLDEN BOOK OF THE WANAMAKER STORES*：*Jubilee Year 1861-1911.* 無頁碼。

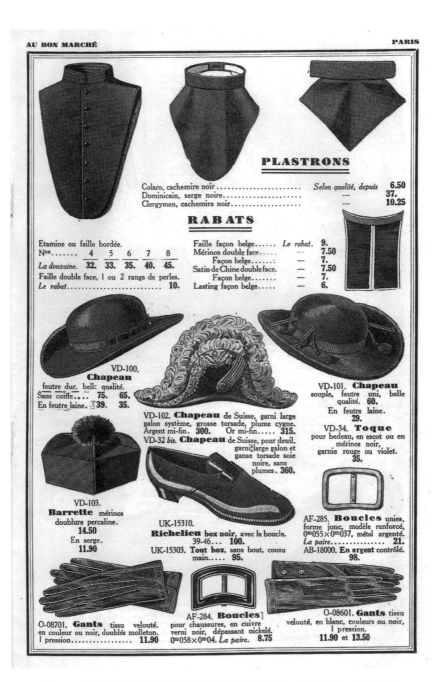

圖 1-8、篷瑪榭販售目錄上所賣的教會相關物品，已有尺寸大小可選。
圖片來源：WIKIMEDIA。[77]

店內公開展他們的藝術品收藏，之後不定時更新展品，最後將店的一部分變為美術館，1828 年歐內斯特・科尼西克過世，將美術館與收藏品都捐給巴黎市。再如篷瑪榭百貨以百貨公司名義參加萬國博覽會，1878 年時製作手套參加巴黎萬國博覽會得獎，1900 年時在巴黎萬國博覽會中設立「篷瑪榭館」。[81]美國的亦不遑多讓，沃納梅克百貨在 1894 年舉辦了「拿破崙歷史展」，由巴黎部門在博物館和畫廊仔細準備後，展出代表拿破崙皇帝生活場景的圖片、徽章和蠟像等，同時，百貨公司內還設有希臘廳、拜占庭間、摩爾人間、帝國沙龍、路易十三和路易十四套房、新藝術風格房間（the Art Nouveau Rooms），都是以其各自的文化風格去設計，可作為觀賞用，同時也是一種空間的享受。[82]梅西百貨 1902 年的 9 層新建築的頂樓，則是巨大的展覽會場，常舉辦各種展覽，包括家禽展、汽車展。[83]

整體而言，19 世紀以來，大型百貨公司從各種層面上展示著豐饒剩餘面上的奢侈，這也是其與新奇商店的不同。在商品上，百貨公司展示有多種類的商品，每一種商品內又有多樣化的差異／符號性，換言之，百貨公司提供過多選項的奢侈。在空間上，除了陳列展示之外，百貨公司挑高的中庭、大階梯、讀書室、畫廊、展示廳、茶室／咖啡廳，在在都顯示了空間的富餘，而這種餘白的享受正是階級身分的象徵。在時間上，從讀書室、畫廊、休憩室等設計，可以看得出來19 世紀至 20 世紀初以布爾喬亞階級為主的百貨公司，預設消費者是有時間的餘裕在百貨公司內消磨的有閑階級。

華麗巨大的建築，不僅是為了追求視覺上的壯麗，讓建築本身豪華的符號能轉嫁到商品上，同時，巨大、堅固、華貴的建築空間，從身體感覺上讓身處其境的人產生壓倒性的氛圍：信賴、禮拜、仰視、收斂。[84]因此比爾・蘭卡斯特才會在他對英國百貨公司所做的社會史研究最後，強調對許多消費者而言，重點不只在於買什麼，而在於在哪裡買。[85]

然而，在這裡必須要關注到第一節所提到的問題，也就是消費（consumption）

81　海野弘，《百貨店の博物史》，頁 232。鹿島茂，《デパートを発明した夫婦》，頁 129-130、237。高山宏，〈贅沢のイメージ・メーキング〉，頁 22。

82　John Wanamaker, *GOLDEN BOOK OF THE WANAMAKER STORES：Jubilee Year 1861-1911.* pp.238-248.

83　Ralph Merle Hower, *History of Macy"s of New York, 1858-1919: chapters in the evolution of the department store.* Cambridge, Mass.: Harvard Univ. Press, 1943, pp. 322-327. Hrant Pasdermadjian, The Department Store. pp. 27, 34.

84　Hermann Schmitz（赫爾曼・施密茨），《身体と感情の現象学》，頁 1-32、75-81。

85　Bill Lancaster, *The department store: a social history.* pp. 200-201.

一詞指的是浪費殆盡的意思。佐伯啟思（1949-）從喬治・巴塔耶（George Bataille, 1897-1962）的論點出發，認為資本主義的核心概念：「積累」與「處理過剩＝浪費」概念是一體的兩面。在經濟財貨的概念上，投資是將現在的過剩移到未來的時間點，也就是一種從現在向未來的擴張，唯有擴展疆域，才能蕩盡資本主義下的過剩，這就是消費。[86]因此，「積累」並不是停滯不動的貯存，而是不斷的蕩盡與擴張。對百貨公司而言，便是不斷地開拓新的市場、客群，直到一切都達到極限。

西方百貨公司的夕陽化與轉型

百貨公司在最初興起時，可以開發的客源是就在過去新奇商店、怪物商店、拱廊商場所培養出來的消費者，以及富裕而嚮往貴族文化品味的布爾喬亞階級。然而，隨著愈來愈多百貨公司的成立（資本主義概念中的一種擴張），客群的剩餘開始愈來愈小。在 19 世紀階級制度仍然有擁有一定力量的歐洲國家，如英國、德國等，即使技術上能夠進行大量生產，消費者仍是以貴族與布爾喬亞階級為主，「大眾」消費並不存在，直到 1914 年第一次世界大戰爆發後的戰爭影響，以及 1920 年代末開始的經濟大恐慌，歐洲的百貨公司才有些許變化。[87]但即使如此，百貨公司也逐漸因為中間階級的介入而發生轉變，1930 年代，在製造業為主的英國中、南部地區的百貨公司，努力吸引工人階級的客群，工人階級沒有中產階級那種對商店的忠誠度，更傾向於貨比三家、討價還價，因此，百貨公司薄利多銷與現金周轉的面向逐漸變得重要，1957 年英國伍爾弗漢普頓的比堤斯百貨公司（Beatties of Wolverhampton）率先使用電視廣告來吸引工人階級消費者，並透過這個策略獲取很大的利潤。[88]

百貨公司之間因客群階級而差異化，不僅發生在英國，同樣也發生在了歐洲其他國家。而移民社會的美國，出身身分的限制較低，中產階級、女性的消費者亦能進行消費活動，大量生產與大量消費的方式得以在美國實現，[89]百貨公司在 1920 年代蓬勃發展。然而，與歐洲不同，美國地廣，中產階級對汽車日益增加的使用度，也給城市內的百貨公司帶來一場危機：消費者必須在幾個街區外找一個

86　今村仁司，《近代の思想構造》，頁 161-162、178-180。佐伯啓思，《「欲望」と資本主義》（東京：講談社，1993），頁 77-81。

87　Hrant Pasdermadjian, *The Department store*. p. 39-46.

88　Bill Lancaster, *The department store：a social history*. pp. 94-107, 195-205.

89　佐伯啓思，《「欲望」と資本主義》，頁 131。

停車位，然後，在停車費等的限制下，他們將僅有不到一個小時的時間購物，就不得不回車上。尋找停車位的壓力使得百貨公司不再被視為有利於衝動購買的悠閒遊覽，而是一種焦慮的購物。這也使得 1930 年代，美國百貨公司的高階主管們開始意識到，依靠單一的市中心商場已經不再有利可圖，轉而努力在迅速擴張的寬廣郊區發展分店，[90]這是百貨公司向外部擴張空間的走向。另一方面，戰後，梅西百貨紐約本店的地下樓層也開始販賣一般日常用品，這是百貨公司內部空間的階級化。[91]

　　百貨公司一方面強調資本主義的合理原則，重視現代化的新科技，另一方面則將貴族階級的文化品味、象徵符號帶進百貨公司；一方面著重效率，將商品分門別類、大量並快速地銷售去出，另一方面又不遺餘力地創造非日常的夢世界與餘裕的感覺。映證喬治・里茲（George Ritze, 1940-）的說法：效率與幻想並不必然互斥。[92]在近代社會中，幻想被合理化地編入資本主義的體系，引誘人們消費並拓展資本。柯林・坎貝爾（Colin Campbell, 1940-）說現代人無窮精力主要源自於夢境與現實、快樂與效益之間的拉扯，必須時時面對需求與快樂之間的取捨，「在這種情形下，人人無可避免地住進了物質需求的『鐵籠』（iron cage），但同時也進駐了浪漫幻想的城堡。」[93]由合理性與欲望共同演出的近代百貨公司，正是體現這個現代「鐵籠」的場域。

　　人權先發國的法國、資本主義先進國的英國，以及後發先進資本主義的德國，資本主義移民國家的美國，都是以豐餘的「物」和貴族文化作為百貨公司的起始，對象也是從資本主義發展過程中產生出的布爾喬亞階級開始，逐漸向外擴張至上中的中間階級，再擴展向中間階級。19 世紀末 20 世紀初的世紀末交界，百貨公司的新商法跨海傳到東亞：一個外生因型資本主義的地方，那裡的百貨公司會是什麼樣的樣貌？

90　Littmann, William, "The American Department Store Transformed, 1920–1960（review）", *Buildings & landscapes*, 18:1（June 2011）, pp. 105-107.

91　1961 年日本生產性本部前往美國進行百貨公司視察時，也提到百貨公司地下樓層所賣的商品，較樓上店內的商品而言，階級（class）多少有差，大多是價格較低的商品，種類是綜合性的商品，而且相當齊全，整體而言類似特賣會。來的客人也很多。

　　日本生產性本部編集，《アメリカの百貨店－百貨店経営專門視察団報告書》（東京：日本生產性本部，1961），頁 25。

92　George Ritzer，《消費社会の魔術体系》，頁 130。

93　Colin Campbell，何承恩譯，《浪漫倫理與現代消費主義精神》（臺北：國家教育研究院，2016），頁 196。

三、東亞百貨公司的誕生：以上海與日本為例

　　隨著西方勢力的擴張與文化的傳遞，百貨公司這種新商業手法也傳進亞洲，20 世紀初，日本各大城市、香港、中國的廣州、上海等地，紛紛出現百貨公司。臺灣也在 1932 年底，迎來南北各一間的百貨公司。這些百貨公司不只習得分門別類等合理效率的方法，也同樣習得了創造欲望與意義的概念。

　　1842 年鴉片戰爭失敗後，清廷開放上海作為通商海港，外國人得進入租界裡進行商業活動、居住，在上海開闢出了洋式生活區，從外灘到泥城橋建設了長 1,599 公尺，寬十數公尺的大馬路，沿著大馬路設置許多西方人的遊樂設備，包括跑馬場、拋球場、花園。1865 年，這條馬路正式被命名為「南京路」。從黃浦江外灘起，由公共租界的南京路和法租界的法大馬路，到靜安寺區長約十里，匯集各國的建築樣式，被稱為近代上海的「十里洋場」。與巴黎大改造一樣，新拓寬的馬路與交通工具為商業活動提供新的可能。[94]

　　隨著外國人與華僑人口的增加，西方人的生活方式也逐漸滲入上海，1843 年，率先由英國人開設的「福利洋行」登場，並於 1880 年代快速擴張，除了日用百貨外，也進口國外名牌商品、時尚傢俱，甚至自行開設傢俱廠，三層樓高的洋式建築，是上海最初的百貨公司。接下來，同為西洋資本的匯司、泰興、惠羅百貨公司紛紛成立，販售布料、食品、傢俱、酒類等舶來品，其中英商惠羅公司於 1906 年在福利公司對面興建五層高的大樓，在道路交叉口建了當時流行的塔狀建築，一、二樓是商場。一樓櫥窗玻璃及地，商場內地板鋪滿著馬賽克磁磚。惠羅公司的店主在加爾各答設有公司，1908 年時即有 23 個海外據點，透過它獨立的網絡，引進世界各地的產品（但僅是非生產性的商業交流），也將當時變革中的新零售組織與技術介紹到了上海，包括百貨公司、圖像為主的廣告表述。這四間洋商百貨被稱為上海早期的四大百貨公司。原本，客群是以居於上海的西洋人為主，1910 年代後半至 1920 年代，受到華僑資本家來上海開設百貨公司的衝擊，再加上 1920 年代後，中、上階級的中國人的消費意識與購買力也相當高，人口數更遠超過西洋人，使得這些西洋資本的百貨公司開始重視中國客群，將標的客群擴大到中國人的中‧上階層，並改變經營的手法，僱用中國人店員、使用中國語等方式來因應上海風俗，並向之後的上海四大百貨學習，例如舉辦大減價活動等。其中惠羅百貨是最早將客群擴大至中國人的，也使其後來居上，在早期的四

94　連玲玲，《打造消費天堂》，頁 88。

大百貨中居冠。[95]但無論如何，百貨公司的首席位置，已從洋商轉向「廣東幫」的上海四大百貨。

上海百貨公司的遊樂特色

1920 年代末至 30 年代，十里洋場是上海最繁華的商業中心，滿溢著各種娛樂、奢華的場所，如回力球場、舞廳、溜冰場、茶樓飯館、戲院、麻將館、賭場、浴池等，承繼了明清以來江南式的「享樂主義」風氣，認為奢侈的「物質消費欲望」來自「人的自然本能」。「此時的上海人展現著揮霍、時髦、風流的消費性格，去最時尚的休閒場所，享受最西化的娛樂方式，在公共場所裡實施奢靡性消費或炫耀式消費模式，以顯示自己的階級與身分認同。」[96]

廣東幫的資本家在香港、廣州成立的百貨公司，即已關注到了這兩個城市具有大量外來旅客特色。他們將百貨公司在近代都市機能與商業空間之外，再加上「觀光地」的定位。1900 年在香港成立先施百貨，於 1917 年率先在新建築的屋頂上設置遊藝場「天台樂園」，裡面的餐廳順應中上階層成人需求而賣酒。而先施百貨的廣州店於 1914 年增設六層摩登建築的東亞大酒店，比百貨公司還高一層樓，屋頂花園名為「不夜天」，旅館內依洋式設有酒吧、大浴室，並有運送行李服務。在當時還都是傳統客棧的廣州旅館業中，廣受華僑與政商們的喜愛。到了 1920 年代，大新百貨的八、九層有「九重天」之稱的「大新樂園」，是廣州最具代表性的庭園與遊藝場，大新百貨也設有亞州酒店。統合了綜合零售業、都市機能‧文化、娛樂設施的巨大商複合體的中國式百貨公司原型，便在香港發生，在廣州形成。[97]

這種「食衣住行育樂」複合體的經營方式，由廣東幫帶到了上海，將十里洋場的各種消費形態都收納進百貨公司中。上海的先施百貨的三、四樓是「東亞酒樓」與旅館，六、七樓與頂樓是「先施樂園」（圖 1-9）與浴池「浴德池」、理髮所。永安百貨六樓與頂樓為「天韻樓」遊樂園，並設有大東跳舞場、跑冰場、咖啡廳，後棟二至六樓是「大東旅社」。新新百貨內設有酒吧、理髮廳、銀行、彈

95　菊池敏夫，《民国期上海の百貨店と都市文化》，頁 81-85。連玲玲，《打造消費天堂》，頁 57-72。

96　陳剛，《上海南京路電影文化消費史（1896-1937）》，頁 10-12。吳果中，《良友畫報與上海都市文化》（長沙：湖南師範大學出版社，2007），頁 277-278。

97　菊池敏夫，《民国期上海の百貨店と都市文化》，頁 53-69。

子房、拳擊磅、上海式高級澡堂等娛樂與功能場所，六、七樓是新新花園，後棟二樓設立「新新酒樓」、三到五樓是「新新新都旅館」，五樓並設有新新跳舞場，比較特別的是，與美國百貨公司在 1920 年時設立自己的廣播頻道一樣，新新百貨也在新都飯店所在的六樓設置玻璃圍幕的「玻璃電台」，播放內容包括新聞、屋頂花園的遊藝節目的轉播、唱片的播放、新新公司的商品介紹等。大新百貨五樓是「大新酒樓」、舞廳，六樓到屋頂都是遊藝場。這些遊藝場都是只要付了入場門票錢，即可有自由觀看所有的表演或電影，「一票玩到底」。在 1930 年代大蕭條的不景氣中，因為先施與新新打出門票買一送一、等著進遊藝場轉換心情的人們依然大排長龍。[98]

連玲玲在《打造消費天堂》中指出，從上海百貨公司的「屋頂遊戲場的定價策略及節目來看，其調性與百貨公司所要建立的『奢華』形象大相逕庭」。「遊客只需購一張票即可以從下午 1 點玩到半夜 12 點，這個價錢比多數戲園和影戲院的門票便宜。……玩遊戲場是一大眾較能負擔得起的娛樂活動。」[99]連玲玲認為這是百貨公司將去屋頂遊戲場和百貨公司的「廉價商場」的中下層階級客群，與去百貨公司店內消費的中上階層客群，兩者區隔開來的作法。這或許也是 1930 年代大型電影院興起後，上海百貨公司的電影院反而下滑的原因所在：百貨公司的遊藝場被定位在中下階級，而不是百貨公司本身的「奢華」符號意象。

不過，即使不「奢華」，以永安百貨的遊樂場票來說，連玲玲指出 1930 年走盤梯不搭電梯的話，門票是 3 角，玩遊戲機另計，1933 年因不景氣降為 2 角。1930 年時一名中小學老師的薪水是 50 元，交際應酬費是 6 元，3 角的費用是付得起的。但 1939 年時 1 斤米（大約 7 碗飯）的零售價是 0.097 元，也就是將近一本《永安月刊》（1 角）的錢，連玲玲指出這本刊物是中上階級才負擔得起的。[100]雖然不知 1933 年時米價如何，但假設價差不是太大，玩一趟就是 2 斤或 3 斤米的錢，而且這意味著這一天是相比於去工作賺錢的時間的剩餘，也就是不僅要浪費 2 到 3 斤米，還要捨棄賺 2 到 3 斤米錢的時間。遊藝場的「大眾化」客群，應也是指當時上海的中間階級以上的對象，而且是某種程度可以有閑的階級。

從這個角度來看，關於新新百貨走中低階層、另三大百貨的客群是新中間階級的說法，或許岩間一弘的說法是可以思考的。岩間一弘認為戰前的上海，能夠

-----

98 連玲玲，《打造消費天堂》，頁 171-217。菊池敏夫，《民国期上海の百貨店と都市文化》，頁 131-146。

99 連玲玲，《打造消費天堂》，頁 187、188。

100 連玲玲，《打造消費天堂》，頁 187-188、293。

享受消費與娛樂活動的人們很少，新中間階層是能消費娛樂的人的核心，而在當時上海 300 萬的人口中，新中間階層約有 15 至 17 萬人，其他是收入不及新中間階層的十分之一的大眾。不過，泉谷陽子更進一步提出質疑，她認為在收入分布不均的狀況下，戰前的上海並不能說是大眾消費社會，能消費娛樂的應該不是新中間階層，而是上層的菁英階級。[101]當然，這裡也不能忘記作為一個貿易都市，上海的外來人口非常多，因此，前往四大百貨公司的消費者不必然是上海居民，更有可能是外來客。

因此，面對上海港埠人來人往的特性，而且當來享樂遊玩的是成人時，流連數日亦成為可能，於是又帶出另一個上海百貨公司的特色：旅館業的開發。上海的百貨公司不僅販賣居家用品，更在百貨公司的建築中開設旅館——這幾乎鮮見於歐美與日本的百貨公司。上海先施百貨的五、六樓是「東亞旅館」，永安百貨的為「大東旅社」，新新百貨內設有「新新新都旅館」，大新百貨的五樓是洋式旅館的「大新酒家」。同時在食的方面，上海四大百貨也在建築內設有餐廳。[102]

上海的百貨公司也出版公司誌，其最重要的任務在於宣傳公司形象，以及將消費生活制作一套知識體系，創造消費者。連玲玲以永安百貨的《永安月刊》為例所作的研究指出，該誌的內容分為文字、圖畫、廣告三部分，而以圖畫為主。一本 1 角，為中上階級才能負擔得起的消費品，但主要是依賴廣告收入營運，所以刊物有近一半是商品廣告。《永安月刊》對百貨公司本身的介紹不多，可能是因為當時國貨運動當頭，來自西「洋」的標籤需要低調，奢侈的意象對當時的社會階級對立也不利的關係。刊物主要的內容還是放在小說、社論與專論上，後兩者著重在建構什麼是美、衛生、家庭娛樂的概念與「可實踐性」上，並請來專家背書。畫家黃覺寺則曾在 1939 年上海永安百貨創刊的《永安月刊》上，刊登過的 60 篇作品，包括畫作與散文。[103]先施百貨於 1918 年創刊的《先施樂園日報》，也有登載散文、愛情小說等文學作品。[104]

-----

101 岩間一弘，《上海大衆の誕生と変貌―近代新中間層の消費・動員・イベント》（東京：東京大学出版会，2012）。泉谷陽子，〈書評：岩間一弘著，上海大衆の誕生と変貌 - 近代新中間層の消費・動員・イベント〉，《社会経済史学》79：4（2014 年 2 月），頁 588-590。

102 菊池敏夫，《民国期上海の百貨店と都市文化》，頁 92-97。連玲玲，《打造消費天堂》，頁 173-177。不過，在連玲玲的《打造消費天堂》一書中提及大新百貨時，則未提及旅館大新酒家。

103 連玲玲，《打造消費天堂》，頁 286、308-309。

104 蔡維友、胡麗麗，〈民國小報的價值再發現——對《先施樂園日報》的多角度解讀〉，《今傳媒》第 12 期（2014/12）。

日本百貨公司的前身

　　而在隔海另一端的日本，視覺展示的概念是在 19 世紀中後期左右傳入。明治（1868 年）以來，日本積極地向歐美學習，不只在科學技術或制度上，文化上亦然。日本期望在文明化先進國中，佔有一席之地，因此，積極於展現國力，博覽會即是國力展現的一種，[105]日本早於 1867 年與 1873 年時，即參加巴黎萬國博覽會、維也納萬國博覽會，其後亦積極在各博覽會上展現「日本」的形象，例如在 1893 年芝加哥博覽會上所建的日本展示館，是模擬宇治的平等院鳳凰堂。1900 年的巴黎萬國博覽會的展示館則是模擬奈良的法隆寺金堂，1905 年日本在日俄戰爭獲勝後，成為了歐美國家認可的東方帝國，在 1910 年的日英博覽會上，日本模仿歐美國家展示原住民的「展示人類」的作法，「提供」殖民地臺灣的原住民，以及本土內的少數民族愛奴人的聚落，供博覽會參觀者觀賞。[106]

　　除了積極參與博覽會外，日本也將博覽會的作法引入國內，1877 年起開始陸續在日本國內舉辦內國勸業博覽會。同時，具有博覽會性質的常態性設施，亦開始出現。最早是 1878 年 1 月於東京永樂町建立的「勸工場」，直到 20 世紀初（明治末期）衰落為止，勸工場都是日本庶民們的娛樂場所。勸工場最初成立的目的，是為了要陳列並販賣前一年在東京開設的內國勸業博覽會所剩餘的商品，因此蓋起一棟建築物，其中夾道兩旁設置由不同店主開設的一間間賣店，販賣物從日用品、文具、室內裝飾品，到洋服和服都有，而且採用近代化的方式陳列商品，同時一改過去日本舊店鋪必須脫鞋才能進入店家的規定，[107]這種種使得勸工場在開設後受到極大的歡迎，開始擴大建物，勸工場中也增設庭園、草坪、噴泉、茶店，甚至有舞樂表演。從型態上來看，勸工場可說是與拱廊商場或購物中心（shopping mall）同類型的商店聚合的場所。

-----

105 吉見俊哉在其書中，論述日本於 1903（明治 36）年在大阪的天王寺舉辦第五屆內國勸業博覽會，在開展前宣稱其主張為：「帝國已以其英武震驚世界，居於五強之列，佔有高等的地位，在軍事上可說是不讓於一等國，在生產上，世界沒有能與之競爭之者」。這顯示出對日本而言，博覽會的開辦與國力宣揚等之間的關連性。關於博覽會與帝國主義間的論述，可參看：吉見俊哉，《博覽會的政治學》。

106 在 1903 年的第五屆內國勸業博覽會中，日本建設了具有極富色彩的樓門與翼廊的臺灣館，以彰顯其所擁有的殖民地，並引用當時歐美帝國主義所慣用的「展示人類」的作法，除了愛奴人外，還展示了臺灣生蕃、琉球人、朝鮮人。此可顯示出日本企圖與歐美比肩，學習歐美作法的一環。吉見俊哉，《博覽會的政治學》，頁 104-139。

107 日本的建築物在進門後是玄關，屋內地板結構則整體架高，因此日語中的「請進」，即是「請上來」（上がってください）。依照禮儀，踏上屋內時，必須要脫鞋。

隨著勸工場的受歡迎，從東京的京橋、銀座、本鄉、神田、淺草，擴散到大阪、乃至各大都市，紛紛在市中心建起考究的和式或洋式建築的勸工場，並創造出驚人的業績，例如 1902（明治 35）年是東京勸工場數最高峰的時期，共有 27 間勸工場，其中於 1888 年創立、位於東京灣附近、芝區的「東京勸工場」，內有 345 間店，1902 年時一年的營業額達 91,686 圓；而 1899 年成立於東京有地上電車、馬車通過的現代化地區、京橋的「帝國博品館」，內有 67 間店，1902 年時的營業額是 97,753 圓。這些勸工場內販的有陶器、玻璃、舶來品、象牙手工藝品、寶石、衣帽布料、特許專賣品、文庫與小說本、化妝品、釣具、骨董、洋傘、毛皮等，這些物品大多都是西方新奇商店或百貨公司所販賣的商品。但到了大約 1910 年左右，勸工場開始急速衰落，失去了初期的繁華。當然，這一方面與三越、高島屋等百貨公司的興起有密切的關連，另一方面也與勸工場的客群從上層轉向中流階級以下，逐漸被視為廉價品的販賣處有關。[108]

博覽會與勸工場的商品陳列法，讓商品華麗地敞開於消費者的視野中，給予日本舊商店相當大的刺激，三井吳服店的改革者高橋義雄（1861-1937）在自傳《箒之事》中，即指出勸工場是百貨公司的先驅。宮野力哉根據 1908 年出版的《明治事物起原》中對勸工場的描述，指出可信任的品質、定價出售不討價還價、在一處聚集各種商品，是勸工場的三大特性。[109]而這三大特性與前節所述的「自由入店、定價販售、現金交易」的近代新商業手法是類似的。換一個角度來看，勸工場中一間間的店鋪，具有西方新奇商店的陳列展示、自由入店的特徵，而勸工場本身的建築則有大型拱廊商場乃至百貨公司建築的聚合作用，其中的庭園、茶室等，則添加了留白的空間與時間剩餘的意義。

在勸工場興盛的 19 世紀末至 20 世紀初，日本產業結構也產生了變化，非農林業的生產值與生產國民所得，開始凌駕於農林業之上，並促使人口向都市集中，產生了生活方式的變化。而正如「百貨店事業研究會」所指出的，產業經濟的變化、交通發達與都市發展，是促成百貨公司興起的基礎。[110]過去傳統社會中，人與人面對面相處，商店如果以欺騙的方式作買賣，很快就會因面對面關係而失

-----

108 初田亨《百貨店の誕生》（東京：三省堂，1993），頁 7-59。吉見俊哉，《博覽會的政治學》，頁 131-139。吉見俊哉，〈近代空間としての百貨店〉，收於吉見俊哉編，《都市の空間、都市の身体》（東京：勁草書房，1996），頁 138-140。

109 宮野力哉，《百貨店「文化誌」》（東京：日本経済新聞社，2002），頁 38。

110 初田亨，《百貨店の誕生》，頁 63。百貨店事業研究會編著，《百貨店の実相》（東京：東洋経済新報社，1935），頁 1-4。藤岡里佳，《百貨店の形成》（東京：有斐閣，2006），頁 70-74。

去信用。然而，大都市中人與人的關係疏遠，商店的信用不再是靠口耳相傳與面對面的關係去建立，因此，有信用的制度化販賣，對吸引非面對面關係的顧客上門變得相當重要。同時，交通的便利使得人們能前往居住地以外的地方購物，不再侷限於固定地方，地域關係不再能成為生意來源的保證，加上都市化帶來了多元的生活方式，如何吸引從各地而來的不特定客人，成為重要的商業課題。在這樣的背景下，近代化的商業手法愈來愈受到重視，也促成傳統店鋪的轉型。

老牌吳服店的轉型

吳服店是日本的高級衣料店，江戶時期許多以幕府、大名、朝廷、大商人為主要客戶群的著名吳服店老鋪，如三越、高島屋、大丸、白木屋等，面對明治時期以來，身分制度的變化導致舊客戶體制的瓦解、[111]人口往都市集中、不特定客群的增加等社會結構變化，不得不開始轉型為近代化的店鋪。[112]各店一方面派遣人員赴歐美考察當地的百貨公司，例如三越百貨在 1895 年起用高橋義雄擔任理事，在此之前高橋曾赴歐美考察過，並對美國的沃納梅克百貨的組織作了相當多的研究，1896 年，高橋認為有必要再對美國百貨公司作進一步的調查，於是請三井公司的建築師橫河民輔赴美，考察關於百貨公司的必要部門、販賣方法、店員的待遇、店內的樣子等特徵；又如 1889 年，高島屋的第四代店主前往歐美視察七個月。[113]這種赴歐美考察的狀況，不只在吳服店轉型為百貨公司的早期才有，事實上一直到 20 世紀後都還不斷持續。如 1926 年，高島屋已轉型為近代百貨公司後，仍派東京支店的宣傳部長赴歐美各大都市的百貨公司考察。[114] 1922 年，

-----

111 關於近代化以來原本特定的客群，例如三越是以山手區的知識階級為主力客群，高島屋的是華族階級，白木屋的主要客群是傳統老區（下町）的專家，以及花柳界的人。

小山周三・外川洋子，《デパート・スーパー》（東京：日本経済新聞社，1992），頁 31-33。

112 例如：高島屋創業於 1831 年，最初是木棉與舊衣商，1855 年轉型為吳服店。1893 年買下京都店對面的店鋪，開設貿易店，販賣工藝品、女性用洋服衣料、和服、手帕等雜貨。1896 年在京都南店設置櫥窗，並將改裝不用的房間，以模特兒與鮮花加以陳列布置，1906 年，大阪店開始販賣各種雜貨商品，1909 年再增加洋傘等雜貨商品種類，1911-12 年，開始販賣化妝品、毯子、鞋、皮包、相機、珠寶等。1909 年，高島屋繼三越百貨之後進行公司改組，1919 年再改為「株式会社高島屋吳服店」。高島屋從吳服店轉型為近代百貨店，大約是在 1896-1919 年的這段時間。島田比早子等，《高島屋》（東京：出版文化社，2008），頁 35-100。

113 島田比早子等，《高島屋》，頁 56-57。高橋潤二郎，《三越三百年の経営戦略》（東京：サンケイ新聞社出版局，1972），頁 55。神野由紀，《趣味の誕生》，頁 39-43。

114 西沢保，〈百貨店経営における伝統と革新──高島屋の奇跡〉，頁 74-75。

白木屋亦派石渡泰三郎赴歐美各國考察八個月，歸國俊撰寫了《歐美百貨店事情》。[115]換言之，日本的百貨公司是由歐美引進概念後，再加以加工轉化而成。[116]

以最早轉型的三越百貨為例，其前身為三井吳服店。1895 年，高橋義雄擔任三井吳服店的理事後，開始一連串的改革。不過，越後屋（三井吳服店的前身）在1673 年開店時，即是採現金交易，較法國的現金交易制早了二百年，因此，在高橋義雄的改革項目中，沒有歐美百貨公司所標榜的「現金交易、不討價還價」。事實上，依 1824 年刊行的購物指南《江戶買物獨案內》，江戶時期的許多吳服店，如白木屋、大丸屋、松坂屋等後來轉型為百貨公司的吳服店，均是標榜「現金交易，不討價還價」。1831 年時高島屋當時的當家飯田新七訂下的店規「四綱領」中，也明訂有「定價販售，不討價還價」以及「平等對待所有客人」。[117]高橋義雄主要改革的方式，對內部在於改變過去掌櫃記帳的舊方式為洋式的簿記方式，打破舊習慣，採用高學歷新人、不透過中間商直接進貨，對外則積極運用廣告宣傳，不過，他廢除洋服部改回和服，創新設計女性和服的圖案。在所有改革中最重要的是廢除座賣法，改為陳列販賣式。[118]

座賣法為日本老高級零售店的舊式賣法（圖1-10），與歐美的老式店鋪一樣，客人不能碰觸商品。在座賣法中，客人甚至看不見樣品。脫鞋進入店內後，由一位掌櫃（番頭）上前招呼坐下，客人與掌櫃談論自己想要的商品，掌櫃從庫存中決定適合客人的樣式，然後叫小弟去倉庫拿出來給客人看，客人不滿意，再叫小弟去拿，能在最少次數內達成共識，就是掌櫃的本事，掌櫃計的帳也不見得與收的錢是相同的數目。由於店鋪門口掛著暖簾，[119]採光不佳，店內的客人常因此無法分辨商品品質的好壞。依當時來日本簽訂商約的普魯士伯爵的形容，這些昏暗的店鋪宛如「巨大的金庫」。[120]

-----

115 石渡泰三郎，《歐美百貨店事情》（東京：白木屋吳服店書籍部，1925）。
116 參考：ミリー・R・クライトン，〈デパート——日本を売ったり、西洋を商ったり〉，收入 Joseph Jay Tobin 編，《文化加工装置ニッポン》（東京：時事通信社，1995），頁 59-80。
117 神野由紀，《趣味の誕生》，頁 38。飛田健彥，《百貨店のものがたり：先達の教えに見る商いの心》（東京：国書刊行会，1998），頁 32、129。
118 神野由紀，《趣味の誕生》，頁 40。
119 暖簾是日本的商家會在店門口掛上印著店號或商品名的垂幕布簾，中間切開，客人們進來時從中掀簾而入。延伸義來說，暖簾代表了該店的信譽、名聲等，以現代用語來說，即是品牌名。
120 初田亨，《百貨店の誕生》，頁 66。宮野力哉，《百貨店「文化誌」》，頁 23-24。

圖 1-10、江戶時期三井吳服店的座賣法。
圖片：株式会社三越伊勢丹ホールディングス提供。[121]

　　神野由紀（1964-）對照橫河民輔（1864-1945）的赴美考察的報告書與高橋義雄的改革，認為高橋義雄的改革基本上是根據橫河民輔的報告書，在公司組織架構與部門設立上，作了很大的改革，同時，也很重視陳列與展示。[122]高橋義雄將店鋪二樓的空間打通，放入十多台玻璃陳列櫃，讓客人可以自由觀看商品，再至一樓以座賣法與掌櫃商量購買。從這裡可以看到轉換的陣痛期，日本在轉譯西方百貨公司新商法的過程中，仍留下吳服店本身的文化古層，也就是強調氛圍的感受，給予消費者賞玩的時間，雖然使用陳列展示，但交易時還是由掌櫃與客人就商品的觸感色調等進行討論，直到 1900 年，才完全廢止座賣法。但賞玩的時間仍然被保留了下來。

-----

121 圖片來源：「三越のあゆみ」編集委員会，《株式会社三越創立五十週年記念出版　三越あゆみ》（東京：株式会社三越本部総務部，1954），無頁碼。
122 神野由紀，《趣味の誕生》，頁 41-42。宮野力哉，《百貨店「文化誌」》，頁 42-43。

在「百貨公司宣言」之後

1904 年，在高橋義雄之後，日比翁助（1860-1931）擔任三越的副總經理（副支配人），1904 年 12 月 17 日在各報上刊登廣告，發表了「百貨公司宣言」（「デパートメントストーア宣言」），正式開啟日本百貨公司的歷史。1905 年元旦起，三越在各報連日刊登了完整的「百貨公司宣言」，闡述三越吳服店的百貨公司化：改良商品的裝飾、提供美觀舒適的購物空間、於設計和服的意匠部裡設置樣本參考室、增加販售商品的種類、春秋二季舉辦新和服圖案的陳列會與美術展、發展嶄新優美的流行品，並在出版的百貨公司刊物（PR 誌）《時好》中，刊登最新的流行風，發送該刊物給常客，以增加買氣。[123] 日比翁助也重開了於 1896 年停業的洋服部，1907 年再增加鞋子、洋傘等服飾以外的商品。同時，引進西方最新的攝影技術，成立「寫真攝影部」，並在百貨公司內設置華麗的和洋折衷式的攝影布景室，提供來客拍照，甚至可以拍攝當時最流行的全景照片。[124] 有趣的是，在「百貨公司宣言」中，明白地寫著仿效的對象是美國百貨公司，但 1906 年，日比翁助親自前往歐美視察，回國後決定改變高橋義雄倣效美國的方式，改師法英國的哈洛茲百貨公司，因為「美國風較誇耀，踏實的英國風更適合日本」。[125] 1908 年，在本店還未全完全蓋好前，臨時營業的洋式新建築開幕。1911 年，大阪店也新裝登場。1914 年時，日本橋本店的文藝復興風格的新建築落成。

關於零售業拓大市場的方式有二種，一是以廣泛的大眾為客群，採薄利多銷的方式，然後向上發展客源，三越的前身「越後屋」起家時所採取的是這種方式；另一種則是以有限的上層階級為客群，塑造高級的意象，並向下擴展創造「有品味的」客群，這是三越百貨採取的路線。自高橋義雄、日比翁助的改革以來，即對象徵價值與展示相當重視，無論是商品的裝飾、或是布匹花樣的設計，都不僅只停留在物質需求的層次，而是強調符號意義的層面。例如三越百貨在 1904 年 6 月時舉辦的「尾形光琳遺品展覽會」，展出江戶時代中期的代表畫家・工藝美術

-----

123 林洋海，《三越をつくったサムライ日比翁助》（東京：現代書館，2013），頁 14。

124 「三越のあゆみ」編集委員会，《株式会社三越創立五十週年記念出版　三越あゆみ》，無頁碼。

125 宮野力哉，《百貨店「文化誌」》，頁 44。林洋海，《三越をつくったサムライ日比翁助》，頁 14-15。

家‧尾形光琳（1658-1716）的人物、花鳥、山水畫與染織工藝。[126]同年 9 月日比翁助擔任副總經理後，十分注重文化資本的他，除了舉辦美術展、發展流行品之外，決意要讓三越也成為上流社會、甚至社會一流人士聚集娛樂、社交的場所，一方面積極接待各宮家、當時的「大官貴紳」、陸海軍諸將乃至外國皇族、使節，展開「國民外交」（圖1-11），另一方面在「學俗協同」[127]的標語下組織「流行會」，集合當時一流的知識份子如新渡戶稻造、福地櫻痴、巖谷小波、佐佐木信綱等人，每個月舉辦三次座談會，引進最新的知識、文化與流行。[128] 1907 年，藉著第一回文部省美術展覽會開展，三越成立美術部，以常設展的方式介紹新進的繪畫、工藝家，並定價販售美術品，建立起公正藝廊的形象。[129]透過這些方式，提升三越的名聲與文化資本，建立起「三越＝高級文化」的品牌形象。明顯的一例，即是三越百貨公司所出的百貨公司誌。

　　1899 年三越創刊《花衣裳》（花ごろも），這也是日本最早的百貨公司出版刊物，目的在於為百貨公司本身作廣告。之後，1902 年高島屋也創刊的《新衣裳》，請來當時有名的京都著名的神坂雪佳、栖鳳等畫家繪製封面。白木屋、松坂屋、松屋、大丸百貨等也紛紛推出自家的百貨公司誌。這些刊物的內容都相當重視文化品味，除了一些營業說明和商品知識外，最主要的還是當時一流文人雅士所執筆的風俗時評、流行的評論，以及邀請著名的文人為雜誌撰寫文學作品。以三越的公司誌為例，首先，《花衣裳》中刊登了當時著名的作家中山白峰、尾崎紅葉的小說，其中尾崎紅葉在小說裡對服飾表現有非常細膩的描寫，之後三越的公司誌即以尾崎紅葉這樣的小說筆法作為基調，鼓勵其他的作家也這樣寫，連結吳服店起家的三越百貨與文化／文學之間的關係，暗中勾起廣告的作用，泉鏡花及尾崎紅葉的友人們所創辦的「硯友社」等名人的作品都在這裡刊登。公司誌的名稱則從《花衣裳》後一直改變：《夏衣》、《春模樣》、《夏模樣》、《冰面鏡》、《みやこぶり》，1903 年 8 月再改名《時好》。1903 年 10 月尾崎紅葉過世後，《時好》所支援的文學網絡，逐漸與森鷗外的系統關係緊密起來。1911 年，公司誌再

-----

126 海野弘，《百貨店の博物史》，頁 232。鹿島茂，《デパートを発明した夫婦》，頁 129-130、237。西谷文孝，《百貨店の時代》（東京：產經新聞社，1989），頁 76。

127 學＝文化、啟蒙。俗＝商業，business。學俗協同，意味著共同發展文化與商業。

128 高橋潤二郎，《三越三百年の経営戦略》，頁 86-89。

129 神野由紀，《趣味の誕生》，頁 52。高橋潤二郎，《三越三百年の経営戦略》，頁 14-44、86-89。「三越のあゆみ」編集委員会，《株式会社三越創立五十週年記念出版　三越あゆみ》，無頁碼。三井広報委員会，〈三越の歷史〉。https://www.mitsuipr.com/history/（查看日期：2021/12/12）

改名為《三越》。上述刊物都是非賣品，僅明治 44 年（1911）前後賣過 25 錢一冊。[130]均可以在大阪三越、以及由東京的東海堂與京都是藝草堂書籍批發商網絡取得。[131]

圖 1-11、三越百貨自視為第二國賓招待所，因此特別複製巴黎的日本大使館室內裝潢，在洋風建築中設計出這間具日本自然與傳統之美的貴賓室「竹之間」，用來招待外國人。圖片：株式会社三越伊勢丹ホールディングス提供。[132]

　　從《時好》時代起，三越刊物即數次舉辦文學獎，1907 年時總獎金曾達 3,000 圓，項目包括劇本、小說、論文、俳句、落語、狂言、封面圖案等 20 多種，而評選者包括有森鷗外、岡本綺堂、岡鬼太郎、黑田清輝等藝文各界的名家。到了大正時期的文學獎，其中更曾明言題材雖然「多少要與三越吳服店有關」，「但不能僅止於三越吳服店的榮光，還要觀及大正文壇的盛況」。[133]之後並出版成系列套書「文藝的三越」，（圖 1-12 下圖右面）顯示出此時三越在文藝界已有能撐起文化獎項的文化資本與象徵資本。

-----

130 明治 43 年的白米 10 公斤（140 碗飯）是 1.1 圓。25 錢相當於 2.3 公斤的白米（約 32 碗飯），約等於是一瓶啤酒（23 錢）的價格，卻也是機械紡織女工約一天的工資（27 錢）。相較於《永安月刊》約為 7 碗飯的價格來得貴非常多。〈明治・大正・昭和・平成・令和　値段史〉。https://coin-walk.site/J077.htm（查看日期：2022/7/8）

131 土屋礼子，〈百貨店発行の期間雑誌〉，收於山本武利・西沢保編，《百貨店文化史》（東京：世界思想社，1999），頁 223-252。高橋潤二郎，《三越三百年の経営戦略》，頁 64。瀨崎圭二，〈三越刊行雑誌文芸作品目録〉，《同志社国文学》51（2000 年 1 月），頁 62-91。初田亨《百貨店の誕生》，頁 76-81。

132 「三越のあゆみ」編集委員会，《株式会社三越創立五十週年記念出版　三越あゆみ》，無頁碼。

133 瀨崎圭二，〈三越刊行雑誌文芸作品目録〉，頁 62-91。

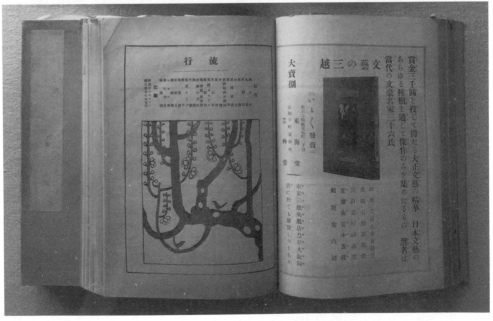

圖 1-12、三越百貨的 PR 誌《三越》。「近代百貨店の誕生：三越吳服店」特展，2016/3/19-
5/15，東京都·江戶東京博物館。主辦：三越百貨公司。李衣雲攝於 2016/4/27。圖片使用權：
株式会社三越伊勢丹ホールディングス提供。

文化資本與象徵權力的使用

　　文化資本的概念主要是由皮耶‧布爾迪厄所提出，而且其與象徵權力的關係尤其緊密。早期在馬克思的觀念中，資本指的是經濟資本。然而社會的交易手法與生產方式，並不僅限於經濟或物質，因此，皮耶‧布爾迪厄將資本概念加以擴大，除原有的經濟資本外，再區分出社會資本、文化資本（資訊資本也包括在內）、以及象徵資本。社會資本簡單來說，是在社會中可以動用的人際網絡關係。

　　文化資本可以以三種形式來表現，第一種是存在於人的內在的長期傾向（disposition），簡單而言，即是教養、品味，這種形式的文化資本，與行為者（agent）所屬的社會階級和時代有密切的關連，當行為者死去時，這一形式的文化資本也會隨之而去，無法傳給下一代。第二種是指客觀上的文化資產，如名畫、書籍等，不僅可轉換為實質上的經濟利益，同時也掌握了較明顯可見的象徵利益，因為擁有這種文化資產，會彰顯行為者在社會中的文化品味，使行為者的文化資本能明顯地提升，而不像第一種形式需要長期積累，而且不容易被辨識，但從另一個角度而言，第一種形式的文化資本則更具有圈內人認證的秀異的作用。第三種文化資本是以教育機制的型態出現，也就是學術證明／學歷，這是整個文化資本的原始性，藉由教育機制保證個人長久穩定而可信的價值，也就是一種已知的學術資本的支配價值，這種保證的力量來自整體國家機制的象徵力量。象徵權力是對正當性與命名權的佔有，藉此可以定義／命名所在世界的符號意義／價值體系，使集體對事物的評價具有共識。

　　象徵資本即是象徵權力的多寡、是對所在社會擁有多少的發言力，它不是一個單一獨立的資本，而是與經濟、社會、文化資本相互的交揉，這三種資本都依靠象徵資本來獲取它的正當性，也因此都具有象徵資本的成分存在。反之，象徵資本也必須依靠其他三種資本的配合，才能保有象徵權力運作的實力。這些資本，在不同的場域（field）中，所具的重要性也不同。所謂場域，指的是位置間的客觀關係形成的網絡或結構，這些位置依據其在權力或資本分配的結構中，現有的或是潛在的能獲得特殊利益的支配力，而界定出這些位置彼此間的客觀關係，而那些特殊利益，就是這個場域中互相爭奪的賭金（stake）。換言之，資本與資本之間是可以互相交換的，只是在不同的場域中，不同的資本對換的計價標準不同。舉例而言，在文化場域中，講求去經濟化傾向，「為藝術而藝術」（art for art's sake）在文化場域中具有較高的位置，擁有較多的象徵資本，意即文化資本佔的比例與位階，較經濟資本來得高。而在金融業界，文化資本能換到的經濟資本

就比在學術界來得少得多。[134]

　　不過，要強調的是，就文化資本而言，皮耶‧布爾迪厄並沒有反對康德所謂的本真的美的存在，只是在社會各種力量運作的場域之中，本真的美不必然等同於文化資本，因此皮耶‧布爾迪厄將之放入括弧內，存而不論。例如梵谷（Vincent Willem van Gogh, 1853-1890）在世之時，他的畫只賣出一幅，在他死後卻賣出了天價，他的畫本身並沒有改變，也就是本真的美或本質並沒有變化，變化的是場域。文化場域中對什麼是美、什麼是善的定義，並不是本真的，而是透過文化資本、象徵資本、乃至經濟、社會資本的角力而產生的。因此，在這裡所謂的文化資本，指的是在當時的文化場域中被視為具有高級品味、教養等的高級文化資本，例如歐洲貴族階級的品味、文化領域中對「純文學」的定義等。

　　也就是說，文化資本的高低與象徵權力具有緊密的關係，符號的意義來自抽象的社會共識，學歷之所以有價值，不在於畢業證書的紙質，而在於國家權力承認學校的合法性，名校的社會地位／排名來自各種報紙雜誌、資料庫的KPI計算，這些都必須得到社會公信力的認可（誤認），也就是必須擁有高度象徵資本。前面提到的法國19世紀的歐洲百貨公司的華麗建築與內部設計，是取自於貴族階級的巴洛克文化，即是透過貴族文化的高文化資本去取得對布爾喬亞階級的文化發言權，從這裡也可以理解德國貴族階級會認為去百貨公司消費是件羞恥之事的原因，因為對他們而言，那是一種向下流動的行為。

　　而前述日本的三越百貨公司即是透過美術展、「國民外交」、「學俗協同」、文化刊物誌等行動，在西方文明的文化資本之外，再將日本的文學‧學術‧知識的文化資本轉嫁到自身，透過當時著名的文人雅士，使得其能成為擁有舉辦文學獎之象徵資本的場域，同時，文學獎的文化資本之會再反過來回加到三越百貨的身上，這是一個再生產的過程。日本其他的百貨公司如白木屋、高島屋等所出版的百貨公司誌也是相同的目的。

　　而上海的百貨公司若從《永安月刊》來看，也有類似的目的。然而其文學文藝的比例較低，知識的比例較高，廣告佔去半的內容，從這個角度來看，上海的百貨公司誌對文化資本的追求，似乎沒有日本的百貨公司來得高。

　　高橋義雄與日比翁助開啟了陳列式販賣後，日本的其他吳服店也開始紛紛跟

-----

134 Pierre Bourdieu，石井洋二郎譯，《ディスタンクション I》（東京：藤原書店，2002）。Pierre Bourdieu，石井洋二郎譯《ディスタンクション II》（東京：藤原書店，2002）。Pierre Bourdieu, *The Field of Cultural Production*. Cambridge: Polity Press. 1993. Pierre Bourdieu & Loïc J. D Wacquant, An Invitation to Reflexive Sociology, Cambridge: Polity Press, 1992.

進。如松屋於 1901 年改建,設立陳列販賣場,1907 年全店改建時,店鋪已完全是陳列式。白木屋於 1903 年建設新店鋪時,亦將店面全部改為陳列式,1911 年時則建起有塔樓的洋式四層樓新建築。[135]

另一方面,日本的百貨公司亦大約在此世紀末的交界,引進設於店門兩側吸引路人的櫥窗。最早的櫥窗是 1896 年 10 月高島屋京都店,於擴大改裝店面時所設。1900 年十合吳服店(之後的 SOGO)的大阪店也加入櫥窗設置的行列。東京則以 1903 年的白木屋為開端,其次為 1904 年的松屋與三越──三越於 1903 年已派員前往紐約考察櫥窗設計。

整體而言,三越、伊勢丹、松坂屋、大丸、十合、高島屋、松屋、白木屋等日本的大都市百貨公司,約在 1890 年代(明治 20 年代後半)至 1900 年代(明治 40 年代)時,逐步從座賣法轉向陳列式販賣,並在店正門兩邊設置櫥窗。[136]至此,陳列、展示與意義轉嫁的視覺消費手法,正式在日本登場。空間的餘白不只使用在櫥窗、休憩室,日本的百貨公司還有獨特的「樣本屋」。最初引進西方窗簾掛飾類的,是 1900 年時大阪高島屋的「裝飾部門」,東京最早引西洋傢俱部門的則是三越(1909)與白木屋(1915)。但是,日本百貨公司要面臨的問題是:榻榻米的和式房屋要如何與西洋傢俱搭配?三越百貨於是開始自行開發「和洋折衷」的傢俱:能適應日本現實生活的洋風傢俱,[137]而這不得不連帶著關於住家、場所、位置、空間等相關定義的思想體系的轉變。日本房屋整體的概念,是以紙門與沿廊相連,紙門拉開後所有的房間全部可以相通,房間本身則是多功能的,白天是起居室,晚上從壁櫥裡拿出床具鋪好就是臥室。當時,只有有錢人與華族才可能居住新建的洋房,因此若要引入西洋傢俱,則要連帶引入西洋的各房間功能專用的概念,並使之應用於日本和式房屋內,也就是要將日本原本「空間＝全」的概念,重新定義為「空間」為切割、各有功能的體系。

日本的百貨公司於是設計了在日本風格住宅中擺進洋風傢俱,以「避開蓋新洋館的浩劫,簡單地創作出文明之居所」。例如三越百貨在 1912 年 1 月展出了「婦人室」,在和室中用蕾絲窗簾、地毯、沙發、茶几與木椅,做出女性起居室。自此之後,三越與白木屋積極推動和洋折衷的住宅傢俱布置,三越認為這是現實中最適合日本中產階級以上的人的生活方式。因此,他們也積極在百貨公司展演出

-----

135 Kerrie L. MacPherson, "Introduction: Asia's Universal Providers", p. 9.

136 西谷文孝,《百貨店の時代》(東京:産経新聞出版,2006),頁 81。初田亨,《百貨店の誕生》,頁 68-69。

137 初田亨,《百貨店の誕生》,頁 156-161。

這樣的生活模樣，包括西式廚房用品、西式衣櫥的配置等。[138]

除了樣本屋之外，另一種空間的留白是庭園。在先行研究中少有看到西方的百貨公司提到庭園，僅法國的春天百貨在 1910 年時，於大階梯的中央設置植物展示區，有棕櫚葉和觀景植物，[139]不過，19 世紀的歐美百貨公司天頂都是採光的玻璃，也很難在屋頂上開設設施。日本的百貨公司則在屋頂上設置庭園，最早的是 1907 年時的三越百貨，他們在當時洋服部的洋風建築物頂上，改造了約 198 平方公尺的屋頂庭園，內有噴水池、「回轉全景望遠鏡」與稻荷神社。1914 年三越日本橋店新館成立後，更設置從五樓連結到七樓的立體屋頂庭園，除了原有的三圍稻荷神社外，也設置青銅製山羊口的噴水與日式茶室，七樓有西式花園與溫室、涼亭、奏樂台，也會在屋上舉辦音樂會、展覽會。同年，松屋也開設屋頂展望台「遊覽所」。1919 年白木屋跟進，1921 年白木屋在大阪的 8 層樓新建築落成後，也在屋頂上建築了眺望台。[140]換言之，1920 年代前的日本百貨公司與歐美不同，他們向上方的屋頂發展出可以漫步、休憩於其中的日本庭園，以及可以眺望與觀賞於外部的西洋花園。這種娛樂方式顯示出的是百貨公司外部的剩餘的空間，享受這種剩餘的方式是在這個空間中浪費時間，讓時間與空間皆無用空餘地殆盡，同時也不破壞西方傳來的百貨公司內部形式。

大眾化的轉型方向

歐美的百貨公司在 1920 年後開始逐漸面臨大眾化的現象。日本也是在大正時代後半，也就是一次大戰後，逐漸開始設置實用品的賣場，以及實施特賣會。最早舉辦特賣會的是松屋，在 1908 年時舉辦「特賣日」，之後每月辦一次，但這種「特賣日」其實只是選二、三種商品以八折賣出。類似篷瑪樹的大型特賣會，則是向來著重文化資本、在高級百貨公司中居領導地位的三越，在 1919 年一次大戰後的通貨膨漲期，為了最受物價飛騰所苦的中產階級以下的人們，於 10 月 1 日在大阪的三越開辦一場叫「榮日」的特賣會，凌晨四點就有三百多人在門口排隊，原本預定辦四天，結果準備的商品在二天內就賣光，不得不提前結束。接下來 11 月 3 日三越於東京的丸之內別館舉辦了「木棉日」特賣會，主打棉織

-----

138 初田亨，《百貨店の誕生》，頁 161，164-167。

139 Claire Masset, *Department stores*, p. 13.

140 初田亨，《百貨店の誕生》，頁 124-128。

品，[141]也有日用雜貨、餐具、食材等，三天特賣會共有數萬人到場。之後，與三越爭霸的白木屋在 1922 年 4 月，設置平價的和服布料、雜貨等賣場，與三越不同之處，在於三越是臨時的特賣會，而白木屋則是常設賣場。[142]白木屋的作法也顯示出此時在原有的客群之外，新中間階級也是必須要開發的對象。

然而，日本百貨公司的種種設想，在 1923 年關東大地震發生後都面臨了重審。東京各百貨公司的建築幾乎全都燒毀，僅三越日本橋新館未全毀，但也直到 1927 年才重新開幕。這期間三越在新宿設分店與市內設八個臨時「三越市場」（三越 market）來營業，目的是提供一般人日常用品。白木屋、松屋等百貨公司也在東京各地設立臨時營業處。這是因為震災的關係，一般的零售業都停擺，而大規模零售業的百貨公司具有高度的通路功能，能立即反應成為提供大眾民生用品的來源。[143]這成為吳服店起家的高級百貨公司開始販賣便宜日用品的契機，也是舶來品、雜貨、食材等日用品容易大量販售與生產的開端，百貨公司在 1920 年代後半期，逐漸在更廣泛的都市生活中，發揮了引領的作用。[144]

各家百貨公司仍然競相建造的屋頂庭園，也從文化餘白的靜態走向，轉向了具有娛樂功能的遊樂園，也就是大眾化。比較特別的是京都的大丸百貨，在 1912 年新建的大樓屋頂庭園中就設置溜冰場。關東大地震後翌年（1924），銀座的松坂屋開店，1925 年，屋頂庭園中開設有獅子、豹的動物園。在電動遊樂機被發明出來後，1931 年淺草的松屋百貨屋頂庭園「運動樂園」裡除了小動物園，還有小火車、纜車、碰碰車、咖啡杯等遊樂設施，之後其他的百貨公司也跟進（圖 1-13）。[145]

-----

141 三越百貨將布料依用途裁成衣服各部分所需的樣式，分類放置，以利顧客快速購物，布料價錢也很便宜。「三越のあゆみ」編集委員会，《株式会社三越創立五十週年記念出版　三越あゆみ》（東京：三越，1954），無頁碼。

142 初田亨，《百貨店の誕生》，頁 174-176。

143 向井鹿松，《百貨店の過去現在及將來》，頁 124、215。堀新一，《百貨店問題の研究》，頁 152-154、160。佐藤肇、高丘季昭，《現代の百貨店》，頁 137。

144 高橋潤二郎，《三越三百年の經營戰略》頁 238-239。初田亨，《百貨店の誕生》，頁 177-179。

145 這種空間使用方式也延續到戰後，東京日本橋的高島屋甚至曾在屋頂飼養一頭大象，一直到 1970 年代後半，這種屋頂遊樂空間才開始沒落。関口英里，《現代日本の消費空間》（京都：世界思想社，2007），頁 88-101。初田亨，《百貨店の誕生》頁 128-129。

圖 1-13、松屋淺草店，可以看見屋頂上遊樂園的飛艇型纜車。
圖片來源：ウィキペディア百科事典。[146]

　　日本的屋上遊樂園有二個特徵，首先，遊樂園是以兒童為對象，尤其是 1920 年代後，日本的百貨公司發展出與歐美不同的闔家遊樂的取向，父母不只是為兒童消費，更成為牽引父母同去百貨公司的魚鉤，遊樂園即是魚餌。其次，在一體性空間的概念下，遊樂園是被設在百貨公司的建築之外，也就是屋頂上，僅有少數例外，如伊勢丹百貨在 1933 年，將本店從東京神田遷到新宿的新建築中時，除了同樣在屋頂上設置音樂堂、屋上遊園、兒童遊戲場與朝日弁財天神社之外，還在別館內設置 250 坪的溜冰場以及 100 坪的觀眾席。[147]這是日本百貨公司中少數將娛樂性設施安置在建築內部的例子。

　　就像進入 20 世紀後，歐美的百貨公司開始與地下鐵的車站接口、或是蓋在車站附近一般，如何開發多樣化客群，吸引所在地之外的潛在顧客群，是百貨公司的重要目標。交通的便利性就變得相當重要。1934 年時，東京地下鐵銀座線開

-----

146 圖片來源：「屋上遊園地」，ウィキペディア百科事典。https://ja.wikipedia.org/wiki/％E5％B1％8B％E4％B8％8A％E9％81％8A％E5％9C％92％E5％9C％B0#/media/％E3％83％95％E3％82％A1％E3％82％A4％E3％83％AB:Matsuya_Asakusa_1931.jpg（查看日期：2022/12/16）

147 菱山辰一著、伊勢丹創業七十五週年社史編纂委員会編，《伊勢丹七十五年のあゆみ》（東京：伊勢丹，1961），頁 115-117。

通，三越、白木屋、松屋等百貨公司都出資興建自己的車站，使這條地鐵串連了松坂屋、三越、白木屋、高島屋與松屋。[148]另一方面，新宿車站在1920年代末，已凌駕東京、上野車站，成為小田急、京王、西武等鐵路交會的樞紐，上下車的乘客人次多，伊勢丹百貨於1931年的徵集增資新股份的公告中表示，新宿正是作為「公眾之文化生活的必要機構」的百貨公司的不二選地，[149]換言之，伊勢丹百貨意識到大眾運輸工具的匯集點是非常好的開發據點，因此在選擇了當時尚無百貨公司的新宿，作為新店鋪的建築地。

　　然而交通機構與百貨公司間的關係，更明顯地表現在日本終點站型百貨公司（terminal department store）上。1929年出現不同於之前由吳服店轉型的百貨公司類型：阪急百貨。阪急百貨的母體是鐵路公司。早在1920年，阪急鐵路即在大阪的梅田站五層樓的公司大樓二樓，設立了大眾餐廳（食堂），藉由在梅田站上下車的乘客，獲得了極大的利潤，阪急集團的創始者小林一三（1873-1957）在開設餐廳時，即有建立一個以食堂為中心的百貨公司的想法，因此他將大樓的一樓租給白木屋以吸取百貨公司的經營方法。白木屋也一改百貨公司販售高級品的作法，在182平方公尺（55坪）的場地販賣食材與日用雜貨品。有見於白木屋的成功，1925年阪急收回店面，將一樓改成候車室，在二、三樓成立自營的阪急市場，餐廳則移到四、五樓，阪急市場的販賣品也增加日用化妝品、書籍、簡單家用品、藥品等。[150]此點即為終點站百貨業與由吳服店轉型的百貨公司不同之處。鐵路公司將車站與百貨公連結為一體，目標客群為車站來往的大量乘客／中間階級，販售的商品為乘客每日所需、並可以在短時間內選購的物品，而不是像一般百貨公司所販售的高級品。1929年，阪急百貨正式改名成立，打出的廣告是：不販售吳服等華而不實的高級品，以實質本位的家庭用品為主。然而，同年卻開始販賣運動品，次年更開設非日常用品的釣魚用具賣場，並成立美容室，顯示出當時百貨公司的形象，與和服等高級品的連結已然形成，要設立百貨公司，就不能不符合這個形

-----

148 Kerrie L. MacPherson, "Introduction：Asia's Universal Providers", p. 8.

149 日本進入昭和年代後，新宿車站附近急速發展，1927（昭和2）年時，一天的上下車人次達全日本第一位。新宿東口也形成了一大繁華市區，當時新宿往西之外即為郊區，新宿可說是支撐著效區搭鐵路上下班的人們的消費活動。1927年正值日本的金融危機「昭和恐慌」，許多商業地區都陷入經濟不景氣的狀況，但新宿卻完全不受影響，非常的繁榮。

　　三井住友トラスト不動産トップページ，〈東京都新宿　鉄道の発達と繁華街の賑わい〉·https://smtrc.jp/town-archives/city/shinjuku/p03.html（查看日期：2021/12/15）。初田亨，《百貨店の誕生》，頁182。

150 初田亨，《百貨店の誕生》，頁168-172。株式会社阪急百貨店社史編集委員会，《株式会社阪急百貨店二十五年史》（大阪：阪急百貨店，1976）。

象。阪急百貨的成功，也促使東京的鐵路公司跟進。例如 1927 年東京橫濱電鐵在澀谷站開設餐廳，1934 年轉型為東橫百貨。[151]

四、東西方百貨公司的轉譯

以亞洲與歐美來比較的話，百貨公司雖然幾乎都重視文化資本，在各種面向上定義「物」的意義、販賣剩餘／附加價值，以及讓消費者奇觀式地觀賞玻璃後面的商品，這是百貨公司的形式之一。不過，加藤秀俊（1930-2023）認為相較於歐美的百貨公司，以重視鑑賞商品的吳服店起家的日本百貨公司，在吸取西方百貨公司的效率、合理化原則，以及符號意義之展演的同時，也把原本吳服店特有的鑑賞文化納融進百貨公司中，將大量生產販售與一品賞玩這兩種販售風格連結在一起，店員必須機敏地拿捏在上前招呼與給消費者賞玩之間的時間，這樣的餘裕與文化品味，是日本百貨公司的特色。[152]

而對外生因型的日本與上海的百貨公司而言，「西洋文明」都是一種文化資本的來源，只是，由於上海百貨公司興起的 1920 至 30 年代，恰逢中國國貨運動的時期，西洋的文化資本不必然是加分，因此相對低調。再從日本與中國上海的百貨公司刊物來看，可以發現兩者都與歐美百貨公司有相當大的不同，歐美的百貨公司刊物雖也有時尚流行的引導作用，但實際上是商品目錄，而且具有郵購的作用，也就是更強調「物」的販賣這件事本身。而日本的百貨公司的公司誌強調從文學‧文化的領域換取文化資本，上海的百貨公司誌更著重在娛樂與廣告、知識的層面。這或許也是內生因型的歐美百貨公司在起動的脈絡中，著重的是生產與商路，從貴族文化中取得文化與象徵資本，再去引導布爾喬亞消費者的流行文化，因此不像日本或上海的百貨公司一般，需要再從外在的領域去獲取文化資本。

在販售品項的部分，除了英國的哈洛茲百貨之外，百貨公司大都不賣食品原料，但在日本的百貨公司販售商品中，食品原料卻佔了約 20%，這個變化與 1923 年的關東大地震有相當密切的關係。關東大地震之前，日本的百貨公司也是以上層階級為主要客群。但在關東大地震發生後，由於民生物資缺乏，有著強大流通力的東京大百貨公司，從燒毀中重新建起華麗的洋式大型建築裡再度開業時，其

-----

151 初田亨，《百貨店の誕生》，頁 173-175。神野由紀，《趣味の誕生》，頁 31-122。

152 加藤秀俊，〈デパートの文化史〉，《都市と娯楽》（東京：鹿島研究所出版会，1971），頁 173-191。

中已滲入大眾化的成分，最明顯的就是食品原料的販賣。同時，洋式建築不像和式建築一樣需要脫鞋，也使得一般大眾更容易進去。[153]換言之，天災的特殊狀況，讓日本的百貨公司的流通功能特色被彰顯出來，而這個特色在之後中日戰爭爆發後，更被日本軍方用到中國從事物資流通業務。事實上不僅是日本，英國哈洛茲百貨的大建築也在二次戰爭被英軍徵用為廣報中心與火災監視員中心，時尚裁縫室被徵作軍服製造處，降落傘、飛機零件也在建築中生產。[154]

不過，在 1929 年後，以生活日用品為主力商品的日本終點站型百貨公司成立，日本當時的百貨公司已出現朝向新中間階級的傾向。同樣的，此時的美國，百貨公司也因為開汽車的中產階級，而開始離開原本的城市，往郊區開設分店。而英國懷特里斯百貨公司在 1911 年大火後所選擇的新址，也是靠近地鐵潘丁頓站的地方。這都顯示出 19 世紀以布爾喬亞為中心的百貨公司，在 20 世紀後不得不開拓新客群的趨勢。即使是後發國或外生因型的東亞百貨公司，在世界經濟已成為一個體系的狀態下，也僅較歐美略晚一些，在 1930 年代開始面向新中間階級。

轉譯後的變化的「空間」與五感概念

百貨公司巨大一體化空間的內部，最主要的是符號性展示，如賣場、讀書室、沙龍展示廳等。再來是濃縮的都市空間。首先，都市是提供文明與文化啟蒙的空間，這與都市、博覽會和百貨公司之間密不可分的歷史淵源有關。因此，百貨公司會舉辦各種展覽會、小型博覽會，在推出後，再藉新聞、雜誌、電影、唱片等大眾媒體推廣至社會，形成流行風潮，使百貨公司在文化資本與利潤上都能獲益。其次，百貨公司作為一個理性主義下的產物，效率與服務從篷瑪榭百貨時代

-----

153 過去日本的吳服店等商店，顧客必須要脫鞋才能進店。早期的勸工場、百貨公司即使已開始具備漫步、遊覽的特質，除一些勸工場外，仍必須脫鞋才能進店，當時有所謂的寄鞋制度。不用脫鞋即能進入勸工場中，是到明治十年代後半（1882-1886）才開始的。而百貨店廢止寄鞋制度，是從關東大地震後的大正末期至昭和初期（1920 年代中至 1930 年代初）的這段時間，因為新的洋式建築完工、啟用，才可以直接不脫鞋就進店。例如松坂屋的東京銀座店從 1923（大正十三）年 12 月開始可以穿鞋入店，而三越和高島屋，則要等到 1927（昭和二）年才廢止。這對於消費者來說方便了很多，也增加了入店＝購物的可能性。初田亨，《百貨店の誕生》，頁 43、221。

154 事實上，第一次世界大戰時，英國的 Harrods 百貨也在 1914 年時動員其通路網與資本力，負責將醫療品等必要物資送往法國給壕溝戰的士兵，之後，由於戰爭造成物資缺乏，該百貨公司又先於政府地自主導入了食品配給制度。Tim Dale，《ハロッズ—伝統と栄光の百貨店》，頁 60-64，70-71。

起便被視為重點，因此，都市的各種功能都逐漸被收納進去：銀行、旅行社、理髮廳、房仲、僱人、郵遞等，這些機能在百貨公司內所佔用的空間可能不大，卻創造出一個便利的場所。都市的另一個重要的作用，在於提供大眾娛樂的場所，包括運動場、戲院、遊樂場、舞廳等。

從這些特色來看，歐美的百貨公司都重視都市功能、展覽會，但較少在內部設有庭園、遊樂場、戲院，而是辦音樂會、展覽會。例如法國篷瑪榭百貨公司，在 1873 年新建築完工後，即在情操教育加入由員工們組成古典交響樂團的訓練，並在閉館後讓員工們演奏，以學習上流階級的優雅，之後逐漸演變成招待常客的活動，將高級劇場、歌劇的壯觀文化意象導入商業空間之中，甚至曾在野外舉辦古典音樂會，讓中流階級感受到強烈的文化地位上昇的志向。之後，篷瑪榭採取消費後贈送音樂會票，使中流階級也能滿足文化品味上升的願望，在 1880 年代成為當時的名流盛事。[155]

如第一節所述，不同的時代、文化、社會，會有不同的共感覺的揉合，以及不同主導媒介的感官。而音樂或戲曲的感受與五感有緊密的關係，現場演出時，演出者與觀眾們皮膚所感受到的溫度、空氣的振動（觸覺、聽覺），以及四周的氣味（嗅覺），與眼中看到的影像（視覺）共同作用，讓人們融入所在的共同體之中，[156]例如前近代以觸覺為中心的社會，以聽覺作為主導媒介，歐洲的即興喜劇（commedia dell'arte）、日本的狂言、落語，中國的說書、彈唱等民眾的共同活動，參與方式常是即興的、遊走的、新奇的、吵鬧的，台上的表演者與台下觀眾間也有互動。而直到 19 世紀末，歐洲、中國的上流階級造訪的劇院、庭園，與其說是「觀賞」表演的地方，不如說是社交場所。[157]

及至近代以來，共同體的娛樂方式逐漸被編入近代化的觀看方式中，也就是依賴視－聽覺，對象是被凝視・觀察的。聽－觸覺為主的感官轉向以視－聽覺為主導位階，前近代的戲曲參與方式被收納入近代的觀看文化中，在歐美與日本的

-----

155 鹿島茂，《デパートを発明した夫婦》，頁 136-141。

156 陣內秀信，《東京の空間人類学》，頁 144-147。鵜飼正樹，〈大眾演劇の輪郭〉，頁 165-120。

157 段義孚，阿部一譯，《個人空間の誕生—食卓・家屋・劇場・世界》（東京：せりか書房，1996），頁 161-168，187-188。Edward T. Hall，《かくれた次元》，頁 66、95-96。陣內秀信，《東京の空間人類学》（東京：筑摩書房，1992），頁 144-147。鵜飼正樹，〈大眾演劇の輪郭〉，收於古見俊哉編，《都市の空間、都市の身体》（東京：勁草書房，2004），頁 165-120。菅原慶乃，《映画館のなかの近代：映画観客の上海史》（京都：晃洋書房，2019），頁 21、24-31。

百貨公司內的音樂表演，舞台與觀眾的五感均被收編進近代化秩序之中，欣賞表演是個人的行為，而不再是共同體的活動，同時，安靜地觀賞被視為具有高文化資本的行為。例如前述篷瑪榭百貨的音樂表演，就是安靜地欣賞。正如 20 世紀初看電影從嘈雜甚至參與合唱，變成安靜地觀賞，即是顯現出這個變化過程。[158]

　　文學研究者菅原慶乃（1974-）透過 20 世紀初的中國知識份子陸澹安、陸潔、郁達夫等人的作品，分析 1900 至 40 年代上海看戲與看電影的方式。上海是各國交易之處，各處都有著雜耍遊興，各類戲曲在遊藝園或高級庭園裡上演著。在中國，戲是用來聽的，因此用的詞是「聽戲」。傳統的聽戲方式是嘈雜的，庭園、戲院、喝茶處也常設在人口密度高的生活區內，觀客有周圍的居民、也有常客，彼此知曉互相的身分地位，往往戲台上敲鑼打鼓，戲台下觀眾三五成群，說笑評論、吸煙、高聲講話、踩腳、猜拳、嗑瓜子等行為司空見慣，是一種五感投入的共同體式的活動。陸澹安就常遊步式地在一個庭園聽聽，又漫步到另一處，當電影這個新媒體出現在上海後，他也常中途進去看一看，然後又離開，到了 1930 年代，陸澹安寫著「進步」的電影鑑賞方式應該是安靜地坐著看，而不是中途走進去，他本人也有著「進步」與「游步」兩種觀看方式。到 1940 年後，他大約都按著上映時間表準時入場，並安靜、從頭坐到尾地觀看電影，而這對當時與他同時代的知識份子而言，已是一種習慣了的電映觀賞方式。[159]

　　上述這段關於電影這個新文化的分析，可以看出在近代化發展的過程中，視覺的作用逐漸被突出，靜態的、有效率的視覺文化形式被連結到文明與進步，相對的，動態的、需要人的身體在場的其他的四感，逐漸被編入視覺體系。對於戲曲、音樂的欣賞方式也從全場・全身的參與，慢慢轉向將舞台／表演者與觀眾當作二個分立的群體，舞台是觀眾注視的對象，聽覺與聲音都被編入觀看的體系之中，觀眾基本上安靜地欣賞表演，從頭看到尾，不互相交談走動，即使對舞台上

-----

158 富永健一，《近代化の理論》，頁 195-203。菅原慶乃，《映画館のなかの近代：映画観客の上海史》，頁 77。前田愛，《近代読者の誕生》（東京：岩波書店，2001），頁 166-209。
159 菅原慶乃，《映画館のなかの近代：映画観客の上海史》，頁 2-30、164-177。

演出產生共鳴，也不能大聲地表現出來，這被視為是一種文明的禮儀。[160]

　　日本的百貨公司在 20 世紀初時，吸收街上廣告樂隊表演的概念，設置百貨公司的專屬音樂隊，如 1909 年的三越少年音樂隊、1911 年白木屋的少女音樂隊，[161]之後名古屋的松坂屋、京都的大丸等也設有少年少女音樂隊。而現今的寶塚歌舞團也與阪急百貨屬於同一集團。吉見俊哉認為音樂對日本大正時期的新中間階級來說，是家庭的文化生活的象徵，音樂隊也可以說是百貨公司的一種形象廣告。這些樂隊會到各地的園遊會或學校表演，也會在百貨公司內或是屋頂庭園表演。[162]算是日本百貨公司少數的有聲活動。但欣賞的方式是安靜的坐在台下觀賞。日本的百貨公司都市機能較少，更強調美術展、花道展、小型博覽會等文化活動，以及具娛樂功能的遊樂場。

　　從這個角度來看，原本重視文化資本的日本的百貨公司，內部是安靜有序的——除了嘉年華式狂歡的特賣會是例外。雖然重視家庭娛樂而設立遊樂場，但卻是在建築的屋頂上，也就是以外部添加的方式，在最小程度內變動西方百貨公司的形式。即使是原本走大眾風的終點站百貨公司，一旦想從食堂・日用品百貨店

-----

160 關於西方與日本看戲曲與電影的方式，依加藤幹郎的研究，初期看電影的方式也是共同體式的活動。早期西洋看電影的方式亦是熱鬧的祭典活動式，在摻雜幻燈片的短片播映時，觀眾不只交談、吹口哨、歡呼，有些電影院還會發歌本給觀眾配合幻燈片一起唱。同時往往有「辯士」在場解說電影、甚至幫各個角色配音。

　　大約是在 1907 至 1916 年，電影開始逐漸長篇化與故事化，觀眾的視線被投注在電影的內容上，這種包括大合唱的祭典式看電影的方式逐漸改變為肅靜的觀看，1929 年後有聲電影逐漸發展，安靜地看電影更成為一種默契。日本早期亦是以熱鬧的方式在看電影，觀眾會與辯士對話甚至爭吵，1924 年後也有歌手在電影開場前配著銀幕上打出的歌詞唱歌的演出方式，有聲電影出現後，由於字幕技術要到 1931 年後才開始，所以這段時期辯士依然存在，但此時已會將電影裡的聲音之外的聲音當作「雜音」。

　　日本在 1930 年代後半，靜默地看電影的方式被確立下來。但是依據電影院的位置與觀眾群的不同會有差異，在東京銀座等以知識份子為主要觀眾群的電影院，基本上都是安靜地觀看，壓低情緒表現，而在東京淺草的庶民取向的電影院裡，對電影內容的反應較會強烈地表現出來，並會有叫賣的人。加藤幹郎，《映画館と観客の文化史》（東京：中公新書，2006），頁 60、78-87、219、230、236、241、249-251。菅原慶乃，《映画館のなかの近代：映画観客の上海史》，頁 5、177。

161 白木屋日本橋店於 1911 年擴建完成的開幕期間，舉辦了二天餘興表演，內容為由觀世喜演出的能劇「羽衣」、少女音樂隊的表演、以及藤間勘右衛門與市川高麗藏演出演出的日本舞「七福神」。之後，少女音樂隊加進了舞蹈，並開始排練、上演西樂日本劇情的喜歌劇（Opera Comique）「羽子板」，因全由少女演出而被稱為少女歌劇白木屋。白木屋，《白木屋 300 年史》（東京：白木屋，1957），頁 294-297、308-312、662-663。初田亨，《百貨店の誕生》，頁 152-154。

162 吉見俊哉，〈市中音楽隊からデパート音楽隊へ〉，《RIRI 流通產業》25：4（1993 年 4 月），頁 36-42。

轉身成為「真正的百貨公司」，仍然不得不轉向高級文化資本的道路。[163]

上海百貨對於明星、戲曲的重視

相較於日本百貨公司著重於文化品味，菊池敏夫認為上海的百貨公司非常重視都市功能，不僅將都市的各種機能都容納進百貨公司中，尤其強調都市娛樂性，上海的四大百貨在建築內部設置如浴池、舞廳、跑冰場等娛樂設備，再在外部的頂樓遊藝場上演著各種灘簧等傳統說唱藝術、新劇、戲法武術等雜耍表演、活動影戲、電影，還有獵奇取向的遊戲機如「哈哈鏡」。以先施百貨為例，從外國進口了投一枚銅板即可遊玩的「練氣機」、「傳信機」、「香水機」、「郵片販賣機」等。上海的永安百貨在剛成立時，遊藝場的表演是以兒童取向的特技、雜耍為主，但在 1921 年改裝時，增加舞台與表演區，正式轉為以成人為主的遊藝場。[164]

上海的百貨公司的一大特色，即可說是對戲曲與明星的重視，相對於歐美與日本將音樂表演界定在特殊活動，上海的百貨公司則將傳統的聽戲與新興的電影納為常時活動，借 1936 年《東京朝日新聞》記者的用語，百貨公司遊樂場中的戲曲表演仍是喧鬧的。[165]

看電影在 1920 至 30 年代的上海，逐漸成為一種象徵著摩登、「懂行的」現代新玩意，甚至在高級電影院看電影，被當成可以顯示地位階級的炫耀行為。[166] 1920 年代初電影院開始普及後，上海的永安百貨在頂樓設「天韻影樓」，每天早晚各放一次電影，到了 1926 年時每天放二至三部片，以保持新鮮感。先施和新新百貨的屋頂花園也設有露天電影院。先施百貨與永安百貨內設置的電影院為多廳放映。之後成立的大新百貨也在頂樓設電影院。由於付了遊藝場費，就可以電影看到飽，可以說百貨公司是上海摩登電影文化的先驅廉價提供處，但在

-----

163 初田亨，《百貨店の誕生》，頁 172-174。

164 菊池敏夫，《民国期上海の百貨店と都市文化》，頁 17-18、133、141-144。吳詠梅，〈引言〉，收錄於吳詠梅、李培德編，《圖像與商業文化》（香港：香港中文大學出版，2014），頁 xxviii-xxxi。連玲玲，《打造消費天堂》，頁 184-192。

165 菊池敏夫，《民国期上海の百貨店と都市文化》，頁 139-140。

166 上海開始出現電影院建築熱潮是在 1910 至 20 年代，電影院逐漸脫離了戲園、茶園或公園，擁有獨立的空間，西方靜默地看電影的方式逐漸被上海的觀眾接受，電影開始跟戲曲切割開來，成為摩登的象徵。上海市文史研究館，《京劇在上海》（上海：上海三聯書店，2007），頁 2。胡霽榮，《中國早期電影史 1896-1937》（上海：上海人民出版社，2010），頁 9-33。陳剛，《上海南京路電影文化消費史（1896-1937）》，頁 68-72。

1930 年代初大型電影院興盛後，百貨公司的電影院的等級也開始下滑，不過人氣依然很旺盛。[167]

　　依艾德嘉·莫杭（Edgar Morin, 1921- ）所述，明星本身分享著戲劇中角色乃至故事的氛圍，建構了自身的形象，同時再將自身的形象轉嫁給出演的角色，形成一種意義的互動。[168]明星的形象具備的意義，也能透過海報畫面的逐字關係、代言活動、明星本人使用等方式，轉嫁到物的上面。而美麗的明星本身，也形成一種理想像，讓消費者認識到自己的匱乏，並勾起去擁有的欲望。上海的百貨公司沒有忽略這個廣告作用，除了在遊藝場中放映電影外，也請明星來店舉辦活動，如永安百貨的時裝秀，請來胡蝶、徐來等電影明星到場助陣，之後其他三大百貨也紛紛仿效。而永安百貨的《永安月刊》上，不僅以女星照片作封面，更會以「高貴女電影明星多愛用之」作宣傳。[169]上海的百貨公司從電影明星轉嫁文化資本，是在歐美日百貨公司中少見的，即使是美國好萊塢電影巨星眾多，百貨公司本身也鮮少用明星作廣告。

　　換言之，上海的四大百貨公司與日本的百貨一樣將建築空間向上延展，在建築物外部的屋頂上設置遊樂場，但與日本百貨公司的兒童取向不同，是以成人為對象。同時，上海四大百貨公司的整體建築又均是前－後棟連併在一起，將電影院、餐廳、舞廳、浴池、遊樂場等娛樂場所、旅館與百貨公司賣場，共同安置在整體性的建築裡，顯現出上海的獨特性。[170]

　　即使已建立出安靜看電影的默契，而且電影也是一種科技上的新發明，但無論是歐、美、或是日本的百貨公司，都沒有將百貨公司與電影院結合連在一起，美國的消費與電影院的結合大多在購物商場裡，而日本一直要到 1945 年 12 月，東京鐵路系統終點站百貨公司的東橫百貨，在澀谷店的三至四樓開設電影院，才出現了百貨公司與電影院的結合。而吳服系統的高級百貨公司，則是 1972 年時，

-----

167 菊池敏夫，《民国期上海の百貨店と都市文化》，頁 136、140-143。

168 Edgar Morin，鄭淑鈴譯，《大明星：慾望、迷戀與現代神話》（臺北：群學，2012）。

169 陳剛，《上海南京路電影文化消費史（1896-1937）》，頁 18。菊池敏夫，《民国期上海の百貨店と都市文化》，頁 122。

170 上海四大百貨的建築內空間關係，參考：連玲玲，《打造消費天堂》，頁 174。

名古屋的松坂屋本店內設了「恩賽爾東寶」（エンゼル東宝）電影院。[171]

日本與上海百貨在空間上所呈現出來的變化，顯示各自對西方百貨公司形式不同的概念轉譯。在西方百貨公司的一體性空間內，主角是展示賣場與剩餘空間的奢侈。日本的百貨公司在設置遊樂設備時，不更動百貨公司內部的一體性空間，而是在這種一體性的空間之外——也就是屋頂之上——添增娛樂設施。日本的百貨公司更著重的是從文學、文化、甚至外交活動中，去獲取象徵資本與文化資本。相對的，上海的百貨公司則除了同樣在外部增加娛樂設備，更從內部進行更動，將一體的空間分割出不同機能的區域，如戲院、舞廳、溜冰場和旅館，形成一種複合式的消費場域，而百貨公司原本的主角：展示賣場，則成為諸多消費類別中的一項。而上海百貨公司的文化與象徵資本的來源，除了文明知識與展覽會外，更著重由戲曲、電影明星帶來的符號意義。

小結

以形式社會學的形式與內容來思考，歐美的百貨公司大多是從販售布料雜貨的新奇商店，逐漸擴大店面、增設部門，可謂是內生因型的百貨公司。這樣的近代百貨公司的形式傳播到東亞而被各國吸納，則是外生因型的百貨公司。

在日本，由政府開啟的明治維新，引進觀看的視覺展示脈絡：博覽會、勸工場，也就是一種由上而下的傳播途徑，在日本的舊大商家面前展演出日本式的「新奇商店」與「商場」，日本的布料大商家於是對這種商法產生興趣，赴歐美考察，再建立日本式百貨公司的內容。

中國則是不同的接收方式。一方面，在上海開設的早期四大百貨公司，都是從英國人的新奇商店擴張而轉身成為百貨公司。另一方面，上海的四大百貨公司的創辦人則均是來自澳洲的廣東華僑。他們學習的方式是在外國時，直接與當地的百貨公司有往來交易，得以了解其組織、貿易狀況，然後帶入中國。[172]在香港

-----

171 〈東橫娛楽デパート〉，《読売新聞》，1945/12/22，3 版。

　戰後，以東橫電鐵為母體的「東橫電影公司」（東橫映畫），在 1946 年時在澀谷的東橫百貨內設立了三個廳的電影院。1957 年名古屋鐵道公司與旗下的名鐵百貨合資，在公車終點站的大樓的商場「梅爾莎」（メルサ）內設了表演戲劇與音樂的「名鐵廳」（名鉄ホール），1967 年在名鐵百貨內設立了「東寶」電影公司系統的「名鐵東寶」電影院。

172 連玲玲，《打造消費天堂》，頁 73-74。

最初也是小商店，然後在 1917 年時先施百貨蓋起新大建築，之後永安、大新百貨也接著建起。在轉譯西方百貨公司形式的過程中，華僑企業家是以個人與在地商機不斷交流的方式，形塑中國風格的內容。例如，地點香港是國際港口，先施百貨便為自己多添了「觀光景點」的特徵，在廣州開新店鋪時，發現當地缺乏西式大旅館，便又增加旅館的功能。於是，當先施等四大百貨進入上海時，是將在廣州時已確立的中國百貨公司的內容，移入了上海，直接建起華麗的大型建築。之後，英國資本的百貨公司也種程度上吸納中國式內容的轉譯，再加以變化。

外生因型的百貨公司，在轉譯的過程中配合自身的文化脈絡，發展出具有各自特色內容的百貨公司。那麼，下一章要回到 19 世紀末至 20 世紀初之交，看看陳列展示與視覺消費是怎麼樣進入臺灣。同時，在之後的章節中，會再談到日本與上海的百貨公司轉譯後的內容，又將以什麼樣的身影，出現在臺灣的百貨公司歷史中。

第二章
視覺消費與百貨公司到臺灣

TAIWAN'S
DEPARTMENT
STORES

19 世紀末，日本的吳服店吸取歐美經驗，逐漸轉型成為百貨公司，並於 20 世紀初開始向積極拓展市場，殖民地亦為其一環。經濟學者堀新一指出，日本的百貨公司在臺灣進行「出張販賣」（出差到外地進行販賣）的範圍，較朝鮮來得廣。日本的百貨公司如高島屋、三越、阪急等，在臺灣的出張販賣均以大阪的分店為中心，向臺灣的臺北、臺南、高雄、嘉義、臺中、新竹等地進行出張販賣。[1]可以說，臺灣全島的重要都市，均被視為出張販賣的實行地。透過這樣的方式，日本的百貨公司將他們習得的新商法，一步一步帶入臺灣。本章首先討論臺灣當時的社會背景，來勾勒日治時期日本的百貨公司至臺灣出張販賣時的條件與狀況。

　　接下來，要考察臺灣的商家與買家在吸收商品從「看不見」轉變為「看得見」的過程中，商品是如何被看見。陳列不等於展示，本章要從簡單地看得見商品的陳列，進化到賦與意義的展示、乃至氛圍的形塑的過程，去探討「消費」的概念是否出現在臺灣，以及是何時。在這過程中，眼睛視線的管理技術之開發，與現代消費文化的形塑有相當重要的關係，[2]因此本章也會試著從商品如何被觀看的視線的角度出發，去分析日治時期臺灣陳列展示文化的興起，以及臺灣的百貨公司終於在 1930 年代粉墨登場後，符號與留白的消費文化是如何被定義與呈現的。

1　日本的百貨公司在朝鮮的出張販賣，在出張販賣將被禁止前一年的 1932 年時，主要是以京城的分店為中心，向附近的仁川、元山等都市進行出張販賣，對離京城較遠的平壤、大邱、釜山等大都市，則未曾進行出張販賣。而出張販賣因受地方零售商的抗議，東京商工會議所與日本商工會議所在 1932 年 7 月，以懇談的名義，招集了日本百貨店協會的各會員代表，制定了「百貨店自制協定」，並在 1932 年 8 月 11 日公布，而從同年 10 月 1 日起實行，其中第一條即明訂「不進行『出張販賣』。」但無強制力。例如，三越於 1934 年 4 月 11 日在高雄、4 月 14、15 日在屏東舉辦「出張販賣」。白木屋改走特定顧客的路線，在 1935 年於臺北進行的「出張販賣」，由日本橋店的商事部員帶著流行商品，從神戶搭船至臺北，與臺北的出差成員會合後，利用二十天的時間拜訪各上流家庭，進行商品販售。一直到 1937 年，〈百貨店法〉頒布，正式禁止百貨公司的「出張販賣」，出張販賣才真正消失。堀新一，「植民地に於ける出張販賣の狀況／昭和 7 年調查」，《百貨店問題の研究》（東京：有斐閣，1937），頁 395。百貨店事業研究會編，《百貨店の實相》（東京：東洋経済新報社，1935），頁 88-91。〈地元商人の品か却つて賣れる 高雄の三越抗戰〉，《臺灣日日新報》，1934/4/11，3 版。〈黑木氏代租屏東劇場　供三越出張販賣　內臺商人憤慨脫退商工會〉，《臺灣日日新報夕刊》，1934/4/3，4 版。〈白木屋が臺北で出張販賣〉《臺灣日日新報》，1935/12/24，11 版。

2　Davis Chaney, "The Department Store as a Cultural Form." pp. 22-31. Rudi Laermans, "Learning to Consume: early department stores and the shaping of the modern consumer culture 1860-1914." pp. 79-102. Michael Miller, *The Bon Marché. New Jersey: Princeton University Press, 1981.*

一、移動的百貨公司：出張販賣

「移動店鋪」的販賣方式

　　近代百貨公司以都市中不特定的消費者為顧客群，因此，如何「製造」消費者群也成為重要課題。基本上必須要有一定人口的大都市，才能維持百貨公司的運作，因此，在人口較少或交通不便的小城鎮開店並不划算。

　　然而，這些非大都市的人口消費力依然存在，除了透過博覽會開設期間的廣告吸引地方顧客等方式外，篷瑪樹百貨發明了特賣會的方式出清庫存，而日本的百貨公司發展出的是出張販賣這種獨特的販賣方式：百貨公司派員帶著商品到全日本各地城市─包括殖民地，[3]租借公會堂、劇場、大飯店等交通往來方便的大場地，以類同百貨公司的陳列販賣方式販賣給當地消費者，每個地方販賣時間不等，從三天到十天均有，如此可省去常設店的固定支出、以及設店所需的嚴密事前調查等事項。[4]

　　就此，簡單歸納所謂的「出張販賣」的定義：
　　在自家的營業所之外的場所進行（地區）。
　　在自家的營業所之外的場地，以租或借等方式進行（場地）。
　　是以直接販賣給消費者的零售型態進行，而且是短期的（期間）。

3　堀新一在昭和 7 年（1932），對各地人口 8,000 以上的城市、以及全日本主要的百貨公司（70家，包括三越、高島屋、白木屋、大丸、十合＝ SOGO 等）發出問卷，依回收的問卷加以分析。在堀新一的調查中，人口 8,000 以上的城市即有百貨公司會前往進行出張販賣，而三越甚至前往人口只有六千的小鎮，進行出張販賣。而殖民地的部分則因人口調查不正確，因此堀新一估計約 1、2 萬以上人口的城市，即適宜進行出張販賣，不過，堀新一也指出，重點不在人口的量，而是在人口的質，例如男女比、職業收入等。因為對零售業來說，女性是重要的客源，人口的男女比例也就變得相當重要。堀新一，《百貨店問題の研究》，頁 138-149、154、166-167。

4　向井鹿松，《百貨店の過去現在及將來》（東京：同文館出版部，1941），頁 124-125。
　　就這個概念而言，堀新一認為像「出張所」（臨時販賣店）這樣固定的店面，即使不是分店、販售商品也不多，或甚至沒有商品只有型錄等，但既是固定地址的店面，就不能算是出張販賣。而另一種移動式販賣，是行商人背著或用車帶著商品沿街兜售、或到府推銷，但由於不符合租借場地、固定一段時間的條件，堀新一也認為不能算是出張販賣，堀新一，《百貨店問題の研究》，頁 202-203、254-256。必須要說明，出張販賣並不是只有百貨公司才會進行，大盤中盤商、一般零售商等都可以進行。這裡僅論述百貨公司所進行的出張販賣。

向井鹿松認為從流通論來看，出張販賣可算是「移動店鋪」[5]的一種。在交通不發達的時代，貧窮的行商人背著箱子步行、較富裕的行商人駕著馬車，將商品送往物資稀少的地方，低價出售，也有以物易物的方式。這些行商人一方面帶來外界的資訊，一方面會操作新奇的物品引發顧客的欲望，用華麗的辭藻把都市的意象傳遞給鄉村裡的人，某種意義上可說是近代廣告與宣傳的先驅。[6]日本也有行商人，而許多新式百貨公司的創業者，最初都是以行商起家，如 17 世紀時起家的白木屋、18 世紀時的大丸屋、19 世紀的高島屋，乃至臺灣的菊元百貨。[7]不過，個人的行商與有組織的行商有所不同的，考慮到百貨公司的出張販賣也是大規模的販售方法，因此，在這裡僅就有組織的移動店鋪來討論。

日本百貨公司的出張販賣

依堀新一與向井鹿松在昭和初年對當時百貨公司所作的研究，出張販賣是日本獨特的發展，[8]那麼，同樣都是移動店鋪，移動店鋪至少在 18 世紀已存在於歐洲。[9]歐洲有規模組織的移動店鋪與日本的百貨公司出張販賣有何不同？接下來先簡單地作一對照。

首先，歐洲的移動店鋪之所以能供應廉價商品，在於其貨源主要來自都市中大商店的過時存貨、市集結束後大商人賣剩的商品、倒店貨、經營不善的店急欲現金而賤價賣出的商品、當鋪流出的商品、特地為移動店鋪所製造的商品等。最後一項往往是最難鑑定品質的商品。歐洲移動店鋪的經營者多為各地行商者，都會裡大商店的經營者較少，而且後者惟恐到地方販售一事，會造成名聲的損害，

5　依據向井鹿松所引 1878 年德國政府帝國議會的紀錄中，對移動店鋪的定義為：「企業家在自己所居住或市場所在之外的土地，設置一個的販賣所，於該處暫時進行拍賣或自由販售商品的企業」。向井鹿松，《百貨店の過去現在及將來》，頁 123。

6　Elizabeth Ewen & Stuart Ewen，小沢瑞穗譯，《欲望と消費：トレンドはいかに形づくられるか》（東京：晶文社，1988），頁 76-77。

7　飛田健彥，《百貨店のものがたり：先達の教えに見る商いの心》，頁 328-331。

　　根據「老爹的碎碎唸」部落格作者所述，他的祖父為重田榮治渡臺初時，與其作生意的布店「錦榮發」的所有者，其父則曾在菊元百貨工作十年。〈菊元百貨公司老闆——重田榮治的故事1〉，「老爹的碎碎唸」。2011/2/8。https://daddygaga.pixnet.net/blog/post/5993221（查看日期：2022/12/27）。

8　堀新一，《百貨店問題の研究》，頁 137。向井鹿松，《百貨店の過去現在及將來》，頁 125。

9　Elizabeth Ewen & Stuart Ewen，《欲望と消費：トレンドはいかに形づくられるか》，頁 76-77。

往往在移動販賣時將店名秘而不宣，而許多自稱為都會裡大商店來地方販賣商品的人，事實上卻是冒名者。[10]同時，也有不少移動店鋪對購買者作出詐欺的行為。因此，在歐洲，出張販賣並不受歡迎，亦沒有信用度，民眾對之抱持著警戒的態度，百貨公司若要進行出張販賣，必須秘密行事。這也是篷瑪榭百貨的阿里斯蒂德‧布斯柯當初為庫存煩惱，卻否決了出貨給行商者的原因。

圖 2-1、1912 年的臺北鐵道旅館。所藏：國立臺灣圖書館。[11]

　　日本的百貨公司（或其前身）早在明治時期（1868-1912），即開始在日本本地內部的出張販賣。例如 1900 年 4 月，三越的前身三井吳服店即前往新潟長岡地方進行出張販賣。[12]出張販賣的主要目的，也是透過地方與都市的流行時差來出清庫存、獲取收益，這點與歐洲移動店鋪類同。然而，日本的百貨公司在進行出張販賣時，添加了新的營業目標，也就是在地方尋求商品販售通路，以及在地方作廣告宣傳，公開利用百貨公司的名聲，吸收當地的購買力，並吸引當地消費者，

10　不過，冒名者也未必真的是冒名者。E. Ewen 和 S. Ewen 舉美國的例子，19 世紀中，巡迴的商人開始在小城市或鄉村裡定居設立雜貨店，因人脈的建立及其便利性贏得地方上居民的信賴，搶走了行商人的地盤。另一方面，為了獨佔地區經濟，也有雜貨店的店主給行商人貼上了貪婪、行騙的標籤，使居民們對行商人產生不信感。Elizabeth Ewen & Stuart Ewen，《欲望と消費：トレンドはいかに形づくられるか》，頁 77-78。

11　圖片來源：山川岩吉編，《臺灣大觀》（臺北：臺灣大觀社，1912）。所藏：臺灣圖書館。http://stfj-ntl-edu-tw.proxyone.lib.nccu.edu.tw/cgi-bin/gs32/gsweb.cgi?o=dwensan&s=id=％22F091005％22.&searchmode=basic（2022/12/16）

12　堀新一，《百貨店問題の研究》，頁 158。

讓他們在前往大都會時，會想到店裡一探究竟、進行消費，或是會在當地透過郵購購買自家百貨公司的商品。[13]由於日本的出張販賣包涵了宣傳的意義在內，以將百貨公司的形象與符號價值植入各地方作為其目標之一，因此無論是陳列方式或是帶去販賣的商品，都必須符合其形象。例如高島屋於 1912 年 4 月 17 日來臺灣舉辦出張販賣會時，選擇的地點便是在華麗的臺北鐵道旅館（圖 2-1），帶來的商品有當季新款的高級和服樣式，以及洋傘等高級用品，以求不弱於之前來臺的三越與白木屋。[14]換言之，即使是出清存貨，日本百貨公司的出張販賣的品質，仍有一定的信用度。這是日本的出張販賣與歐洲的移動店鋪最大的不同。

　　堀新一的研究認為，由於遠距離的地方因經費與效果上的困難，因此原本出張販賣的對象都是鄰近大都市，都會風濃厚的地方。然而，1910 年代末 20 年代初開始，日本的百貨公司在大都市的發展進入強烈競爭期，都市中條件好的土地依次被各大百貨公司收購並建設新店。此時的出張販賣，是為了彌補百貨公司所在地之中央都市之購買力的不足，以維持營業額，因此進行出張販賣的地點，必須符合與中央都市有一段距離，但不會太遠的基本條件。1923 年的關東大震災造成首都區零售業蕭條，各大資本的百貨公司為提供災區日用品，紛紛進行出張販賣或成立臨時販賣所，之後，百貨公司逐漸成為主要日用商品的零售來源，採行薄利多銷的方式，促使百貨公司不得不再向外擴張出張販賣的範圍，降低條件，人口少、距離遠的地方，也成為出張販賣的對象地。1928 年前半期，出張販賣的城市數就已達 67 座。[15]

　　從前章的脈絡來看，1920 年代中期至 30 年代，也正是日本百貨公司開拓大眾新客群的時代。1930 年代，世界大蕭條連帶著日本經濟也不景氣，購買力下降，使得日本百貨公司轉變高價位的路線，加進廉價商品與大量販賣的路線，於是促成集約式開拓既有市場以及獲取新市場的方式。[16]前者包括特賣政策、加強服務、擴大服務、改善廣告等，而後者則主要在於開拓新興的中間階級為顧客群，以及

13　向井鹿松，《百貨店の過去現在及將來》，頁 124-125。堀新一，《百貨店問題の研究》，頁 151、155。《臺灣實業界》8：2（1933 年 2 月），頁 38。

14　〈高島屋の賣出し〉，《臺灣日日新報》，1912/04/17，7 版。

15　向井鹿松，《百貨店の過去現在及將來》，頁 124。堀新一，《百貨店問題の研究》，頁 152-154、160。

16　例如，高島屋在 1932 年 7 月底，已在全日本開設了 51 家 10 錢均一店。同年，高島屋在 10 錢均一店中再增設 20 錢區、30 錢區。而各百貨公司也開始在店內設置單一價錢的賣場，如 1931 年 10 月三越神戶支店在地下樓設置的 10 錢、20 錢、30 錢、50 錢的賣場。此可謂為戰後日本百圓商店——店內所有商品均售價 100 圓——的始祖。西谷文孝，《百貨店の時代》，頁 82。堀新一，《百貨店問題の研究》，頁 294。

向各地方開拓新市場，出張販賣因此成為重要的進行項目。

　　臺灣日治時期這段時間，日本百貨公司的殖民地出張販賣分為兩種方式，一種是在殖民地設店，由該店向殖民地各地實行出張販賣，例如 1916 年，三越在朝鮮的京城設三層樓高 661 平方公尺的「三越百貨京城出張所」，1920 年開始向仁川進行出張販賣。[17]另一種則為在日本有店，從該店向殖民地實行出張販賣的方式。日本百貨公司在臺灣的出張販賣方式屬於後者。[18]目的不只在於出張販賣的收益，同時更希望透過宣傳商標帶動郵購的發展。

　　由於堀新一的研究是以 1920 年後的出張販賣為主，因此他認為殖民地要能成為進行出張販賣對象，必須達到幾個條件：殖民地人口的增加、人口集中於都市、交通的發達、伴隨著同化主義政策發展縮短內地與殖民地間的風俗差異、以及殖民地零售業的未發達。[19]此外，撫慰在殖民地之日本內地人的思鄉情，是日本的百貨公司出張販賣的一個重要理由。[20]而自 1928 年開始，人口激增的殖民地都市的消費者，也成為大都市的百貨公司競爭的對象，例如臺灣的人口增長指數，從大正元年（1912）的 100，到昭和 5 年（1930）的 137，指數增加率雖然不及樺太、關東、北海道，但較日本各府縣來得大，屬於增加快速的地區。[21]且臺灣人口也逐漸出現都市化的現象，[22]在 1915 年時，臺灣總人口的 8.9% 居住在 1 萬人以上的城市中，[23]而日本在 1920 年時有 18% 的人住在大都市，朝鮮只有 3.4%。到了 1930 年時，日本總人口的 24%、朝鮮的 5.6% 居住在大都市中，[24]而臺灣是 13.4% 以上。[25]

17　林廣茂，〈京城の五大百貨店の隆盛と、それを支えた大衆消費社会の検証〉，頁 129-206。https://www.jkcf.or.jp/wordpress/wp-content/uploads/2019/11/05-03j_j.pdf（查看日期：2022/7/10）

18　例如三越在朝鮮的出張販賣，即屬於前一種，以在京城分店附近的都市作為主要的出張販賣地。堀新一，《百貨店問題の研究》，頁 359。

19　堀新一，〈百貨店の植民地進出（二）〉，頁 120。

20　堀新一，《百貨店問題の研究》，頁 353-356。

21　堀新一，《百貨店問題の研究》，頁 321-325。

22　章英華，〈清末以來臺灣都市體系之變遷〉，收錄於瞿海源、章英華主編，《臺灣社會與文化變遷》（臺北：中央研究院民族研究所，1986），頁 243、246。

23　臺灣總督府，〈地方廳與都鄙別人口〉，《臨時臺灣戶口調查記述報文第二次上 大正 4 年》（臺北：臺灣總督官房臨時戶口調查，1918），頁 38。

24　林廣茂，〈京城の五大百貨店の隆盛と、それを支えた大衆消費社会の検証〉，頁 134。https://www.jkcf.or.jp/wordpress/wp-content/uploads/2019/11/05-03j_j.pdf（查看日期：2022/7/10）

25　臺灣總督府，〈都鄙別人口〉，《國勢調查表 全島篇 昭和 5 年》（臺北：臺灣總督府，1934），頁 38。

至 1930 年代初（昭和初年）為止，臺灣的零售業尚不發達，也成為出張販賣發展的一項有利因素。例如當時臺灣的總人口中商業人口僅佔 8.4％，遠低於日本內地的 13％。且臺灣的這些商業人口多為經營貿易業、中大盤批發業等，經營零售業人口相當低，而且多採取後付款的前現代商法，更重要的是臺灣的店鋪不多，反而是周圍八、九里地方的人聚集而來的集市，一個月會有五、六次。[26]這些都使得百貨公司新商法，對消費者來說相當具有吸引力。

臺灣得以進行出張販賣的條件

　　關於對出張販賣來說相當重要的交通建設，臺灣總督府自 1898 年即開始架設臺南—打狗之間的輕便鐵道，並作為郵政路線。1908 年，基隆—高雄之間的官設鐵道開通，私鐵亦於 1909 年開放給一般人。其後，私鐵與官鐵、手押軌道（臺車）逐年興建，如 1924 年豐原—土牛間的私鐵、1937 年的潮州線等。臺灣全島鐵路營業線的長度至 1930 年為 957 哩，[27]密度為每 100 人 2.1 哩，甚至大於日本內地道府縣的平均密度 2.0 哩。在道路方面，1900 年修訂道路橋梁準則後，以國費開鑿重要道路，[28]但道路的建設比不上鐵路，一直不甚發達。整體交通上，臺灣已有一定的基礎建設，鐵路發展不遜於日本內地，但道路交通上仍與日本本土有一段差距。[29]

　　在日臺航路方面，1896 年日本政府命令大阪商船會社開闢內地航路以後，臺

-----

26 拓務省，《拓務要覽》（東京：拓務省大臣官房文書課，1932），頁 308。堀新一，《百貨店問題の研究》，頁 355-356。

27 依據堀新一所引用的臺灣總督府《臺灣要覽》昭和七年版的資料，1930 年公臺灣鐵道營業哩數為 957 哩，其中官營 620 哩，私營 337 哩。而依渡部慶之進的計算，當時臺灣交通局歷年營業哩程數，昭和七年時為 883.4 公里。其中誤差可能是官私鐵營業計算的差異。渡部慶之進，《臺灣鐵道讀本》（臺北：國史館臺灣史文獻館，2004），頁 90-91。堀新一，《百貨店問題の研究》，頁 354-355。

28 臺灣總督府交通局鐵道部內 JTB 臺北支部代表者‧小川嘉一編，《臺灣鐵道旅行案內》（臺北：臺灣總督府交通局鐵道部內 JTB 臺北支部代表者，昭和 9 年），頁 18。

29 1936 年，日本與臺灣的道路比，日本內地道路的總平均為 301 公尺，為臺灣的三倍多。就都市與城鎮比來看，臺灣最繁華的臺北州平均每方公里的道路公里長度為 137.8 公尺，也比不上日本內地國府縣道中最短的岩手縣（平均每方公央 148.6 公尺），更遑論與平均公尺數最長的大阪府（845 公尺）相較。渡部慶之進，《臺灣鐵道讀本》，頁 81-97。堀新一，《百貨店問題の研究》，頁 354-355。蔡龍保，〈殖民統治之基礎工程——日治時期臺灣道路事業之研究（1895-1945）〉（國立臺灣師範大學博士論文，2005），頁 15-16、22、85、176、234、290-291。

日間航運日漸發達。其後，基隆、高雄港建立，航班增多，海上交通日益改善。
1911 年一個月有六班臺日間的航班，到了 1914 年，增至六條船直航一個月 12 次
的航班，[30]促使臺日間的往來較為便利並穩定的往來航路。至 1934 年，臺灣對外
有十二條命令航線，而臺日之間亦有三條命令航線，包括神戶—基隆線、高雄—
橫濱（東京）線、那霸—基隆線。同時臺灣本島的各地間，也有二條沿岸航線：
東沿岸線，與基隆—臺東線。[31]這些航班有助於日臺與臺灣本島間的交通往來。

在人口方面，堀新一認為殖民地都市人口在 1 至 2 萬人以上，即可成為日本
的百貨公司出張販賣的對象。[32]以當時臺灣繁華的主要都市臺北市與臺南市，以
及臺北州為例，人口組成參看表 2-1。

從表 2-1 來看，臺北市／廳、臺南市的人口數在 1920 年以前，即使僅以日本
人數來說，也早就超過 1 萬人。另外，關於非農業人口與農業人口比，由於目前
資料不全，僅能獲知 1920 年時，無論是臺北市、臺南市或臺北市，比例都在
10：1 之上，[35]可推測當時臺灣的大都市中，受薪階級——百貨公司的主要消費
者群——佔的比例應已有一定程度。

綜合前述堀新一所指出，日本的百貨公司向殖民地實施出張販賣的三項基
礎：（一）殖民地人口的激增（二）殖民地都市的顯著發展（三）交通、電信、郵政、
電話的發達（四）殖民地零售業的未發達。對照上述資料，可看出在 1910 年代，
臺灣的基礎建設已大致完備，符合（三）。而 1920 年代以後的臺北市與臺南市等

-----

30 〈基隆第三岸壁初繫留〉，《臺灣日日新報》，1913/03/17，2 版。

31 而臺日之間亦有三條命令航線，包括神戶—基隆線（一個月 12 班來回班次，一趟需時 4 日）、
高雄—橫濱（東京）線（一個月 6 班以上）、那霸—基隆線（大型船二艘，一個月 5 班）。
同時臺灣本島的各地間，也有二條沿岸航線：東沿岸線（一個月 6 班，基隆—高雄），與基隆—
臺東線（一個月 7 班）。臺灣總督府交通局鐵道部內 JTB 臺北支部代表者，小川嘉一編，《臺
灣鐵道旅行案內》，頁 19-24。

32 堀新一，《百貨店問題の研究》，頁 143。

33 本表乃依以下的資料計算所得：堀新一，《百貨店問題の研究》，頁 365。臺灣總督府，《臺
灣總督府第十四年統計書》（臺北：臺灣總督官房統計課，1912），頁 38-42。臺灣總督府，
《臺灣國勢調查集計原表第一回 大正 9 年》（臺北：臺灣總督官房臨時調查部，1924），
頁 4、80。臺灣總督府，《國勢調查結果表 大正 14 年》（臺北：臺灣總督官房臨時調查
部，1927），頁 4、84。臺灣總督府，《國勢調查結果表 全島篇 昭和 5 年》（臺灣總督府，
1934），頁 1-2。臺灣總督府，《國勢調查結果表 昭和 10 年》（臺北：臺灣總督府，出版年
不詳、頁 2）。山梨県統計調查課（大正 9 年 - 平成 17 年），《国勢調查結果時系列データ》。
http://www.pref.yamanashi.jp/toukei_2/HP/koku_jikeiretu.htm。（下載日期：2021/12/12）

34 堀新一的書中，印出的是大正 4 年（1915），但根據全統計表看來，應為大正 14 年（1925）
的誤字，因此在本文此處仍以大正 14 年計。

35 依據《臺灣國勢調查集計原表第一回 大正 9 年》中農林業者數與總人口數計算結果。

表 2-1、日治時期臺北州、臺北市、臺南市與東京都、京城、平壤的人口組成。
本研究製表[33]

都市名	年份	人口數	男女比	日本人人口數	日本人佔總人口數	日本人之男女比
臺北市	1916 年	102,249	1.09:1	30,287		1.13:1
	1920 年	162,782	1.09:1	45,195	27.7%	1.17:1
	1925 年	195,200	1.08:1	53,341	27.3%	1.13:1
	1930 年	230,490	1.06:1	67,687	29.3%	1.13:1
	1935 年	274,157		81,704	29.8%	1.10:1
臺南市	1920 年	76,560		12,139	15.9%	1.38:1
	1925 年	84,793	1.099	13,106	15.4%	1.23:1
	1930 年	94,546	1.092:1	14,955	15.8%	1.27:1
	1935 年	110,816	1.089:1	16,695	15.1%	1.25:1
臺北廳	1910 年	486,737（現住人口）	1.17:1	45,400	9.3%	
臺北州	1920 年	743,077	1.125:1	70,572	9.4%	1.23:1
	1925 年	814,778	1.103:1	80,786	9.9%	1.17:1
	1930 年	913,531	1.097:1	101,184	11.1%	1.18:1
	1935 年	1,024,546	1.087:1	120,603	11.8%	1.14:1
京城（朝鮮）	1910 年	278,958		38,397	13.8%	
	1915 年	241,085		62,915	26.1%	
	1920 年	256,208		65,617	25.6%	
	1925 年[34]	342,626		88,875	25.7%	
	1930 年	355,426	1.06:1	97,758	27.5%	
	1935 年	404,202		113,321	28.0%	
平壤（朝鮮）	1920 年	71,703		16,289	22.7%	
	1925 年	89,423		17,534	19.6%	
	1930 年	136,927	1.06:1	18,157	13.2%	
東京都	1920 年	3,699,428	1.118:1			
	1925 年	4,485,144	1.113:1			
	1930 年	5,408,678	1.111:1			
	1935 年	6,369,919	1.092:1			

臺灣大都市來說，已符合（一）（二）（四）。當然，日本的百貨公司間的競爭劇烈化，以及薄利多銷主義的盛行，是出張販賣逐漸由大都會旁的城市逐漸向偏遠地方擴張的基本因素。因此，臺北市、臺南市在 1920 年以前即成為日本的百貨公司出張販賣的對象，是合理的。

不過，雖然堀新一指出日本百貨公司是在大正 12 年（1923）後，開始積極往臺灣進行出張販賣，然而，早在 1908 年時，日本的百貨公司即開始向臺灣進行出張販賣。[36]當然，由於日本人也始終是這些百貨公司的目標客群，因此，也不能排除在 1908 年至 1910 年代赴臺的出張販賣，有政治安撫的因素在其中，畢竟伊藤博文曾為政治因素讓三越去韓國京城開店。[37]接下來從實際的情況上，去檢視當時臺灣出張販賣的狀況，是否有三越、白木屋、高島屋、大丸等多家百貨公司願意每年來臺灣一次或以上，進行出張販賣，若是，則顯然已超過撫慰的理由。

三越來臺：日本百貨公司對臺灣的出張販賣

以下依據《臺灣日日新報》的報導與廣告，以及三越、高島屋、白木屋等日本當時主要百貨公司的社史，整理出一個大致的圖像。

1901（明治 34）年 2 月，高島屋京都店、大阪店即派員來臺探察出張販賣的可能，其後又數度派員來臺開拓出張販賣的地盤。[38] 1908 年 3 月，三越百貨首先於臺北與臺南舉行出張販賣，[39]同年 6 月再於汽車博覽會上舉行陳列販賣，[40] 1909 年以後，幾乎每年 3 月到 5 月左右均到臺灣進行出張販賣。高島屋則於 1909 年為了獲得臺灣總督府的訂單而派員來臺，取得鐵道部的訂單，其後又獲得總督府的「出入許可證」，成為得以進出總督府的商人，像是鐵道部的制服、巡查的制服、總督府官邸的內部裝潢等，都交由高島屋負責，同一時期，高島屋也開始對

-----

36 這一部分是緣於堀新一難以取得臺灣等殖民地的資料，因此數據是以在日本所能取得的對百貨公司、各地方政府的問卷調查等資料為主，無法追溯至之前的數據，所產生的限制，但也不能因此否定他口訪與統計分析後，所顯示出日本的百貨公在 1923 年後積極進入殖民地的貢獻。堀新一，《百貨店問題の研究》，頁 141-142、360。

37 平野隆，〈戰前期における日本百貨店の植民地進出：京城（現・ソウル）の事例を中心に〉，《法學研究：法律・政治・社會》77：1（2004 年 1 月），頁 283-313。

38 高島屋 135 年史編集委員会編，《高島屋百三十五年史》（大阪：高島屋，1968），頁 237、370。

39 〈三越吳服店の出張販賣〉，《臺灣日日新報》1908/3/3，7 版。

40 〈三越の賣出し〉，《臺灣日日新報》，1908/06/11，5 版。

一般民眾進行出張販賣，[41] 從 1909 年起，高島屋大約每年 2 至 4 月或 10 至 11 月間，均會在臺北、臺南、臺中等大都市舉行出張販賣。白木屋則是最早於 1908 年 4 月與大丸百貨一同來臺舉行出張販賣，[42] 1909 年 12 月正式在臺灣各地開始出張販賣。[43]

除了前述大丸與白木屋的例子，各大百貨公司間亦會舉行聯合出張販賣，[44] 一方面節省電費租金等成本，一方面亦能刺激更多的消費者來場。資料顯示日本百貨公司來臺出張賣的時間，符合堀新一的調查所指出的，出張販賣是日本換季期的春秋二季的時間點，而且多在交通較方便的都市。[45]

若從《臺灣日日新報》的報導來看，在 1908 到 1917 年這段時間，可看到有相當多關於日本的百貨公司來臺灣出張販賣的報導，包括三越、高島屋，還有大丸與白木屋的聯合出張販賣。[46]到了 1917 年後，除了該年三越參加臺中博覽會外，之後都沒有三越的出張販賣的相關報導。而高島屋除了 1920、1921、1931、1933 年之外，也無相關報導。同樣狀況亦發生在白木屋上。換言之，《臺灣日日新報》積極報導日本百貨公司來臺出張販賣，是在 1908 至 1916 年這段時間，之後逐漸減少（不包含報紙廣告）。1920 年代末 30 年代初的相關報導，則常聚焦在銷售結果不如預期、[47]當地零售業者群起對抗或同時進行大拍賣等議題上。[48]

換言之，當堀新一的研究指出日本的百貨公司於 1923 年後，開始積極進入臺灣時，臺灣對於日本百貨公司的出張販賣的報導卻冷靜下來。那麼，若是日本的百貨公司積極向臺灣進行出張販賣，為何臺灣沒有報導？這裡可以從媒體學的

-----

41 高島屋 150 年史編集委員会編，《高島屋 150 年史》（大阪：高島屋，1982），頁 86。

42 〈白木屋の出張販賣〉，《臺灣日日新報》，1908/04/17，5 版。

43 白木屋，《白木屋三百年史》（東京：白木屋，1957），頁 659。

44 例如：〈臺南雜信（四月三日）〉，《臺灣日日新報》，1911/04/05，3 版。〈聯合賣出しの初日〉，《臺灣日日新報》，1912/4/19，7 版。

45 堀新一，《百貨店問題の研究》，頁 165-170。

46 例如：整體來說，以《臺灣日日新報》報導三越出張販賣的新聞而言，1908 年至 1917 年間，幾乎每年都會報導三越來臺出張販賣。對高島屋的報導，在 1911 年至 1917 年，幾乎每年都有出張販賣的報導資訊。

47 例如：〈出張販賣〉，《臺灣日日新報》，1925/3/4，4 版。〈三越好況〉，《臺灣日日新報》，1932/4/6，4 版。

48 例如：〈三越の出張と市內の吳服屋〉，《臺灣日日新報 漢文版》，1923/3/19，5 版。〈臺北商人の對抗賣出 一日から三日迄〉，《臺灣日日新報》，1925/2/26，3 版。〈大賣出しと三越來で 市況は 頗る引立つ〉，《臺灣日日新報》，1925/3/2，2 版。〈三越大賣〉，《臺灣日日新報》，1925/3/9，4 版。〈臺南內地商人抵制三越〉，《臺灣日日新報 漢文版》，1928/11/6，4 版。〈高雄商人の三越對抗賣出〉，《臺灣日日新報》，1931/4/5，5 版。

角度來分析。

所謂新聞報導，主要目的之一即在於將「特別＝不日常」的訊息傳遞給民眾知曉。若是每日發生的事，因不具新鮮感，也就不具有特別加以報導的必要性。因此，對比《臺灣日日新報》與堀新一的研究，可以推測到了 1920 年代時，日本百貨公司到臺灣出張販賣，也許並未常時化到有固定的時間，卻也已經日常化到不再是值得報導的新鮮事。因此，臺灣的新聞媒體不再將百貨公司的出張販賣當成是新聞，關注的焦點改放在其所帶來的現象或問題。因此，在對日本的百貨公司而言是積極開拓的 1920 年代，對臺灣社會而言，應當已是一個有一定市場與銷售量的日常活動，反而是銷售不佳才會令人訝異。同時，從對出張販賣對臺灣社會所產生的衝擊加以報導與討論，顯示出 1925 年以後，臺灣的零售業已慢慢興起，雖然 1932 年時的拓務省仍認為臺灣零售業不發達，[49]但新興的零售店已感受到日本百貨公司的威脅。

再者，堀新一在其研究中指出，日本內地是以一大都市為中心，四周有衛星式的中小型都市存在，百貨公司的出張販賣可以方便地在鄰近都市間往來，於各都市間巡迴，再經由同一路線回到出發都市。殖民地的都市結構則不然，都市常是廣範圍地雜散著，彼此間交通不便使得百貨公司無法經由同一條路線貫穿各市進行出張販賣，這增加往殖民地出張販賣的成本，也使殖民地的出張販賣變得不利。[50]然而，臺灣的例子並不符合堀新一的論述。由前段論述可知，自 1908 年起，貫穿臺北、臺中、臺南等地間的交通路線已逐漸形成，鐵路與人口的密度平均比大於日本內地。根據《臺灣日日新報》的記載，日本的百貨公司每次來臺灣出張販賣時，往往不只到一個城市而已。[51]因此，堀新一所指出的在

-----

49 拓務省，《拓務要覽》（東京：拓務省大臣官房文書課，1932），頁 308。

50 堀新一，《百貨店問題の研究》，頁 367。

51 以三越百貨為例，三越於 1908 年 3 月 5 日至 8 日在臺北的府後街（今：館前路）的吾妻旅館舉辦出張販賣，其後，從 3 月 18 日開始再至臺南公界內的高級日本料亭「鶯遷閣」舉行，此時也正是基隆至高雄鐵道開通的時候。其後，如 1920 年 3 月於臺北和臺南、1923 年 3 月 18 至 20 日在臺北、3 月 30、31 日在高雄、4 月 7、8 日在臺南，1929 年 3 月至 4 月於臺中、臺南等地，租借公會堂、旅館等地舉行出張販賣。〈三越吳服店の出張販賣〉，《臺灣日日新報》1908/3/3，7 版。〈臺南に於ける三越の賣出〉，《臺灣日日新報》，1908/3/18，5 版。〈三越と臺北商人〉，《臺灣日日新報》，1920/03/01，5 版。〈臺南の三越賣出〉，《臺灣日日新報》，1920//03/29，4 版。〈三越が來る〉，《臺灣日日新報》，1923/03/01，3 版。〈高雄　三越賣出し〉，《臺灣日日新報》，1923/03/31，4 版。〈三越又來臺南〉，《臺灣日日新報 漢文版》，1923/03/01，3 版。〈市內巨商連が一齊に賣出開始 出張販賣流行に刺戟され良品廉賣を標榜して〉，《臺灣日日新報》，1929/3/20，7 版。〈三越出張〉，《臺灣日日新報》，1929/4/1，4 版。

殖民地出張販賣的交通困難，在臺灣島西岸並不算太難。

　　日本的百貨公司在臺灣的營業狀況，1908 年 3 月三越百貨來臺北出張販賣時，因為是第一次，反應相當熱烈，一日的銷售總額約在 9,000 至 1 萬圓，在臺北進行出張販賣五天的期間內，總共銷售額達 5 萬圓。之後應該一直維持著不錯的程度，才能持續著成為日常化的活動。堀新一於 1932 年依人口數將城市分為不同規模，依每次出張販賣的營業額取最高、一般和最低三種記錄，表 2-2 整理了 1932 年日本各規模城市平均的一般出張販賣的營業額，以及至臺灣各城市的平均一般出張販賣的營業額，臺北市因為沒有在堀新一的取樣對象中，因此只有 1908 年的報紙數據：

表 2-2、出張販賣營業額（1932）。本研究製表。[52]

金額 人口	日本內地 一般營業額	臺灣各地 一般營業額	該地日本人數（1930）
10 萬人以上	1 萬至 3 萬圓	臺北 5 萬圓（1908）	70,369
5 萬至 10 萬人[53]	5,000 至 3 萬圓	臺南 1 萬圓	15,496
		基隆 3,000 至 5,000 圓	19,254
2 萬至 5 萬人	1,000 至 1 萬圓	臺中 2,000 至 2 萬圓	13,445
		嘉義 8,000 至 13,000 圓	8,883
		新竹 2,000 至 3,500 圓	5,328

　　堀新一在分析後表示，與日本內地同人口數相同等級的都市比起來，殖民地都市的銷售金額最高時的總數相當或略高，而銷售金額最低時，概略來說，比日本內地城市的最低額來得高，基本上沒有特別極端低的例子出現。[54]如此一來，出現一個問題，如果殖民地都市的出張販賣成效不差，為何日本的百貨公司在臺灣的出張販賣不能常態化、甚至在臺灣設置分店？同時，許多城市如花蓮港有 27,376 人、馬公 52,116 人、宜蘭郡 93,047 人等，人口數多於殖民地會進行出張販

52　本表資料來源：堀新一，《百貨店問題の研究》，頁 178、388、395。臺灣總督官房調查課，〈1. 戶口 2. 靜態〉《臺灣總督府第三十四次統計書 昭和 5 年》（臺北：臺灣總督官房調查課，1932），頁 30。http://tcsd.lib.ntu.edu.tw/record.php?DataId=S0016750&Access_Num=179420（查看日期：2022/7/10）〈三越の吳服賣高〉，《臺灣日日新報》，1908/3/10，5 版。

53　朝鮮的平壤，日本內地人口數與臺南市相當，但據堀新一的調查，未有日本的百貨公司前往出張販賣。這是否與交通便利度有關，亦值得進一步的比較研究。

54　堀新一，《百貨店問題の研究》，頁 178、388、395。

賣的最底限1全2萬人，而且宜蘭有鐵路經過，[55]為何從來不曾有日本的百貨公司前往出張販賣？[56]再進一步提問，如果在臺灣的出張販賣銷售金額不錯，為何一直到日治時期結束，都未在臺灣設立分店或支店呢？堀新一提出一個很重要的概念，即是人口的「質」的問題，也就是人口中的性別比，以及日本人口數，堀新一認為這兩點影響了客源的購買力。接下來便來檢證堀新一所提出的這個殖民地的人口「質」的概念，與當時百貨業之間的關係。

首先是性別的問題，亦即堀新一認為，百貨公司消費的主要客源是女性，而殖民地都市一般而言女性遠較男性為少，因此不利於出張販賣。[57]但是，這點就臺灣來說並不能成立。由前述的表2-1即可看出，臺灣的城市中，不論是全部人口或是日本內地人口之中的男女比，都與東京相似，約為1.1：1，因此，並不構成不利出張販賣或設店的原因。[58]

因此，出張販賣或設店困難的重要原因，應在於另一個人口的「質」的問題，也就是日本人的人口數。換言之，日本的百貨公司決定出張販賣與否的關鍵，應是集中在日本人的人口數上——尤其是女性人數，因為日本人才是他們的目標客群，因此唯有日本人的人口數達到他們設想的支撐運費等成本的基準，該地才會成為出張販賣的對象。這樣來看，1930年時馬公的日本人僅3,100，宜蘭郡2,789人，即使人口總數在5萬以上，也不會是日本的百貨公司出張販賣的對象。

然而，花蓮港的日本人有8,186人（男女比：1.15：1），與嘉義市的8,883（1.14：1）人相較不遠，性別比也相似，但花蓮卻沒有被視為對象，這時，交通不便應是要考慮的原因。因為日治時期鐵路並沒有通往花蓮，但卻有通往嘉義，同時，臺中、臺南、嘉義、高雄、屏東，都在同一條鐵路上，若是巡迴多地的出張販賣，

55　人口數參考：臺灣總督官房調查課，〈1.戶口2.靜態〉《臺灣總督府第三十四次統計書昭和5年》（臺北：臺灣總督官房調查課，1932），頁30。鐵路站參考：許維珊，〈日治時期鐵路分布圖〉。http://thcts.ascc.net/themes/rd15-07030.php（查看日期：2021/12/12）

56　堀新一，《百貨店問題の研究》，頁364-365、395。附帶一提，前面也曾提過，出張販賣並非百貨公司才會進行。例如雖然沒有日本百貨公司到馬公出張販賣，但卻有臺北、臺南、高雄等都市的吳服雜貨店前往出張販賣。

57　堀新一《百貨店問題の研究》，頁366-367。

58　事實上，在堀新一提出的殖民地各城市性別比的表中，無論是朝鮮或臺灣的大城市（京城府、釜山府、平壤府、大邱府、仁川府、臺北市、臺南市、基隆市、高雄市、嘉義市），男女比幾乎至少都在1.3：1左右。似乎很難說是有「巨大的差距」。堀新一，《百貨店問題の研究》，頁366。

則會在嘉義，甚至也在日本人口數不到 8,000 人的屏東市停留。[59]

交通成本不僅是帶著商品前往販賣地，還包括賣剩商品的處理問題，尤其是日本與臺灣之間的交通問題還是跨洋的。若是在日本本地內部以衛星都市作為出張販賣的對象，距離的問題比較容易解決，也能符合出張販賣最主要的目的：為了在季節變換時能透過都市—鄉村的流行時差，將滯銷的過季庫存給處理掉，並形成定時定期到地方去出張販賣的常時化現象。[60]然而，臺日之間即使有固定的航班，臺灣內部交通也有一定的建設，距離仍是一大成本。原本出張販賣中最花錢的即是運費與在地費（包括租金等）。若有賣剩品，除非在當地廉價賣出，否則多半必須運回本店去，中間必須考慮到商品受損的情況，以及過季貨的處理、通貨膨漲、人力費、雙重運費等負擔的問題。然而，在日本百貨公司將出張販賣視作宣傳的重要環節時，廉價賣出剩餘品往往變成不可能的選項，[61]也使得百貨公司前往某地出張販賣時，必須慎重考量的原因所在。例如前述的屏東，雖然人口的「質」不符，但交通方便，在要處理賣剩品的時候，這樣的地方也可以成為一個選項。

日治時期日本人口數多的臺灣都市，大多也是人口總數多、日本積極加以近代化的大都市，如臺北市、臺中市、臺南市、高雄市、基隆市等，其中又以臺北為最，臺南次之，臺中在 1925 年時位於第三，但在 1930 年時被高雄超過，成為第四。[62]而這些大都市，正是人口集中、近代化發展、適合零售商業發展的中心。然而，直到日治結束，日本的百貨公司都未在臺灣設店，是否因為內地化不足，因此日本的百貨公司都不在殖民地設店？這是接下來要探究的問題。

59　1930 年，屏東郡的總人口數是 92,190 人，日本內地人口數是 5,562 人。屏東市人口數依堀新一的記錄是 33,250 人，日本人口數不明。臺灣總督官房調查課，〈1. 戶口 2. 靜態〉《臺灣總督府第三十四次統計書昭和 5 年》頁 30。堀新一，《百貨店問題の研究》，頁 395。

60　堀新一，《百貨店問題の研究》，頁 367。

61　堀新一，《百貨店問題の研究》，頁 454-458。

62　臺灣總督官房調查課，〈1. 戶口 2. 靜態〉《臺灣總督府第三十四次統計書昭和 5 年》（臺北：臺灣總督官房調查課，1932），頁 30。臺灣總督官房調查課，〈1. 戶口 2. 靜態〉《臺灣總督府第二十九統計書 大正 14 年》（臺北：臺灣總督官房調查課，1927），頁 30。http://tcsd.lib.ntu.edu.tw/record.php?DataId=S0014143&Access_Num=179735（查看日期：2022/7/11）

日本百貨在韓國設分店的政治意義

　　從 1918 年開始，日本的百貨公司將要來臺開店的傳言即在臺灣社會間流傳，[63]但日方各大百貨公司都不斷否定，[64]及至 1933 年，臺北市人口已有 24 萬餘人，是日本全國第八大都市。[65]但直至終戰為止，日本的百貨公司皆沒有在臺灣設置分店。即使像是高島屋在 1935 年時，借臺北榮町四丁目的賀田組的店面，設立出張所，但也只是因為不能進行出張販賣，而需要一個郵購的據點。[66]

　　但這並不意味著日本的百貨公司不在海外設店。1905 年日俄戰爭結束後，翌年（1906）10 月，三越便在大韓帝國（韓國）的京城本町通一丁目（忠武路一街），建立木造二層樓的「出張員詰所」（出差人員宿舍）。1908 年也在滿洲設立同樣的單位，不僅是給派去考察的人居住，也擔負起陳列、販售日本商品的功能，當時，全韓國只有42,460 名日本人。當 1916 年三越在京城建起三層樓611 平方公尺的「京城出張所」（三越百貨京城臨時販賣處）時，京城日本人數確實已多於臺北市的30,287 人，有 62,915 人。然而在 1915 年時，臺灣總人口的8.9％已居住在 1 萬人以上的城市中，而朝鮮到 1920 年時也只有 3.4％住在大都市，都市化程度相差極遠。[67]但日本的三越百貨仍然進駐韓國，甚至在 1929 年，正式將京城[68]的出張所升格為分店，再於 1930 年建設了五層樓高，地下一層樓的新館，館內面積共 7,454

63　〈臺北の商人と三越〉，《臺灣日日新報》，1918/5/7，7 版。〈三越開店虛報〉，《臺灣日日新報》，1918/5/27，7 版。

64　例如 1931 年，白木屋的取締役西野惠之助否認會在臺灣開設分店，1932 年，三越百貨的常務的麻生誠之也否認了分店的傳言。麻生誠之，〈三越は進出しない〉，《臺灣實業界》7：11（1932），頁 4、15。

65　〈菊元百貨店に對する批判〉，《臺灣實業界》8：2（1933），頁 39。

66　1941 年在臺北車站前明石町二丁目四番地租了一間獨棟房屋，開設小店鋪，承襲最初高島屋與總督府間的關係，接受總督府、臺灣旅館、遞信局、鐵道省、陸軍省各官廳、各大學的訂單，不是給一般客人。1943 年又在高雄設立了出張所。1944 年時，高島屋在臺北市大稻埕建立傢俱專屬工廠，希望能進一步在臺發展，但因戰爭結束而關廠。然而，這些都是在戰爭時期，實際上已不具有展演效果。高島屋 135 年史編集委員会編，《高島屋百三十五年史》，頁 238。

67　平野隆，〈戰前期における日本百貨店の植民地進出：京城（現・ソウル）の事例を中心に〉，頁 286，289

68　昭和 5 年京城府的人口約為 355,426 人，男女比為 1.06 比 1。日本內地人有 97,758 人，佔27.5％。當時的臺北市的日本內地人口數則為 67,687 人。堀新一，《百貨店問題の研究》，頁 365-366。

平方公尺，甚至在中國的大連、上海、北京等地都設置分店。[69]日本政府還積極
協助日本人在京城建立四間百貨公司。[70]這些與政治上的考量有相當大的關聯。

　　明治維新後，日本積極在精神、政治、文化、物質等各方面上追求近代化，
同時在國力上向西方先進國看齊，這其中也包括軍事在內，1874 年的牡丹社事
件、1875 年在朝鮮漢城西北岸發生的江華島事件等均為其例。清廷以日本為假想
敵，建立當時第一大的北洋艦隊，1886 年 8 月時航行至長崎，引發外交問題（長
崎事件），原本交惡的中日雙方關係更加惡化，再加上日本對領土北方的俄羅斯
與南方的朝鮮（及其宗主國‧大清帝國），一直懷有南北夾擊的恐懼，長崎事件使
得日本內部政治民主化的聲音，被擴軍的力量壓制。1894 年，因朝鮮的東學農民
運動引發中日甲午戰爭，1895 年日本獲勝，得到臺灣作為其殖民地，同時，日本
的大陸政策也轉向了人陸膨漲路線，其中心軸是：從朝鮮前往滿洲，再往中國本
土，將滿蒙視為日本的生命線。雖然這條路線在日俄戰爭前，在路線上，尚不是
很確定是以軍事還是經濟為主，但在日俄戰爭後，基本上軍方的力量愈來愈
大。[71]

　　中日甲午戰爭後，在滿洲政策上，因為沉重的財政負擔，伊藤博文（1841-
1909）、井上馨（1836-1915）與政友會[72]主張走抑制軍事擴張，並對滿洲進行經濟投
資的慎重路線。[73] 因此，日俄戰爭，1905 年俄國戰敗後簽訂《朴次茅斯和約》，
承認日本在韓國的特權，韓國成為日本的保護國。第一代韓國統監‧伊藤博文對
三越百貨的負責人日比翁助提說，「若你能帶著三越的機構與經營精神到京城發
展的話，那不僅是為了三越，從國家的角度來看也是極為有利的。」日比翁助接

69　三越，《株式会社三越 85 年の記録》（東京：三越，1990），頁 120。

70　平野隆，〈戦前期における日本百貨店の植民地進出：京城（現・ソウル）の事例を中心に〉，
　　頁 283- 312。

71　高橋秀直，〈＜書評＞小林道彦著『日本の大陸政策 1895-1914』〉，《史林》卷 82 期 3（1999
　　年 5 月），頁 466-472。李永熾‧李衣雲，《邊緣的自由人：一個歷史學者的抉擇》（臺北：
　　遊擊文化：2019），頁 274-295。小林道彦，〈日清戰後の大陸政策と陸海軍：一八九五 ─
　　一九〇六年〉，《史林》卷 75 期 2（1992 年 3 月），頁 248-276。

72　全名「立憲政友會」，明治 33 年（1900）9 月 15 日組成，昭和 15 年（1940）7 月 16 日解散。
　　初時為執政黨的伊藤博文‧為了確定政黨內閣制而組成的，伊藤自身擔任初代總裁。伊藤博
　　文為主的政黨以「扶植文明推進國家」為主要目標，強調國家利益、地方公共建設的公益為
　　最優先，抑制國民追求私益，因此聯合議會中的各政黨，是為「政友黨」。而受到壓制的民
　　權派，也就是推動自由民權、立憲改革的各政黨，簡稱「民黨」，則稱政友會為「反政黨」。
　　伊藤博文與政友會積極將企業家與大財閥拉入其黨，加入投資國家建設，得到三井財閥、安
　　田財閥、澀澤財閥的支持。

73　高橋秀直，〈＜書評＞小林道彦著『日本の大陸政策 1895-1914』〉，頁 466-467。

受這個要求，前往京城開設出差人員宿舍，伊藤博文還特地將所長‧枘澤止三叫到官邸，「聽取關於經營上的各種報告」。1908 年，三越在滿洲的大連也開設同樣的在外出張所。這些名義上是出差人員宿舍，實際上就是百貨公司陳列‧販賣商品的地方。伊藤博文的意圖是將「物」視為傳播文化的媒介，「將日本文化與日本產品介紹給朝鮮人、加深他們對日本的認識」。伊藤明確地認識到，統治殖民地最重要的不只是軍事力和政治力，而是要擁有媒介和文化的力量。[74]

這也符合前述伊藤博文的抑制軍擴與投資經濟的路線。然而，卻也很明顯地可以看出，伊藤博文雖然提到統治殖民地需要文化的力量，但立基點是在大陸政策，臺灣並不在他的考慮範圍內。而自 1898 年 2 月至 1906 年 11 月在臺灣擔任民政長官也是實際掌權人的後藤新平，事實上也主張積極投資滿洲，對滿洲的經濟價值有極高的評價，[75] 1906 年他轉任南滿洲鐵道初任總裁，帶走一批在臺灣時期培養起來的人才，開始致力於經營滿洲。從這裡可以看到，雖然臺灣是殖民地，但對日本的政策而言，重要性遠不如朝鮮、滿洲與中國。同時，也可以看到在由上而下近代化的日本，大資本百貨公司在某種程度與國家權力之間千絲萬縷的關連。

雖然日本的百貨公司最終仍未到臺灣開店，但他們進行的出張販賣與西方移動商店不同，由於重視自家商店的形象，無論是陳列方式或是帶來販賣的商品，乃至販售的地點，都慎而重之。這樣的出張販賣出現在臺灣，也將近代百貨公司的新商法帶進臺灣，這種視覺商法，又給臺灣社會帶來新的刺激與變化。

二、臺灣視覺式消費的前奏―從「看見」到「展示」

在百貨公司來臺出張販賣前，日本總督府從 1897 年就開始準備在臺北和臺南設立商品陳列所，1898 年 3 月 1 日在臺南市大西門外北勢街（今神農街）成立，並開辦第一波由日本進口的商品展，除了藥物外，還有鑛石、織品、陶器鐵器等，不僅陳列在架上，而且有裝飾，同時，現場設有「機織館」實際製作織品給臺灣人看。不過，陳列所裡的商品是不賣的。出資 1 萬圓者，可在陳列館附設的販賣

-----

74 平野隆，〈戰前期における日本百貨店の植民地進出：京城（現‧ソウル）の事例を中心に〉，頁 286-287。

75 高橋秀直，〈＜書評＞小林道彥著『日本の大陸政策 1895-1914』〉，頁 466-467。

所裡委託販賣或批發賣。[76] 1905 年，再成立臺南博物館，展品上千件。[77]臺北南門街的物產陳列館則 1899 年 4 月 3 日開館，首日有 450 人參觀，其中僅 30 名臺灣人。[78] 1903 年 9 月，臺北陳列館擴張，因而獎勵各商會、公會出借展品或是寄賣品，10 月起並更改規定，讓出借的展品也可改成寄賣品。[79]臺中縣內務部農商課內部也於 1898 年設立品物陳列場，陳列農商業務擴展期間曾用過的物品，讓當地人可隨時參觀。[80] 1905 年，臺中車站左側建起陳列館，展示日本內地各處的工藝品、織品、雕刻細工物、刺繡、金銀細工等物品，以及時代人物風俗畫等共數百多件展品，供人參觀。[81]同一年，在臺南也有日商在打銀街成立一座「大勸工場」，商品包括文具、書、竹陶漆器、玩具、布、絲履、鞋、杯盤、巾扇、刀等，全都定價標售。[82]可以說日本將觀看展示的文化，由上而下地帶進臺灣。

而在 1900 年前後，臺北、臺南等城市的商店裡，已出現陳列擺設，也有玻璃櫃的使用，1903 年時，吳服店已會不斷替換布料樣本架的設計，小巧精品配飾店也會用把當季流行品擺出來，[83] 但這並不表示展演的手法便已被臺灣社會所吸納。

1900 年代末視覺展示概念的倡導

1908 年 3 月，臺灣的報紙記錄中，第一次出現出三越百貨公司的出張販賣。4 月，白木屋也來到臺灣，6 月，三越再度在臺舉行出張販賣。[84]由於跨洋交通是出張販賣最大的成本，在臺灣進行「出張販售」的日本百貨公司，主要是地理位置上與臺灣較近、又有較大店鋪的百貨公司及其分店，例如三越與高島屋的大阪、京都分店，以及 1930 年代後大阪的阪急百貨。出張販賣的商品都是一般百

-----

76 〈臺南通信〉，《臺灣日日新報》，1898/3/20，3 版。

77 〈臺南の博物館〉，《臺灣日日新報》，1905/10/14，2 版。

78 〈物產陳列館の觀覽人數〉，《臺灣日日新報》，1899/04/05，2 版。

79 〈物產陳列館と各組合〉，《臺灣日日新報》，1903/09/09，2 版。〈物產陳列館の委托品販賣〉，《臺灣日日新報》，1903/10/25，2 版。

80 〈陳列品物〉，《臺灣日日新報》，1898/12/17，3 版。

81 〈臺中陳列館〉，《臺灣日日新報 - 漢文版》，1905/10/31，6 版。

82 文可璽，《菊元百貨：漫步臺北城》（臺北：前衛，2022），頁 130。

83 〈雜報 / 店頭瞥見〉，《臺灣日日新報》，1903/12/04，5 版。

84 三越吳服店の出張販賣〉，《臺灣日日新報》1908/3/3，7 版。〈白木屋の出張販賣〉，《臺灣日日新報》，1908/04/17，5 版。〈三越の賣出し〉，《臺灣日日新報》，1908/06/11，5 版。

貨公司店鋪內會販售的商品，例如吳服、洋服、手錶等，這些在本土的舶來品店
——如盛進商行等——亦有販售的。但是，出張販賣的商品借著來自「歐美＝近
代化」「中心＝近代文明」等日本大都市的名聲，也具備「高級」的意涵，在當
時的臺灣有相當的吸引力。

　　日本的百貨公司至臺灣進行出張販賣時，雖然販售商品比臺灣同等的商品便
宜，[85]但仍相當重視場所的形象、商品的展演，以維持自身的品牌價值。早期是
租借知名高級旅館，如鶯遷閣料亭（圖2-2）等具有一定名聲、又有足夠空間的場
所，以運用場所本身的符號意義，之後公會堂、鐵道旅館等具官方性質的華麗建
築興建完成後，則大多租用這些場地。在租借的臨時場地中，商品的擺設方式仍
具有百貨公司運用符號意義的色彩。

　　以1908年三越百貨在臺北的府後街的日式「吾妻旅館」，舉辦的首次出張
販賣為例，販賣場地的大門口交叉著印有三越商標「越」字的旗幟，有二名年輕
接待員負責客人的鞋子、傘等的寄放。會場是打通三間房間的廣間（大廳）以及
一間側室，吳服織品以「川」、「三」字狀垂掛在一上樓時即可看到地方，川字
的右邊堆放著一排木棉織的紺底白絣模樣的布料，中間是呈山狀的夏季穿的浴
衣，中間穿插著絹布。「床之間」（日式房間中用來擺設花瓶、掛軸畫的空間）與壁
上掛著各式的浴衣、和服衣帶、新花樣的友禪布。右邊的側室中則排列著化妝品、
洋傘、鞋子、洋服的配件等，商品都有標價，來店的以女性居多。有女性顧客在
店員的招呼下，打開洋傘試用。[86]圖2-3即是三越百貨第一次來臺北出張販賣的
最後一天（8日），刊登在《臺灣日日新報》上的漫畫，一方面表現女性不分年
齡對三越百貨的熱烈度，一方面畫作中作為丈夫／父親的男性，身著官方制服，
顯示出此時三越出張販賣的主要客群，應為日本人官僚家庭。[87]

　　從上述的報導可以看出，首先，出張販賣的商品是以看得到的陳列方式販
賣。雖然有堆疊的商品，但也有設計過具有展示意涵的陳列，如「川」、「三」
字狀的吳服。商品不只是「被看見」，同時也透過擺設的方式來挑動消費者的視
線，呈現奇觀式、一次性大量呈現的「物」的展示法。其次，選擇裝潢精美的吾
妻旅館當作販賣會場，也可以看出三越利用會場／「物」的意義轉嫁，給予出張

85　〈不景氣挽回策（三）〉，《臺灣日日新報》，1914/3/29，1版。

86　出張販賣時間從3月7日起共四天。〈三越の陳列〉，《臺灣日日新報》，1908/03/08，5版。

87　圖片來源：小山権太郎，《臺南市大觀（1930）》（臺北：南國寫真大觀社）。http://stfj-ntl-edu-tw.proxyone.lib.nccu.edu.tw/cgi-bin/gs32/gsweb.cgi/ccd=EdH.Br/grapheviewer?dbid=f090274&graph=01.jpg（查看日期：2022/12/28）

圖 2-2、臺南鶯遷閣料亭。所藏：國立臺灣圖書館[87]

圖 2-3、三越來臺的漫畫。漫畫，《臺灣日日新報》，1908/3/8，5 版。大鐸資料庫提供。

販賣乃至商品一種信賴感與高級品味。

　　或許日本百貨公司的出張販賣，刺激到臺灣社會對視覺消費的神經，1908 年底，《臺灣日日新報》從 12 月 18 日到 23 日，連續五回介紹並批評了當時臺北著名商店的店面擺設，包括舶來品店面的歲末擺設、吳服店、日用品店、鞋店、茶葉店等。商品陳列展示的報導在此時出現，開始重視商品的擺設與觀看的概念，這系列的報導所選擇的商家，都已把商品放在可以看見的陳列架上，同時，使用玻璃陳列櫃的店家也不少，例如北門街通的谷野下駄店（木屐店）、文武街角的大倉履物店（鞋店）是將鞋子放在玻璃櫃中，辻利茶鋪則是將鹿兒島錫細工的茶具放在正面的玻璃櫃裡。[88]

　　屬於高價位的吳服店，也較重視商品的陳列展示。像是報導中提到福田商店、丸山商店、丸幸商店、近江屋的陳列裝飾，都著重引發顧客的好奇心，並巧妙的運用採光，丸山商店更打通隔壁的店面，讓陳列平臺較一般寬敞。[89]而販賣品類似百貨公司的舶來品雜貨店中，店面最佳的長谷川商行，特意在店正中的陳列櫃上放置一個盪鞦韆的娃娃，並用細的紅白彩帶裝飾出玩具店的感覺。以女性舶來品為主的小島屋，在中央的平檯上陳列著花簪、櫛簪、中折帽與其他小巧精緻的配件。舶來品專門店丸福，著重於展示，店門口以燈飾作出「丸福」的文字，燈泡間巧妙地用彩繩作裝飾，店的正中央放置著展示臺，羽毛棉被擺放成溪谷狀，中間各處點綴著帽子、化妝用具。店內的衣帽依時節搭配，並裝飾著讓陳列的帽子、紐帶、畫框等商品產生吸引力。[90]

　　但是，有裝飾並不等同於好，店面整體的調和也很重要。1908 年底這系列報導的記者一再強調，店面陳列的商品是為了要吸引過路客的駐足、誘使過路客進入店內，因此，面對街道的商品陳列乃至裝飾就變得非常重要。撰稿記者就此對報導商店的陳列作法提出相當多批評。

　　首先，除了保持清潔之外，商品陳列必須有分類、有秩序或有主題。例如大倉履物店只是將鞋子擺放進玻璃櫃中，丸福、村井等舶來品店將所有的空間都堆滿商品，被記者認為是不佳的作法。

88　〈店先の見物（三）〉，《臺灣日日新報》，1908/12/20，3 版。〈店先の見物（四）〉，《臺灣日日新報》，1908/12/22，3 版。

89　〈店先の見物（五）〉，《臺灣日日新報》，1908/12/23，3 版。

90　〈店先の見物（一）〉，《臺灣日日新報》，1908/12/18，3 版。〈店先の見物（二）〉，《臺灣日日新報》，1908/12/19，3 版。

再者，飯田屋與盛進商行為了過年，在店內擺置許多裝飾的燈飾與旗幟，記者認為這使得店內顯得雜亂。而丸福的店內僅有五、六個電燈，被認為光線昏暗。[91]從報紙的系列報導可以看出，此時的商品展示概念，已注意到商品的陳列除了被看到外，還必須要給予商店一種「氛圍」。

盛進商行是在日治時期的臺北，最接近、也積極想轉型成為百貨公司的商店。[92]然而，1908 年底時的盛進商行，雖然採用陳列販賣，但只在店中央放置平檯，上面一半擺放著年末應景的洋酒，另一半隨意吊掛著洋娃娃，記者認為「沒有展現出吸引人的趣味」。陳列架上整齊擺放著坐墊、棉被、提包、鞋子，店內最引人注目的二個架子上，擺放著過季的洋傘，記者認為盛進商行「房子整體很大、人潮卻成反比例地不多」。[93]換言之，商品陳列造成的雜亂感，會影響到商店的品級與視覺效果，也就影響了「物／商品」與「物／商店」之間的意義轉嫁作用，以及商品轉換成理想像的可能性。

1911 年，《臺灣日日新報》再度刊出日本人對臺灣商店的改良提案，指出臺灣的商店應該要從精神上理解商店是作為「物」與客人之間的中介，尤其要學習出入口的設計與商品陳列，否則再怎麼華麗的建築，也會讓客人不想入店，同時，要給予客人賞玩的時間，不要讓店員緊迫盯人，也就是要捨棄傳統的入店即須購物的義務感。[94]從上述可知，在 1910 年前後的臺灣，報紙媒體也開始推展視覺展示的手法：商品被擺放在顧客的眼前，並不單是為了「告知」商品的存在，而且要讓顧客不只是為了「需求」、更是因為想像出的符號意義／欲望來消費。然而，採光不佳、門面過小、店面不夠壯麗、店內空間配置與動線不佳、高價物與廉價物混放等傳統式店鋪的手法，直到 1910 年代依然存在。當然，也有過度學習日本百貨公司手法的問題，例如有些大吳服店學習白木屋、大丸百貨，讓一排店員站在門口迎客，但卻嚇走了客人的狀況。[95]整體而言，面對具有意義轉嫁作用的展示概念，臺灣還在入門之際，陳列與展示之間的差異尚未被明顯分別出來。

-----

91 〈店先の見物（一）〉，3 版。〈店先の見物（二）〉，3 版。〈店先の見物（三）〉，3 版。店先の見物（五）〉，3 版。

92 這部分下節再詳述。〈盛進商行の擴張〉，《臺灣日日新報》，1913/12/05，7 版。

93 〈店先の見物（一）〉，3 版。

94 〈植民店の商店（下）〉，3 版。

95 〈植民店の商店（下）〉，3 版。

從 1911 年的這份報導中，還可以看到日本特有的高級吳服店的賞玩餘裕，似乎並沒有帶到臺灣的這些商店中，因此，報導中重點指出：要給予客人賞玩的時間，不要讓店員緊迫盯人。這顯示出賞玩的作法不是日本特有的手法，而是日本高級吳服店的獨特方式，只有上層階級才有享受時間餘裕的豐饒，1911 年的當時所報導的這些臺灣商店，包括（日本人開的）吳服店、舶來品店等，顯然尚不是以上層階級作為對象的消費之處，或者說，當時的臺灣社會還沒有足夠厚的上層階級，能夠支撐高級吳服店的存活。

1920 年代以來臺灣的商業美術發展

從傳統「看不見」商品的時代，到視覺行銷手法出現之初，顧客始終都不能直接碰觸商品。在這個前提之下，能將商品與顧客隔絕、卻又能被看見的透明的玻璃，就成為促成商品的視覺演出的重要工具。如前文所述，1908 年時，臺灣店家已有使用玻璃陳列櫃。而近代商店的目標，從熟客變成店外路過的不特定顧客群，大片的玻璃櫥窗也就成為重要的吸睛手段。1914 年的《臺灣日日新報》即刊出峰谷生署名的文章，提出關於櫥窗設計的概念，強調櫥窗不是為了陳列出販售的商品而已，設計上應有主題性。[96]主題性也可以說是一種「故事的建立」，而故事性有助於人們理解事物、與之產生連結、進而喚起人們的感情，同時，在故事的體系中建立起價值。[97]這也就是前文所述的賦與商品符號價值，以及建立人與「物」之間的關係：人們在故事中看到理想像的演出，價值在這個理想像的產生過程中浮現，例如，圖 2-4 中的櫥窗，布置出了夏日海邊，穿著西洋水手服的女模特兒俏然而立。路過的人們看著這個櫥窗，連想起西方上流階層的海水浴等意象，欲望於焉產生。

當然，櫥窗並非一定要使用玻璃，亦可以將店面的一部分圍起來，在其中裝飾以商品或人偶等，例如 1888 年大阪心齋橋荒木熊三的舶來品店，在門口向外的地方，用低柵欄圍出一角，在中間放置穿著洋服的人偶。[98]但這種方式雖然有吸引力，卻對商品的保存相當不利，尤其是放在店門外，風雨氣候乃至觀看人的觸碰，都可能會損害展示品乃至展示的主題，因此，玻璃櫥窗的使用就變得非常

96　〈店頭裝飾（上）〉，《臺灣日日新報》，1914/12/1，3 版。〈店頭裝飾（下）〉，《臺灣日日新報》，1914/12/4，3 版。〈窓飾陳列に就て〉，《臺灣日日新報》，1917/6/10，3 版。

97　福田敏彥，《物語マーケティング》（東京：竹內書店新社，1990），頁 70-76。

98　高柳美香，《ショーウインドー物語》（東京：勁草書房，1994），頁 76-77、98。

有利。[99]

　　櫥窗在 1921 年時，臺灣已有一些店家在使用。1921 年底「臺灣新聞」主辦了一場臺北市內商店的櫥窗比賽，共有 63 間店報名參加。[100]之後，1923 年新竹共進會、1925 年臺北、基隆商工會均舉辦數次櫥窗裝飾比賽，臺北市的比賽在 1925 年 5 月的參賽者達 150 間（圖 2-5），1925 年 6 月時臺北實業會更以「始政三十年記念」的名義開辦裝飾比賽。這些店頭櫥窗比賽顯示出當時臺北、新竹、基隆都已有一定數目的商店使用櫥窗，而 1925 年 10 月的宜蘭商工會雖然亦舉行櫥窗裝飾比賽，但因宜蘭使用櫥窗的店家較少，使得最後改成店面裝飾的「店頭裝飾比賽」（店面裝飾比賽）。之後臺北、新竹、嘉義、臺南等各地也紛紛舉辦類似的櫥窗比賽，報紙上也連日刊登得獎櫥窗照片，顯示此時櫥窗是一項推廣中的新商業手法。[101]到了 1931 年時，從當年由勝山寫真館發行的《臺灣紹介—最新寫真集》中，可以看到臺北榮町的西尾商店、京町賣糖果茶葉的東陽商店與古川洋服店，均已在店門口用大片玻璃作出了櫥窗，尤其是古川洋服店的櫥窗已不只是擺放商品，並有以人偶模特兒、貼花等非商品作出展示的效果（圖 2-6）。[102]

99　雖然當時的玻璃並不具有強化功能，因此使用玻璃櫥窗，仍然有被打破玻璃竊走展示商品的可能。例如 1924 年 3 月，位於臺北本町二丁目五番地的舶來品店盛進商行，即遭人打破櫥窗玻璃，偷走價值 200 圓的金製品。但從這個上了報紙成為新聞的事件來看，當時已有不少店家已使用玻璃櫥窗的臺北市，治安應已有一定的安全程度。〈飾窓を破って貴金属を盗み去らる〉，《臺灣日日新報》，1924/3/11，7 版。

100　〈窓飾審查会、本日ホテルで〉，《臺灣日日新報》，1921/10/15，07 版。〈飾窓審查開始〉，《臺灣日日新報》，1921/10/24，5 版。〈飾窓競技審查決定〉，《臺灣日日新報》，1921/10/28，7 版。

101　〈新竹開窓飾競技會〉，《臺灣日日新報》，1923/11/13，4 版。〈新竹共進會雜報，窓飾入賞〉，《臺灣日日新報》，1923/12/8，8 版。〈愈々開始さおた各商店の窓飾競技〉，《臺灣日日新報夕刊》，1925/5/10 日，2 版。〈二等當選した丸山吳服店の窓飾〉，《臺灣日日新報夕刊》，1925/5/18，2 版。〈基隆窓飾競技〉，《臺灣日日新報》，1925/6/10，5 版。〈窓飾競技首席の以文堂〉，《臺灣日日新報夕刊》，1925/6/21，1 版。〈宜蘭街窓飾競技會賞品授與式〉，《臺灣日日新報夕刊》，1925/11/11，2 版。〈窓飾競技二等盛進商行〉，《臺灣日日新報夕刊》，1925/6/22，1 版。〈窓飾競技三等村井商行〉，《臺灣日日新報夕刊》，1925/6/23，1 版。趙祐志，《日據時期臺灣商工會的發展（1895-1937）》（臺北：稻鄉出版社，1998），頁 202-203。

102　勝山吉作編，《臺灣紹介—最新寫真集》（臺北：勝山寫真館，1931），廣告頁。

圖 2-4、1932 年三等獎的婦人洋服店「玉屋」的櫥窗。海老原耕水編，《商業美術展覽會記念帖》（臺北：產業評論所，1932）。所藏：國立臺灣圖書館。

圖 2-5、1925 年 5 月，臺北市櫥窗比賽得到第一名的盛進商行，下方臺面上放的是化妝品，用了紅陽綠蔭青苔等色彩，並用洋傘象徵白雲。《臺灣日日新報》，1925/5/17，2 版。大鐸資料庫提供。

圖 2-6、古川洋服店大門的櫥窗裡，中年的紳士的人偶模特兒站在西洋窗景中。所藏：國立
臺灣圖書館。[103]

　　另一方面，玻璃陳列櫃的使用也發生轉變。如前述，在 1908 年時北門街通
的谷野下駄店、文武街角的大倉履物店均是將鞋子放置在玻璃櫃中而已。[104]但從
1931 年的《臺灣紹介—最新寫真集》，可以看到已有許多不同類型的商店使用玻
璃櫃，如販賣照相器材的西尾商店、小塚製本店印刷工場、中島籐製品商會等，
而且櫃中商品不再只是堆放，而是有整齊的序列。以臺北榮町為例，土產店辻商
店在進門的天花板上掛飾著一列水牛角與鹿角（圖 2-7），店中央是一平臺狀的木
邊玻璃櫃，裡面整齊地排放著一個個襯著白色絨布的盒子，盒中央是珊瑚等製成
的珠串、戒指等，兩邊的牆都是一整列的玻璃櫃，及腰處有平臺，平臺上放的商
品可以手觸賞玩。而小島屋則在店中擺設多個平臺玻璃櫃與菱型突起的玻璃櫃，
櫃中的商品也是用一個個白色盒展示著，同時，玻璃櫃的旁邊有數個立起的鉤掛
式架子，上面掛著領帶等織品（圖 2-8）。從上述的例子可以看出，這些商店的擺
設已不僅僅是讓商品被看見，更透過掛勾讓店裡的展示呈現立體的面相，並使用

-----
103 勝山吉作編，《臺灣紹介—最新寫真集》，廣告頁。
104〈店先の見物（一）〉，3 版。

白色布帛來襯托商品。[105]這顯示出無論是櫥窗、玻璃櫃或店內其他陳設，都不只是僅僅為了讓商品被看見，而考慮到整體環境的調和與一致性，以及陳列位置的主從之分的展示概念。[106]

圖 2-7、辻商店在進門的天花板上掛飾著一列水牛角與鹿角。所藏：國立臺灣圖書館。

　　視覺效果對商業的刺激效果，吸引了殖民政府的注目，1932 年 7 月 20 日至 24 日，臺灣總督府殖產局與臺北商業團體合辦一場「商業美術展覽會」，這場展覽會包括平面廣告如海報、傳單、櫥窗照片，以及立體的戶外看板與立體電力廣告等的展覽，各店家的花車廣告遊行，以及臺北店家的飾窗裝飾競技會。櫥窗

-----

105 勝山吉作編，《臺灣紹介—最新寫真集》，廣告頁。

106 古田立次，〈陳列戶棚裝飾の要訣〉，收入北原義雄編，《現代商業美術全集 11 卷 出品陳列裝飾集》（東京：ゆまに書房，2001=1930 復刻板），頁 24-30。清水正巳，《店頭陳列販賣術》（東京：白洋社，1923），頁 192-236。

賽參加的商店有一百三十多家。[107]同年，高雄、臺中、新竹等地亦倣效舉辦商業美術展，其後 1933、1934、1937 等也有各地舉辦的廣告祭或類似的比賽，櫥窗比賽已成為諸多大型活動的競賽項目。[108]其中 1935 年高雄商工會舉辦的櫥窗比賽，以及 1937 年的商工祭的評比標準，包括「惹人注目」、「愉悅感」、「刺激購買慾」、「美觀與好感」等項目，[109]這些都顯示出在 1930 年代時，臺灣的商店已很重視透過視覺挑動欲望，以及形塑店面與櫥窗的整體氛圍。隨著這些競賽的推廣，櫥窗逐漸被臺灣人熟悉，成為吸引顧客的重要手法，而大量的櫥窗，也使得遊步者式的逛街行為成為可能。

圖 2-8、小島屋在店中擺設多個平臺玻璃櫃與菱型突起的玻璃櫃。所藏：國立臺灣圖書館。

-----

107 〈商業美術展覽會 臺北總商會決定參加陳列廚競技及廣告行列〉，《臺灣日日新報夕刊》，
　　1932 / 7 / 9，4 版。〈樂隊囃子賑かに廣告隊の行進、飾窓裝飾競技褒賞授與一等は盛進商行〉，
　　《臺灣日日新報》，1932/7/24，7 版。
108 趙祐志，《日據時期臺灣商工會的發展（1895-1937）》，頁 208。
109 趙祐志，《日據時期臺灣商工會的發展（1895-1937）》，頁 107、209。〈豪華を極めた商工
　　祭 臺北の殷盛を十二分に謳歌しきのふ目出席閉幕〉，《臺灣日日新報》，1937/5/13，7 版。

立體感與空間概念的變化

另一項視覺展示上的重要革新，是人偶模特兒（mannequin）的使用。立面的陳列櫃、掛勾、乃至櫥窗的使用，已將平面的視覺效果拉向了立體，[110]而人偶模特兒的使用，不只強化了立體視覺效果、更將欲望的想像具象化。當商品是平面放置時，消費者必須在腦中想像商品被使用時的模樣，例如折疊成方塊的服裝，消費者必須想像它的圖案被展開時的整體模樣；而展開的服裝，消費者仍然必須想像穿上它時的樣子。這種從部分想像整體、從平面想像立體的過程，會因為每個人不同的經驗或知覺的差異而產生障礙，也需要時間，這對於吸引流動的過客來說是不利的。因此，使用人偶模特兒即是代替消費者完成、甚至建構這種想像，並透過模特兒人偶的理想身材，給予了消費者一個理想投射的對象。

視覺效果立體化的另一作用，在於平面的陳列臺需要消費者「低頭」才能將視線聚焦在商品上，而堆疊的商品容易造成商品的均一性，而且無法讓流動的消費者瞬時捕捉到商品的存在。而早期的人偶到後來等身大的模特兒人偶，即是將商品從平面展示延伸到了消費者視線的高度，尤其對吸引過客的櫥窗來說相當有效。

大阪荒木熊三的舶來品店面 1888 年的銅版畫中，繪出了穿著洋服的男女人偶站在用柵欄圍出的空間裡，高柳美香認為這與後來人偶模特兒是一貫相連的。而高島屋在 1896 年改建京都店時，用大片玻璃外加矮鐵欄設置的「見本場」（樣本空間）使用穿著和服的模特兒人偶。[111]臺灣則在 1908 年的報導中，已可以看到人偶的使用：吳服店近江屋即在陳列臺上用了兩個穿著衣粧的人偶。雖然報導認為人偶相當稚拙，也無法得知人偶的大小，[112]但這仍是超越平面、部分視覺的突破。

依據《現代女子職業読本》所述，歐美的大型女性洋服店很早就會找多名真人模特兒，讓她們穿著客人們喜歡的衣服，在來店的客人面前走動，而客人們則坐著一面喝茶，一面買下自己喜歡的衣服，有點類似現今的服裝秀。而日本的方式則不太一樣，日本最早使用真人模特兒，一說是 1927 年 9 月 21 日，三越百貨的秋季和服秀「染織逸品会」，請來當時的日本傳統藝能的女舞踊者小林延子、與三越合作密切的帝國劇場女演員東日出子、新劇女演員水谷八重子，穿著最新

-----

110 關於視覺的立體性質，可以參考 Edward T. Hall，《かくれた次元》，頁 107-108。

111 高柳美香，《ショーウインドー物語》，頁 76-77、139、142。

112〈店先の見物（五）〉，3 版。

的和服登臺表演舞踊；[113]另一說則是在 1928 年 11 月的御大典上，丸菱吳服店找來七位模特兒，請她們擺出各種姿勢站在櫥窗中。之後則慢慢改變，真人的模特兒也開始擔任解說商品、價格的工作，包括吳服、化妝品、藥品等，可以說一般的女店員在某種程度上，也擔負模特兒的工作。[114]而臺灣則是在 1929 年 10 月 2 日，臺北的松井吳服店首先使用真人模特兒，舉辦一連五日的服裝會，為松井吳服店作最新流行衣裳的廣告。[115]

1920 年代後，人偶模特兒在臺灣日漸普及。例如臺北京町（現今的重慶南路博愛路一帶）的古川洋服店，即在門口櫥窗內使用東方中年男性的人偶模特兒（圖 2-6）。[116]再從 1940 年 9 月的報導中得知，當時為了因應戰時新體制的規定、摒除歐美崇拜，大稻埕的 60 家店率先撤掉 212 個西洋造型的人偶模特兒，[117]一間需要用人偶模特兒裝飾的店，平均就會用到三個以上，可知至日治末期時，模特兒人偶的使用應已有一定的普及度。

從商品陳列到展示、櫥窗、模特兒人偶的發展，可以看出店家的目的是從透過「看見」來「告知」客人商品的存在，轉向在最短的時間內誘發消費者的入店購買欲，視覺效果也逐漸從提供大量選項，轉為製造不滿足：符號的欲望。

在這一連串的發展過程中，空間使用概念的變化是非常重要的社會文化特徵。在傳統的概念中，商品的數量與種類愈多，代表著能賣的東西愈多、也就愈有賺錢的可能，因此，能在店鋪的空間中放進愈多商品愈好，在這種概念下，空間的意義只是為了「容納」。例如前述 1908 年的臺北市的盛進、丸福、長谷川、小島屋等商店，在商品陳列上都沒有擺脫「數大即是美」的效率觀，所謂的「陳列」與「看得見」之間還有某種等號關係。但即使如此，如前述丸福商店裡呈溪谷狀的棉被擺設與點綴的帽子、化妝品，或是長谷川商店在一張平臺上擺飾著盥

-----

113 岡田芳郎，〈WOMEN in the TOWN——三越とパルコ、花開く消費文化〉，《アド・スタディーズ》37（2011 年夏），頁 4-14。

114 経済知識社編，《現代女子職業読本》（東京：経済知識社，1935），頁 249-259。

115 由於一般女性對「模特兒」一事仍有疑慮，並未將之視為正當的新職業，因此最後松井吳服店的真人模特兒只有一名是自主應徵的婦女，其他則是二位咖啡店女給與一位萬華的妓女。〈モダン・センバイ　マネキンガール〉，《臺灣實業界》4：8（1929），頁 30–31；〈松井吳服店で募集したマネキンガールに應募一人も無い此現象は何を談る？〉，《臺灣日日新報夕刊》，1929/9/10，2 版。

116 勝山吉作編，《臺灣紹介—最新寫真集》，廣告頁。

117〈紅毛マネキン人形　店頭から姿を消す 北署で管内から一掃〉，《臺灣日日新報夕刊》，1940/09/10，0 2 版。〈全島のマネキン人形 大異變到來か 北署管內の自肅の旋風で〉，《臺灣日日新報夕刊》，1940/09/11，2 版。

秋千的娃娃，都已顯露出古田立次、清水止已等人在 1920 年代提倡的氛圍法的端倪。因為就空間利用的效率而言，一張陳列平檯上只放著一床棉被是不划算的，而只展示一個或許是非賣品的人偶娃娃，就商品販賣的直接性來說，無疑也是不合效益的。這顯示出至少在日本的百貨公司開始來到臺灣出張販賣的這一年（1908）底，臺灣也有使用商品展示式陳列手法，空間概念也逐漸脫出「容納」與「擺放」的功能角色，成為消費的一環。

櫥窗即是這種空間概念變化的最佳證明。1932 年的《商業美術展覽會記念帖》中，位於臺北京町的大塚鋼筆店的櫥窗裡，只有十二枝鋼筆＝商品，其他空間則被大型紙製鋼筆、鋼筆名牌「PILOT」的大字與各種字形的標語佔據，由筆寫出的各式「字體」來象徵「鋼筆」的意象。而圖 2-2 為得到三等獎的婦人洋服店「玉屋」的櫥窗，作為焦點中心的金髮模特兒人偶並非商品，而且絕大多數的空間是呈現可以讓想像介入的空白狀態。即使是在陳列相對下較多商品的秋本蒲團店（棉被、座墊店）的櫥窗中，高低有序的商品仍僅佔了櫥窗的下層，背景仍然以西式窗框、窗臺與簾幔等非商品來形塑近代西洋感。[118]從這些例子可以看到，在臺灣第一家百貨公司出現的 1932 年，重視效率的空間觀，已逐漸滲入了意義轉嫁與留白的展演概念。

三、臺灣百貨公司的出現

從亞伯拉罕・馬斯洛的需求理論來看，對美學或象徵產生欲望之前，一定的經濟能力與社會安全的保障是必須滿足的條件。[119] 1914 年時臺北市營業額最好的舶來品雜貨店之一盛進商行店主中辻喜治郎即表示，白木屋、三越等百貨公司遠渡來臺進行出張販賣，正證明了臺灣尚有相當大的購買餘力。[120] 1920 年代，臺灣政治與社會進入較穩定的狀態，1925 年時，每人平均所得為 156 圓，1930 年略低為 139 圓，1935 年時為 164 圓。[121]每戶平均所得自 1925 年起都維持在 400 圓

-----

118 海老原耕水編，《商業美術展覽會記念帖》（臺北：臺灣總督府殖產局主催，1932），無頁碼。

119 Maslow, A. and Lowery, R., ed., *Toward a psychology of being, 3rd Edition* （New York: Wiley & Sons，1998）.

120 〈不景気挽回策（三）不景気畏るるに足らす（中辻盛進商行主談）〉，《臺灣日日新報》，1914/03/29，1 版。

121 〈日本統治時代の臺灣と朝鮮〉，「明治・大正・昭和・平成・令和 値段史」。https://coin-walk.site/J077.htm（查看日期：2022/7/13）

以上，不論都市或鄉村的所得都有成長，[122] 許多人們可以不僅是為了「需求」才購物。同時，如第一節所述，當時臺灣的大都市中，受薪階級的比例應已有一定程度。[123]在時尚流行的方面，大約在 1927 年之後，臺灣整體的商業經濟逐漸成熟，都市文化興起，社會生活型態也出現改變。[124]透過媒體推廣、政府鼓勵與商店對利益的追求，臺灣的視覺展示概念不斷地進化。這種種條件都顯示出此時臺灣的大都市，已有成立百貨公司的初步基礎。然而必須一提，拓務省指出臺灣在 1932 年時的零售業仍不發達，因此，應該要設想在此時追求摩登流行的，應與歐美日一樣，都還是在上層階級或上層的新中間階級。

盛進商行：未完成的百貨公司

在臺灣第一家百貨公司成立之前，也有許多商人或商店想要成立百貨公司，其中最積極的即是臺北的盛進商行。[125]如前章所述，近代西方的百貨公司大都是從布料日用品店轉型，而日本則是由吳服店在轉型過程中，加入舶來品等精巧昂貴品的販賣。盛進商行在日治的軍政時代即創立，由越中出身、1895 年 9 月即來臺的中辻喜治郎，與阿波出身的藤川類三合資開設，一共二間，一間在北門街角（今博愛路與衡陽路交叉口，日後的菊元百貨的正對面），另一間在府前街三丁目（今重慶南路一段與武昌街口），最初是批發零售業，之後開始經營日用雜貨與舶來品，標價出售，成為日治初期臺北最受歡迎的舶來品店之一。[126]在 1910 年代初時，盛進商行販賣的商品已包含了非必需品的鑽戒、化妝用具、球拍、顯微鏡、茶葉、洋酒、西點、生活用品與傢俱等。

-----

122 黃美娥、王俐茹，〈從「流行」到「摩登」：日治時期臺灣「時尚」話語的生成、轉變及其文化意涵〉，收於余美玲編，《時尚文化的新觀照：第二屆古典與現代學術研討會論文集》（臺北：里仁，2012），頁 163。

123 〈菊元百貨店に對する批判〉，《臺灣實業界》8：2（1933），頁 39。

124 黃美娥、王俐茹，〈從「流行」到「摩登」：日治時期臺灣「時尚」話語的生成、轉變及其文化意涵〉，頁 161。

125 《臺灣實業界》在討論臺北市的百貨店時，即將盛進商行與菊元百貨並論，並認為以臺北市的規模，這二間商店在日本內地也是可以立足的。〈菊元百貨店に對する批判〉，頁 39。

126 周百鍊監修，王詩琅纂修，《臺北市志稿 卷九 人物志》（臺北：臺北市文獻委員會，1952），頁 133。〈臺北諸商店の近狀 盛進商行〉，《臺灣日日新報》，1898/09/04，2 版。〈錦標誰奪〉，《臺灣日日新報》，1902/10/17，6 版。

在新商法的學習上，盛進商行完全是自學的。從 1908，1911 年的報導中，可以看出盛進商行對店面設計、陳列展示的方法、店員的服務態度、結帳處要如何設置才不會給予客人店即購物的壓力，完全沒有概念，將高價商品與廉價商品放在一起，店人想要看商品時，沒有人招呼，[127]但即使如此，在當時，盛進商行已是臺灣最善於裝飾的商店。[128] 1908 年時在歲末時在店內用燈炮裝飾。1912 年，盛進商行注意到當時在世界各地流行的燈飾（illumination）的使用，在夜晚採用探照燈來吸引顧客，燈光打在地上映出「景品付 盛進商行 大賣出し」（附贈品盛進商行　大特賣）的字樣，抬頭向上看，則可看見電線桿上綴滿著銀色的燈泡，商行的屋簷上也掛著變幻色彩的燈飾。[129]

圖 2-9、盛進商行 1911 年府中街店（原府前街）。所藏：國立臺灣圖書館。[130]

-----

127 〈植民店の商店（下）惜い哉場所がわるい〉，《臺灣日日新報》，1911/9/21，3 版。

128 〈實業彙載 商界概觀 善於裝飾〉，《臺灣日日新報 - 漢文版》，1911/09/13，2 版。

129 〈三都不夜〉，《臺灣日日新報》，1912/12/18，6 版。〈夜の全市街サーチライトで觀る〉，《臺灣日日新報》，1912/12/30，5 版。

130 成田武司編，《臺北寫真帖》（臺北：成田寫真製作所 明治 44 年（1911））。所藏：臺灣圖書館。cis2.ntl.edu.tw/webpac/detail/73226/?index=2（查看日期：2022/12/16）

1912 年底，盛進商行的北門街的店重新建築，12 月 27 日重新開張的洋式建築，[131]如歐美乃至日本的百貨公司一般，在樓上陳列數百幅古書畫，定價販售，也將該處出借當作古書畫展、西洋畫展等的會場，[132]藉以取得文化資本。1920 年代初，這間店改為專門賣臺灣銘葉、茶器、蜜餞、鮮花、插花道具、茶道用具等的盛進茶鋪。[133]依 1925 年櫥窗比賽的資料，該店應該至少有一面櫥窗。[134]

　　然而，並非在一棟店鋪中陳列式販賣、「百貨皆賣」的商行，就能被認知為是近代化中的百貨公司，日治時期有相當多店都將自己冠上「百貨店」的名稱，[135]然而，一方面進入合理性的組織架構，另一方面讓消費者融入百貨公司的想像世界，逸脫出日常生活中理性計算、經濟效益等規範，引發餘裕的消費欲望，才能達到百貨公司的要件。因此，廣大的空間是基本要件之一。

　　盛進商行也意識到若要成為百貨公司，擴張店面是必須的，因此於 1912 年決定將府中街（原名府前街）的本店重新拆掉改建，1913 年 12 月 7 日三層樓新建築落成（圖 2-9），盛進商行與瑞士的塔瓦那（TAVANNES）鐘錶公司合作，成為其在臺灣的代理商，直接進口瑞士的鐘錶，並借此機會將新店的樓層全部改為陳列賣場，更進一步注意到店面裝飾的重要，請了美術家作顧問，並請來著名的花道家、盆景家為陳列場作裝飾，來店的顧客可以自由到樓上瀏覽陳列的商品，此後，盛進商行也在本店的樓上主辦許多展覽會，希望藉此逐漸轉型為百貨公司。[136]從這裡也可以看出，盛進商行在 1912 至 13 年時，已開始注意到了空間的陳列與展示作用，並學習日本百貨公司舉辦展覽會等文化活動的特色。

-----

131 〈盛進商行茶舖の 輝しき發展〉，《臺灣日日新報》，1937/03/06，8 版。

132 〈古書畫陳列〉，《臺灣日日新報》，1912/12/27，7 版。〈臺灣洋畫研究會〉，《臺灣日日新報》，1913/03/31，05 版。〈中元の番茶會〉，《臺灣日日新報》，1914/07/17，7 版。

133 〈盛進茶舖新發賣品〉，《臺灣日日新報》，1924/07/08，5 版。〈盛進茶舖賣出〉，《臺灣日日新報》，1924/12/22，2 版。

134 〈榮町ウインド二丁目〉，《臺灣日日新報》，1925/05/09，2 版。

135 例如基隆的福助屋百貨店、臺中的吉本百貨店，豐原的梅原百貨店，高雄的日丸屋百貨店等。其中梅原為二層樓。
　　蔡宜均，〈臺灣日本時代百貨店之研究〉（國立臺北藝術大學碩士論文，2005），頁 2 之 4、2 之 8-9。

136 〈盛進商行の擴張〉，《臺灣日日新報》，1913/12/05，7 版。〈盛進商行開業〉，《臺灣日日新報》，1913/12/07，7 版。〈盛進商行階上陳列〉，《臺灣日日新報》，1913/12/13，7 版。〈団扇繪を見る〉，《臺灣日日新報》，1914/07/12，7 版。〈春季生花會〉，《臺灣日日新報》，1918/04/19，7 版。

其後，盛進商行持續擴增成為百貨公司的方向，一方面在合理性面向上，從流行的木屐到時鐘、寶石等貴金屬，都採取薄利多銷的方式，[137]一方面加強百貨公司分門別類販售的特質，例如 1921 年增設兒童部門，主推兒童玩具與兒童服，用模型飛機、玩具汽車等搭配可愛的兒童服來布置一樓的大櫥窗，分店或各專門店也積極參與櫥窗展示比賽，並常有獲獎。[138]同時，也會開辦流行品的陳列展，一次展出大量新品，刺激消費者的欲望。[139] 1925 年的櫥窗比賽時，盛進商行本店有 3 面大櫥窗參賽，可以確定至少該店有三面櫥窗，而且相當重視其展演，其中一面得到第一名。[140]在 1932 年由殖產局舉辦的櫥窗裝飾展中，又得到第一名。[141]

到了 1916 年時，盛進商行的店門口已設計得相當寬敞。年底歲末時，臺灣日日新報編輯部設計一個專題，給予五位記者每人 50 錢，請他們各自到臺北街所謂一流的店裡去買東西。根據選擇盛進商行本店的記者描述，當他終於鼓起勇氣趁所有店員手頭都有事作時，走進盛進商行，沒有店員盯著或發出大聲音嚇跑他，當他好奇地看著玻璃陳列櫃裡像小筷子盒的東西時，才有店員走過來說明那是筆桶，並從櫃中取出來打開給他看，讓他漸漸放下心來。然後掌櫃出來，帶著他在店裡逛，詢問他要什麼、大約的價位，帶他坐下來，記者說要 50 錢左右的領帶，掌櫃拿出了五、六條，一一向他說明這是 50 錢、這是 80 錢、這是 1 圓 20 錢的價位，同時小弟送上了茶。這時一旁的桌子坐下新的客人，是一對在看化妝包的夫婦。最後這位記者買了 80 錢的領帶，掌櫃幫他用熨斗燙好，包在漂亮到讓他覺得惶恐的盒子裡，還得到一張抽獎券。[142]

從這裡可以看到，雖然盛進商行在服務態度上，比 1911 年時大有進步。但販賣手法與三越百貨在三井吳服店時期類似，是將商品陳列展示，然而在看中商

-----

137 〈流行品の安賣臺灣〉，《臺灣日日新報》，1914/10/27，3 版。〈商業界新傾向 薄利多賣の勝利〉，《臺灣日日新報》，1915/05/30，2 版。〈家庭の電化盛進店頭の華やかな陳列〉，《臺灣日日新報》，1923/03/06，4 版。〈江北氏洋畫展覽〉，《臺灣日日新報》，1923/06/2504 版。

138 〈最近流行の子供の玩具 盛進商行に子供部の特設〉，《臺灣日日新報》，1921/10/17，5 版。〈飾窗裝飾競技褒賞授與 一等是盛進商行〉，《臺灣日日新報》，1932/7/24，7 版。〈特種演習を目のあたりに意匠を凝した飾窗裝飾苦心の佳作多し、一等は菊元 大稻埕商工協會のは二十日發表〉，《臺灣日日新報夕刊》，1934/6/19，2 版。

139 〈流行傘陳列會〉，《臺灣日日新報》，1916/02/28，5 版。

140 照片，《臺灣日日新報》，1925/5/17，2 版。〈本町ウインド〉，《臺灣日日新報》，1925/05/09，2 版。

141 〈飾窗裝飾競技褒賞授與 一等は盛進商行〉，7 版。

142 〈師走の市の気分を（一）盛進商行（洋物店）〉，《臺灣日日新報》，1916/12/28，7 版。

品後，仍是由與掌櫃進行交涉後結帳，並不是真正的百貨公司新商業手法。且直到 1926 年，才藉著翡翠陳列展的機會，將本店的二樓變成可以不脫鞋上樓，[143]顯然是僅以日本人為主要客群。定價販賣的部分，在昂貴的時鐘上，盛進商行一直是標價但可以討價還價，引起臺北市內其他鐘錶行的抗議，1926 年時，臺北鐘錶公會（臺北時計商工組合）發起定價販賣的活動，所有參加者一律遵守協定，同一價格販賣，但盛進商行不參加公會，也不願意定價販賣。有批發商私下表示，除了真正講信用的店之外，很多都是把二手貨磨亮後當新品在賣。[144]不定價販售，也使得盛進商行往百貨公司前進的路途，受到不小的阻礙。

　　直到 1932 年底菊元百貨開幕為止，盛進商行一直是臺北最大的類百貨公司。除了上述的定價販售與販賣手法外，在人事組織上，盛進商行似乎也未達到近代化的合理科層體制，除了前述的掌櫃小弟制度外，1938 年 11 月時，本店的零售部門決定關閉，轉向進行批發，於是一面進行庫存商品特賣，一面進行帳務處分，結果發現長期以來，內部上從管理層下到店員，盜領錢財行之有年，[145]卻直到最後店鋪結算時才被發現，顯示現代簿記與科層管理制度並未確切執行。

　　最重要的一點，百貨公司的基本條件是一體性的廣大展演空間，但盛進商行至 1938 年解散為止，一共三間店面：位於本町的本店和進貨部門（納品部，應是辦公室），再來就是北門街店。但在北門街店改為盛進茶鋪後，百貨部門僅有三層樓的本店，從〈臺灣博覽會紀念臺北市街圖〉的比例尺來算，本店佔地約 277.8 平方公尺，[146]僅三層樓的總店面積並不能算大，不過也稱得上是當時臺北最大的新奇商店。

　　當一起來臺打拚的藤川類三於 1935 年過世、養子中辻喜策也在 1936 年逝世後，[147]中辻喜次郎對盛進商行的熱情似乎不再。1938 年 2 月，他決定「因應時代

-----

143 〈盛進商行の改善臺〉，《臺灣日日新報》，1926/08/09，2 版。

144 〈今更改めた時計店の正札主義 結局盛進商行に 組合側が負けたのか〉，《臺灣日日新報》，1926/02/09，5 版。

145 〈盛進商行の店員兄弟賣上金二十萬圓を橫領南署に一味檢舉さる〉，《臺灣日日新報》，1938/11/17，2 版。〈高谷支配人の背任額は數萬圓に上る見込み 盛進商行事件愈よ外部に飛火〉，《臺灣日日新報夕刊》，1938/11/19，2 版。〈今度は納品主任が現金や機械を融通盛進商行事件愈よ擴大〉，《臺灣日日新報》，1938/11/30，2 版。

146 〈臺灣博覽會紀念臺北市街圖〉，「臺灣百年歷史地圖」。https://gissrv4.sinica.edu.tw/gis/taipei.aspx（查看日期：2022/7/14）

147 〈故中辻氏の遙弔式〉，《臺灣日日新報》，1936/04/02，7 版。〈流轉的日產專欄，盛進商行〉，「林小昇之米克斯拼盤」，http://linchunsheng.blogspot.com/2021/07/blog-post.html（查看日期：2022/07/14）

的要求」著手改建盛進茶舖，但在 4 月 24 日改建完成後，即公開拍賣。[148] 1938 年 11 月關閉本店。曾風光三十多年的盛進商行，最終在戰火方興時悄然退場。

1932 年前後開幕的菊元百貨與林百貨

　　1918 年以來，日本的百貨公司要來臺設店的謠言始終不斷，雖然日方不斷否定，但仍引起臺灣商業界的恐慌。在 1920 年以前，標示定價、不討價還價的方式，並未普及於臺灣的吳服店或舶來品店，高級的吳服店雖然把新花樣的織品陳列出來，但卻沒標價，為的就是保留與其他店家競爭的還價空間。《臺灣日日新報》即指出，這種不實在的手法，才是讓臺北的商人害怕三越來臺出張販賣乃至設店的理由。這也側面顯示出，三越等百貨公司的出張販賣，的確將新商法帶進臺灣，[149]例如前述 1926 年時（臺北時計商工組合）發起不二價販賣活動，公開表示如今是「不二價主義」的時代。

　　三越來臺開店的謠言，一方面促使商界人士反省自身的商業手業，另一方面，也促使一些在臺灣發展已久的商人，籌劃搶在三越等外來百貨公司之前成立百貨公司。同時，《臺灣實業界》、《臺灣日日新報》等大眾媒體，也不斷討論臺灣是否會出現百貨公司的議題。[150]臺灣南北二家的菊元百貨與林百貨（ハヤシ百貨），便是在這樣的背景中誕生。

-----

148 〈盛進商行茶舖〉，《臺灣日日新報》，1938/04/25，7 版。

149 〈三越と臺北商人〉，《臺灣日日新報》，1920/3/1，5 版。〈三越振はず 臺灣は不景気 だと云つてるる〉，《臺灣日日新報》，1925/3/4，9 版。

150 例如「臺灣日日新報社」於 1929 年 11 月 16 日請來臺北高商助教授內藤保廣，演講「百貨店の組織と經營」，並自 11 月 28 日至 12 月 12 日，每天在該版第二版連載演講的內容。〈百貨店の組織と經營〉，《臺灣日日新報》，1929/11/16，2 版。〈百貨店の組織と經營〉，《臺灣日日新報》，1929/11/28，2 版。〈百貨店の組織と經營（完）〉，《臺灣日日新報》，1929/12/12，2 版。

20 世紀初即來到臺灣的山口縣人重田榮治，[151]在臺灣經商，最從布料的行商人一步步開起店面，與警官界打好關係，成為布料商界的代表者，累積一定的經濟資本與社會資本。[152]很重要的是，他的第一家店面「菊元榮商店」是開在大稻埕太平町，鄰近永樂町市場，[153]對臺灣本島人的嗜好、實作有一定的了解。1928年時，重田榮治出資 50 萬圓，計畫建立一間集合內地人與本島人趣味嗜好於一堂的百貨公司。首先在臺北榮町取得 328.5 平方公尺的土地，由於道路寬與建築高的比例限制，以及京町整體市街調和的問題，只能允許六層樓高的建築，建築物式樣與四周的市街整體調和，屬於現代主義風格，但在簷口、開窗上都有接近當時流行的裝飾藝術（ART DECO）的風格，樓梯間則與東京的三越、高島屋採相似的大理石磚的階梯（圖 2-10）。[154]

　　1932 年 11 月 28 日菊元百貨建築完成，包含營業的六層樓本館以及北鄰用作管理所的三層樓別館，採股份有限公司的方式經營。[155]接下來一連三日在五樓的

-----

151 依陳竹林當時的側寫，重田榮治來臺的時間為 1902、1903 年，1914 年在大稻埕立穩腳根。而王詩琅在《臺北市志稿》則記載其來臺時間是 1901 年，而且來臺灣初期是於親戚所開設的菊元商行工作，之後才承其業，成為商行的東家。林惠玉的研究則認為，重田榮治來臺時間是 1903 年。而最初批發布料給重田榮治作行走商的布店「錦榮發」的所有者的孫子，在其部落格「老爹的碎碎唸」中，則記述記錄重田榮治曾參加 1904 年的日俄戰爭，來臺時間是 1905 年，經營布匹兜售生意，後得到經營「義濟堂株式会社布廠」的姻親菊元小一郎幫助，生意作大，最後成立菊元商行。部落格主的父親則在菊元百貨工作。至於重田榮治的妻子重田つた，則在〈今昔之感〉的回憶中，提供她是明治 38 年（1905）年渡臺。而「義濟堂株式会社」是山口縣原屬的岩國藩的士族所創，與重田榮治有地緣關係。

　　周百鍊監修，王詩琅纂修，《臺北市志稿卷九人物志》，頁 134。陳竹林，〈市會議員の橫顏臺北市の卷〉，《臺灣藝術新報》卷 5 期 12（1939 年 12 月），頁 25-26。重田つた，〈今昔の感〉，《臺灣婦人界》卷 4 期 5（1937 年 5 月），頁 15。〈菊元百貨公司老闆 --- 重田榮治的故事 1〉，「老爹的碎碎唸」，2011/2/8。https://daddygaga.pixnet.net/blog/post/5993221（查看日期：2023/7/27）。周百鍊監修，王詩琅纂修，《臺北市志稿 卷九 人物志》（臺北：臺北市文獻委員會，1952），頁 134。林惠玉，〈臺灣的百貨店と植民地文化〉，頁 111、113。秋皐，〈[初冬の山陽]＝ 15 識見の卓絕▽彼を透せる旧藩主〉，《讀賣新聞》，1905/12/26，5 版。秋皐，〈[初冬の山陽]＝ 16 維新史の一資料▽先見者の一▽社会の先驅〉，《讀賣新聞》，1905/12/27，5 版。

152 〈臺灣を中心とする 不景気打開策（八） 輸出品の代金を 在支銀行に預銀シ 臺灣の幣制に銀制度を加へ菊元商行主 重田榮治氏談臺灣日日新報〉，《臺灣日日新報》，1930/07/24，3 版。〈故遠藤警部弔慰金 本社も取次ぐ〉，《臺灣日日新報》，1920/10/12，7 版。

153 〈臺北市職業別明細圖 1928〉，「臺灣百年歷史地圖」。https://gissrv4.sinica.edu.tw/gis/taipei.aspx（查看日期：2022/7/17）

154 蔡宜均，〈臺灣日本時代百貨店之研究〉，頁 4-5、4-7。〈菊元百貨食堂、階段室〉，《臺灣建築會誌》4：6（1932），頁 9。文可璽，《菊元百貨：漫步臺北城》，頁 152，158。

155 〈菊元の百貨店 本月二十日頃竣功 株式組織の陣容〉，《臺灣日日新報》，1932/11/10，5 版。

食堂舉辦落成儀式：28 日先邀 200 名官民一覽為快，29 日請榮町、京町的街坊鄰居 200 名上門，30 日再請 200 名常往來的商家以及大稻埕那邊的人們，同一天下午 1 點起舉辦敬老會，凡是 70 歲以上的老者，不論是日本人還是臺灣人，只要想來參觀，不用請帖，直接就可以來。如此熱鬧地打響名號與聲勢後，12 月 3 日正式開幕。[156]一樓的三分之一劃為騎樓，一樓到四樓為賣場，販賣的商品包括洋品雜貨、吳服、玩具、紳士婦人用品等，[157]與日本的百貨公司或出張販賣的商品並無太大差異。五樓食堂的空間與三越相同，採西式廊柱式（圖 2-11），[158]桌椅均為西洋式，臨街的三面牆均是透明的玻璃窗，採光明亮，販賣輕食，並設有電風扇。[159]六樓建築物向內縮，留出與一樓騎樓相同大小的空間，塑造開放感，並可供集會用。[160]而頂樓則是展望臺。全棟賣場空間約 500 多坪（1,655 平方公尺）。[161] 1933 年時六樓被改為可以舉辦集會的大廳，方便進行展覽會或小型會議。

圖 2-10、1932 年完工時，菊元百貨的外觀（左）和樓梯間（右）。所藏：臺灣圖書館。[162]

-----

156 〈菊元商行百貨店落成式二十八日より三日間三十日には敬老會〉，《臺灣日日新報夕刊》，1932/11/27，2 版。〈菊元の開店〉（廣告），《臺灣日日新報夕刊》，1932/12/03，3 版。

157 林惠玉，〈臺湾の百貨店と植民地文化〉，收於山本武利、西沢保編《百貨店の文化史：日本の消費革命》（京都：世界思想社，1999），頁 114。（廣告）《臺灣日日新報》，1932/12/11，2 版。

158 古川長市，〈菊元百貨店の設計に就て〉，刊載於《臺灣建築會誌》4：5（1932），頁 16-18。初田亨，《百貨店の誕生》，頁 122。

159 〈臺北喫茶店巡り〉，《臺灣婦人界》9（1934），頁 79-80。〈電梯、西餐、冰淇淋〉，《中國時報》，1996/09/29，018 版。

160 古川長市，〈菊元百貨店の設計に就て〉，頁 17。

161 〈愈々出来た菊元百貨店〉，《臺灣實業界》7 年（1932 年 12 月），頁 10-11。

162 圖片來源：口繪（扉頁繪），《臺灣建築會誌》4：6（1932 年 11 月），無頁碼。

圖 2-11、1932 年完工時，菊元百貨五樓的食堂。所藏：國立臺灣圖書館。[163]

　　菊元百貨在設計初時，一樓因為騎樓等法定規定，只有約 165 平方公尺可用，若設計二個出入口則動線會變得相當混亂，重田榮治相當重視展示，設計師最後決定依照他的想法，僅在一樓東南角設置一個出入口，而將對著榮町和京町街道的兩面全都設計為寬五尺的櫥窗。原本設計師認為一樓內部在配置階梯、廁所、流籠（升降梯）與通道後，已沒有設置賣場的空間了，但在僅設一個出入口後，一樓仍然還是可以販售化妝品、糕點和時下的流行品。[164]而菊元百貨既然設置了寬大的櫥窗，也積極地參與櫥窗比賽，1934 年「特演宣傳窗飾競技實業會發表」，菊元百貨得了第一。1936 年第一屆「商工祭櫥窗飾獎」時得到第二名、1937 年第二屆時得到第三名。而 1937 年為祝賀七福神所辦的「祝賀窗飾競技」

-----

163 圖片來源：口繪（扉頁繪），《臺灣建築會誌》4：6（1932 年 11 月），無頁碼。

164 古川長市，〈菊元百貨店の設計に就て〉，頁 16-18。綜合當時報紙的報導，以及雜誌所刊的霞中生男的描述：當時一週去逛二、三次菊元百貨，一樓進門右側販賣化妝品、襯衫、披肩、鞋帽、毛巾，往裡走是糕點區，後來增設了 JTB 旅行社的櫃檯。二樓則販賣皮包類、領帶、內衣、毛毯（霞中生男的隨筆則記載為在三樓販賣）、毛巾，三樓是男女用的吳服部與婚禮衣服，四樓販賣手帕、平織布、婦人服，五樓為食堂，六樓販賣玩具、筆記本。霞中生男，〈島都百貨店菊元漫步記〉，《臺灣藝術新報》卷 5 期 1（1939 年 1 月），頁 67。霞中生男，〈島都百貨店菊元漫步記（二）〉，《臺灣藝術新報》卷 5 期 2（1939 年 2 月），頁 35。

也得了獎。[165]

　　位於臺南、較菊元百貨晚兩天於 12 月 5 日開幕的林百貨，由 1912 年來臺的林方一創立。林方一亦是山口縣人，他初到臺灣時，在日本大吳服商於 1901 年至臺南開設的日吉屋吳服店擔任帳務工作，該店也兼賣舶來品，應該算是一種和洋雜貨店，1918 年他離開日吉屋，在大宮町（今・民生路以北）開設林商店，經營吳服零售與棉布批發。之後又投資臺南計程車株式會社、足袋代理等事業，1926 年參與金融機關南部無盡株式會社的改組，次年，改組會的成員組成末廣町店鋪建設速成會與建築公會（建築組合），林方一是組織中的代表人員之一，而末廣町即是林百貨之後的所在地，也是 1926 年時臺南現代化的市區改正的重要目標地。1931 年林方一再補選上臺南市協議會員，可以說林方一在社會資本與經濟資本上都有充分的經營，然而，1932 年 12 月 10 日，林方一在林百貨開幕五天後即因病過世，之後該店均由其妻林とし擔任社長。[166]

　　林百貨的五層樓建築物是介於現代主義與西方歷史式樣建築間的過渡式樣，佔地 419.4 平方公尺，樓層總面積為 1,813 平方公尺，一樓到四樓為賣場，販賣食品、化妝品、菸酒、西洋雜貨、服裝、鐘、日用品等。三樓吳服部，以訂製、修改衣服為主，1940 年時有四名製衣師在現場負責量身服務，並備有四臺縫衣機。四樓並有和式食堂，五樓則是和洋食堂，一份餐的價錢為 30 到 40 圓，對當時的物價來說，是相當昂貴的，五樓也有販售咖啡、紅茶、冰淇淋等，之後再引進天婦羅。五樓的頂樓與菊元百貨一樣設有小小的庭園，旁邊有一匹電動遊戲馬和雙眼望遠鏡式的卡通播放機，展覽會、遊園活動等也在這裡舉辦。（圖 2-12）[167]

　　菊元百貨與林百貨均設有電梯，當時許多人特地去搭乘這項最新科技產品，雖然這些人不見得都有消費的能力，但卻都能入店。林百貨的老員工石允忠也表

-----

165 〈特演宣傳窗飾競技實業會發表〉，《臺灣日日新報》，1934/06/19，12 版。〈窗飾競技會の賞狀授與式商工祭第三日のけふ舉行 一等は福田吳服店〉，《臺灣日日新報》，1936/5/26，2 版。〈華を極めた商工祭 臺北の殷盛を十二分に謳歌しきのふ目出席閉幕〉，《臺灣日日新報》，1937/5/13，7 版。〈祝賀窗飾競技 ゆうべ入賞を決定〉，《臺灣日日新報》1937/05/11，11 版

166 陳秀琍，《林百貨》（臺北：前衛出版，2015），頁 74-88。

167 石允忠生於 1925 年，在 1940 至 1943 年於林百貨三樓販賣部服務。謝國興、李衣雲訪談，「石允忠先生訪談」，訪談時間 2011/03/18、2011/04/09。〈開店紀念大賣出〉（廣告），《臺灣日日新報》，1932/12/04，01 版。蔡宜均，〈臺灣日本時代百貨店之研究〉，頁 4 之 9。林惠玉，〈臺湾の百貨店と植民地文化〉，頁 114-115。陳秀琍，《林百貨》，頁 64、100-104。但依陳秀琍的說法，和式食堂是設在五樓，與洋食堂一起。

示林百貨不會禁止穿拖鞋的人入店。[168]同時，二家百貨公司也都使用玻璃陳列櫃、模特兒人偶與櫥窗來展示商品。例如林百貨的二樓，在樓梯一上來處設置階梯狀的陳列櫃，二、三樓都有使用許多穿著和洋服的模特兒人偶，三樓的模特兒人偶幾乎佔了一面牆。[169]

圖 2-12、1932 年完工時，林百貨的外觀、五樓食堂與三樓的賣場。
所藏：國立臺灣圖書館。[170]

　　然而，在 1933 年拓建後為當時臺灣最大的菊元百貨，賣場總面積仍不到 2,000 平方公尺（600 餘坪）。菊元百貨店的經理三浦正夫表示，以百貨公司的標準來說，每十萬人口就應有千坪的賣場，而 1933 年時臺北市人口是 27 萬，相應的百貨公司應有至少 2,700 坪，菊元仍是相當狹小。[171] 1935 年，菊元再度增建七樓的展望

-----

168 杜淑純口述，《杜聰明與我：杜淑純女士訪談錄》（新北：國史館，2005），頁 222-223。謝國興、李衣雲訪談，「石允忠先生訪談」，訪談時間 2011/03/18、2011/04/09。李奈美，〈電梯、西餐、冰淇淋〉，《中國時報》，1996/09/29，18 版。吳金旺，〈難忘它「高人一等」〉，《中國時報》，1996/09/21，18 版。

169 謝國興、李衣雲訪談，「石允忠先生訪談」，訪談時間 2011/03/18。

170 圖片來源：口繪（扉頁繪），《臺灣建築會誌》4：6（1932 年 11 月），無頁碼。

171 三浦正夫，〈むづかしい百貨店の經營〉，《臺灣實業界》卷 8 期 10（1933 年 10 月），頁26。

臺，同時藉著始政博覽會之機，將原本三層樓的別館增建為四層，別館三樓本是員工宿舍，把宿舍移到水道町後，三四樓與本館打通，擴大賣場。[172]

戰時中開幕的高雄吉井百貨

1938 年 11 月 20 日，第三家百貨公司「吉井」在高雄成立。五層樓共 2,416.54 平方公尺，採表現主義風格建築，是當時臺灣最大的百貨公司，設有流籠，由 1903 年來臺的滋賀縣出身的吉井長平創立。吉井百貨是由吉井長平、吉井善介、吉井清平的吉井商行為主體，兄弟三人聯合貸款創立起來。最初，吉井商行原本也是販賣吳服、和洋雜貨、化妝品的布料雜貨店，在高雄大約有八家店面，也曾在屏東有分店，是有一定的規模的商行。[173]吉井長平在 1934 年時，以 52 歲之齡擔任高雄市協議會員。1936 年，因高雄市發展導致地價飛騰，因應之後高雄的土地買賣情勢，高雄、臺北、臺南、屏東四地有力人士各集資 15 萬，共 60 萬圓組成「高雄地所會社」，吉井長平亦投入大筆資金，並被選為董事（取締役）。1938 年 10 月，他亦參加了高雄的「織物商公會」（織物商組合）的創立。[174]從這裡可以看到，三家百貨公司成立之前，創立者都與金融・土地業、政界有相當良好的關係，而且都是日本人。

雖然吉井百貨資料不多，但從 1940 年高雄舉辦的「奉祝皇紀二千六百年店頭裝飾競技會」裡，吉井百貨得到第一名來看，[175]作為當時有 8 萬人的大都市裡最時髦之消費場所的吉井百貨，應也使用櫥窗、陳列櫃、模特兒人偶等方式。例如吉井還是吳服屋時代，就已積極地在參與櫥窗賽。[176]只是吉井百貨在成立之時，已是中日戰爭爆發之後，符號作為時尚欲望展示的方式，應該已有所轉變，這部分將在下一章裡討論。這裡要再附帶一提的是，1940 年的那場競技會中，得到第

-----

172 〈菊元百貨店增築〉，《臺灣日日新報》，1935/08/24，3 版。

173 蔡宜均，〈臺灣日本時代百貨店之研究〉，頁 2 之 27~2 之 28、4 之 10。林惠玉，〈臺湾の百貨店と植民地文化〉，頁 115-116。楊晴惠，〈高雄五層樓仔滄桑史——由吉井百貨到高雄百貨公司〉，《高雄文獻》6 卷 1 期（2016），頁 103-107。

174 〈少壯有為の市協任命を熱望 目下市協銓衡中の高雄市にこの聲が強調されてる〉，《臺灣日日新報》，1934/11/30，3 版。〈創立された 高雄地所会社 重役顏觸と營業の目的〉，《臺灣日日新報》，1936/06/14，3 版。〈織物商組合創設〉，《臺灣日日新報》，1938/10/12，5 版。

175 〈店頭裝飾競技會 一等吉井百貨店〉，《臺灣日日新報》，1940/02/18，5 版。

176 〈高雄窓飾競技 決定入賞 褒狀授與式〉，《臺灣日日新報》，1937/03/27，8 版。

表 2-3 日治時期三大百貨公司各樓層商品介紹。本研究製表。[177]

百貨公司名	菊元百貨	林百貨	吉井百貨
初建時佔地坪數	99.03	126.861	200
1 樓	化妝品、和洋雜貨、菓子、流行品、JTB日本旅行協會之旅行社*（*1934年12月1日起）	化妝品、和洋雜貨（煙草、肥皂、配飾、菓子等）、食料品、JTB日本旅行協會之旅行社*（*1937年起）	化妝品、和洋雜貨、飾品、鞋襪、JTB日本旅行協會之旅行社*（*1940年起）
2 樓	紳士用品、和洋雜貨、毛巾、布料	紳士用品、和洋雜貨、毛巾、小孩服	紳士用品、和洋雜貨（帽子、襯衫、陽傘、皮包、鐘錶、花瓶、菸草盆、時鐘等）
3 樓	吳服布料、和服、婦人用品、結婚禮服	吳服布料、和服、婦人用品、洋布料、婦人與小孩用布料	吳服布料、婦人用品、各類服飾
4 樓	文具、玩具、臺灣土產、家庭用品	文具、玩具、家庭用品、上學用品、和食堂	傢俱、家庭用品、文具、陶器、玩具、衣櫥、床飾等
5 樓	食堂、喫茶部	洋食堂、喫茶部	食堂、兒童遊樂園
6 樓 / 屋頂	1932年：事務所。1933年後改為小集會與展覽廳。販售玩具、筆記本	遊樂場：電動馬、看動畫機、展望臺、神社	屋頂庭園、金刀比羅神社
屋頂	展望臺、喫茶室		

-----

177 本表資料來源：林惠玉〈臺灣的百貨店と植民地文化〉，頁114。陳秀琍，《林百貨》，頁67。楊晴惠，〈高雄五層樓仔滄桑史──由吉井百貨到高雄百貨公司〉，頁106。

三的是菊元在高雄的分店「菊元高雄販賣店」。[178]它位於高雄的堀江町，是一間平屋，前棟是商店，後棟是裁縫部與宿舍。[179]

在建築設計上，菊元、林百貨與吉井百貨均設有頂樓庭園或展望臺，這是最能展現日式百貨公司特色的部分。歐美百貨公司會在百貨公司內部用棕櫚等植物裝飾，而日式百貨公司或許因空間較歐美來得小，因此往上發展，並在頂樓天臺設置庭園，後來又發展出遊樂場。日本的百貨公司也常會在頂樓安置小神社與鳥居，例如三越銀座店的頂樓即安置三井家守護神的「三圍神社銀座攝社」。

從表 2-3 的整理可以看到，與日本的百貨公司相同，臺灣的三大百貨公司在頂樓均設有展望臺或屋頂樂園，而吉井百貨並在五樓設計兒童樂園、六樓設庭園，林百貨在六樓的屋頂展望臺也有遊樂設施。同時，林百貨與吉井公司也在頂樓設有小神社與小遊樂園，吉井百貨安置的是守護海上交通的金刀比羅神社，林百貨則是安置象徵財富的稻荷大明神社，而在百貨公司成立後旋即過世的林方一的骨灰，亦寄放於此神社，每天早晨社長林とし都會到神社祭拜，再去巡視全店。[180]從這裡可以看出，日治時期臺灣的百貨公司雖然標榜著西方近代化，但實際上吸收的是卻是經過日本轉譯後的內容。

承襲日本本土百貨的強調文化資本

西方近代百貨公司內即設有讀書室、展覽室等餘白的空間，日本的百貨公司則更被期待負有社會教育的文化教養的作用。空間本身已是一種消費對象、並能生產意義轉嫁到商品上。這個概念也展現在臺灣，早期日本的百貨公司在進行出張販賣時，即透過「西洋、日本＝中心、都會」的形象，在臺灣建立起「百貨公司」等同於西洋進步的形象，以及展示會場的高等意象，創造出商品與百貨公司高級文化的品味感。臺灣本地從 1910 年代的盛進商行到 1932 年的菊元百貨亦均

-----

178 早在 1933 年時，設於臺北的臺灣織物會社，便有將產於高雄州的班芝棉，應用到製作棉被、枕頭等寢具上，在菊元百貨以蓬萊綿之名作為高價品販賣的計畫。雖然之後不見報導，但 1940 年時報紙上出現菊元高雄販賣店，或許兩者之間有所關連。〈カボツクを製品化し 蓬萊綿として賣出す 臺灣織物の苦心酬いらる〉，《臺灣日日新報》，1933/07/03，3 版。

179 〈堀江町的百貨姑娘〉，《中國時報》，1996/10/08，18 版。

180 林惠玉，〈臺湾の百貨店と植民地文化〉，頁 112-116。謝國興、李衣雲訪談，「石允忠先生訪談」，訪談時間 2011/03/18、2011/04/09。《臺灣日日新報》，1932/12/04）。蔡宜均，〈臺灣日本時代百貨店之研究〉，頁 4-9。菊元百貨則因資料不足，無法確定。

此外，據 2013/7/25 的林百貨導覽說明者介紹，當時五樓的食堂外的展望臺中庭，是租給他人經營遊樂設施，而非由林百貨本身經營。而六樓的神社則是林家的私人空間，不對外人開放。

常借助展覽會、陳列會獲取文化資本，尤其是新建之初、需要形塑自身的形象與品味的時候。從 1933 年 2 月開始，菊元就舉辦了一系列的花卉展，7 月則配合夏季節氣舉辦日本浴衣常用的牽牛花押花展、9 月在換季特賣時配合秋季電影週舉辦電影海報展、1935 年的茶道展等。[181]林百貨亦然，例如在 1933 年舉辦臺灣工藝之父顏水龍的作品展、臺南西洋畫家江海樹的畫展與攝影展、新高阿里山天然色寫真展覽會等。[182]

於是，在臺灣的消費者心目中，去百貨公司被認為是件大事，而在那裡買東西是上流家庭的行為，商品更是有昂貴而有價值的。例如，臺灣第一位醫學博士杜聰明的女兒杜淑純即表示：「洋娃娃這類西洋的東西，百貨公司也賣，比較上流的家庭會買給小孩玩，像媽媽小時候就曾抱著洋娃娃一同拍照。」[183]因抗日在 1944 年時前往中國的吳克泰，在報考臺北高等學校時，因為學校的刑部老師替他寫的評語很好，讓他被錄取後，他父親就帶著他「到菊本百貨大樓選購了很好看的紫色玻璃盤子送給刑部老師。老師也非常高興。」[184]而竹塹世家出身的漫畫家陳定國，1941 年小學五年級時，參加全臺灣中等學生圖畫競賽獲得第一名，當時在臺北公會堂接受頒獎後，老師帶他去菊元百貨五樓的「菊元食堂」用餐，他覺得菊元百貨那時被稱為是臺灣第一個「現代化的櫥窗」，能夠有錢又有閒逛百貨的以日本人及富裕的臺灣人居多，他有這個機會上最高級的餐廳用餐，心中感到榮耀無比。[185]陳貴玉「小時候聽到要去菊元百貨店就很高興，要換漂亮的衣服，可以帶小皮包出去玩，百貨店內有賣很多東西，又有吃的，所以是我最喜歡去的地方。」[186]李奈美的「二伯至今難忘，阿公經常帶全家人到『菊元』頂樓的西餐廳，吃香噴噴的番茄炒飯。當時會去『菊元』購物的臺灣人，都是注重生活品質的家庭，『菊元』帶給父親兄弟的歡樂回憶，如果比擬成今日的孩子跟父母親到

-----

181 廣告欄，《臺灣日日新報》1933/2/11，2 版。〈朝顏押花陳列會〉，《臺灣日日新報夕刊》，1933/7/9，2 版。〈シネマリーグのスチール展 二十日から菊元で〉，《臺灣日日新報》，1933/9/22，07 版。〈茶道久田流諸式陳列〉，《臺灣日日新報夕刊》，1935/2/8，2 版。

182 陳秀琍，《林百貨》，頁 107。〈新高、阿里山 寫真展を林百貨店に開く〉，1933/7/19，3 版。

183 杜淑純口述，《杜聰明與我：杜淑純女士訪談錄》，頁 222-223。

184 因「本」與「元」語發音均為「もと」，因此吳克泰在此將之寫成菊本百貨。刑部老師則是當時幫他寫推薦語的老師。吳克泰，《吳克泰回憶錄》（臺北：人間出版社，2002），頁 88。

185 何明星，《漫遊人生：陳定國大師的漫畫生涯》（新竹：新竹縣政府文化局，2018），頁 26。

186 陳貴玉，〈一張卡片留住當年風光〉，《中國時報》，1996/10/19，18 版。

太平洋崇光百貨購物。」[107]

　　出身大稻埕的中藥行及布行工作的店員之女、日治末期在國防株式會社擔任縫衣員的吳麗珠也說，當時到城內逛百貨公司是一件大事，她會把好的衣服帶到公司去，下班時換上衣服直接去逛，還會特地穿上平常不捨得穿的絲襪和皮鞋。[188]而 1931 年出生於楊梅的簡先生，小學畢業旅行時到過菊元百貨參觀，特地去坐電梯。在他的印象中，「當時進百貨公司，日本的高級人士比較多，我們一般人進去自己會覺得委屈，逛的人會穿比較正式一點，像警察、老師都穿的那種。百貨公司營業時間到下午而已，沒有到晚上，後來還有燈火管制，要蓋燈罩、窗戶貼黑紙。那時去菊元都沒有買東西，看看而已。」[189]從這段回憶，可以看出菊元百貨在當時是相當高級的消費場所。在臺灣鐵道部所編的《臺灣旅行案內》中，菊元百貨也是臺北觀光行程的景點之一。雖然如林百貨一般，沒有禁止穿著不佳的人進店，但百貨公司整體的形象與氛圍，已使得進店的人會自我設限。[190]這也是本書一開始所說的，意義會從建築物、裝潢等轉嫁到百貨公司的形象上，產生壓倒性的氛圍。

　　縫衣員吳麗珠回憶，當時百貨公司的貨品都是陳列在架上的，化妝品類較昂貴的東西則是放玻璃櫃中，要買時才請小姐拿出來，成衣的價格都有標價，布料則要詢問。[191]，戰後高雄著名的大新百貨公司創立者吳耀庭，在談到他決心要開一家比吉井更大的百貨公司的原因時，曾說那是因為 17 歲那一年，當工友的他因為受到賞識，薪水一下從 18 元調到 40 元，於是到吉井百貨公司三樓想為他的母親買一面鏡子當禮物，結果售貨的女店員上下打量了他一眼，用一種鄙夷的眼

-----

187 李奈美，〈電梯、西餐、冰淇淋〉，《中國時報》，1996/09/29，18 版。

188 李衣雲、黎旻勉訪談，「吳麗珠訪談 2」，訪談時間：2011/08/01。

189 李衣雲、黎旻勉訪談，「簡先生訪談」，2011 年 2 月 15 日，地點：大龍峒的咖啡店。簡先生的父親日治時期在電力公司工作，工資一個月 26 圓，屬於薪水階級。簡先生畢業旅行時被帶去菊元百貨。戰後簡先生因替老闆擔保，背債 6 萬元，在鄉下待不下去，只能賣掉房子，於 1969 年搬到臺北，在上海人經營的永固電池工廠工作，當時一個月薪水 2,200 元，房租 700 元。1970 年代後搬到大龍峒，永固公司也改用包工制，一個月 8,000 多元，但他已沒有時間去百貨公司。

190 吳丁梅，〈消失的百貨文化〉，《中國時報》，1996/10/16，18 版。鄧世光，〈店員多禮小男生怕怕〉，《中國時報》，1996/10/08，18 版。吳金旺，〈難忘它「高人一等」〉，《中國時報》，1996/09/21，18 版。莊永明，〈菊元百貨 臺灣第一家〉，《中國時報》，1996/09/18，18 版。

191 洪佩鈺訪談，「吳麗珠訪談 1」，訪談時間：2009/01/22。

色對他冷笑一聲，當下他心如刀割，頭也不回地便走下樓梯。[192]

　　然而，相對的，也有像吳丁梅在回憶中提及：「從醫院穿過新公園，再走幾步是榮町（衡陽路）和京町（博愛路）的交接處，有一棟雄偉的建築，這就是『菊元』了，走進大門，就聽見親切悅耳的『歡迎光臨』（日語）；眼睛看到的是穿著制服、笑容可掬的店員小姐，在行九十度之大禮，覺得自己像個大人物般的在接受歡迎！」[193]林百貨的老員工石允忠表示，如果要看林百貨玻璃陳列櫃中的東西，要請店員打開櫃子拿出來，但賞玩過後如果不想要，可以直接還給店員。[194]

店員的禮儀與互為主體性的概念

　　在服務業尚未普及時，雖然百貨公司實施「自由入店」，似乎在臺灣的消費文化中，店員與顧客間已經逐漸脫離傳統的面對面關係下的購買義務，也不再像盛進商行時期，由掌櫃的把客人帶去坐下結帳。然而，店員的態度仍然是交易的門檻，而且會成為一種轉嫁到百貨公司形象上的意義。玻璃櫃陳列僅是讓商品被看見，顧客與商品之間仍必須透過店員的中介才能實際接觸，義務性購買關係的門檻，只是從店門口內縮進店內，百貨公司整體確實形成一個一覽無遺的觀賞空間，但在觸覺沒有進入到這個空間之前，要碰觸商品仍然必須經過中介者／店員的同意。

　　關於平等有禮地對待所有來店者，從資本主義效率的邏輯而言，時間是用來賺取金錢的，服務為了金錢的回報，因此，一個在組織上近代化而非思想上近代化的商店裡的店員，會覺得沒有必要浪費時間與力氣，去應對佔用時間卻不會／沒有購物的客人，或是沒有以同等的禮儀回報的客人，從邏輯上而言是合理的。相反的，傳統商店的店員卻可能會因為人情義理而與客人互動。

　　菊元百貨公司的經理三浦正夫在提到店員的問題時，指出在日本，女店員大概會作個一年半到二年，訓練上手後正好可以上崗。但臺灣的女店員很多作不到半年就辭職，可是要說訓練到位能滿足客人的要求，差不多要一年的時間。這讓三浦感到很困擾，只能不斷徵人，他認為問題出在臺灣的女店員不喜歡低頭。[195]雖然三浦正夫的這段話中沒有提到店員是日本內地人或臺灣人，但據菊元

-----

192 宋冬梅，〈出人頭地的百貨業巨擘吳耀庭〉，《經濟日報》，1978/07/25，11 版。
193 吳丁梅，〈消失的百貨文化〉，18 版。
194 謝國興、李衣雲訪談，「石允忠先生訪談」，訪談時間 2011/03/18。
195 〈一人一職座談會〉，《臺灣實業界》卷 10 期 1（1938 年 1 月）頁 30。

的老員工陳玉招說：「七位日籍員工中才有一位臺灣人。」[196]以 1935 年時臺北市日本人女性僅佔全臺北市總人口之 14%，[197]再加上年齡限制，徵人確實是很困難。然而，如同菊元老員工陳月秀所回憶，當年她和另外兩位小姐被派到電梯間工作，客人來時要鞠躬為禮，日本人起初多少瞧不起臺灣人，鞠躬不周到會被斥責，直到一段時間後才得到日本人肯定。[198]在幹部均為日本人的菊元百貨，徵人會以日本人為優先，也不意外。

依據商學經營學者谷內正往（1965-）的研究，戰前日本本地各大百貨公司的女店員的服務禮儀與言談，都廣受讚美，被批評的部分，如阪急百貨的女店員，被認為因百貨公司本身不是專業出身——應是指非吳服系統——因此店員雖然誠意滿滿，但語彙力等專業度不夠。1930 年代時，如京阪百貨這些電鐵終點站系的百貨公司，徵女店員時開出的條件，會希望是「十八歲以上高女畢業體健容美」；又或是松坂屋的女店員會太快喊「歡迎光臨」，沒有給予客人足夠的賞玩時間，讓客人感到被監視。[199]

這絕非意味著日本已作到全民在思想上的近代化，最重要的是日本的百貨公司在學習歐美時，也學習到了對店員的教養課程，因此在最初吳服系百貨公司轉型期時，如高島屋的京都店、白木屋等，都設有夜間部，除了教導員工英語、算術、簿記、織品學、商學、接待外國人時的禮儀等實用的科目之外，也有教養相關的史地、國文等，光是培養一個店員，就要花上七、八年的時間。[200]

到了 1910 至 20 年代，西式百貨公司販售法確立後，這些大百貨公司又作了詳細的標準店規、店員守則，幫助店員進入標準化。例如高島屋的大阪南海店，女店員口袋裡就有一本《接客用語虎之卷》，可以隨時拿出來參考應急。1920 年代因關東大地震、經濟不景氣、競爭激烈等原因，日本的百貨公司開始轉向僱用薪資便宜的女店員。但女店員往往結婚後就辭職，工作的時間不久，因此，日本的百貨公司傾向用一般學校教育的學歷，取代自己訓練員工的方式。例如三越百貨喜歡用至少具有一般教養程度的中等教育以上學歷者，至於實際的商業技能

-----

196 〈菊元百貨前輩喜相逢〉，《中國時報》，1996/10/10，18 版。

197 〈町、大字、社別世帶及人口：臺北州、臺北市 昭和 10 年〉，《國勢調查結果表》（臺北：臺灣總督府，無年代），頁 6。

198 〈菊元百貨前輩喜相逢〉，《中國時報》，1996/10/10，18 版。

199 谷內正往，〈戦前大阪のデパート・ガール―百貨店のストア・イメージ―〉，《大阪商業大學論集》卷 12 期 3（2017 年 1 月），頁 63-74。

200 江口潔，〈百貨店における教育：店員訓練の近代化とその影響〉，《日本の教育史学：教育史学会紀要》卷 54（2011 年 9 月），頁 45-57。

等，則可以由百貨公司內所開設的相關知識講習來彌補，有時，還會用上最新技術的照片或電影，幫助員工更清楚地體悟如何應對不特定客群的各種情況。而白木屋、京阪百貨在徵女店員時，則選擇高等女學校以上的學歷者。[201]

　　菊元的老員工陳玉招表示：「菊元員工要經口試，看學歷成績和身材，身高必須盈五尺，受訓兩個月才能上線。」曾瓊蓮曾回憶上班情形說：「每天上午九點開幕前要合唱公司歌，而且還要口誦『客人是咱的恩人』等十大信條。」黃銀欽記得其中一條的大意是：「對客人要親切溫和，必須像飽含稻穗的稻子般哈腰招呼客人。」[202]這顯示出菊元百貨也有從學歷上篩選，至少在正式上班前，必須先接受訓練課程，同時，也有店員守則。雖然不知其他二間百貨是否也有。但同樣用日本人店員，在臺灣會不喜歡低頭，應該與日本文化中鞠躬禮儀等，在日常生活中身體化的程度，以及百貨公司本身的訓練密度有關，但更應注意的是在尚未進入第三產業的時代，服務業的精神並未普及，對互為主體性的平等禮儀概念應還相當陌生。

日本人在臺灣開設之百貨公司的特色

　　既然 1932 年在臺北成立的菊元百貨、在臺南成立的林百貨，或是 1938 年在高雄成立的吉井百貨等，所販賣的商品如洋品雜貨、和服、玩具、紳士婦人用品、文具玩具等，與日本的百貨公司或出張販賣的商品並無太大差異。同時，以菊元百貨為例，其吸引的日臺人顧客群比例是 3：7，[203]這顯示出臺灣人有一定的購買力，也有至百貨公司消費的能力與意願。那麼，日本的百貨公司認為必須要等臺灣人內地化、文化提升等條件備齊，或是日本人口達到一定數量，才能開設百貨公司分店的說法，似乎就出現了破綻。那麼，再回頭思考日本的百貨公司否定至臺灣開店的決定，與臺灣的百貨公司得以成立之間，除了國策之外，還存在著一些問題，是日本的百貨公司沒有看見的。

　　1930 年代初擔任三越百貨常務的麻生誠之，在回應當時流傳的三越要到臺灣開分店的謠時傳，坦白地表示到臺灣來出張販賣的業績是不錯，但臺北雖然有

-----

201 江口潔，〈戰前の百貨店における女子店員の職務と技能〉，《日本教育社会学会大会発表要旨集録》卷 64（2012 年 10 月），頁 48-49。谷內正往，〈戰前大阪のデパート・ガール—百貨店のストア・イメージ—〉，頁 65。
202 〈菊元百貨前輩喜相逢〉，18 版。
203 林惠玉，〈臺灣的百貨店と植民地文化〉，頁 112-114。

二十幾萬人，內地人卻不過三、四萬，比之 1930 年代初設置分店的四國高松不足十萬的人口還要少，這樣的狀態下，是不可能在臺灣開設分店的。[204] 1932 年時，麻生誠之表示，在京城[205]與大連的分店營運成績並不好，不過由於京城日漸內地化，似乎對西洋雜貨的需求會提高，使得三越對京城分店的未來尚存期待，而大連則由於日本內地人少，滿洲人很難成為其顧客群，就算是想作滿洲人的生意，也難與當地的中國商競爭，因為當地中國商人用低價格購入商品，簡陋的建築、便宜的經費，即可作生意，這對百貨公司而言是不可能的事。[206]

麻生的談話顯示出，當時的三越百貨是以日本人為標的顧客群，只考慮日本內地人的購買力，販售的商品雖以洋物為主，他們考量的基準卻仍是日本人的需求，而不是當地人的，日本內地與當地的文化差異被視為上下的絕對差異，因此，只期待殖民地的內地化會帶來顧客群的變化，而不試圖改變自身以與當地商人競爭市場。這也是林惠玉在論文中所指出的，日本百貨公司在考慮把殖民地納入消費市場時，考量的是殖民地的基礎建設整備，或是經濟力、文化水準的提升，以及臺灣人對日本商品的消費意願等。這是一種文化優越者與被殖民者之間，不可逆轉的上對下的視線。雖然 1940 年代，京城三越百貨的顧客有 60% 到 70% 是朝鮮人，但由於三越百貨是作為向其展示日本生活的樣本屋，所以就算他們不購物也沒有關係，[207]如此一來，朝鮮人的需求也就不是三越百貨需要重視的。

在只將顧客群設為在臺日本人，對臺灣認識不深，而且一直忽略臺灣人的日本百貨公司，在沒有政治力的催動下，會因不了解臺灣的消費者群與購買力，覺得風險過大而不考慮在臺灣設店，是合理的決定。

對臺灣本地的三大百貨公司來說，這三間百貨公司最初也都是從布料為主的和洋雜貨店起家，可以說與西方近代百貨公司由在地的新奇商店起步的方式相當類似。在交通主要依靠人力與獸力的年代，商業網絡是由地緣關係向外擴張，20世紀初在臺灣的消費者，也有依照族群分區消費的習慣。菊元百貨的店主重田榮治在談及臺北的顧客層時，也表示在菊元百貨成立之前，臺北市的臺北城內（日本人）與艋舺、大稻埕（臺灣人）各自有不同的購物圈，大稻埕的臺灣人基本上不

-----

204 麻生誠之，〈三越は進出しない〉，頁 4、15。

205 營運成績為 3,386 萬圓。林廣茂，〈京城の五大百貨店の隆盛と、それを支えた大衆消費社会の検証〉，頁 140。

206 麻生誠之，〈三越は進出しない〉，頁 4。

207 林惠玉，〈臺灣的百貨店と植民地文化〉，頁 119。平野隆，〈戦前期における日本百貨店の植民地進出：京城（現・ソウル）の事例を中心に〉，頁 300。

實用與娛樂、奢侈與消費：臺灣百貨公司文化的流變

會到城內消費。在菊元百貨開張之前,臺北城內日本人與臺灣人的消費圈基本上並沒有重合。[208]當然,如果有像出張販賣這類特別的活動,或許仍然能夠吸引到臺灣人前往參觀乃至消費。因此,要在臺北城內開設百貨公司,必須要能常時性地吸引到日本人商圈外的臺灣人前往消費,當時臺北城通往大稻埕的路最主要的二條路,一條是京町通(今・博愛路),另一條就是當時最美的三線道路(今・中華路),重田榮治將店址選在京町通上,目的即是吸引過去不來臺北城內消費的臺灣人,而這點也明顯地成功。[209]

換言之,這三家百貨公司雖然都是日本人開設,幹部乃至店員也都是日本人,但他們原本的商店就與臺灣人有往來,開設百貨公司後對於臺灣人消費者與物都有關注。例如菊元百貨的經理三浦正夫觀察吳服、舶來品和化妝品的銷量,發現臺北上百貨公司的臺灣女性,比日本內地女性更會打扮,他發現臺灣的女性已不僅止於依性格或喜好選定衣飾展現個性,更會進一步設法補足缺點,採用鮮亮感觸與明亮的色彩,積極地打造「自己的樣子」,這也對他在進貨時有所助益。[210]又例如菊元百貨不僅在四樓設置臺灣土產區,[211]供來臺北的觀光客消費,也與各地的名產合作,當時他們不僅販賣米粉,還特別選了臺北三峽的米粉行合作,成為菊元負責銷售的名產,並請人將當時鄉村田野景觀以及農民靠人工、獸力從事農耕、收穫稻米情景繪成彩色版畫,製作成包裝袋,並在印有「三峽名物米粉」的字樣正上方,打上圓圈內有「榮」字標記的菊元店徽,店名印章蓋在右下方,以示信譽保證。[212]

關於這點,或許可以由皮耶・布爾迪厄所說的社會資本的角度切入。[213]亦即

-----

208 重田榮治,〈百貨店の経営をどうするか〉,《臺灣實業界》卷 8 期 2(1936 年 2 月),頁 4。

209 林惠玉,〈臺灣的百貨店と植民地文化〉,頁 112。重田榮治,〈百貨店の経営をどうするか〉,頁 4。

210 三浦正夫,〈むずかしい百貨店の経営〉,頁 27。

211 販賣物有蜜餞、果飴、果羊羹、肉鬆、落花生、紅茶、烏龍茶、包種茶、水牛角製品、菊花木製品、原住民的蓍布加工品、臺中大甲製品、珊瑚製品、蓑蟲製品、蛇皮製品、樟製品、月桃製品、臺灣刺繡品等。廣告欄,《臺灣日日新報》,1938/12/15,2 版。

212 〈菊元百貨思想起 三峽米粉彩色版畫〉,《中國時報》,1996/10/22,18 版。

213 布爾迪厄的社會資本,指的是一種實際或潛在的資源,指的是人與人之間或多或少含有機制化的網絡型態,藉由這種關係網絡,人們可以獲取物質或象徵的利益。單方面的認知是無法形成交互網絡的。人們也會不斷地投注新的物質或象徵的利益,強化這種相互的認知,以求再生產,甚至擴大這個網絡的效果。換言之,社會資本是一種投資策略的實行,目的在建立一個短期或長期內可用的人脈關係。參看:Pierre Bourdieu,《ディスタンクション I》(東京:藤原書店,2002)。Pierre Bourdieu,《ディスタンクション II》(東京:藤原書店,2002)。

無論是菊元百貨的創建者重田榮治於 1900 年代初，吉井百貨的創建人吉井長平於 1903 年渡海來臺，均是經營布帛乃至服裝洋貨商店，而林百貨的創建人林方一則是於 1912 年來臺，這三人到 1930 年代開設百貨公司時，均已有 20 至 30 年在臺灣經商的經驗與人脈，與政、商、金融、土地業界都有密切合作，例如吉井長平在 1922 至 1938 年之間，擔任過高雄信用合作社（高雄信用組合）理事長（1922年）、高雄製冰會社取締役（1926 年）、高雄共榮自動車會社常任監察役（1929 年）、港都土地有限公司董事（港都土地株式會社取締役）（1933 年）、高雄商業倉庫信用利用合作事理事（1937 年）、高雄商工會議所議員（1938 年）、高雄織物商公會會長（1938 年）等地方組織的高層工作。[214]同時，當時在臺的日本商人，也注意到臺灣人顧客年年增加，已經不可能無視其存在，因此在進貨時亦必須考量臺灣本島人的需求，[215]換言之，若要吸引臺灣人顧客，必須對臺灣人的生活經濟、必需品、嗜好、購買心理有所理解。[216]在臺經商已久的日本商人，對這部分已有一定的積累，積累了相當的社會資本，開設百貨公司是一種漸進式的發展。相較之下，日本的百貨公司在日本中心的思考脈絡下，僅以日本內地人作為支撐支店營運的主要目標顧客群，同時，亦不具有當地的社會網絡與知識、或對當地人的需求有所理解，在沒有國家力量支持或推動的情況下，要在殖民地臺灣開設分店，也勢必會有困難。

　　臺灣的消費文化持續發展到 1940 年。但在 1936 年時，臺灣島內的軍事氣氛上升，菊元百貨一方面將店員的制服改為國防色，一方面開始配合政府舉辦與軍事、戰爭相關的展覽會。[217] 1937 年中日戰爭開始後，日本政府認為奢侈品的盛行是國民墮落的證明，鼓吹節約報國，隨著戰爭的持續，各種經濟統制陸續實施，物資獲得也逐漸困難，1940 年發布了「七七禁令」禁止奢侈品，價格由政府公定，扼止奢侈品的製造，之後明令禁止販賣奢侈品，同年 8 月 1 日的「八一禁令」，更強化對享樂行為的取締。以林百貨為例，販賣的都是日本製品，沒有外國進口商品，經濟警察每天都會來店檢查價格是否合規定。到 1941 年時，吉井百貨也

-----
214 楊晴惠，〈高雄五層樓仔滄桑史──由吉井百貨到高雄百貨公司〉，頁 104。
215 盛進商行支配人，〈菊元百貨に対する地元商の觀察〉，《臺灣實業界》7：12（1932），頁 35。
216 臺北實業界，〈菊元百貨店に対する批判〉，《臺灣實業界》8：2（1933），頁 39。
217 〈國防色被服の參考品を陳列〉，《臺灣日日新報夕刊》，1936/2/1，2 版。〈國防色服展十六七兩日開于本社講堂〉，《臺灣日日新報夕刊》，1936/6/15，8 版。

將洋服部門主打的商品意象，從男士西裝改為國民服。[218]在這樣的情況下，百貨公司的賣場也產生變化，菊元百貨就將一些不是「必需」的商品移到四、五樓，一樓改放生活必需的廚房用具，並停止了以上流婦女為對象的吳服特選賣場，轉型為實用型百貨店。配給制度實施後，百貨公司的危機更加深，至此，視覺消費與轉嫁高級文化意義的手法消失於市場。

小結

　　日治時期，日本總督府帶進了博覽會、商品陳列展，日本商人帶進了勸工場，日本的百貨公司也藉由出張販賣帶進在華麗的空間中展演的場景。臺灣至少在1908年後，逐漸發展出近代視覺式的消費文化，傳統中「空間」等同於「容納」，能夠擺出愈多商品愈好的概念，逐步被展示概念取代，商品不只要被「看得見」而已，更要透過排列配置具有主題、有意義，玻璃陳列櫃、櫥窗、模特兒人偶的這些沒有商業「效率」或浪費「空間」的道具也漸次流行，整體來說，空間留白而作為消費對象的概念在1910年代已萌芽，於1920年代蓬勃成長，臺灣的百貨公司就在這樣的脈絡中誕生於1932年。

　　日本的百貨公司雖然帶進展示的手法，但是，他們的目標客群始終放在日本人上，對於當地人的喜好、氣候、慣習等並不重視。在這樣的狀況下，日本的百貨公司在朝鮮、滿洲、大連開設分店，主要原因在於國家政策的推動，對於殖民地銷量與購買力的提升，仍期待於殖民地的內地化。

　　相反的，在臺灣的日本商人從日治初期渡海來臺，從布料行商、批發零售的小店作起，不僅理解日本人，也對臺灣人的喜好有長期關注，尤其是他們的商店所設之處均是臺灣人會往來之地，可以滿足日本人與臺灣人的需求，而且在開設百貨公司之前，在政商、土地、金融各界都建立起一定的社會資本，對臺灣本地有充分的知識，因此得以將臺灣本島人納入他們的市場體系中，進一步開發臺灣市場。1932年12月起，菊元百貨、林百貨、1938年吉井百貨陸續開幕，顯示出臺灣的確具有近代化百貨公司的市場，以菊元百貨為例，其消費者群的比例，日本內地人與臺灣本島人比約為3:7，亦大約為當時臺北市日本人與臺灣人的比例。這顯示出臺灣本島人亦有相當的購買力，而當時臺灣百貨公司的商品，應也融入

-----

218 楊晴惠，〈高雄五層樓仔滄桑史——由吉井百貨到高雄百貨公司〉，頁107-109。

一些臺灣人的嗜好、慣習在其中。

然而，百貨公司的基本條件之一，是能展演、轉嫁意義的巨大舞臺。即使不與三越、高島屋等日本的大百貨公司相較，單與朝鮮京城的五大百貨公司相比，臺灣最大的吉井百貨總樓層面積（2,416.5 平方公尺），也僅與當地日本人開的最小的平田百貨公司（2,640 平方公尺）相似，京城其他四大百貨公司都在 6,700 平方公尺以上，而且平田百貨雖然最受一般人歡迎，但卻是以廉價日用品和食料品店為主，類似現今的超市，而非以舶來品、高級布料等為主要販物的百貨公司。[219]店面狹小，也是當時臺灣許多業界人士對菊元百貨的批評。[220]只是，在電梯與電扶梯尚不發達的狀況下，高樓並不利於消費者漫步消費，再加上都市法規對樓高的限制，因此，向上加蓋多層的可能性也不高。

除了近代百貨公司皆有的櫥窗主題式設計、玻璃陳列櫃的分類展示，以及店員標準化的訓練外，透過臺灣此時的三大百貨公司的結構，可以發現它們同樣是向建築外部（屋頂）發展庭園、小型闔家取向的遊樂設施，百貨公司內部沒有娛樂與都市功能，唯一的例外是一樓設置了旅行社，但該旅行社是由 1934 年 10 月成立的「Japan Tourist Bureau 日本旅行協會」所設置的，該會的名譽會長是鐵道大臣、會長是鐵道次官，政治意味非常濃厚，並不能單純視為便利的都市機能。此外，由於吉井百貨誕生時已在戰爭時期，暫且不論。菊元百貨與林百貨都相當重視文化資本，開設許多書道、花道等文化展覽會。這些都可以看出日治時期的百貨公司，雖然取自西方文明的形式，但內容卻是經過日本的轉譯，再透過臺灣人的喜好、習慣、風土而有少部分的在地化。例如臺灣人買東西會花很多時間精挑細選，但卻鮮少退貨，日本人則反之，在應對上便必須有所調整。同時，臺灣人沒有脫鞋的習慣，因此，菊元百貨與林百貨在一開始設計建築時，將臺灣人與西洋化納入考慮，也就不用像盛進商行一般，必須再經過一道改建的過程，也限制了它的擴大發展。

1937 年中日戰爭爆發，面臨到戰爭時期的種種限制，消費文化亦產生了變化。下一章即就這個主題，來探討在戰爭的集體主義下，個人自由、資本主義的拓張原理等都受到壓制，百貨公司在與自身存在完全相反的條件下，反映出了什麼樣的文化樣貌。最後附帶一提，雖然在戰爭爆發後，臺灣作為南進的基地，似

-----

219 平野隆，〈戰前期における日本百貨店の植民地進出：京城（現・ソウル）の事例を中心に〉，頁 290-291。

220 〈菊元百貨店に對する批判〉，頁 38。〈一人一職座談會〉，《臺灣實業界》卷 10 期 1（1935 年 1 月），頁 30-31。

乎在日本帝國的眼中重要性變強了，但直到日本戰敗，昭和 12 年版、14 年版的《日本百貨店総覧》介紹了朝鮮、甚至滿洲的百貨公司，始終沒有提到過臺灣。[221] 但即使如此，戰爭時期對於百貨業、奢侈品的各種法規限制，卻並沒有繞過臺灣的意思，下一章便來討論在與消費完全相背的節約、實用、全體主義下的戰爭時期，臺灣的百貨公司發生了什麼樣的糾結與改變。

-----

221 百貨店新聞社編，《日本百貨店総覧.昭和 12 年版》（東京：ゆまに書房，日本百貨店総覧第 1 卷，2009）。百貨店新聞社編，《日本百貨店総覧.昭和 14 年版》（東京：ゆまに書房，日本百貨店総覧第 2 卷，2009）。百貨店新聞社編，《日本百貨店総覧.昭和 17 年版》（東京：ゆまに書房，日本百貨店総覧第 3 卷，2009）。百貨店新聞社編，《大日本百貨店帖 昭和 12 年刊》（東京：ゆまに書房，日本百貨店総覧第 6 卷，2010）。

第三章
戰爭體制下臺灣的百貨公司

TAIWAN'S
DEPARTMENT
STORES

1920 年代後，多樣化的日常用品乃至消費品在臺灣社會流通，1930 年代因中日戰爭，日本對臺灣的殖民政策產生變化，臺灣工業化終於被當作國策而受到正視。[1] 1920 年代末至 30 年代，「物」的豐饒逐漸支撐起商品陳列概念，人們開始可以透過符號想像在百貨公司裡漫步、消費。這裡展現出消費與購物在概念上的差異：後者是人為了生存需求而去使用物，前者的核心概念卻是在獲取物在需求／使用價值之外的符號意義。[2]

　　以尚・布希亞對消費的概念來談，物可以是基於需求（need）而被消耗，但在量的滿足之外，也可以透過符號產生社會差異化的作用。大量的商品即是透過符號想像、意義賦與的方式，使得人類在生存或基本生活需求之外，再生出將「物」「蕩盡」（「消費」一詞的拉丁語源）的欲望。[3] 於是，在不同的時代、不同的社會，各自定義著不同的「奢侈」：何謂在需求之外可以被蕩盡的「剩餘」。而這個定義是由象徵權力發揮著絕大的決定權。

　　一般而言，奢侈會從量與質兩個面向去界定，在量的面向上，指的是過度超過生理需求的浪費，在質的面向上，則是指在滿足必要不可或缺的目的後，添增更精巧、非必要的細工，[4] 例如，百貨公司所販售的精緻配件、多層暈染加上刺繡的吳服布匹等奢侈品、留白的櫥窗演出、食堂裡的冰淇淋等。

　　再者，消費的核心概念既然在於差異化，那麼，社會必然得有一定程度的自由，允許個體性和差異性的存在。但是，戰爭社會卻是強調內部凝聚與同一性以對抗他者的社會，個體自由必須服膺於集體的同一性，這種同一性包括外在表現與內在精神的一體化，也就是全體主義向個體的全括性擴張。[5] 同時，為了全體的勝利，所有的物資必須有效地集中應用於戰爭，個體只應使用維持生命的物資，否則即是浪費與反集體。同樣的，百貨公司原本「商品過剩地演出」的核心，也勢必產生變化。

1　隅谷三喜男、劉進慶、凃照彥，《臺灣之經濟：典型 NIES 之成就與問題》（臺北：人間出版社，2003），頁 19-22。

2　關於消費與符號價值，可參看：李永熾，〈消費社會與價值法則〉，《從啟蒙到啟蒙：歐洲近代思想與歷史》（新北：稻鄉，2010），頁 59-72。

3　Jean Baudrillard，《消費社会の神話と構造》，頁 67、139-144。

4　Werner Sombart，《恋愛と贅沢と資本主義》（東京：論創社，1987），頁 96-100。Werner Sombart，《奢侈與資本主義》，頁 79-80。Frank Trentmann，《爆買帝國》，頁 57-58。

5　關於全體主義社會的分析，可參考：ハナ・アーレント，《全体主義》（東京：みすず書房，1981）。

換言之，消費與節約、個人差異性的表現與集體的一致性，可說是完全相反的概念。1937 年中日戰爭爆發後，個人自由被壓縮，臺灣經歷 1920 至 30 年代剛萌芽的消費文化發生什麼變化，應該進一步討論。還有，1945 年 8 月日本敗戰後，戰爭與消費的糾葛到了所謂的「戰後」，是否就得以從全體主義中解放，回歸到能表現個體差異的自由狀態？更重要的是，皮耶·布爾迪厄所說以國家武力作為支撐的象徵權力，在戰爭期間所發揮的暴力本質最為明顯，它將對於戰爭而言實用與否作為基準，來界定「物」的使用價值與象徵價值，本章即從這個角度切入，來討論上述的問題。

一、戰前與戰時臺灣的百貨公司

日治時期的三大百貨公司：菊元、林百貨與吉井百貨，使用玻璃陳列櫃與櫥窗，並利用留白、象徵飾物等手法賦與商品符號意義，將空間作為商品展演與創造意義的舞臺。換言之，臺灣已出現一個能支撐三大百貨公司、松井吳服店等高級布料行、以及盛進商行等流行賞玩品店的中上級消費層——當時屬於中上層階級的受薪者，一個月一般收入在 80 至 100 圓者最多[6]——消費不等於是購物的概念也在臺灣萌芽。消費者可能購入不需要的商品，也可能用超過使用價值的金錢去獲取「無用的」象徵價值。

6　臺灣總督官房統計課在昭和 12 年（1937）做的薪資階級家計調查時，以每 10 圓為一個區段，臺灣人平均月收沒有低於 40 圓的，因此從 50 圓起往上算，共十三等級，其中以 80 圓未滿至 100 圓未滿的佔 48%。日本人則因未滿 70 圓的僅 3 戶，於是從 70 圓起分十級，最上限均是 150 圓，其中以 100 圓未滿佔 15%，150 圓以上佔 24%。當時所調查的受薪對象為政府官吏、銀行員、教職員，其中日本人教職員的薪資都在 100 圓以上，這應是當時的中間階級。

　　在勞工方面，日本人的薪資也不低，分級從未滿 60 圓到 150 圓以上，而落在 80 至 110 圓區間人佔總數的 64%。而臺灣人的勞動者區間從未滿 40 圓至未滿 140 圓，區間的高峰落在 60 圓至 90 圓，佔總數的 77%。西村高兄，《臺灣總督官房企畫部家計調查報告 自昭和十二年十一月至昭和十三年十月》（臺北：臺灣總督官房企畫部，1940），頁 3-4、15-16、42-45。

表 3-1：平均物價表・薪資，本研究製作。[7]

平均物價與薪資	晒木棉一反[8] (10m×33cm)	香煙一盒 （20 支）	肥皂	中等米 1 公斤 （約 14 碗飯）	男性日僱傭日薪（日本人）	女性日僱傭日薪（日本人）
東京市 1932	0.39 圓	0.15 圓	化妝用 0.09 圓	17 錢 (1933)	1.5 圓	0.86 圓
臺北市 1933	0.793 圓	0.144 圓	上等 0.17 圓	29 錢		

平均物價與薪資	日僱幫傭日薪 （臺灣人）	洋裁縫工日薪 （日本人）	洋裁縫工日薪 （臺灣人）	染物工 （日本人）	染物工 （臺灣人）	靴工 （日本人）	靴工 （臺灣人）
東京市 1932		2.7 圓					
臺北市 1933	0.62 圓	2 圓	1.2 圓				
臺北市 1935				1.7 圓	1.5 圓	2.2 圓	0.9 圓

7　吳聰敏，〈臺灣農村地區之消費者物價指數：1902–1941〉，《經濟論文叢刊》，33:4（2004 年 12 月），頁 321-355。臺湾総督官房調查課編，《臺湾統計摘要 第 29（昭和 8 年）》（臺北：臺湾総督官房調查課，昭和 2-9 年），頁 206-208、241-244。商工大臣官房統計課編，《小売物価統計表・昭和 5 年》（東京：東京統計協会，昭和 6 年），頁 33-40。商工大臣官房統計課編，《小売物価統計表・昭和 6 年及昭和 7 年》（東京：東京統計協会，昭和 8 年），頁 116-117。商工大臣官房統計課編，《賃銀統計表 昭和 8 年》（東京：東京統計協会，昭和 5-9 年），頁 40。〈大阪高島屋出張大賣出し〉廣告欄，《臺灣日日新報》，1933/3/23，6 版。〈大阪高島屋特別通信販賣〉廣告欄，《臺灣日日新報》，1933/6/24，4 版。〈三越通信賣出し〉廣告欄，《臺灣日日新報夕刊》，1933/12/10，3 版。〈秋物吳服雜貨大賣出し〉，《臺灣日日新報》，1933/09/21，2 版。〈吳服歲末大感謝デー〉，《臺灣日日新報夕刊》，1933/12/25，2 版。鹿又光雄編，《始政四十週年博覽會誌》（臺北：成文，2010），頁 806。

8　「反」為布匹的大小單位，大約是製作一件成人和服的長寬大小，依時代、產地、種類等的不同，「反」的單位基準值也不同。普通製作和服的布，一反是用鯨尺量橫幅一尺、長二丈六到八尺。

例如，依臺灣總督官房調查課的調查，1933 年時臺北市在來米一斗 2 圓，東京的話，中等白米一斗為 1.2 圓。以同時期的物價來看，無論在臺北或東京，一斗米（6.9 公斤）的價錢約為百貨公司特價期間一件男性襯衫的售價。即使以當時的中級受薪階級的月收 80 圓來計算，一把洋傘 7 圓也用去月薪的十一分之一，一件男性襯衫 4 圓則是二十分之一。以熟練技術工來說，一件特價期間 4 圓的男襯衫，是臺北市一名日本人洋裁縫工二天的薪水、臺灣人洋裁縫工近四天的薪水。1932 年時的東京市和 1933 年時臺北市的平均物價表與薪資。以表 3-1 來看，在 1932 年時，東京市裡平均和服用的較好的布類「銘仙」一反（10m×33cm）要價 4.62 圓，一把洋傘是 1.61 圓。而依日本高島屋、三越、阪急百貨 1933 年出張販的廣告中標示的特價洋傘，一把也要 2 至 4 圓，貴於平均零售價，更遑論在郵購目錄中洋傘的價格有到 7 圓一把，相當於在當時屬於中等工資的東京洋裁師（日給是 2.7 圓）三天多的工資。由上述可推知，在 1930 年代初的臺灣，百貨公司的商品不是全都是如京染錦紗、皮包等昂貴品，也有一般商品，但售價應是較平均物價為高，至少是中等以上的價位。

圖 3-1、1934 年時的高源發商行得獎櫥窗，已充滿戰爭氛圍。《臺灣日日新報 夕刊》，1934/6/21，4 版。大鐸資料庫提供。

再從商品的種類與價位差，可以看出菊元百貨是把目標客群放在中、上階層，並藉由同時販賣必需品與消費品、高級品與中等的一般商品，讓顧客不只為了購買必需品才來百貨公司，而是可以將「逛百貨公司」當成一種生活方式或娛

樂,在觀賞與瀏覽不需要的商品、甚至是憧憬精巧之「物」時,引發購買的欲望,並進一步買下需要與不需要的商品。雖然在 1931 年九一八事變(滿洲事變)爆發後,日本即進入「十五年戰爭」時期,整體氛圍逐漸邁向法西斯主義,例如在 1934 年時,臺北實業會就已主辦「臺灣軍特種演習宣傳窗飾競技會」,大稻埕由臺北商工協會負責,第一名得主高源發商行的櫥窗裡,展示出的是空襲時斷垣殘骸的場景(圖 3-1)。[9]但 1932 年臺灣南北二大百貨公司成立,具遊戲性、個體差異性與社會標識性的消費行為的欣欣向榮,顯示出此時的臺灣社會應仍有一定的自由度。

戰時經濟統制體制的開始

然而,1937 年中日戰爭爆發後,日本全國逐步進入經濟統制體制,臺灣在戰時體制上與日本本土幾乎一致,但身為殖民地,在帝國整體的戰略考量下,尚有依臺灣特殊性而不同於內地的戰時措施,例如對米穀的管制,除此之外,在社會自由的壓制上,對臺灣也較日本內地更為嚴苛。[10]

日本政府管制經濟統制體制的第一步,即是對米穀、皮革等必需品訂立相關的應急措施法案,[11]接下去在 1937 年 9 月 10 日訂定了「臨時資金調整法」(法律第 86 號)與「輸出入品臨時措置相關法律」(法律第 92 號),限制進出口的貨物,目的在於管制資金流動,實行戰時國民經濟體制。於是,向來是百貨公司重點販售的舶來品中,有二百多項如洋服布料、西洋剃刀等,被歸於「不要不急品」(非緊急必需品),禁止進口販賣。上述兩條法律後者依 9 月 21 日公布的勅令第 515 號,前者依 10 月 14 日公布的勅令第 595 號,在臺灣、朝鮮、樺太等外地一同實

-----

9 〈臺北商工協會主開稻江窓飾競技一等賞高源發商行二十日舉褒賞授與式〉,《臺灣日日新報 夕刊》,1934/6/21,4 版。

10 林果顯,〈一九五〇年代反攻大陸宣傳體制的形成〉(臺北:國立政治大學歷史學系博士論文,2009),頁 29、35-36。

11 例如:〈訓令第 15 條 米穀統制組合取扱規程左ノ通定ム〉,《府報》・第 2924 號,1937/3/9,頁 130。〈昭和 12 年府令第 137 號 臺灣米穀檢查規則中改正〉,《府報》,第 3114 號,1937/10/22,頁 54。〈昭和 12 年告示第農林省 382 號 米穀統制法ニ依リ政府所有米ノ買換ノ件〉,《府報》,第 3132 期,1937/11/13,頁 36。〈府令第 84 號 皮革配給統制規則〉,《府報》,第 3031 號,1938/7/14,頁 45。

施。[12]全此，拉開了全體主義的序幕。

　　1938 年初，為了強調物資必須最大限用於戰爭和取得勝利，日本喊出「戰爭即是經濟戰」的口號，並頒布一系列相關法規，[13] 1938 年 3 月起對超過一定價格的寶石、貴金屬、化妝用具、首飾、和服布料、蕾絲等布帛、長靴、毛皮等用品，乃至請藝妓等遊興飲食課以重稅。[14] 1938 年 4 月日本政府訂定「國家總動員法」，於 5 月以敕令 316 號施行於臺灣，日本全國正式進入戰時體制。同年，也揭開商品公定價格的序幕。[15]從這些法令的管制項目，可以看出人造絹絲、寶

12　可參考：臺灣總督府，〈告示第二百五十五號〉，《府報》，第 3012 號，1937/10/20，頁 52。臺灣總督府報〈商工省令第二十三條〉，《府報》，第 3104 期，1937/10/11，頁 50。

　　〈臨時資金調整法提出さる 戰時体制下に當然な立法〉，《臺灣日日新報》，1937/9/7，1 版。〈輸出入品臨時措置法 臺灣にも施行〉，《臺灣日日新報》，1937/9/23，3 版。

13　例如，〈あすから経済戰強調週間〉，《臺灣日日新報》，1938/8/21，7 版。〈忘るな長期建設 けふから愈よ経済戰強調週間 無駄を省いて貯金へ〉，《臺灣日日新報》，1938/12/15，7 版。〈臨時肥料配給統制法案要綱〉，《臺灣日日新報夕刊》，1937/9/4，1 版。〈臺灣の臨時增稅も頗る廣範圍に亘る 約四百萬圓を振當て〉，《臺灣日日新報》，1938/2/1，1 版。〈注目を惹く國家總動員法案（上）制定の方針とその要綱 / 國家總動員法制定に關する方針〉，《臺灣日日新報》，1938/2/1，4 版。〈純綿絲にも 切符配給制〉，《臺灣日日新報夕刊》，1938/4/7，1 版。〈鐵鋼の配給統制 臺灣でも實施〉，《臺灣日日新報》，1938/5/7，2 版。〈輸出綿製品配給統制規則を公布，《臺灣日日新報夕刊》，1938/7/1，1 版。

14　東京法制学研究会編，《改正戰時稅法規集》（東京：東京法制学研究会，1939）。臺灣總督府財務局編，《臺灣租稅法規提要增補》（臺北：臺灣總督府財務局，1938）。

15　臺灣總督府於 4 月 21 日以敕令 276 號發布了「物價委員會令」，7 月 24 日以府令第 88 號公布「暴利取締令改正令」，8 月 1 日實施，9 月 14 日再以府令 114 號公布「販賣價格取締規則」，適用商品包括了綿、山羊毛、人造絹絲、皮革製品等，並規定了這些商品的最高售價，開啟了公定價格的時期，例如，對纖維製品（7 月）、人造絹系物品（7 月）、屑鐵（9 月）訂定了販賣價格相關規定，發布了銅和金使用限制規則，以及在銅使用限制下可製作的物件規定（8 月），皮革（7 月）和石炭（9 月）配給統制規則、綿製品販賣限制與製造限制（9 月）等，甚至學校畢業生也被視為「物資」，各行各業在僱用社會新鮮人時，必須依照國家總動員令（8 月）。

　　〈萞麻子、苧麻の公定價格決定〉，《臺灣日日新報》，1938/3/12，2 版。〈精神總動員と連繫 物價騰貴抵制へ 中央物價委員會の總會〉，《臺灣日日新報》，1938/7/24，1 版。〈物品販賣價格 取締規則けふ實施 近く物價調整委員會を設置〉，《臺灣日日新報》，1938/9/13，2 版。〈臨時肥料配給統制法案要綱〉，《臺灣日日新報夕刊》，1939/9/4，1 版。〈臺灣の臨時增稅も頗る廣範圍に亘る　約四百萬圓を振當て〉，《臺灣日日新報》，1938/2/1，1 版。〈純綿絲にも 切符配給制〉，《臺灣日日新報夕刊》，1938/4/7，1 版。〈鐵鋼の配給統制 臺灣でも實施〉《臺灣日日新報》，1938/5/7，2 版。〈輸出綿製品配給統制規則を公布〉，《臺灣日日新報夕刊》，1938/7/1，1 版。水野祐吉，《百貨店論》，485-640 頁。

　　臺灣總督府庶物課，〈昭和十三年九月十三日物資統制法令輯覽追錄〉，《昭和十六年七月編會計檢查院關係法令關係（食鹽生產係）》。https://onlinearchives.th.gov.tw/index.php?act=Display/image/7904091vQj=et#06l（查看日期：2021/12/17）。

石的規格、化妝用具等，是否與戰爭物資需求相關、是否必須被限制價格或禁止販賣等，都是由國家來定義，而這正反映出戰爭社會所強調的精神上的全體性傾向。

換句話說，國家除了掌握物資之外，也將全體主義伸向國民生活中的「剩餘」，把一切都收歸國家所有。1938 年 11 月，日本商工省商務局長向東京各店提出對年末年始特賣自肅的要求，東京商店也自我約束停止使用華美的電燈裝飾、刺激性的廣告圖案或用語，在報紙上刊登的特賣廣告都限在四分之一的版面以內。[16] 1939 年，經濟戰的相關活動與節約自肅的風氣，在日本社會全面鋪散開來。例如戰時下的物資節約獎勵活動等。

1939 年 8 月 5 日，大丸百貨於在《大阪朝日新聞夕刊》上刊登一則廣告，上面的標語寫著：「避免無用的購物，只要買現在所需的用品」（無駄なお買物を避けて、當面の御入用品のみを），[17]顯示出百貨公司主動在「消費」與「購物」兩個概念之間畫上等號，試著在節約與欲望的兩個端點間尋求平衡之道。原本消費是透過符號想像去喚起欲望，產生非必要的貨幣交換。而「購買」則是因為需求而進行物的交換。在戰時體制下，「不急不要」的交易被國家壓制，本來作為消費之處的百貨公司，卻寫著「避免無用的購物」，以販賣「現在所需的用品」，代換掉原本屬於剩餘的符號遊戲性，讓「消費殿堂」的百貨公司在戰時體制下，仍能作為「購物處」而有存在的理由（圖 3-2）。

這種強調經濟戰的風氣也擴散至臺灣，臺灣也追隨日本國民精神總動員本部，展開經濟國防運動，順應國策，並在 1939 年 12 月 1 日發起了為時一個月的「經濟戰強調運動」，要求國民與業者全面協助物價統制政策，廢止新年的各種活動與送禮事項，進行「生活刷新」運動，節約物資、保持糧食充實、增進貯蓄。特別是節約物資這一項，更明白地陳述了是要確保國防資材、擴充生產力、抑制物價。運動時間選在消費行為最繁盛的新年期間，是特意讓所有人了解節約的重要，「節制新衣服用品的使用」、「對不急需用到的物品進行交換或買賣」、「對新年的特賣、廣告、裝飾、抽獎等要自我克制」。[18]

16　向井鹿松，《百貨店の過去現在及將來》（東京：同文館，1941），頁 201-202。

17　宮島久雄，《関西モダンデザイン史──百貨店新聞広告を中心として》（東京：中央公論美術出版，2009），頁 59。

18　〈歲末を目前にして　経済國防の運動　全島民舉げて國策順應〉，《臺灣日日新報夕刊》，1939/11/26，2 版。

圖 3-2、菊元百貨在做廣告的同時，要求顧客要以節約，以公益優先。廣告欄，《臺灣日日新報》，1940/10/29，2 版。大鐸資料庫。

　　這也可以看出全體主義對日常生活慣習的思想控制。在戰時的集體主義下，國家將國民收編進入集體，凡個體向外表現內在意欲的消費行動均被禁止（圖 3-2）。同時，資源必須全部集中在戰爭上，為了生存需求以外所進行的物資損耗都被視作浪費。因此，在前述「經濟戰強調運動」中，不活用既有的不急不用品、或是購買新衣服（＝非節約行為），意味著個體沒有與國家一體化，在戰時的脈絡下，這往往被等同於沒有與國家共同作戰的意欲，即是違背國民精神，也就是「非國民」的全體主義口號的誕生（圖 3-3）。即使過新年這種習俗，也必須將所有能量交給戰爭所用。因此可以說，在 1930 年代末，節約與實用主義已凌駕於戰前的多樣性生活方式。

圖 3-3、全體主義的象徵。菊元百貨為國家主義作的形象廣告（左）。廣告欄，《臺灣日日新報》，1939/10/11，2 版。菊元百貨為紀念作為全體主義象徵的皇紀 2600 年，特別開放訂購京都西陣製作的「瑞兆旗」（右）。左圖：廣告欄，《臺灣日日新報》，1939/10/11，2 版。右圖：廣告欄，《臺灣日日新報》右 1939/10/29，2 版。大鐸資料庫。

戰爭初期的景氣潮

然而，在對消費進行限制日益加重的 1938 年 11 月 20 日，規模凌駕於臺北菊元百貨之上的吉井百貨，在高雄盛大開幕。這似乎與本文行文至此有所矛盾。事實上，從 1937 至 1940 年這段期間，百貨公司實際的營運收入並沒有減少，反而在食物、棉製品的營收還有增加的趨勢，只有貴金屬、美術工藝品等的銷售因自肅運動的關係，銷量下滑。但這樣的現象並不表示個人自由尚能與國家戰時體制相抗衡，依向井鹿松的分析，百貨公司營收增加是因為軍需相關人員形成了一個新興客群，而百貨公司謹守公定價格，使得顧客在黑市交易造成市場混亂的狀況下，反而湧向百貨公司，再加上自肅運動降低百貨公司的廣告費、運費，營業時間的縮短也減少營業支出。因此，直至 1940 年，戰爭反而帶給百貨公司一波景氣潮。[19]

類似的情況也發生在朝鮮與臺灣。朝鮮的三越百貨京城店、三中井百貨京城店的營業額，以及三中井百貨全朝鮮分店的總營業額，自 1932 年至 1945 年一直都保持增加的趨勢。[20]臺灣的部分，1941 年時任臺北南署的警官和田恒好，對 1937 至 1940 年戰時體制初期的臺灣社會進行整體觀察後，以其管區內為例說明了戰爭景氣的狀況，他指出在這四年內，食料品、衣類、和洋雜貨、燃料等物價顯著上漲，雖有公定價格，但黑市盛行，以 1937 年為基準，1940 年時平均物價為其 1.55 倍，但相對的，無論是底層的臺灣人勞工薪資，或是日臺普通勞工乃至公司員工的薪資，也都以各種名目上漲許多。和田恒好走訪了日本人開設的某吳服店，1938 年的業績是 1937 年的 1.07 倍，1940 年時則是 1.44 倍。而另一間臺灣人開設的某吳服店，1940 年的業績是 1937 年時的 2.07 倍。一家類百貨公司的大商行，其 1938 年的業績是 1937 年的 1.27 倍，1940 年時則是 1.96 倍。甚至在貴金屬與骨董的銷售上，也都有類似高漲的情況。這些店家也都表示，若非戰時體制的法規限制了融資與商品的豐富性，銷售量應該會更好。[21]這或許也可以解釋，規模稍大於菊元百貨的吉井百貨，之所以能在戰爭爆發、種種法令限制的情況

-----

19 向井鹿松，《百貨店の過去現在及び將來》，頁 203-209。

不過，三越百貨在 1938 年時表示，因為統制項目愈來愈多，使得總體銷售額度有受到影響。「三越のあゆみ」編集委員会，〈株式会社三越年表〉，《株式会社三越創立五十週年記念出版 三越あゆみ》，頁 5。

20 林廣茂，〈京城の五大百貨店の隆盛と、それを支えた大衆消費社会の検証〉，頁 140。

21 和田恒好，〈数字は語る——島都市民の生活様相〉，《臺灣警察時報》期 309（1941 年 8 月），頁 48-57。

下，依然在 1938 年 11 月 20 日於臺灣的高雄開幕的原因。[22]

七七禁令

給百貨公司乃至商店帶來壓倒性打擊的，是「七七禁令」。1940 年，在太平洋戰爭即將爆發的局勢下，對浪費與奢侈的撻伐愈見激烈，1940 年 7 月 6 日，日本政府發布的商工農林省令第 2 號「奢侈品等製造販賣制限規則」以及商工省告示第 339 號至第 342 號，內容為對前項規則的具體指定奢侈品品項，因為於 7 月 7 日實施，因此被稱為「七七禁令」，臺灣在 7 月 31 日由臺灣總督府令 106 號公布實施，品項則在 8 月 1 日由總督府告示第 312 號至 315 號公布，並給予緩衝期到 10 月 31 日為止。[23]

七七禁令的禁止品分為二類，一是製造與販售皆被禁止的物品，也就是對戰爭來說不需要的物品。禁止的標準並非取決於物的本質或功能，而是由國家訂定，包含了從外表上根絕炫耀作用的可能。奢侈品的內容依「商工省告示第 339 號」（＝臺灣總督府《府報》「告示第 312 號」）所列舉，包括了染繪羽花樣高級和服織品、天鵝絨或有刺繡或含金銀絲線等的高級布料、寶石飾品、銀製品、吸煙用器具、美術裝飾品、玩具以及象牙製品等，寶石飾品包含了人造寶石，即顯示出在太平洋戰爭即將爆發的情勢下，對奢侈與標識性的統制更加強化，不僅是為了吸收物資，也在於切除所有溢出國家定義好的框架之外的「剩餘」，確立全體一致的意志。[24]

第二類禁止品，是在生活上雖有其需要，但卻超過了一定價格的物品，例如高級布料、大衣、洋傘、椅子、玩具、香水等，換句話說，國家藉由象徵權力，

22　林惠玉，〈臺湾の百貨店と植民地文化〉，收於山本武利、西沢保編《百貨店の文化史：日本の消費革命》（京都：世界思想社，1999），頁 115。

　　〈高雄吉井百貨店的開店と鐵道部的旅行案内所〉，《華光》11（1938/11/28），頁 34。

23　〈七・七禁止令　けふ臺灣でも公布〉，《臺灣日日新報》，1940/7/31，3 版。臺灣總督府，〈府令第百六號〉，《府報》，第 3952 號，1940/07/31，頁 103。

24　例如 1940 年 8 月 1 日，國民精神總動員本部喊出「奢侈是敵人（贅澤は敵だ）」的口號。而中央標語研究会則製作「贅沢品より代用品（與其用奢侈品不如用代用品）」、「身にはボロ着て心に錦（身著襤褸心著錦）」等標語。在行動上，1940 年 8 月 1 日起強化對享樂面的取締，封閉了舞廳，並限制了珈琲店或酒吧在一定空間中能有的女給人數，以及喫茶店的女服務生人數，並要求服務生的服裝必須樸質化，廢止料理店的特別菜單、限制一般料理的品項並需減價二成等。

　　〈贅澤征伐！！〉，《臺灣實業界》卷 12 期 9（1940 年 9 月），頁 27。

在需要與浪費之間劃下一條定義線。1940 年 9 月 12 日,依「商工省第 340 號～
第 342 號」(＝臺灣總督府《府報》「告示第 313 號～第 315 號」)規定這些物品價
格,[25]顯示出物資在此時已屬於國家全體,不再由市場決定,個人可自由掌握物
的情境已不復存在。同一天,商工省再對日本百貨店組合發出「國民奢侈生活抑
制方策相關事項」的通牒,要求百貨公司不得再進行內部博覽會或商品展示會,
也不可以再進行奢侈品的展示、或是會刺激購買心的陳列。[26]

　　依 10 月 1 日《臺灣日日新報》上的報導,商工省在第二類中又添加一些近
乎奢侈品的品項,如陶磁器、漆器等,同時將所謂奢侈品的定位價格再往下拉,
以達到指導業者抑制(自制)製造的方針。[27]因為商工省方針的變化,導致一些奢
侈品和本屬於實用品的貨物,囤滯在倉貨中無法出清,報紙上出現一些關於商工
省考慮把緩衝期延到 1941 年 8 月 31 日或 9 月 1 日的風聲,但最終,在七七禁令
正式實施的前一天,《臺灣日日新報》上以〈奢侈品再見,販賣緩衝期只到今天〉
為標題,見證了奢侈品禁止令的實施。[28]

　　1940 年 11 月 1 日,緩衝期結束,七七禁令正式實施,包括臺灣在內的日本
各地商店裡,超過一定價格的昂貴品,以及絕對禁止販售品,如鑽石、摻用金銀
絲的和服、毛皮等,全部從櫥窗、架上撤下,改陳列實用必需品、以及隨後而來
的國民服。[29]

　　七七禁令的頒布與實施,等於是徹底削除了消費活動的可能性、以及百貨公

25　例如:銘仙(一反不得超過 30 圓)、丸帶地(一條不得超過 350 圓)等高級布料,成品或半
　　成品的西裝(三件一套式不得超過 80 圓)、訂製的大衣(一件不得超過 130 圓)、訂製女洋
　　服(一件不得超過 100 圓)、襯衫(一件不得超過 10 圓)等成衣或半成品,以及時鐘(不得
　　超過 50 圓)、洋傘(不得超過 25 圓)、帽子(不得超過 20 圓)等用品,椅子、椅墊、茶几、
　　衣櫃等傢俱,乃至文具玩具,都有價格的限制,化妝品則僅列出香水一瓶不可超過 5 圓,還
　　有不超過 5 圓的貓眼石、翡翠等寶石。內川芳美編,《中国侵略と国家総動員》(東京:平
　　凡社,1983),頁 106-110。臺灣總督府,〈告示第三百十二號、第三百十三號、三百十四號、
　　第三百十五號〉,《府報》,第 3953 號,1940/8/1,頁 1-3。

26　向井鹿松,《百貨店の過去現在及將來》,頁 210-211。

27　〈七・七禁令の限度を更に引下 製造抑制奢侈品追加も近く指令〉,《臺灣日日新報》,
　　1940/10/01,3 版。

28　〈贅沢品よさらば、販売猶予期間もけふ限り〉,《臺灣日日新報》,1940/10/31,7 版。

29　內川芳美編,《中国侵略と国家総動員》,頁 111-115。〈姿を消した奢侈品　帝都市內の百
　　貨店の店內〉,《臺灣日日新報》,1940/10/7,3 版。〈贅沢品よさらば 販賣猶豫期間もけふ
　　限り〉,《臺灣日日新報》,1940/10/31,7 版。〈業者に薄い意と關心 經濟統制に違反者續出〉,
　　《臺灣日日新報》,1940/10/30,7 版。

司的展示意義，對百貨公司帶來相當沉重的打擊。[20]首先，口臺的百貨公司許多重要的販售商品，在七七禁令中都被定義為奢侈品，受到禁止或限定價格，可以說禁令使得百貨公司喪失了指標性的商品。

更進一步而言，上述對不急需品的抑制與價格限定，不只對百貨公司，也給消費市場帶來很大的影響。原本被禁止的奢侈品項，是以年收 1 萬圓以上的階級的消費品為目標，對以一般大眾為對象的商家來說，應該不會有太大影響，但事實上卻衝擊了整體消費市場。因為即使價格不高的中級商品，例如用到金銀絲、刺繡等的服裝，或是講究細部刺繡裝飾，如和服的半襟，在七七禁令的限制下，即使不貴也很難販賣，更不用說製造。

再者，百貨公司等商店慣用的透過符號意義誘發欲望的展示手法，亦不再能自由使用，政府對裝飾與不急需品的壓制，正與強調附加價值的消費概念衝突，而物價統制更是從根底上抑止了實踐附加價值的消費空間，影響運用理想像與符號意義為基礎的百貨公司的販賣手法，在全體主義的戰爭體制下，消費的空間不得不轉換成為購物的市場，彰顯地位的炫耀性消費、或是顯示個人特色的象徵符號，已不被社會許可。

全體主義對裝扮的限制

事實上早在 1939 年 7 月 11 日起，日本政府便提出一系列「生活刷新」的基本方策，不只要求店家不得使用霓虹燈等浮誇的裝飾，也要求女性不得燙髮、不得使用奢華的化妝與穿著，男性不得留長髮，每月還訂出一天「國民生活日」，在這一天要特別以實踐國民生活綱要的嚴肅日本精神，思及全國民戰場的勞苦，讓人民的公私生活均徹底地戰時狀態化。[31]七七禁令實施後，在該禁令的基礎上，日本政府不只限制奢侈品的製造販售，又再提出一連串反奢侈的運動與方針，全面禁止浪費行為，壓制並改正奢侈與不健全的生活，達到「質實、剛健、明朗的

30　〈百貨店よ、どこへ行く？〉，《臺灣實業界》卷 12 期 9（1940 年 9 月 26。橫山巷人，〈商人の受ける七七禁止令の影響〉，《臺灣實業界》卷 12 期 9（1940 年 9 月），頁 33-34。

31　神戶大学経済経営研究所・新聞記事文庫：〈生活刷新の一段階 "急変を避く" 商相主旨闡明〉，《大阪毎日新聞》，1939/7/6。https://reurl.cc/xEn401（查看日期：2021/12/17）。〈生活の戦時体制化〉，《大阪毎日新聞》，1939/7/11。https://reurl.cc/1oy74W（查看日期：2021/12/17）。

新生活樣式」，各報並呼籲即使人民手邊擁有奢侈品也不應使用。[32]

　　這樣的全體主義與節約概念再進一步擴大，1940 年 11 月 2 日，日本政府以敕令第 725 號公布「國民服令」，規定正式場合必須穿著國民服（圖 3-4）。[33]雖然該令是 1940 年公布的，但這個從外觀上製造同一化的想法，早在 1938 年時就已經產生了，當時在為了預備長期戰、必須節約與注重實用性的大纛之下，國民精神總動員中央聯盟已籌畫要設計出既衛生又結實的國民服。1940 年，中央物資統制協力會組織了服飾改善委員會，對各種國民服的型式、品質、色調、花樣等，依用途與年齡作了統一的規定。[34]此時國民服的高領束口的設計，對炎熱的夏季來說並不衛生，由此可看出，國民服的目的並不是其所明示的衛生、方便，事實上，制服的設計顯示出的是戰爭體制對生活樣式的全面掌控，透過穿著同樣的服裝增強社會的統一性。

圖 3-4、1940 年 11 月時頒布的國民服樣式。圖片，《臺灣日日新報 夕刊》，1940/11/1，2 版。

32　〈"奢侈"を全面抑制〉，《大阪毎日新聞》，1940/8/18。https://reurl.cc/RbxE66（查看日期：2021/12/17）。高田保馬，〈最低生活論 一〉，《東京日日新聞》，1940/10/31，https://reurl.cc/yez4nD（查看日期：2021/12/17）

33　〈國民服令けふ發布〉，《臺灣日日新報》，1940/11/2，7 版。国立印刷局，《官報》，第 4118 號，1940/11/2。〈簿冊標題：国民服令・御署名原本・昭和十五年・勅令第七二五号〉（1940），查看日期：2021/12/17，https://www.digital.archives.go.jp/img/134740。

34　〈簡易服裝の大評定 愈よ國民服を制定か〉，《臺灣日日新報夕刊》，1938/8/17，2 版。〈國民服〉，《臺灣日日新報夕刊》，1940/11/10，3 版。〈國民服は生れた（上）混沌たる日本服飾の改革〉，《臺灣日日新報夕刊》，1940/12/08，3 版。〈國民服は生れた 背廣をやめる必要はない（下）〉，《臺灣日日新報夕刊》，1940/12/10，3 版。

來源：大鐸資料庫。

　　不過，在國民服令發布初期，日本政府並沒有全面強制不准再穿西裝，改穿國民服，時任厚生省生活課長武島一義反而表示，除了典禮上必須穿著國民服禮服外，民眾仍盡可能愛用手邊的西服，只有在不得不置辦新衣服時，才必須要遵守國策，製作國民服。[35]要注意的是，國民服針對的是男性，對女性只以鼓勵的方式要求她們改穿「雪袴」（もんぺ）。雖然曾有訂定女性國民服的呼聲，但最終仍沒有相關法令。

　　由武島一義的解釋，可以看出 1940 年代的戰時體制下，節約與實用性是最重要的。因為若是所有人都必須改穿國民服，則新製國民服將耗費許多布料、皮革、人力，反而對於集中能量於戰爭是不利的，因此只有當要汰換破衣時，才需換成國民服。到了戰況對日本愈形不利的 1943 年 6 月 4 日，日本內閣決議公布「戰時生活簡素化實施綱領」，根據該綱領，於 6 月 16 日發布勅令第 499 号「國民服制式特例」，色調上除了禮服的顏色仍規定要茶褐色、黑色、濃紺色或白色外，一般常服的顏色都不再限定；同時，放寬國民服規定制式的範圍，只要是制式短袴配上綁腿的腳絆或長靴，就可被認定是國民服，布料也可使用原本用於西裝等的布料。如此一來，家中原有的成衣可以被拿出來，依制式改製成國民服，而配給機構中囤積的許多不可販賣的奢侈品西裝布料，也可以放出來而產生使用價值。[36]這一方面顯示出戰爭帶來的物資緊縮，一方面也顯示出集體主義的強化，與戰爭局勢對日本不利之間的相關性。

　　隨著國民服的推行，「西裝逐漸消失於街頭，西式禮服也消失了，取而代之的是國民服」。[37]一元化的國民服的著用，不只扼殺服裝的多樣性，也象徵著對個人的個體性與消費的徹底彈壓。反映在百貨公司上，可看出它限制了百貨公司最大宗商品——服飾——的可變化性，也扼殺百貨公司利用個體特色求取利潤的

35　關於國民服的說明，1940 年時任厚生省生活課長的武島一義著文表示，國民服是與西裝同等的服裝，在工作勤務或社交場合均可著用。國民服穿著整齊再搭配國民服儀禮章，即可當作禮服。原本使用燕尾服、長外衣（Frock Coat）西式禮服（morning cut）等禮服的場合，都可穿著國民服。武島一義〈國民服は生れた　背廣をやめる必要はない（下）」，《臺灣日日新報》，1940/12/10，0 3 版。

36　〈國防色と限定せず 國民服特例の勅令 けふ公布即日施行〉，《臺灣日日新報夕刊》，1943/6/17，2 版。〈国民服制式特例（昭和 18 年勅令第 499 号）〉，《中野文庫 勅令·政令》，2021/09/11，https://web.archive.org/web/20190103170444/http://www.geocities.jp/nakanolib/rei/rs18-499.htm。

37　大丸二百五十年史編集委員會編，《大丸二百五拾年史》（大阪：大丸，1967），頁 373。

手法。例如，日本的高島屋即在社史上寫著：「營業上包括時間、宣傳、以及販售的商品等都讓我們感到非常的困難。」[38]伊勢丹百貨的社史也有相似的陳述。[39]

在臺灣，七七禁令實行後，經濟警察開始巡視商店是否違規，1940 年 11 月，臺北市永樂町的某洋裁店，因為在臺灣服與上海服（旗袍）上縫上雪紡絲絨被舉發，成為臺灣出現的違反「七七禁令」的首例。[40]

陳列展示上的戰時精神表現

此時臺灣的商店與百貨公司，紛紛迎合愛國的氛圍，將陳列展示的主題放在提升戰鬥精神上。1940 年 1 月，1929 年創刊的臺灣著名企業界雜誌《臺灣實業界》上，刊出了一篇〈零售店的繁榮對策〉，指出「為了達到聖戰的目的」、「不允許挑動不健全的購買心、浪費資源、沒有意義的任性行為。所有與此意相關的過度華麗的店鋪裝飾、流行品的創造、帶動銷售量的宣傳，都必須慎重考慮」。同時，必須「改變過去努力吸引客人的手法，而要將客人導向與其相反的實質本位的商店」。[41]換言之，這裡的「繁榮」一詞不等同於獲得利潤，而是要透過合理化方式去除浪費、提高效率，為了聖戰，此時的社會上不應當還有「剩餘」沒有被收歸於國有。

1940 年 9 月，為了因應戰時新體制的規定、摒除歐美崇拜，大稻埕的 60 家店率先撤掉 212 個西洋造型的模特兒人偶，逐步換上黑髮黑眼的日本造型模特兒人偶，次日起這股自肅風擴及全臺。[42] 1940 年末時，菊元百貨已轉型為實用型百貨公司，將非必需品的商品往上方的樓層移動，店內空間陳列的是廚房用品等生活必需品，華麗的吳服等流行品也不復見。[43] 1941 年 5 月 3 日起，為配合政府提倡為期一週的防止黑市交易強調運動，臺北市大稻埕的 48 家商店聯合設置呼應該活動的店面裝飾，第五日時，由織物業者組成宣傳隊在大稻埕進行強調經濟統制的宣傳遊街，而菊元商行宣傳取締黑市的櫥窗，獲得了第一名，從圖 3-5 可以

-----

38 高島屋本店編，《高島屋百年史》（京都：高島屋，1941），頁 467。

39 菱山辰一，《伊勢丹七十五年のあゆみ》（東京：株式会社伊勢丹，1961），頁 136。

40 〈最初の奢侈禁制違反者 本島人洋裁業者〉，《臺灣日日新報夕刊》，1940/11/20，2 版。

41 最上鷹太郎，〈小売商店の繁榮策〉，《臺灣實業界》卷 12 期 1（1940 年 1 月），頁 24-25。

42 〈紅毛マネキン人形 店頭から姿を消す 北署で管内から一掃〉，《臺灣日日新報夕刊》，1940/09/10，02 版。

43 〈百貨店新体制 物品配給業者たるの観念〉，《臺灣實業界》卷 12 期 12（1940 年 12 月），頁 18。

看出，此時的櫥窗已沒有戰前的美學，是以軍國主義的勝利功能為主導。而基隆商工會除了舉辦防止黑市交易的店面裝飾比賽外，也在活動最後一天請來樂隊舉行街頭宣傳的遊街活動。[44]到了 1942 年 7 月，則是臺北市警方以「懇談勸導」的方式，要求各商行業者將有「美英崇拜影子」的西洋造型模特兒撤架。[45]隨著各式陳列商品的單調化，1930 年代臺灣都市裡的「逛街」樂趣在此時應也已日漸凋零。

　　櫥窗、人偶模特兒等展示手法，可勾起觀者的欲望，並幫助消費者建立理想的自我想像。戰時雖然限制消費行為，但百貨公司等商店仍持續進行著象徵符號的展示與意義的創造，只是符號運用的手法一改過去的提供個體的理想像，轉為建構國家一元性的全體像。前述的事例均顯示出，櫥窗的主題展演的目的，不再是彰顯個人主體性，而是在宣傳全體主義，塑造的不再是個人的定位，而是「國民」的身分。百貨公司的櫥窗，在平時創造夢幻的消費欲望，在戰時也可以創造全體主義的政治宣傳。意符與意指與原生脈絡切割後，一切均由象徵權力與言說者（例如：百貨公司）再定義的荒謬性，在這裡充分地展現出來。

圖 3-5、臺北大稻埕自發的防止黑市運動中，店面櫥窗比賽獲得第一名的菊元商行。
《臺灣日日新報》，1941/5/8，3 版。來源：大鐸資料庫。

44　〈違反も相當あるが效果は舉がる協力闇防止第二日の島都臺北〉，《臺灣日日新報夕刊》，
　　1941/5/3，2 版。〈街頭宣傳行進 基隆の最終日〉，《臺灣日日新報》，1941/05/08，2 版。

45　〈全島のマネキン人形　大異變到來か　北署管內の自肅の旋風で〉，《臺灣日日新報夕刊》，
　　1940/09/11，2 版。〈店頭のマネキン人形　南署・斷乎一掃に決定〉，《臺灣日日新報夕刊》，
　　1942/07/18，2 版。

百貨公司在戰爭中的功能

為了強調效率與實用的戰爭期主張本身的有用性，1940 年 9 月 20 日，全日本百貨店業者發表一封聲明書，言明在新體制下，百貨公司的任務是促進最合理的配給制度，推進國民的新生活樣式，協助抑制物價，供給實用的必需品，並邁向國外，增進物資的交易與日本文化的普及等。[46]簡言之，也就是捨棄近代百貨公司中展演一次性大量、奇觀、遊戲想像力的部分，強化資本主義中效率的元素。到了戰爭中後期，許多百貨公司因建築堅固，而被國家徵用，廣大的空間也被用來作為配給統制物資的場所。[47]

此外，作為大型零售業的百貨公司，在合理效率主義下，還具有高度的通路功能性，以及具有可以將櫥窗等誘發消費欲的手法，這些均被使用到建構「國民」的宣傳上，[48]也為戰爭中的百貨公司，在軍事上創造出新的作用。1938 年時，日本政府的商工省要求日本內地的百貨公司向中國發展，從事在中國的物資流通業務，以呼應當時日本軍方的作戰策略，負責軍方與內地間的商品輸送，以及軍需品的配給。最後，由白木屋、大丸、高島屋、松坂屋這四間公司共同在中國合作，以抽籤方式決定所要負責的地區，結果白木屋抽中杭州、高島屋則負責南京。同時，這四間百貨公司還負責營運從美中等敵國處接收來的百貨公司，如高島屋負責管理大新百貨公司與永安百貨，1943 年再歸還給華人。白木屋在上海發展，投下 70 萬圓的資本，將原本的「白木商事株式會社」改組為「白木貿易株式會社」，作為在中國投資的經營統制機構，並在日本大阪設營業所，以利對中國的貿易輸出。[49]

到戰爭末期，作為大規模日用品通路的百貨公司，有的甚至成為負責流通或配給的機構，其中大丸百貨為了成立「與大陸的聯絡、交流物資，以及前進南方的基地」，在 1940 年 11 月成立臺北出張所，[50]負責臺灣與日本內地間統制物資的進出口、紅糖的配給，以及向夏威夷、西貢的軍需物資的管理配送。1943 年時高雄港的船隻貨櫃亦是由大丸負責，直到 1945 年 10 月，才由盟軍接收此處，留

-----

46 向井鹿松，《百貨店の過去現在及將來》，頁 217-218。

47 小山周三、外川洋子，《デパート・スーパー》（東京：日本經濟評論社，1992），頁 53。

48 向井鹿松，《百貨店の過去現在及將來》，頁 214-217。〈百貨店新体制 物品配給業者たるの觀念〉，《臺灣實業界》卷 12 期 12（1940 年 12 月），頁 18。

49 白木屋，《白木屋三百年史》，頁 517-523。

50 因為此出張所不是作為陳列販賣用，因此沒有被算在第二章的在臺開設出張所或分店之中。

卜約 15,000 圓的財產。[51]

　　臺灣的百貨公司與政府關係一向良好，菊元百貨也是政府的支持者。早在1936 年 2 月臺灣軍司部提倡國防色（卡其褐色）化統制運動時，菊元便立刻響應，一方面將菊元員工的制服都改為國防色，同時舉辦四天的國防色成衣參考品陳列展，強調雖然卡其褐色被認為沒有美感，但卻可以依棉布或羅紗等不同質地，與不同的濃淡色度，搭配出多樣的形式。[52]不過，從這樣的主張，也可以看出此時的菊元百貨，仍在趨向均一單調的社會形勢中，試圖保有百貨公司追求個人差異化的特質。同年 7 月底第一艦隊抵臺，8 月 2 日至臺北繁華街行進，亦經過菊元百貨，當時菊元百貨特地製作印章，供人蓋印紀念。[53]

　　到了 1940 年經濟統制逐步全面化之時，菊元於 7 月 1 日起將五樓提供給臺北商工會議設置「經濟相談所」，由總督府物價調整課、商工課經濟警察課、州經濟統制課等官方人員輪流派駐，接受民眾關於統制經濟相關的各種法律疑問、物價物資需求供給的手續等諮商，每月並針對生產配給、勞務統制、產業開發等各種問題，舉行二次的官民意見交換和進行裁決。[54] 1942 年 11 月將四樓場地借給軍報導郡府情報課，展覽戰利品與英美軍俘虜作業的新聞照片。[55]菊元的社長重田榮治本身擔任多項與官方相關的工作，包括纖維品物價專門委員會的委員長、[56]臺北消防組組長、官選臺北州會議員、[57]臺灣纖維製品配給統制株式會社長，[58]並多次捐款軍方，如 1941 年 3 月以慰勞在南方打仗的陸海軍將兵，向陸、海軍各捐出 5,000 圓的恤兵資金，1942 年 3 月再向軍人後援會臺北支會捐款 3,000圓。[59]

51　大丸二百五十年史編集委員會編，《大丸二百五拾年史》，頁 458-459。

52　〈國防色化ノトップを切る菊元の女店員たち〉，《臺灣日日新報夕刊》，1936/2/1/，2 版。〈國防色被服の參考品を陳列〉，《臺灣日日新報》，1936/2/5，5 版。

53　〈第一艦隊參拜隊武裝詣臺灣神社 參拜後行進臺北市中〉，《臺灣日日新報》，1936/8/2，8 版。

54　〈經濟相談所（菊元五階）七月一日から開始となる〉，《臺灣日日新報夕刊》，1940/6/21，2 版。

55　〈戰利品、寫眞展覽會 二十六日から菊元百貨店で公開〉，《臺灣日日新報》，1942/11/20，3 版。〈俘虜情報寫真展けふ開幕 安藤臺灣軍司令官參觀〉，《臺灣日日新報夕刊》，1942/12/9，2 版。

56　〈纖維品物價專門委員會〉，《臺灣日日新報》，1940/12/26，2 版。

57　〈重田組長新任挨拶〉，《臺灣日日新報》，1940/11/22，2 版。

58　〈人事〉，《臺灣日日新報》，1942/12/15，1 版。

59　〈陸海軍へ獻金重田菊元社長本社を通じ〉，《臺灣日日新報夕刊》，1941/3/4，1 版。〈赤誠の獻金 軍人援後臺北支會へ寄す〉，《臺灣日日新報夕刊》，1942/3/6，2 版。

重田榮治與日本殖民政府乃至軍方的密切關係，應也幫助了菊元商行向東南亞擴張。戰時，臺灣向泰國出口紙類的事業愈見擴大，而菊元百貨自 1941 年以來，即致力在盤谷（今·曼谷）進行臺灣紙類的販賣。1943 年被編入日本政府外事部的日本貿易會·紙部·甲部員，是臺灣本島第一個被編入的貿易商，負責泰國的經濟統制。[60]菊元的這種轉向統制經濟執行者的角色，也與高島屋等日本內地百貨商在中國發展的目的與方式相似。而菊元往曼谷開設分店的模式，類似 1905 年三越百貨向大韓帝國發展，依仗大陸政策與國力在背後支持的模式，只是把大陸政策換成南進政策，再把以伊藤博文當時以經濟投資壓制軍擴的路線，改換成軍擴的路線，兩者均不是依賴自由市場機制的發展。

1941 年 3 月 31 日，勅令第 362 號公布「生活必需物資統制令」，[61]將需要配給票的生活必需品，從糖、火柴等，擴大到對米、鮮魚貝類、牛乳、青菜水果、植物纖維製品等幾乎所有的生活必需品，都進行配給統制規則。[62] 1942 年 2 月，為了確保戰場用的被服與兵器的資材，日本內地開始實行衣料配給票制，而臺灣因為衣料樣式不同、消費狀態懸殊，因此未同時施行，[63]於是出現了臺灣向日本內地輸出布料的情況，臺灣總督府商工課要求臺灣人要自肅，不能以營利取向。[64] 1942 年 4 月，在商工省令纖維製品配給消費統制規則公布的契機下，三百多名纖維製品相關的批發商共同出資 400 萬圓，將既存的九個統制團體合併，創立為一個中央配給統制公司：「臺灣纖維製品配給統制會社」，佔有當時臺灣約 70%的市場，配合總督府對時局的統合整理。發起人名單裡，菊元百貨的社長重田榮治與經理三浦正夫，吉井百貨的社長吉井長平、盛進商行的創辦人中辻喜次郎等均在列。[65]臺灣的百貨公司乃主動加入衣料的管制體系，自願從消費魔術的

-----

60 〈菊元、泰へ進出〉，《臺灣日日新報》，1943/08/13，2 版。

61 〈勅令第 362 號生活必需物資統制令〉，《臺灣總督府官報》，第 4163 期，1941/0/31，頁 74。

62 〈府令第九十八號 植物性雜纖維配給統制規則〉，《臺灣總督府官報》，第 46 號，1942/05/27，頁 127。〈府令第百三十八號生活必需物資指定規則〉，《臺灣總督府官報》，第 4248 號，1941/7/25，頁 183。〈府令第百三十九號 青果物配給等統制規則〉，《臺灣總督府官報》，第 4248 號，1941/7/25，頁 183。

63 中央研究法經濟會，《衣料品切符制配給機構再編成の解說》（大阪：寶文社，1942），頁 1，53。

64 〈衣料消費の單一化 全島民に「自肅」を要望 本多商工課長 戰爭と「衣料」放送を〉《臺灣日日新報》，1942/3/20，4 版。

65 〈全卸賣業者を一丸纖維製品統制会社創設配給消費の全面的統制〉，《臺灣日日新報》，1942/04/24，2 版。〈纖維製品配給機關 統制会社設立發起人決定〉，《臺灣日日新報》，1942/07/17，2 版。

導演，變身為統制與配給的執行人。1943 年 6 月 18 日，總督府決定對所有纖維製品進行配給制度。[66]臺灣終於踏上日本內地的腳步，連購物的自由都讓位給了配給制度，從廣告到街道櫥窗，唯有國家政宣的符號運用。

中日戰爭爆發以來，日本對包括臺灣等殖民地在內的領土上，以種種規定限制獲取物資的可能，並藉由包括百貨公司在內的宣傳工具，對國民進行思想改造，使個體從精神到外表都失去使用「物」的自由。1942 年臺北州經濟警察課長青木在《臺灣日日新報》所提出的戰爭時期的「消費的倫理」，應該是這個時期最貼切的基準：維持最低限度的生活，勤勞地盡日常生活中之所能，因此，「貯蓄是經濟性的愛國行為」，而「奢侈的行為是背叛國家的」，「浪費是叛逆的」。[67]

1945 年日本宣布投降，對日本來說，「終戰」來臨。在經歷戰後駐日盟軍總司令部（GHQ）的接收與貧困的社會現狀後，1948 到 1950 年，各種配給制度逐步廢止，生產力逐漸回復，消費物資的統制也逐步解除，1950 年 6 月爆發的韓戰，打破了日本停滯的經濟狀態，1951 年，最後一項的綿製品統制撤廢後，[68]商品得以自由生產、流通，衣服重新成為百貨公司的主要商品，百貨公司的賣場體制也回復戰前的狀態。三越百貨在 1950 年時，即邀請西洋名畫家豬熊弦一郎來設計包裝紙，12 月時公布了概念為「花開」（華ひらく）的三越包裝紙（圖 3-6），象徵著走過漫長的冬天，春天終於來臨；1952 年高島屋也以玫瑰作為該店的象徵，設計了包裝紙，重啟符號消費的百貨公司文化。[69]那麼，同樣經歷過戰時體制的臺灣，在戰後是否就得以拋開節約實用的拘束，回復到能自由運用符號、彰顯個人特徵的消費生活方式？下一節將就這個主題，來討論終戰後臺灣的百貨公司與奢侈品消費的狀況。

66　〈纖維製品配給統制要綱〉，《臺灣總督府官報》，第 488 號，1943/11/17，頁 58-59。

67　〈戰時經濟と「消費」の倫理〉，《臺灣日日新報》，1942/12/11，2 版。

68　〈19 日から停止　綿關係の統制〉，《読売新聞》，1951/07/18，1 版。島田比早子、石川智規、朝永久見雄，《高島屋》（東京：出版文化社，2008），頁 72。

69　島田比早子、石川智規、朝永久見雄，《高島屋》，頁 75。前田和利，〈日本における百貨店の革新性と適応性：生成・成長・成熟・危機の過程〉，《駒大經營研究》30：3/4（1990），頁 109-130。小山周三、外川洋子，《デパート・スーパー》，頁 55。高橋潤二郎，《三越三百年の經營戰略》，頁 149-152

圖 3-6、三越百貨在戰後所出的「花開」包裝紙。
圖片：株式会社三越伊勢丹ホールディングス提供。[70]

二、「戰後」的戰爭體制與百貨公司：以臺北為例

　　1945 年 8 月 15 日日本投降，中華民國政府依「聯合國最高統帥第一號命令」（General Order No.1），代表盟軍接收臺灣，不僅日本政府，包括日本人的產業、三大百貨公司亦在列，林百貨被接收後，前後經歷過臺鹽製鹽總廠、臺南的省糧食局事務所、空軍電臺與宿舍、警察單位、保安警察第三總隊辦公室等官方單位的進駐，1986 年保三總隊撤離後，一直荒廢至 2010 年，才由中央的文化建設委員會與臺南市政府修復，於 2013 年 6 月 30 日重新以紀念館與商場的方式登場。[71]吉井百貨在吉井長平離臺後，最先交給高雄市政府，高雄第一任市長連謀、財政科科長袁復昌等人，組織資本 500 萬元的高雄復興公司，由高雄市府出資 80 萬，期望合作接收並繼續經營吉井百貨，但因利益牽涉過大，該建築物的處置權陷入

70　圖片來源：三越日本橋本店。https://mitsukoshi.mistore.jp/store/nihombashi/event/hanahiraku/index.html（查看日期：2022/12/17）

71　〈臺南市議會等函建議准將製鹽總廠及臺南糧食事務所遷讓以經營商場案〉（1955/12/15），臺灣省臨時省議會。資料庫名：臺灣史檔案資源系統。識別號：002_42_401_44024。《我們的島第 704 集 五層樓仔傳奇》，公共電視臺 2013/4/29 播出。

日產接收的紛爭中，1948 年由華南銀行從日產處理委員會標下，1949 年 5 月 8 日以「高雄百貨公司」之名重新開幕，股東涵括高雄本省仕紳，董事長為半山的劉啟光（時任華南行董事長），董監事主要以高雄人士為主。1953 年因虧損而停業，轉為商場，之後被華南銀行收回作銀行分行，1994 年拆除改建十層大樓。[72] 而與日本殖民政府關係良好的菊元商行，更被列為重點接收的對象。

戰後百貨公司愈來愈多，由於篇幅與能力所限，從本章開始，僅以在戰後作為消費、時尚代表之處的臺北市為例，來討論以百貨公司為中心所展現出來的消費文化與象徵意義等主題。

1945 至 1949 年的臺北市百貨業

1945 年 11 月 5 日，中華民國政府於日治末期統制經濟的機構「臺灣重要物資營團」[73] 的原址，成立「臺灣省貿易公司」辦事處，進行中臺之間的物資運輸、物價穩定等事務，接收八個重要的日本人官商貿易機構，其中包括「臺灣重要物資營團」、「三井物產株式會社在臺機構」以及「以保股方式，與日商貿易機構，以及各種日用品製造工廠，密切連繫銷售商品」的菊元商行。[74] 1946 年 1 月 25 日臺灣省貿易公司改為貿易局，[75] 1946 年 3 月 25 日由貿易局接收菊元商行，接收資產餘額 115 萬日圓。但在貿易局接收之前，「新台公司」已與菊元百貨私下簽約接手，並將賣場恢復了戰前陳列展示的模樣，一樓在玻璃櫃中陳列著化妝品，二樓販售和洋雜貨，三樓是客室陳列品，並接受委託品販賣，五樓是食堂，並稱是「本省最大的」百貨店（圖3-7）。委託部接收各海運公司、商家的寄賣，

72　楊晴惠，〈高雄五層樓仔滄桑史——由吉井百貨到高雄百貨公司〉，頁 109-111。

73　「臺灣重要物資營団」的前身為「臺灣產業營団」，1943 年 12 月起改稱。其任務是對超重點物資作決戰性增產的價格政策、整理商工業者的資產、制定統制交易的規則、設置戰時生活必需物資或其他緊要物資的貯藏等。是由政府與民間企業共同出資。出資的企業者包括三井物產臺北支店、三菱商事臺北支店、臺灣合同鳳梨株社會社等，關係業者則有臺灣銀行等銀行業者、臺灣倉庫、日東運輸等倉儲及運送業者、東京火災海上保險株式會社臺北出張所、住友火災海上保險株式會社臺北出張所等損害保險公司，以及日本雜貨交易機關株式會社。

　　〈臺灣產業營団は《臺灣重要物資營団》と改稱〉，《臺灣日日新報》，1943/12/1，2 版。〈臺灣重要物資營団 民間出資割當決る〉，《臺灣日日新報》1944/2/5，2 版。〈重要物資營団重大使命擔ひ發足〉，《臺灣日日新報》1944/3/2，2 版。〈交易調整機關に　臺灣重要物資營団を指定〉，《臺灣日日新報》1944/3/20，2 版。

74　臺灣省文獻委員會編，《臺灣省通志・卷四經濟志商業篇，第二冊》（臺北：臺灣省文獻委員會，1968），頁 119、196-197。

75　〈臺灣省行政長官公署令〉，《臺灣省行政長官公署公報》2:7，1946/2/3，頁 5。

有珊瑚、珍珠、寶石、黃金等。[76]在這樣的情況下，新台百貨自然不願由貿易局接收，貿易局於是在 5 月 10 日函請臺北市政府封閉新台百貨，收回自用，[77]但並未成功。這段時間，也是臺灣因戰爭而對符號消費與個人自由的限制，隨著戰爭結束而比較和緩的時期。

76　〈請看一看本省最大的新台百貨公司〉（廣告頁），《臺灣画報》期 1（1946 年 10 月），頁 19。〈函請示前貿易局所屬新臺公司於 228 事變損失即被竊一案應如何處理請查照〉（1947/8/2），國史館臺灣文獻館，「案名：臺灣省物資調節委員會新臺公司損失案（含 228 事件相關檔案）」，檔號：A202010000A/0036/5043/1/0001/003。

77　另從 2016 年 12 月 22 日臺灣省政府解密的檔案中，顯示在 1945 年 12 月 17 日時，三民主義青年團中央直屬臺灣區團部籌備處向行政長官公署要求，要在臺北設立青年館，想籌借菊元商行。雖未知其所指的是哪一處的菊元店鋪，但其批示文中提到「菊元房產四、五樓」，有可能是指菊元百貨大樓。不過批示日期在 1946 年 1 月 4 日，其時菊元大樓的房產尚未接收完成。此外，菊元商行在太平町三丁目 244 號的店鋪，也在 1945 年 11 月 12 日由重田榮治以每月 500 圓租給臺灣人賴清添，1945 年 45 年 11 月國際新聞社、1946 年 5 月臺灣中國時報社都曾去函行政長官公署，想租該店鋪作為辦公室。而官方所屬的中央廣播電臺也於 1946 年去函貿易局，要求在菊元商行於太平町三丁目 43 號的店鋪設立辦公室，但貿易局回覆說該店鋪已被菊元商行私下出租，正在辦理收回手續。

臺灣省文獻委員會編，《臺灣省通志・卷四經濟志商業篇，第二冊》（臺北：臺灣省文獻委員會，1968），頁 119、196-197。

〈菊元商行店鋪租賃契約案〉（1945/11/12），臺灣省貿易局，國史館臺灣文獻館文獻檔案查詢系統，典藏號：00311200003016。https://onlinearchives.th.gov.tw/index.php?act=Display/image/7906781moh_3=#25l（查看日期：2021/12/17）

〈三民主義青年團設青年館案〉（1945/12/17-1946/01/07），臺灣省行政長官公署，國史館臺灣文獻館文獻檔案查詢系統，典藏號：00301710032021。https://onlinearchives.th.gov.tw/index.php?act=Display/image/790656JuDl=Dp#74l（查看日期：2021/12/17）

〈中國時報社遷移辦公地址函報案〉（1946/05/01），臺灣省行政長官公署，國史館臺灣文獻館文獻檔案查詢系統，典藏號：00313710009010。https://onlinearchives.th.gov.tw/index.php?act=Display/image/790658=j-rmra#2bx。（查看日期：2021/12/17）

〈國際新聞社撥租菊元商行呈請案〉（1945/11/12-1946/6/26），臺灣省貿易局，國史館臺灣文獻館文獻檔案查詢系統，典藏號：00311200003024。https://onlinearchives.th.gov.tw/index.php?act=Display/image/7906603d4gg78#9aJ（查看日期：2021/12/17）

〈中央廣播事業管理處撥租房屋呈請案〉（1946/5/22），臺灣省貿易局，國史館臺灣文獻館文獻檔案查詢系統，典藏號：00311200003036。https://onlinearchives.th.gov.tw/index.php?act=Display/image/790662GpA-=f0#f9J（查看日期：2021/12/17）

〈一、關於菊元商行接收後由何人使用〉（1946/5/1-5/15），臺灣省參議會第一屆第一次定期大會，臺灣省議會史料總庫收藏。典藏號:001-01-01OA-00-6-3-0-00385。https://drtpa.th.gov.tw/index.php?act=Display/image/17767=ZVG4Zd#2Rei（查看日期：2021/8/28）

圖 3-7、新台百貨內可以看到仍有食堂、陳列展示，似乎恢復了戰前的菊元百貨的樣貌。廣告，《臺灣画報》（臺北：臺灣畫報社，1946），頁19。圖片書籍由梁乃悅提供。

新台百貨一直開到 1947 年 228 事件時，2 月 28 日當天雖然該店有部分遭到搗毀，但是「該公司三樓委託販賣部，福海公司及海寶行寄售珊瑚、真珠、寶石等貨品因屬本省人寄託所有之物」，均未受損，新台百貨當夜還留有數名店員值班守夜。結果在至 3 月 3 日這幾日間，百貨公司半數以上的店員們將店內珍品一掃而光，之後新臺公司總經理程毅探知該情形，要求店員們將物品交出，卻私自吞下，事後，行竊的店員被捕，程毅逃到上海後被抓回臺灣，寄售商品由誰賠償成為僵局。[78]新台百貨所在的原菊元大樓便是在這樣的情況下，由省政府租給臺灣的「中華國貨公司」。

中華國貨公司重新裝修後於 1948 年 4 月開幕，雖名為「國貨」公司，但一開始因國產貨品來源不繼，仍販賣外國貨，直到 1949 年 1 月 15 日，得到上海國貨工廠聯合會協助，有紡織、肥皂、搪瓷、橡膠、成藥、餐具、家用品等 20 間會員工廠直接委託經銷，才在四樓開設國貨賣場（圖3-8）。[79]中華國貨公司是私營百貨公司，雖承租臺灣省政府的建築，但在 1951 年因國防部政治作戰部、1953 年因軍人之友總社欲徵用該店而兩度向政府陳情，依 1953 年的陳情書，中華國貨公司於 1951 年 4 月時已將四至七樓交由總政治部接管，作為國防部辦公室用，但軍方認為一至三樓作為百貨公司，不方便其人員出入，也不願走國貨公司在後方新建的樓梯，要徵收三樓作為軍人康樂用的「軍人之友社」，中華國公司因此向省議會陳情，表示僅二層樓不足以支撐現有員工與支付之前裝修七層樓的債務，要求省議會代為向有關單位求情，收回成命。議長黃朝琴雖向軍人之友總社發文求情，但該社理事長上官業佑回文表示，國貨大樓（此時已改名為文化大廈）1951 年時已由省政府撥交給國防部特別運用，一、二樓能繼續給國貨公司販售，已是軍人之友社向國防部求情而得，軍人之友總社並於 7 月 5 日深夜強進入

78　〈為商民呂君呈報新臺公司矇報損失監守自盜一案〉（1947/6/5）國史館臺灣文獻館，「案名：臺灣省物資調節委員會新臺公司損失案（含 228 事件相關檔案）」，檔號：A202010000A/0036/5043/1/0001/004。〈為程君一案請轉飭警務處電滬水警局嚴追〉（1947/7/7），國史館臺灣文獻館，「案名：臺灣省物資調節委員會新臺公司損失案（含 228 事件相關檔案）」，檔號：為程君一案請轉飭警務處電滬水警局嚴追；〈函送福海公司寄售新臺公司被竊貨物乙案請查收〉（1947/7/17）國史館臺灣文獻館，「案名：臺灣省物資調節委員會新臺公司損失案（含 228 事件相關檔案）」，檔號：A202010000A/0036/5043/1/0001/005。〈函請示前貿易局所屬新臺公司於 228 事變損失即被竊一案應如何處理請查照〉（1947/8/2）國史館臺灣文獻館，「案名：臺灣省物資調節委員會新臺公司損失案（含 228 事件相關檔案）」，檔號：A202010000A/0036/5043/1/0001/006。〈擬呈寄託新臺公司代售商品被竊一案仰呈司法機關追訴〉（1947/8/12）國史館臺灣文獻館，「案名：臺灣省物資調節委員會新臺公司損失案（含 228 事件相關檔案）」，檔號：A202010000A/0036/5043/1/0001/007。（查看日期：2021/12/17）

79　廣告欄，《台灣新生報》，1949/1/15，1 版。

國貨公司的三樓商場，僱用木匠工人搬運材料，拆商場，貼公告停止三樓營業。[80]由此可知當時政治統治力量與個體所受之壓制的強大。

圖 3-8、中華國貨公司在開幕近一年後，終於有了國貨賣場。《台灣新生報》，1949/1/15，1 版。所屬：國家檔案局。

1950 年代布料與日用品為主的百貨行

　　中華國貨公司開幕後，臺北市的博愛路至西門町一帶，以及日治時期屬於臺灣人市街的延平北路一帶，除原有的小型百貨行外，亦有多家百貨公司成立（圖

80　〈陳情書：臺灣中華國貨公司為公司改作國防部政治部辦公處呈請准繼續營業〉（1951/3/8）臺灣省議會。資料庫名：臺灣史檔案資源系統，識別號：001_22_300_40001。http://tais.ith.sinica.edu.tw/sinicafrsFront/search/search_detail.jsp?xmlId=0000043651（查看日期：2021/12/17）

　　〈臺灣中華國貨股份有限公司董事長陳萬等陳情為軍人之友總社欲再接收該公司三樓商場〉（1953/6/24），臺灣省議會史料總庫，識別號：002223044203。http://catalog.digitalarchives.tw/item/00/17/3f/21.html（查看日期：2021/8/10）

3-9）。1949 年 1 月，上海商人陳仲良成立的「建新百貨」在臺北市博愛路開幕（圖
3-10）[81]。9 月 13 日，「日盛百貨」在延平北路開幕，1952 年再在博愛路開設城
內分行。[82] 1951 年 3 月「大來百貨」開幕，[83] 9 月，亦是上海人的龔漢生成立「南
洋百貨」。[84]這股熱潮與 1949 年中華民國政府敗出中國大陸，許多商家、物資及
中國較富有的階級跟著湧入臺灣有關。[85]

　　「百貨」一詞包含了南北雜貨、日用品、諸多貨品之意，因此，當時商店名
為「百貨公司」、屬於百貨公會的商家不少。若回到新奇商店、怪物商店、拱廊
商場的概念，即可理解到販售種類繁多的商品布料雜貨店，即使運用了入店自
由、陳列販賣與現金交易的手法，在不是同時採用資本主義合理性效率的新商業
手法，以及運用符號意義的展演與轉嫁、著重於文化資本積累的情況下，即使規
模再大，也無法成為百貨公司。例如美國的百貨公司在 1930 年代起開始面對的
精品專門店、大型商場、連鎖店等，都不被界定為百貨公司。

　　而從規模上來看，1950 年代的臺灣，也沒有能與歐美日相比的大型百貨公
司。中華國貨公司所在之處，是日治時期僅次於吉井百貨的菊元，在 1953 年原
吉井百貨所在之高雄百貨公司結束營業後，中華國貨公司應是當時全臺最大的百
貨公司，但菊元百貨的賣場在戰爭結束前不過約 2,314 平方公尺，遠不能與哈洛
茲、梅西、或三越百貨等數萬平方公尺以的上賣場相較，僅只能達到日本戰前「百
貨店法」所規定的地方型百貨公司的規模。而如何擴展規模、確保展演空間，也
是從日治時期以來臺灣的百貨公司一直想要克服的難題。

　　戰後成立、自許為「臺灣最偉大的百貨公司」的建新百貨博愛店，依社會學
者李玉瑛的敘述，「為四層樓的建築，佔地百餘坪，銷售布料，服飾為主」。[86]

81　由 1955 年 1 月 13 日《徵信新聞》上所登，慶祝建新百貨創業 6 週年的廣告，推估開幕時間。
　　廣告欄，《徵信新聞》，1955/1/13，1 版。

82　廣告欄，《台灣新生報》，1949/9/13，1 版。廣告欄，《徵信新聞》，1952/10/16，2 版。

83　報縫邊緣廣告欄《徵信新聞》，1951/3/13，1 版。以 1935 年臺灣博覽會市街圖的地圖比例尺
　　來估計，當時在京町通（此時的衡陽路上）的商店，佔地大約在 561 平方公尺左右。

84　由 1956 年 9 月 13 日《徵信新聞》上所登，慶祝南洋百貨 5 週年紀念的廣告，推估開幕時間。
　　廣告欄《徵信新聞》，1956/9/13，1 版。

85　霞鴻，〈臺北市百貨業的滄桑史〉，《徵信新聞》，1954/9/17，2 版。

86　李玉瑛，〈Shopping 文化：逛街與百貨公司〉，論文發表於「去國‧汶化‧華文祭：2005 年
　　華文文化研究會議」，2005/1/8-9 於交通大學由文化研究學會主辦。http://www.srcs.nctu.edu.tw/
　　speech_pages/CSA2005/papers/0108_A3_2_Li.pdf（查看日期：2013/8/10）

　　以 1935 年臺灣博覽會市街圖的地圖比例尺來估計，在榮町通（此時的博愛路）這一帶的店，
　　大約佔地在 486 至 635 平方公尺之間，佔地包括了店面與倉儲、騎樓、安全空地等。

而大來百貨、金山百貨、南洋百貨等環繞在西門町、榮町、大稻埕等日治時期以來市街的商店,大都是沿用日治時期的建築,規模均不大。[87]南洋百貨的店面更只有約 63 平方公尺(19 坪)。[88]換言之,1950 年代的百貨公司因規模限制,除了中華國貨公司,大都未能擁有讓大量商品進行符號展示的空間。

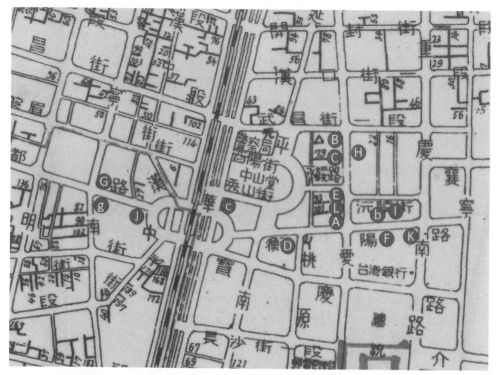

A、中華國貨公司。B & b、大來百貨。C & c、建新百貨。D、華華百貨。
E、日盛百貨。F、金山百貨。G & g、南新百貨。H、大中華百貨。I、大都商場。
J、南洋百貨。K、中央商場。L、博愛百貨。g 於 1960 年轉手為金剛百貨。

圖 3-9、1950 年代臺灣西門町一帶的百貨公司與商場分布圖,筆者自製。[89]

-----

87 以 1935 年臺灣博覽會市街圖的地圖比例尺來估計,當時在西門町、新起町一帶(此時的成都路、桂林路)的店鋪,大約佔地在 611 至 832 平方公尺之間,佔地包括了店面與倉儲、騎樓、安全空地等,因此南洋百貨的店面才會僅 63 平方公尺。

88 〈一位高利貸下的犧牲者:龔漢生三十年滄桑〉,《聯合報》,1977/1/28,9 版。

89 依 1950 年代的《徵信新聞》與《聯合報》的廣告欄中,所刊登廣告的百貨公司製作此圖。同時,亦將兩家商場標在其中。底圖為:地理資訊科學研究中心。〈臺北市行政區域圖(1957)〉,「臺北市百年歷史地圖」。http://gissrv4.sinica.edu.tw/gis/taipei.aspx(查看日期:2016/6/10)

圖 3-10、建新百貨 1949 年時的開幕廣告。販賣由上海輸入面霜、牙膏、紡織品等奢侈品。
廣告欄，《台灣新生報》，上圖：1949/1/13，1 版。下圖：1949/12/17，1 版。所屬：國家
檔案局。

由於當時的報紙廣告大都會列出特價商品的品目與價錢表，從 1950 年代臺灣的兩大民營報紙《徵信新聞》及《聯合報》上，所刊登的廣告來考察百貨公司所賣的商品，可以看出此時百貨公司的吸睛商品是以實用性為主。

圖 3-11、建新百貨冬季大減價，此時的廣告中已沒有圖繪。廣告欄，《徵信新聞》，1953/1/5，1 版。

圖 3-12、博愛百貨化學首飾、高級鋼筆部、眼鏡部、兒童玩具部、童裝部、臺灣特產。廣告欄，《徵信新聞》1955/5/12，4 版。

　　舉例而言，臺北市百貨商業同業公會在 1952 年所舉辦的聯合大特價的廣告中，列出商品有成衣、毛巾被單、香皂、牙刷牙膏、花露水、雪花面膏等。[90]而 1951 年向政府爭取設置「奢侈品特許商店」的三家百貨公司：金山百貨、大來百

90　廣告欄，《聯合報》，1952/4/4，4 版。

貨、中華國貨公司，再加上相對規模較大的建新百貨（圖3-11），這四家百貨公司的廣告中出現的商品大致可分為：布料、日用品、化妝品、鞋四類，布料又可再分為成衣與布匹二類，而且可請百貨公司中的裁縫訂做。[91] 1955年成立位於博愛路的博愛百貨，有特別標示出流行商品部門，如化學首飾、高級鋼筆部、眼鏡部、兒童玩具部、童裝部、臺灣特產（圖3-12）。[92] 總體而言，1950年代主要販售的絕大多數是布料、少數成衣與日用品等實用品。在享樂的部分只有兒童玩具、鋼筆、人造首飾，至於近代百貨公司中必備的耐久傢俱，或是文化教養相關物、食料品[93]等都付之闕如，對後兩者的不重視，是與日治時期的百貨公司相較最明顯的差異。此外，新台百貨時期尚存的五樓食堂，自中華國貨公司接手，再換為建臺百貨，也不曾再出現在報導上，1959年建臺百貨倒閉後，直到1968年由南洋百貨從財政部國有財產局手中標下，1970年開幕後，四樓才有販賣咖啡冷飲、六樓販賣傢俱，[94]但那已經是下一個時期的事了。

布料作為奢侈品的意義

物有使用價值與附加（象徵）價值兩個層面，1950年代的百貨公司在商品的象徵價值上相當受到限制，在使用價值上則較有選擇的可能。不過，百貨公司主要販賣的衣料品的特質，也使得百貨公司能在象徵價值上有一些可操作的空間。

安格斯・迪頓（Angus Deaton, 1945-）與約翰・穆埃鮑爾（John Muellbauer, 1944-）的消費經濟學指出，愈富裕的家庭，會花愈多的錢來購買的商品，被歸為非必需的

91　廣告欄，《徵信新聞》，1951/6/24，3版。1951/9/23，1版。1951/9/29，4版。1955/4/4，1版。1952/4/13，4版。1954/7/11，1版。1954/10/17，1版。1954/12/9，1版。廣告欄《聯合報》，1951/11/02、4版。1952/9/3，1版。

92　廣告欄，《徵信新聞》，1955/5/12，4版。

93　由菊元的廣告可知，其所賣的食品有葷和素的醃漬物、佃煮、海苔組合、味酥干籠詰、劍先鯣（上等「劍先墨魚」去掉內臟後烤乾的食品）、乾貨組合、小菜等。廣告欄，《臺灣日日新報》，1938/12/15，2版。

94　〈建臺公司欠稅 依法查封拍賣〉，《聯合報》，1959/5/12，4版。〈原國貨大樓 改建世界國貨公司 南洋公司老闆龔漢生議價承購，已完成簽約手續〉，《聯合報》，1968/2/10，2版。〈南洋百貨公司新廈落成〉，《經濟日報》，1970/5/2，6版。

奢侈品，衣著類即屬於這　類，[95]人對於衣服當然有物質層面的需求，如保暖，但在需求之外，社會意義的層面更為重要。首先，衣服是個人向外在社會發訊的重要媒介，也是最容易被看到／展演，並引發他者之欲望的部分；其次，衣服的圖案與款式可以不斷更新，甚至可以只是細部變化即可造成差異，對於創造差異化，進行欲望的消費而言，是相當有效的手段，強調文化與符號意義的百貨公司，會誕生自服飾織品店、並以此為主要商品，是有理可循。

　　從這個角度來看，衣料服裝顯示出，使用價值與象徵價值並非二分對立的概念。如前述，布料衣服是臺灣在 1950 年代百貨公司的主要商品，既有販賣滿足基本需求的布料或衣服，[96]也有相當高級的進口布料、呢絨、旗袍料、西裝料、大衣與尼龍絲襪，以 1952 年的建新百貨為例，最便宜的美國色底印花布是每碼 6 元，有品牌的襯衫從 50 到 78 元不等，夏季特價的布匹中最貴的雙獅牌四股細絨每磅 120 元，而專門為了睡覺時穿著的綢睡衣褲一套 78 元，該年每人平均國民所得是 1495 元——這裡要特別注意到僅屬家內睡眠專用的睡衣，不具有對外的炫耀性，僅有單一非必要的功能，屬極具奢侈（多餘）之意義。再以 1957 年時的南洋百貨為例，特價的繡軟緞旗袍料一件是 175 元、軋別丁男長大衣一件 395 元，該年每人平均所得是 2,908 元，可見當時的百貨公司販有高價、或有細部裝飾的

95　Angus Deaton 與 John Muellbauer 依恩格爾曲線將物品分類為奢侈品、必需品與劣等財。再將物品分為四組，第一組是食物、飲料、煙草，第二組是住處與燃料，這二組乃是必需品。第三組是衣物與耐久財，第四組是交通、服務與其他，這兩組為奢侈品。

　　Angus Deaton and John Muellbauer, *Economics and Consumer Behavior*. Cambridge: Cambridge University Press, 1980, pp. 19-20.

96　1951 年臺北市百貨店業內競爭最為激烈時，建新百貨店將漂布（漂白的棉布）定價每碼 4.5 元。同月，中信局的細漂布一疋 200 元，每碼為 5 元。但因中信局無貨，因此市面上的價碼開到一疋（40 碼）400 元，每碼為 10 元。相對之下，建新百貨的 4.5 元確實為其所說的「犧牲價」，但 1951 年時平均個人國民所得為 1,412 元，而依當時位於新竹竹塹城東南邊的金山面米店所記的米價，1951 年時一臺斤的米（8.4 碗飯）是 0.7 元，臺北市米價應該更貴，4.5 元是 54 碗白飯以上的價格。

　　廣告欄，《聯合報》，1951/11/12，1 版。〈市場漫步 配布云何・市價索四百 雞鴨飛昇・豬肉賣九元〉，《聯合報》，1951/11/9，6 版。〈業內人士昨表示意見說 布應有限度進口〉，《聯合報》，1951/11/30，6 版。〈食米毋知米價（一）〉，金山面文史工作室。https://blog.xuite.net/wu_0206/twblog/134477210（查看日期：2022/8/1）

布料與服裝。[97]由此可知，當時臺灣的百貨公司在布料服裝的部門下，是涵蓋了從基本款到昂貴品、以及從男女裝到童裝等多種類。當然，這也與 1950 年代紡織業作為國家保護政策下的基幹生產主力有關。

然而，這並不是說販賣了同時具有使用與象徵價值的布料服裝店，就必然是奢侈品店，或是就能發展成為百貨公司。這只能表示 1950 年代臺灣這些百貨公司的布料衣著部門，達到販售標識社會意義商品的門檻；作為布行專門店或許是夠格的，卻不表示已具備商品種類多樣化、陳列展演手法、文化資本積累等條件，以及在組織經營上，已近代化到足以實如其名地被稱為百貨公司。這也是前 2 章所提到過的，如盛進商行、或早期歐洲的新奇商店要轉型為百貨公司，並非都能成功。

戰時經濟體制與奢侈品禁令

關於百貨公司對「不急不要」商品的販售，自 1937 年後進入戰時體制，這類商品就逐步因節約與實用性的架構而被抹除，尤其是奢侈品相關禁令的七七禁令頒布後，臺灣的百貨公司無論從商品的種類到展演的符號意義，都與戰前的百貨公司講究美學品味、豐盛、奇觀式的大不相同。到了 1950 年代，百貨公司內所販售的衣料商品仍是以實用品為主，使用價值仍然凌駕於個人性的符號價值，日本在戰後 1950 年代迎接經濟成長與消費自由的現象，並沒有發生在臺灣，這與中華民國政府的統治有密切的關係。

-----

97 例如 1951 年時中華國貨公司販賣臺灣高檔的否司脫襯衫一件 46 元、金錢五磅熱水瓶一個 68 元、西裝花呢一套 720 元，童裝一件 10 元。1952 年華華百貨販售女性長大衣一件 650 元。另外，廣告欄，《徵信新聞》1951/9/23，1 版、1952/12/25，2 版。

關於當時的生活水準，1954 年時每人平均國民所得是 2,006 元，新竹米價一臺斤 1.7 元，1957 年時是 2,908 元，新竹米價一臺斤 2.1 元。而 1954 年 5 月至 1955 年 4 月時，薪資階級的一個家庭平均每月的消費支出即達 868.67 元。

〈五年來臺灣的投資與消費〉，《經濟參考資料》期 160（1958 年 9 月 30 日），頁 1-5。食米毋知米價（一）〉，金山面文史工作室。https://blog.xuite.net/wu_0206/twblog/134477210（查看日期：2022/8/1）

1949 年在建新百貨當出納員的陳殷念慈一個月的薪水是 500 圓。陳殷念慈口述，陳凌仙輯錄，〈一位堅強母親的自畫像～陳殷念慈女士回憶錄〉。http://blog.udn.com/cty43115/6029655（查看日期：2021/12/18）

不過，1958 年的這份資料，與 2007 年時的行政院主計處的「中華民國臺灣地區國民所得統計摘要」略有差異。在此先依 1958 年時的統計資料來計算。

隨著國共內戰的激化，戰時的全體主義在臺灣並未隨著二次大戰結束而消失，反而在中華民國政府尚未敗退來臺之前，就對臺灣進行了強烈的一體化民族主義政策，例如實施中國國語政策、民族精神教育、三民主義計畫等，[98]恢復甚至強化諸多中日戰爭時期日本政府在臺施行的戰時法制。同時，中日戰爭期間於1942 年 3 月 29 日公布、同年 5 月 5 日依國民政府令施行的國家總動員法，在中日戰爭結束後，仍暧昧地施行於代盟軍接收的臺灣，其中包括對餘暇、娛樂、服裝、奢侈的批判與壓制。直到 1947 年 2 月，228 事件發生後，7 月，臺灣省政府始電詢中央政府，國家總動員法是否因中日戰爭結束而失效？行政院以訓令方式通知臺灣省政府，國家總動員法對臺灣實際上仍然同樣有效，[99]顯示出臺灣在所謂的「終戰」或「戰後」，並沒有被解除戰爭狀態，反而進入另一個戰時體制的狀態。

　　1947 年 8 月，行政院公布了「厲行節約消費辦法綱要」，中華民國政府於其中還賦予了節約以積極生產的意義，接下來政府便依該綱要，發布一系列節約法規。[100]可以說「厲行節約消費辦法綱要」是動員戡亂（＝共匪）時期各種節約政策的第一個「母法」。

　　國共內戰的狀況對國民黨愈形不利，1949 年 5 月 20 日，中華民國政府在臺灣公布並實施戒嚴令，12 月，蔣介石政府敗退到臺灣。為了應對中國共產黨的攻勢，1950 年，中華民國政府將臺灣作為反攻中國大陸的跳板，積極實行戰時經濟體制。

98　楊聰榮，〈第三章　從民族國家的模式看戰後臺灣的中國化〉，收錄於臺灣研究基金會編，《建立臺灣的國民國家》（臺北：前衛出版社，1993），頁 144-145、141-175。

99　收到臺灣省政府電詢後，國民政府委員會於 1947 年 7 月 4 日召開第 6 次國務會議，通過「勵行全國總動員以貫徹和平建國方針案」，行政院以訓令通知臺灣省政府及闡述其意義，表示國家總動員令並未因中日戰爭結束而廢止，在當時臺灣也同樣有效。「國家總動員法並未廢止案」（1947/6/18），〈全國總動員〉，《臺灣省政府》，國家檔案局，檔號：A375000000A/0036/0011/0083/0001/018。〈全國總動員〉，《臺灣省政府》，國家檔案局，檔號：A375000000A/0036/0011/0083。

100 私人使用汽車限制辦法（1947.9.6），依綱要第二項第三款。

　　筵席消費節約實施辦法（1947.9.6），依綱要第二項第五款。

　　新聞紙雜誌及書籍用紙節約辦法（1947.9.6），依綱要第二項第八款。

　　厲行守時運動實施辦法（1947.9.6），依綱要第二項第十三款。

　　厲行節約消費檢察辦法（1947.9.6），依綱要第三項第一款。

　　林果顯，〈一九五〇年代反攻大陸宣傳體制的形成〉，頁 117-118。

1951 年 4 月 12 日陳誠發布行政院「臺四十（財經）檢第 002 號訓令」，可以說是 1950 年代國民黨對臺灣社會生活的指導方針，該訓令再次重申要「建立戰時經濟體制」，其原則可歸納為管制物價與消費，掌握必需物品的運銷供應，在這個原則下，最重要的是界定戰時需求的框架，把所有物資收於其中；易於造成物資流出的外匯管制乃其重要手段，而奢侈品等被排除在需求框架之外的剩餘，則必須被回收進內部。[101]

　　第 2 號訓令開宗明義即寫道：「查戰時生活，首崇節約，外匯使用，必求合理，進口物資，應以民生日用必需貨品及重要原料機器為首要，對於奢侈品，應禁止其買賣，並杜絕其來源，逐步建立戰時經濟體制」，可以說與七七禁令類似，是在戰時體制下，將奢侈品列入管制範圍內，以下將第 2 號訓令簡稱為奢侈品禁令。財政部在 4 月 10 日關於禁止奢侈品之進口與消費交換意見後，認定實施的目的在於節約消費、減少外匯支出，以及嚴肅戰時生活。此時對奢侈品的定義為：「甲、使用較廣消費大量外匯者。乙、與日用無關之裝飾品及消耗品。丙、非本省出產之消耗品或裝飾品。丁、與貿易輸入之物品不相牴觸者。」[102]丁是實施上的但書，甲是阻止剩餘的財貨流出臺灣，乙是將精神上的剩餘回收到戰爭裡，丙則二者兼具。違反禁止銷售奢侈品規定者，則依妨害國家總動員懲罰暫行條例與違警罰法懲處。[103]而具體從臺灣省政府公告禁止買賣的奢侈品品

-----

101 〈臺四十（財經）檢第 002 號行政院訓令〉（1951/4/12），經濟部卷宗，「案名：奢侈品管制」檔號：0040=04990-00164=1=0003=001。

102 1951 年 4 月 10 日，經濟部次長陳慶瑜等人依陳誠的訓令，修訂了「進出口貿易附表審查會」，公告了奢侈品的品項的目標與範圍，包括尼龍絲襪、可可、巧克力、各種有花邊繡邊或其他裝飾的衣料、咖啡，以及國外輸入之糖食與飲料、洋酒、首飾、化妝品、煙草等。從 5 月 15 日開始實施。並於 7 月 1 日發文給行政院秘書處，指出會配合秘書處於該年 6 月 20 日發出的「臺 39（內）字第二九一四號」公文，配合「戰時經濟財政金融宣傳政策」進行心理作戰小組，以增加生產，節約並減少消費，使物價不上漲，減少通貨膨漲。在商業部分，「實施戰時商業管理」，扶持日用有關必需品的生產，取締走私貨，對奢侈品（公布品名）嚴禁入口，加強緝私工作。〈臺四十（財經）檢第 002 號行政院訓令〉，「案名：奢侈品管制」（1951/4/12）經濟部卷宗，檔號：0040=04990-00164=1=0003=001。〈奉院令為建立戰時經濟體制規定之法案電希知照〉（1951/4/25），經濟部卷宗，檔號：0040=04990-00164=1=0003=002。〈匪情資料及光復大陸方案〉（1950/7/1），《經濟部》，國家檔案局，檔號：0039/01999-0003/00001/0005/001。〈臺灣外匯管理〉，《經濟參考資料》，30（1952/3/31），頁 1-3。〈抄臺灣省政府肆拾辰寒府員天供字第 07147 號呈〉（1951），經濟部卷宗，檔號：0040=04990-00164=1=0003=034。

103 〈辰真府經商字第 46338 號（40.05.11）〉，〈案由：為奉令凡違反禁止奢侈品銷售規定者分別依據「妨害國家總動員懲罰暫行條例」等法規予以懲處，公告週知〉，《臺灣省政府公報》40：夏：37，頁 440。

名，除了絲襪[104]與賭具之外，列出的化妝品、菸酒、飲料、飾品、糖食等項目，都只有外國進口貨被禁止，[105]也顯示出在本土產業尚未發達的此時，政府禁奢侈品最實際的目的是管制外匯、集中物資。

戰時體制的整體像，可以從 1951 年 12 月蔣介石在「國父紀念月會」上的演講、以及他在 1952 年元旦的「告全國軍民同胞書」裡窺見其輪廓。在後者中，蔣介石提出經濟、社會、文化、政治四項改造運動，來進行國家總動員以反攻大陸，其中經濟改造運動的目的即是屬行戰時生活，提高增產競賽，來支持長期的戰爭。物力動員令發布後，政府即開始了一連串的相關運動與規定。[106]

報紙輿論也鼓吹反浪費——雖然在當時的言論管制下，報紙都與政府有相當緊密的一致性。[107]對當時的政府與報紙而言，為了要支援持久總體戰的進行，物資的作用只應用在「維持適度的生活」，不允許像「平常時期」一般，藉由消費

-----

104 依行政院指令臺四十（財經）04973 號，花露水併入香水類禁售。而以日本進口的人造絲為原料，在臺織造的人造絲襪，在襪上印明臺灣某廠織造中文字樣，則准銷售。經濟部編印，〈財經措施有關法令彙編〉，《經濟參考資料》，附刊（1952 年 6 月 10 日），頁 24。

105 〈臺灣省政府公告 卯寒府經字第 36062 號（40.04.14）案由：為彙列禁止買賣各類奢侈品品名並規定商家申報存貨登記辦法，公告週知。〉，《臺灣省政府公報》40：夏：14，頁 151。

106 例如當時的行政院長陳誠在 1952 年 1 月的行政院月會上，提出了物力動員計畫及實施辦法，鼓勵外銷物資的生產，增加外匯收入，該計畫分為增產、節約與調節三方面，在節約方面的原則，則分別對為必需物品與非必需物品訂定了節約辦法。〈今年工作總目標 反共抗俄總動員 總統元旦告軍民 國際綏靖政策不能持久苟安 終將共同走上反侵略的陣線 反共復國同志共挽國家危亡 堅忍不拔奮鬥必獲最後勝利〉，《中央日報》，1952/1/1，1 版。蔣介石（1952/1/1），〈中華民國四十一年元旦告全國軍民同胞書〉，『財團法人中正文教基金會』。https://reurl.cc/EZEym0（查看日期：2021/9/24）〈經濟改造運動〉，《經濟參考資料》，31（1952/4/6），頁 1-7。

107 1950 年代，中華民國政府透過《出版法》規定，要報業必須向政府登記申請，才能發行，再依《出版法施行細則》第 27 條規定，以「戰時」需求，限制報紙張數、原料，並「基於節約原則」，限定報紙和雜誌的數量，結果導致「新的報紙既不許出版，原有報紙也限定篇幅，最多只許日出一張半」，而且在未經登記下不許更換印刷及發行所在地，行政主管機關也「得無限制延長禁止出版品發行之期限」，此乃所謂的報禁政策。當時的報紙，除了官方的報紙如 1946 年國民黨在臺南創立《中華日報》；1948 年將推動國語的《國語小報》移至臺灣，改為《國語日報》；1949 年隨中華民國政府隨敗退來臺的黨政機關報《中央日報》；1947 年臺灣省政府接收日治時期官報《臺灣日日新報》，改名為《台灣新生報》之外，兩間民營報紙《聯合報》、《徵信新聞》也與國民黨決策核心關係緊密，《聯合報》報系創辦人王惕吾為浙江人，總統府警衛大隊上校隊附兼第二團團長出身。《徵信新聞》之後改名為《中國時報》，創辦人余紀忠為江蘇人。兩人均常年擔任國民黨中常會委員。

林淇瀁，〈戰後臺灣報禁政策之形成〉，《臺灣學通訊》期 85（2015 年 1 月），頁 20-21。

去刺激經濟發展，[108]即使是單單陳列展示而不販賣都不被允許。[109]這樣的方針，和前節所述的 1939 年後的戰時下的物資節約獎勵活動、經濟戰強調運動，生活刷新、要求穿著舊衣、利用替代用品的規定，以及將浪費視作「非國民」加以撻伐等如出一轍。

　　事實上，經濟史學者劉進慶（1931-2005）即指出，日本遺留下的戰時體制與資本，是國民黨統治臺灣、建立國家資本支配體制的重要基礎，1945 年國民政府來到臺灣時，臺灣已經歷過近代戰爭動員與國家控制，這對中華民國政府繼續在臺施行在中國實行過的戰時體制的統治，有相當大的助力，[110]當然，此時中華民國政府在臺施行的白色恐怖統治，對個人的全控壓制也是絕不能忽略的一點。換言之，1950 年代是以節約物資與改造運動抑止社會全體的消費行為，只允許因需求而購買的時代。在這樣的情況下，1950 年代的百貨公司的處境，非常酷似日治末期三大百貨公司所處的戰時體制的狀況，也就只能成為購買處而非消費的場所。

　　臺灣省政府依奢侈品禁令訂出的奢侈品品項，都禁止在市場銷售，一般商店原有的存貨必須在一個月內出售完，否則就必須繳交給特許商店代售或運往國外銷售。而特許商店則只有外籍人士及國際旅客，向臺灣銀行換取特種購買憑證後才能到店購買。[111]亦即只有不屬於蔣介石所建構的「自由中國」這個全體的外國人（＝能帶來多餘物資的他者），才被允許消費外來奢侈品。

奢侈品禁令下的岔道：特許商店與委託行

　　檯面上，奢侈品只能在政府特許的商店販售。[112]由於奢侈品的銷售對象僅限外籍人士，而這些消費者所需的奢侈品往往由國外帶入，一般僑民人數又少，而

-----

108 〈論戰時消費工作的管理〉，《聯合報》，1952/3/11，1 版。

109 〈陳列奢侈品 亦嚴格取締〉，《聯合報》，1952/8/12，5 版。

110 劉進慶，《臺灣戰後經濟分析》（臺北：人間，1995），頁 29。林果顯，〈一九五〇年代反攻大陸宣傳體制的形成〉，頁 23。

111 〈臺四十（財經）檢第 002 號行政院訓令〉（1951/4/12），經濟部卷宗，「案名：奢侈品管制」檔號：0040=04990-00164=1=0003=001。〈案由：對於奢侈品，應禁止其買賣〉，《經濟參考資料》33 期，1952/6/10，頁 8-9。

112 〈40 辰微府員天供字第 06746 號（40.05.05）案由：制定「臺灣省奢侈品持許發售商店設置辦法」〉，《臺灣省政府公報》40：夏：33，1951/5/8，頁 367。〈有關單位昨日會商 設置特許商店 臺北基隆高雄三地各設一處 由商會推荐可靠商店經營之 奢侈品特許發售商店設置辦法已公布〉，《徵信新聞》，1951/4/29，1 版。

且奢侈品均以美金標價,臺灣省政府對特許商店的經營並不看好,[113]即使如此,在奢侈品僅能於特定地點供應的條件下,仍然有多家商店競爭特許商店的執照,臺北市即有金山百貨、大來百貨、中華國貨公司三家相爭,最後由中華國貨公司取得執照(圖3-13),[114]1951年5月21日,臺北市的特許商店在中華國貨公司三樓開幕,各種奢侈品分類陳列,以「洋酒佔地最大,指甲油最引人入勝」。[115]

臺北市奢侈品特許發售商店
在臺灣中華國貨公司三樓
AUTHORIZED AGENT FOR OVERSEAS SUPPLY
SERVICE TAIPEH ON THE TAIWAN CHONG HWA
KUO HO DEPARTMENT STORE

圖3-13、奢侈品特許發售店廣告。廣告欄,《徵信新聞》,1951/5/25,1版。

然而,如同一開始政府所預料的,客群極少加上交易幣制的問題,特許商店面臨經營困難,1952年1月14日即「因生意過于冷淡,決予停辦。」而所販售的奢侈品存貨因不能自由買賣,最後透過行政院命令臺(41)財字第(44)號指令與427號代電核示,允許特許商店把庫存奢侈品賣給一般人,但只能自用不得轉售。[116]經多家競爭才獲設置的特許商店,僅開業年餘即黯然退場。[117]

特許商店的失敗不表示奢侈品沒有市場,例如高雄百貨公司二樓的特許商店1952年5月22日最後開放販賣給一般人時,大清早人群排隊搶購、出動「憲警臨場彈壓,秩序仍大為紊亂,以致該店之玻璃櫃擠碎四隻,後復移至四樓整隊出售。購買人群長蛇隊自四樓排至二樓,人聲嘈雜,結果男女玻璃絲襪、撲克牌等等以及咖啡等物,皆一搶而空。......緣該公司因過去奢侈品多了限制,很少問津,故料是日購客亦不致擁擠,......不料是日早晨該公司門口,購客陸續而來,其數

-----

113 〈抄臺灣省政府肆拾辰寒府員天供字第07147號呈〉(1951/6/20),國家檔案局,檔號:0040/04990-001641/00001/0003/034。

114 〈奢侈品類細目 業已獲致初步決定 本市特許商店今日開幕〉,《徵信新聞》,1951/5/15,1版。〈40辰齊府員天供字第06839號(40.05.08)案由:制定「臺灣省奢侈品特許發售商店管理規則」及「臺灣省奢侈品特許發售商店縣(市)管理委員會組織規程」。〉,《臺灣省政府公報》40:夏:42,1951/5/10,頁516。

115 〈特許商店 今日開市 奢侈品轉人攤販 當局要徹底查究〉,《徵信新聞》,1951/5/21,1版。

116 〈肆拾臺丑銑府會天供字第01144號〉,《臺灣省政府公報》41: 春:39,1952/2/18,頁404。〈特許店餘存奢侈品 准予自由選購 省府昨日正式公告〉,《徵信新聞》,1952/2/19,1版。

117 〈特許商店正式結束〉,《徵信新聞》,1952/7/26,1版。

不下三千人......而該所日出售總額約有一萬元。」[118]此外，美日產製的化妝品等奢侈品走私進關，以地下化方式在委託行、攤販等處流通。中華國貨公司裡的特許商店開幕的同時，附近的衡陽路成都路一帶，已出現專售奢侈品的攤販。[119]

委託行的興起緣由是1950年發生的韓戰；韓戰帶給戰敗後的日本經濟成長的轉機，也帶給中華民國政府在臺灣掌控政權的機會。美國在朝鮮半島與蘇聯支持的北朝鮮開戰，使西歐形成的冷戰體制擴大到遠東。之後臺灣也被納入此一冷戰體制中，美軍進駐臺灣，促成1950至1990年臺灣的舶來品地下化流通的委託行市場。

委託行是臺灣特有的舶來品販賣店。最初的開端，是1950年起的美軍駐留時代，販售美軍福利社流出的商品。之後，臺灣或美國等船員們從國外夾帶回商品，上岸後便到這些店家，委託他們販售，這些店家賺取中間差價，因此叫作委託行。美軍駐臺時帶來的大量舶來品，使得委託行成為規模化的行業。美軍撤離後，開始出現專門帶貨的船員。由於行業的特殊，委託行所在地主要以高雄港與基隆港為主，基隆市公園孝二路一帶，便有一條由50至60家委託行形成的委託行街，玻璃櫥窗裡陳列著琳琅滿目的舶來品。臺北市是走私貨的最大分銷處，在百貨公司聚集的臺北市西門町（圖3-14）、後火車站一帶，也開有許多委託行，[120]

-----

118 〈搶購奢侈品 擠破玻璃櫃 三千餘人湧至絲襪撲克立罄〉，《聯合報》，1952/02/24，3版。

119 〈特許商店 今日開市 奢侈品轉人攤販 當局要徹底查究〉，《徵信新聞》，1951/5/21，1版。

120 到了1970年代，中華民國政府有限制地讓工商界人士能出國後，出現專門出國帶貨的行業，被稱為「跑單幫」。委託行本身也會自己想辦法出國選貨。回國時都會設法以「自用」的理由免除關稅。而許多委託行也與海關人員有關係。在1950至1970年代，臺灣關稅相當高的時代，人民又不能出國時，屬於黑市交易委託行十分盛行，是當時臺灣人消費舶來品的地方，尤其在臺北市的許多委託行，皆以「百貨行」為名，例如白木屋百貨行、三愛百貨行、女王百貨行、京都百貨行等。1979年開放出國觀光後，委託行也就逐漸沒落。因此，當1970年代末後，臺北市的百貨公司商圈將逐漸東移，委託行仍僅分布在西門町成都路、峨嵋街、或延平北路等日治時期舊商店區，其大小並不具有展演的空間。這也顯示出在1950至60年代販售舶來品的委託行特有的歷史背景。

〈月黑風高夜 私貨起落時〉，《徵信新聞》，1955/10/4，3版。〈私貨登陸的三部曲〉，《徵信新聞》，1955/10/4，3版。周銘秀，〈委託行「金色年代」褪色了〉，《經濟日報》，1972/03/28，9版。〈十四家委託行 聯合實施不二價〉，《經濟日報》，1973/04/05，7版。〈百貨業經營進入新境界之二：委託行 面臨「脫胎換骨」期〉，《經濟日報》，1973/06/08，7版。〈委託行‧洋貨那裡來 跑單幫‧女客帶球走〉，《聯合報》，1978/08/07，3版。〈進口精品且「慢」過關 海關索賄弊案「後遺症」包裹查驗不敢隨便放行〉，《經濟日報》，1989/03/28，18版。何昱泓，〈委託行如何在70年代的臺灣閃耀發光？這得從基隆的前世「雞籠」說起〉，《TheNewLens關鍵評論》，2021/2/5。https://www.thenewslens.com/article/145959（查看日期：2022/7/22）

販賣的奢侈品乃至日製西藥價格昂貴，[121]但依然有相當的銷路，取締並不能阻止走私貨的地下化流通。這顯示出當時的臺灣社會，並非沒有對發揮想像力、完成精緻裝扮等舶來奢侈品、乃至炫耀性社會辨識消費的需求，只是在政治的嚴格管控下，這些被國家權力定義為超出了需求框架的剩餘，是不允許在檯面上的場域販售甚至使用。也就是說，在地下化管道中，舶來的奢侈精品完全取締不盡，但卻不得見於百貨公司的正式的零售領域。在這樣對商品管制的情況下，政府也繼續加強對精神面的全體掌控。

圖 3-14、1978 年西門町鬧區的委託行街。圖片來源：聯合知識庫。[122]

-----

121 關於走私品的價格與批發價的差距，1955 年時，Max 中號香粉無貼貨物稅每盒 55 元，零售價 65 元。Kisome 香粉無貼貨物稅每盒 30 元，零售每盒 38 元。三美人乳液每瓶 48 元，零售 58 元。Stillman's 8 香粉每小盒 18 元，零售價 22 至 480 元。〈昨日市場私貨價與批發價的比較 零買香粉雪花膏三角褲 私貨尚比批發便宜〉，《徵信新聞》，1955/10/4，3 版。

1958 年時的走私貨，美國品牌 Raclon 的指甲油一瓶 80 元、粉餅一個 90 元，而日本品牌 Papilio 的香粉一盒 33 元，黑龍牌的面霜一盒 55 元、Piaskala 的粉底一盒 45 元。〈奢侈品私貨湧入 美國香粉種類多〉，《徵信新聞》，1958/9/20，7 版。〈奢侈品充斥市面美日貨爭相映輝〉，《徵信新聞》，1958/10/5，7 版。1958 年的每人平均國民所得是 4,038 元。

122 圖片來源：「聯合知識庫—新聞圖庫」，圖片編號：4965134，記者：高鍵助，1978/8/4。

戒除浪費與反商業化的精神

　　1952 年 3 月，陳誠主張要反浪費、改正生活，指出交際應酬與奢侈浪費是好逸惡勞的現象，不符合戰時氣象，應要糾正，「讓人人了解浪費為可恥的精神。」[123]接著，政府制訂「戰時生活節約運動實施辦法」，其推行要領指示要在服飾、飲食、時間、餽贈、汽車與用物這六方面實施節約，其中與奢侈品或百貨公司最為相關的是服飾項目，是「提倡公教人員穿著布衣或儉樸質料之制服」，「婦女服飾應力求簡樸，不得穿著奇裝豔服或佩帶鑽石等高貴首飾」，「國民服裝以整齊清潔為主，力戒奢侈並提倡用舊衣不置新裝。」[124]從這點可以看出，即使百貨公司販售著高級布料、服裝乃至化學首飾，但實際上的著用卻受到限制，而且在服飾的變化上，沒有太大的自由。在符號意義上的「消費」，事實上是飽受限制的。

　　蔣介石在 1953 年 11 月 14 日提出的《民生主義育樂兩篇補述》，可說是此時的節約與全體主義意識型態的代表。[125]這篇文稿大力主張為了反共必須建立緊張、戒備的戰鬥精神，與此無關的價值觀、活動均是無用且必須被革除的，同時，他將商業化視作社會墮落與共產黨滲入的源頭，「特別是在城市裡，群眾的閒暇大部分用到商業化的娛樂上。那些組織娛樂來營利的人，為了爭取多數主顧，便一意迎合群眾的口味，更使他們作為商品來出賣的娛樂，漸趨於低級。無論是戲劇、音樂、電影、廣播或是舞蹈，甚至報紙雜誌的文藝，在今日，都不免走向低級趣味的道路。所以國家如對國民的閒暇和娛樂問題，沒有計畫來解決，其結果就是讓那些組織娛樂來營利的市儈來代替國家解決，這是何等嚴重的事情。」因此，蔣介石認為必須將藝文娛樂與休閒放在政治正確的意識型態領導下，「我們在這反共抗俄戰爭與革命建國事業中，一定要培養民族的正氣，鼓舞戰鬥的精神，以發揚蹈厲的氣概，篤實光明的風度，貫注到音樂與歌曲，來糾正頹廢的音樂，和淫靡的歌曲，更不能讓商業化的戲劇電影來降低音樂和歌曲的水準。」[126]

　　蔣介石的這個論述明確地反對商業化與無法產生教育意義的休閒娛樂，認為商業化等於迎合大眾與市儈，導致休閒娛樂無助於反共復國，也就是反對非實用

-----

123 〈《聯合社論》戰時生活與好吃懶做〉，《聯合報》，1952/3/10，1 版。

124 〈簡訊：司法行政部動員月會研討節約運動實施辦法〉，《司法專刊》19（1952/10/15），頁 650。

125 蔣介石，《民生主義育樂兩篇補述序言》，《司法專刊》33（1953/12/15），頁 1188-1191。

126 蔣介石，《民生主義育樂兩篇補述》，《司法專刊》36（1954/03/15），頁 1354-1361。

性的符號意義與附加價值，當然，這個實用的評判基準是建立在對「反共建國」的有效性上。

從這一系列的戰時經濟管制、以及蔣介石對商業化與非實用性的反對，可以明確地理解近代百貨公司的消費方式，以及既屬浪費、又造成外匯流失的進口奢侈品，還有運用個體性的百貨公司展演商法，無疑地均違反了蔣介石的意思，必須受到管制。於是，為了「要轉移風氣，必須戒除奢侈浪費，取締遊蕩浪漫，然後才能造成整齊清潔勤勞節儉的社會」，臺灣省政府在1953年12月15日訂定「戒除奢侈浪費取締遊蕩浪漫要點」，規定「各項服飾食品用具器材等奢侈物品，請財政部禁止或嚴格輸入，杜絕來源」，並對菜筵的菜數與價格、女侍陪酒都有限制，外煙外酒只能招待外賓時使用，[127]這些都與日治末期的「奢侈生活抑制方策要綱」、全面禁止浪費的管制極為類似。

從上述可知，1950年代的臺灣，仍然被中華民國政府安置在國家與個人一體化的戰爭體制下，個人若使用超過生活所需的物資，即是浪費了國家得以使用在戰爭上的資源，節約的目的在於將生存需要以上的物都集中於國家，而且不可讓國內資源流向外國。必須強調，蔣介石的反商業化並不是反對利潤（profit），而是反對商業化帶來的符號多樣性與個體差異化，認為那樣會弱化個人對全體主義的服從與歸屬，前述的奢侈品禁令、外滙管制，乃至於將社會全體中的物都限縮於其使用價值的範疇，去除墊基於個人化的社會標識意義的表徵等的實施，均是出自於這種全體主義的影響。

然而，攤販、委託行等地下化的舶來奢侈品流通管道，顯示出當時的臺灣社會並非沒有對奢侈品乃至符號性消費的需求或能力。這不僅是由於來自美國、日本電影等訊息傳入的緣故，也或許與1937年以前日治時期的消費經驗記憶有關。

-----

127 〈43府社三字第28020號（43.04.03）案由：臺灣省所屬各機關學校、級各人團體為訂定「戒除奢侈浪費取締遊蕩浪漫要點」，希遵照。〉，《臺灣省政府公報》43：夏：5，1954/4/6，頁650。

此外，林果顯整理了戰後至1960年代的節約相關規定，下列為1950年代的相關規定：

1952.7.17 反共抗俄總動員運動會報戰時生活節約運動實施辦法

1953.12.15 臺灣省政府戒除奢侈浪費取締遊蕩浪漫要點

1955.5.2 國民黨中常會推行戰時生活綱要

1955.12.5 國民黨中常會戰時生活推行重點

1955.12.5 國民黨中常會戰時社會改進事項

1959.9.2 內政部救災期間生活節約要項（八七水災）

林果顯，〈一九五〇年代反攻大陸宣傳體制的形成〉，頁123。

只是，在政治嚴厲的控制下，作為大型取締目標的百貨公司無法販賣或使用被界定為應被排除的奢侈品。這一方面有助於地下化奢侈品流通管道的存在，另一方面，地下化管道的發達，在某種程度或許也妨礙百貨公司的發展。

在這樣的情況下，失去了向來是百貨公司最大賺頭或重頭戲的舶來品，1950年代的百貨公司主要的商品，乃是各種等級的布料與成衣、日用品、少數的玩具。且在戰鬥精神與反商業化的主導下，也失去娛樂與文化的特徵。連百貨公司所能販賣的「省產舶來品」，也屬於日用品部門：牙膏、牙刷、鞋油、刮鬍刀片、拉鍊。[128]若依近代百貨公司的部門分類來衡量，1950年代的臺灣百貨公司販賣的商品僅包含了衣與住兩項，但在住的部分，雖有五金用品、蚊香蚊帳、熱水瓶等生活必需品的販賣，但收音機等電器卻極罕見，傢俱等耐久性消費財、或是家飾等與奢侈裝飾相關的商品則闕如。從這樣的部門分類與商品種類，以及百貨公司的活動內容來看，1950年代的百貨公司事實上更類似販售布料生活用雜貨的百貨行，也就是歐美早期的新奇商店。而在有限的立地條件，以及反浪費、實用節約的戰時體制下，此時的店內空間概念，應該也不（能）是意義展演與轉嫁的舞臺，而仍停留在容納愈多商品愈好的功能層面。

奢侈品禁令的廢止

1950年代中起，前述被禁止的各項奢侈品，逐步被納入海關稅則之類的一般管制法令下，如1954年時，皮革與化妝品已由海關代徵進口貨物稅等。1955年重新修正「海關進口稅則」，花邊、繡貨等裝飾、咖啡、可可、巧克力、洋酒、人造絲、煙草等，都被納入其中。[129]到了1957年1月22日，已無品項可管的奢侈品禁令，不過是形式上的存在而已。[130]百貨公司終於可以販賣奢侈品。然而，

-----

128 原本舶來品指的應是外國進品貨，但臺灣1950年代的奢侈品禁令，名稱雖為「奢侈品」，主要針對的卻是進口商品，因此奢侈品禁令裡出現的品項，若由臺灣生產，在報紙上仍被稱為「洋雜貨」、「省產舶來品」。〈省產舶來 同呈疲色〉，《徵信新聞》，1954/1/1，2版。

129 〈函臺北市政府為准財政部關務署函以關於由海關將代征之貨物稅額等按旬抄送稅捐處似無必要一案，轉希查照〉，《臺灣省政府公報》43：夏：38，（1954年5月10日），頁543。〈修正「海關進口稅則」〉，《總統府公報》第567號（1955年1月18日），頁1-24。

130 〈奢侈品變成不奢侈〉，《徵信新聞》，1957/1/23，2版。〈原禁止銷售奢侈品 政院決定禁止進口 海關私貨拍賣准許銷售〉，《徵信新聞》，1957/1/23，2版。〈禁止買賣奢侈品 改列禁止進口類 包括未列各衣著餅干等項 省府已飭各有關單位辦理〉，《徵信新聞》，1957/2/26，2版。〈（肆拾陸）府財貿第141480號奢侈品管制〉，（民國46年3月4日），國家檔案局所藏，檔號：0040/04990-001641/00001/0002/019。

舶來品的走私方面有勁敵委託行存在，走海關管道，這些舶來品均被課以極重的稅率，而且有警備總部隨時稽查，利潤不高。例如高雄的大新百貨公司，在奢侈品禁令廢止前一年的 1960 年時，因公開展示照相器材、化妝品、外國衣料、服裝等「未經課稅的管制進口貨品，影響國家稅收及社會風氣」，而被警備總部調查處罰。而臺灣本地的化妝品、花露水、香粉髮油、脂霜髮油、香皂、牙膏等奢侈品製造商，則對百貨公司的業績非常敏銳，只有業績好的百貨公司才能拿到多樣又好的產品。[131]

　　即使如此，奢侈品禁止令真正的廢止，仍要等到 1961 年 7 月 7 日，行政院公布的廢止理由是：「近年來經濟發展，人民生活水準已普遍提高若干，前所認為之奢侈品一部分國內已有出產，人民亦普遍使用，事實上此項規定難予嚴格執行」。[132]「普遍使用」一語，側面地證實被認定為奢侈品的消費，其實一直存在於臺灣，只是受限於節約、實用與反浪費的戰時經濟管制，加上早期大多需仰賴進口，於是只能壓抑在地下流通管道。1961 年的廢止奢侈品禁止令，可以說是法令終於面對了現實。只是，對商品經濟的限制放寬，以及人們能較自由地展現個體性地在百貨公司內購物，則還要等到 1965 年。[133]在此之前，個人差異依然被收編在全體主義的框架之中。

　　1950 年代，百貨公司是與奢侈品販售管道區分開來的時代。被國家的象徵權力框進需求的定義架構裡，剝奪可能創造出附加價值的符號展演與想像，1950 年代的百貨公司在節約、反浪費的政策下，只能著力於實用性，彼此間陷入削價競爭的狀況，甚至出現百貨公司的販售價格比工廠直接出售還要低的情況，[134]這使得原本即因重稅等因素而受困的獲利空間，更加被壓縮，不僅無法取回戰前「消費殿堂」所具有的象徵與文化資本的嫁轉作用，與一般商店的差異性亦不明確。下一節即來討論，在這一場戰時經濟管制中，減少了符號展演的臺灣的百貨公司，是如何吸引顧客，又經歷了什麼樣的過程。

131　〈高雄大新公司 出售走私貨品 涉嫌漏稅被查獲〉，《聯合報》，1960/7/3，第 3 版。〈奢侈品進口已利潤無多〉，《聯合報》，1958/3/3，4 版。

132　〈臺（50）財 4120〉（民國五十年七月七日），總統府所藏，檔號：33501/1/1。〈臺（50）令參字第 3824 號（50.07.13）廢止臺（40）（財）（經）檢字第 2 號令頒之〈禁止奢侈品買賣令」司法行政部令〉，《司法專刊》第 125 期，1961 年 8 月，頁 5543。

133　1965 年經濟部次長張繼正在中華民國國貨館的開幕式中，表明了「重商主義」的精神，他表示要改變過去以來重視生產的觀念，開拓國內外的市場，同時強調商業服務的重要性。〈張繼正盼國人認識商業重在服務〉，《中央日報》（1965/1/18），5 版。

134　〈百貨店競爭 做蝕本生意〉，《聯合報》，1958/03/03，4 版。

三、實用取向與特價活動

百貨公司要增加收益，依第一章所提到的西方與東亞近代百貨公司的前例，首先要有多樣化的多項商品部門，運用近代化合理有效率、薄利多銷的商法。其次，透過創造、展演與轉嫁意義的方式，刺激乃至製造消費的欲望，鞏固並不斷擴大客群。

然而，1950 年代的臺灣社會，在強調反浪費、實用與節約主義的戰時經濟體制下，百貨公司以衣類與日常必需品為主，不僅缺乏多樣性，更缺少具社會標識意義的符號性商品。在 1955 年以前，採進口替代工業化，奢侈品依賴外國進口，卻被禁止販賣，讓百貨公司失去一項重要的商品部門。更重要的是，反浪費奢侈的風氣更希望人們少進百貨公司消費。

1950 年代的薪水階級與購買力

1952 年時，與官方關係良好的《聯合報》，刊登了一篇關於治理家庭預算的文章，對象是主婦們：「都市裡物質給你的引誘自然是很大的，今天看到百貨公司的秋季新料子或某一種化妝品，明天便要把它買回來，除非你不要做一位賢淑的主婦，否則這種脾氣是要不得的。因為這結果，家用預算太大，即使你家庭經濟十分充裕，但養成了這種習慣後，等到家庭經濟有變動時，你或許就會因此而不快活了。進百貨公司不買東西，是一件極為丟臉子的事，其實，不顧一切地買東西，使家庭入不敷出，肆意向丈夫需索，影響丈夫的精神和事業或至丈夫負債累累，那才是一個主婦丟臉的事。必須要購買的，也得顧到你自己的預算。」[135]

從這段文字可以看出，首先，富裕的已婚女性被認為是當時百貨公司的主要客群，然而，在反奢侈浪費的風氣下，她們不應該被物質誘惑，否則即是不賢淑、脾氣不良。再者，最後二句話似乎意味著，在 1950 年代有些必需品，對於富裕階層而言，也不必然是負擔得起的。第三點，也是對於近代百貨公司形式而言相當重要的，1952 年時的臺灣，仍然有進店即購物的觀念，1957 年時，扶輪社在臺北發起不二價活動，目的在於「轉移社會上討價還價的不良風氣」，參加的公司裡有建新、大中華、南洋、建臺百貨公司，[136]顯示出「入店自由、定價標售」

-----

135 粗體字為筆者加。〈家庭預算 不可忽視〉，《聯合報》1952/2/16，5 版。黑體字為筆者所加。
136 〈北市 36 家店 參加不二價運動〉，《聯合報》，1957/2/8，2 版。

的近代百貨公司的商法，在 1950 年代並沒有完全在臺北實踐。

近代百貨公司的另一個重點在於藉符號展演挑起消費的欲望。然而如前節所述，蔣介石在《民生主義育樂兩篇補述》中強調，戰時體制下要造就的是「整齊清潔勤勞節儉的社會」。臺灣省政府才在 1953 年 12 月 15 日訂定〈戒除奢侈浪費取締遊蕩浪漫要點〉，1953 年歲末，百貨公司或百貨行卻「不惜重資，重新置櫥窗」，然而，從報導的重點放在「以老套『ｘｘ大減價』號召顧客，或以擴大機、收音機之類競爭鼓吹」，[137] 顯示相較於用櫥窗裡的主題或商品讓過路客看到、誘發想像，直接訴諸聽覺的吆喝拉客才是重點。再配合前述的賢淑婦女應節約的論點，「逛街」看櫥窗所蘊涵的自主遊戲性，在此時應大打折扣。

變化的出現大約是在「海關進口稅則」修正的 1955 年，報紙上提到了櫥窗的美麗布置：聖誕節前半個月，博愛路，衡陽路的百貨店的櫥窗內，可以看到微笑的聖誕老人畫像，而且註明這在「往年是罕見的」。[138] 到了奢侈品禁令流為形式的 1957 年 3 月，聯合報副刊上留下了衡陽路上百貨公司的櫥窗有著美麗的窗飾，白天也亮著霓虹燈的記載。[139] 1958 年，臺北市街頭「各種商店，都喜歡在櫥窗裡擺設著人偶模特兒」，店家們會為它打扮，女性「也以之作為模仿的目標」，堪稱「是沉默的、最能幹的推銷員」。[140] 1960 年，1960 年的聖誕節，「臺北市各街道商戶玻璃櫥窗早已布置一片聖誕景象，各式聖誕樹及聖誕老人的畫像林立。」[141] 不過，關於美麗櫥窗的描述，常集中在聖誕節，似乎很難說與蔣介石夫婦的基督教信仰沒有關係。到了 1961 年 9 月 4 日，臺灣省觀光協會會同臺北市四個扶輪社聯合主辦了第一次的「臺北市商店櫥窗布置比賽」，可參加的店家區域是博愛路衡陽路、重慶南路這一塊城內區，成都路、西寧南路的西門町區，以及延平北路與中山北路一、二段的大稻埕區，即當時的鬧區。可以說是臺北市正視櫥窗重要性的開端。[142]

如前節所述，百貨公司放在廣告中的「犧牲品／特價品」的價格，在當時的臺灣社會中仍屬昂貴，可以推測這些百貨公司、綢緞行最初的目標客群，就如前

-----

137 〈竭盡全力號召顧客 百貨依然淡滯〉，《徵信新聞》，1953/12/31，2 版。

138 〈聖誕老人在櫥窗內〉，《聯合報》，1955/12/24，3 版。

139 蕭傳文，〈臺．北．行．〉，《聯合報》，1957/3/15，6 版。

140 小麗，〈櫥窗模特兒〉，《聯合報》，1958/9/23，7 版。

141 〈火樹銀花聖誕夜 臺北處處歡忭聲〉，《聯合報》，1960/12/25，2 版。

142 〈櫥窗布置比賽 今開始報名〉，《聯合報》，1961/9/4，3 版。

述 1952 年《聯合報》的那篇報導中所說的，應是以上流階層的太太們，[143]到了 1950 年代中旬，百貨公司消費的客群轉向薪資階級與其太太們——當然，這個薪資階級是經濟部認定有宿舍可住的上中階級，而不是拿低薪的勞工階級——而這些能分配宿舍的單位，應以中華民國政府或軍方相關部門、企業、組織為主，包括公教人員在內。1954 年《徵信新聞》的報導中也明白提及，5 月 21 日星期五因總統就職典禮，衡陽路博愛路一帶擠滿人潮，歡呼完畢後，百貨公司「利市三倍，原因是公務員部隊平日沒有空閒，今日大都可以伴同太座上街一番了。」[144]

而依 1954 年的資料，薪資階級每個月平均消費金額為 867.67 元，其中食品費佔了 56.67％，然而，居住僅佔 3.28％，相較於英美德國都佔 20％以上，經濟部表示這是因為薪資階級服務單位均有宿舍，所以所佔比例偏低。[145]而在 1951 至 1959 年的整體民間消費型態中，「食品費」一項雖然從 55.63％下降到了 50.72％，但仍然超過一半的支出，表示此時臺灣人收入偏低，最主要的花費仍然用在餬口，而代表生活品質與餘暇的「娛樂消遣教育及文化服務費」反而從 6.07％下跌到 5.34％，顯示出戰時體制對娛樂、奢侈浪費、餐宴等的壓制是有效的。[146]換言之，臺灣當時全體人民收入都偏低。受薪階級因為有長期、預期的固定收入，因此，白領階級乃至熟練工等擁有可支配的消費金額的新中間階級，在近代百貨公司一次次擴張客群時，一直都被當成標的。加上臺灣的薪資階級有居住的優待，有潛力用於消費，至 1957 年時，百貨公司的客群已多為薪水階級。[147]然而，能住到宿舍的公務人員群體基本上名額有限，百貨公司的客群從上層階級發展到這裡，也已經達到了一個界限，同時，即使是薪資階級，消費支出仍有一半花在餬口上，1950 年代臺灣的百貨公司拓展客群的限制是明顯可見的。

1951 年時臺北市的百貨公司，僅有中華國貨公司、建新百貨、大來百貨、金山百貨等數家，戰時經濟體制也才剛啟動，各家百貨公司已開始進行大減價來搶顧客。[148]隨著 1953 年諸多百貨業者紛紛開店，[149]百貨公司與一般百貨行的分別亦

-----

143 這裡提到的「太太們」，自身不一定沒有工作。但在此時代，她們均是以「太太」的身分被報導。也可窺見此時女性作為附屬於丈夫的社會地位。

144 〈百貨商店利市三倍〉，《徵信新聞》，1954/5/21，2 版。

145 經濟部編印，〈五年來臺灣的投資與消費〉，《經濟參考資料》，頁 4-6。

146 行政院主計處，《國民所得統計摘要》（臺北：行政院主計處，2008）。https://ebook.dgbas. gov.tw/public/Data/352913302353.pdf（查看日期：2022/7/30）

147 〈工商業的難關〉，《聯合報》，1957/3/12，3 版。

148 〈市場漫步：店名百貨・犧牲僅白漂堂為公眾・端賴養金魚〉，《聯合報》，1951/11/18，6 版。

149 〈百貨商店多如春筍〉，《徵信新聞》，1953/10/24，3 版。

不大，加上經濟營制，貨源困難，向政府陳情也只被許以反攻大陸後光明的前程，[150]在激烈的競爭下，各家百貨公司只能自求生路。

特價拍賣

物的價值可以分為使用價值與附加價值，前者為物滿足人的需求、能夠被使用的部分，而後者則是人們在社會與個人的交互關係中形塑出來的象徵意義，而不是屬於物的本質，從實用主義的觀點來說，這個意義是被附加在物之上的，屬於象徵符號的部分，因此也被稱為附加價值或象徵價值，也就是多餘出來的部分。需求必須得到滿足，人才能生存下去，因此，需求與使用價值便連結在一起。而代表交換之他者性的象徵意義，則使欲望與符號價值連在一起。不過，在亞伯拉罕·馬斯洛所分出的愛情、尊嚴、自我成就等較高層次間、甚至安全、基本需求層次裡，也很難確實地在需要與剩餘之間劃出一條界線，這是隨著每個時代、社會乃至場域的象徵權力定義而來的。使用價值與象徵價值不必然是互斥的存在。例如帶來溫暖的衣服，不必然就與美學相背。

因此，此時臺灣的百貨公司要獲取利潤的方法之一，即是如同本節一開始所述，透過建築物本身的壯麗、符號意義的賦與、視覺展演創造氛圍與主題敘事等手法，製造商品的附加價值，尤其是在臺灣整體購買力低下的狀態下，如同 19 世紀篷瑪榭等新奇商店轉向百貨公司的時期，臺灣的百貨公司要吸引的是上層階級，必然需要高級文化的理想像，作為向上流動的消費動力。

但是，也正是在 1950 年代，保持「戰鬥的精神」是蔣介石訂定的日常休閒育樂時的目標，陳誠提出的改正生活，反浪費奢侈的穿著打扮是「婦女服飾應力求簡樸、不得穿著奇裝豔服或佩帶鑽石等高貴首飾」，「國民服裝以整齊清潔為主」。實用與樸實是最正確的方向。象徵權力在這裡劃出的使用價值與象徵價值的界限，是實用樸實與戰鬥精神，後者曾被展示在日治末期的百貨公司的櫥窗裡，只是 1950 年代沒有照片資料，無法看出當時街頭的景象，不過，沒有奢侈性、意象性的符號展演應是可以推想的。不能使用符號展演刺激欲望，不能展現個人的特質，物的附加價值沒有發揮的餘地，很難吸引上層階級想要消費商品，只能從使用價值下手，會陷入削價競爭的狀況，是可以想見的。

-----

150 〈百貨來源困難 業者深感痛苦 公會昨開會員大會 要求會員忍渡艱難〉，《徵信新聞》，
　　1953/3/21，4 版。

1950 年代臺灣的百貨公司一樣有使用報紙廣告、包裝紙。[151]以臺北市 1950 年代《聯合報》與《徵信新聞》上刊登的百貨公司廣告整合來看，廣告的表現手法主要是以文字直接告知百貨公司訊息，包括特賣會、商品價目表、摸彩、禮券、贈品等訊息。[152]圖繪與照片則相對稀少。[153]從這些廣告可以看出，當時較大的如建臺、大中華、南洋、建新百貨公司等，為了招攬生意，都以大減價、犧牲品為號召，意圖使顧客購買犧牲品而到公司來光顧，順便多買那些利潤較厚的一些貨品，1958 年時的報紙新聞也直言如此。[154]

特賣會是篷瑪榭百貨發明的，一種是為了出清庫存，大約每隔數月會舉辦一次出清庫存的特價販賣。另一種，則是類似舉辦活動一般，將某類或某些商品當作特價品，以這些商品的打折特賣吸引顧客來店，如篷瑪榭百貨在 1888 年 2 月時將不會流行、與季節無關的商品，像香水、羽毛、蕾絲、陶器等拿來當特價品舉辦特賣會，目的是吸引客人上門，再誘發他們對其他奢侈品的消費，以獲得利潤。不過，篷瑪榭百貨辦的特賣會，也是一種吸引新舊上層顧客群的廣告，以及為創造接下來的新流行暖身，因此即使特價商品範圍大到幾乎整間百貨公司都在打折，也把堆滿商品的花車放在走道上，讓消費者享受不挑選的樂趣，但篷瑪榭百貨還是很關注象徵意義的手法，1888 年 2 月的那場特賣會，即是以雪為題，舉辦名為「純白織品」（BLANC TOILES）的特賣會，將白色的布匹、襯衫等展演出來，賦與過季商品浪漫意義，避開降價求售帶給百貨公司的低廉感，結果竟吸引原本少去百貨公司的上流貴婦。「純白織品」特賣會第一天達到了平時三倍的銷

-----

151 例如建新百貨公司即有設計的包裝紙，一款是淺棕色底上面印有建新百貨建築的正面意示圖，以及建新的商標：五角星中間有「建」字，並寫著「台灣最新型之百貨公司」。另一款為白底紅色斜條紋，以緞帶造型印著建新百貨的英文名稱，包裝紙上面印有「驅逐俄寇光復中華」「群策群力救國救民」的標語，以及「台灣最偉大之百貨公司」的字樣，五角星的商標已經去除。

152 可參看下列報紙上所刊登的廣告。例如：《聯合報》，〈競新百貨公司冬季大減價〉，1952/01/09，1 版。〈建新百貨公司冬季大減價〉，1952/01/13，1 版。〈大中華百貨公司冬季大減價〉，1957/01/02，1 版。《徵信新聞》，〈金山百貨公司夏季大減價〉，1951/06/24，3 版。〈華華百貨公司特價犧牲品〉，1952/12/08，3 版。

153 例如，南新百貨公司在〈國父誕辰紀念日〉辦三天的人特價，請來明星小豔秋、柯玉霞，並在報紙廣告中放上二人的照片。〈南新百貨公司〉，《徵信新聞》，1957/11/10，1 版。

154 〈百貨店競爭 做蝕本生意〉，《聯合報》，1958/3/3，4 版。

量。[155]換言之，對篷瑪榭而言，特賣會具有高度的合理性與功能性：推動商品流通的速度，但同時也運用展示、意義賦與的手法，將廉價的事實包裝在品味、社會地位之區辨等外觀之中。

日本的百貨公司也學到篷瑪榭百貨這種手法來吸引消費者，如三越的「鞋油宣傳特賣」、大丸的「銘仙破格特賣」，是以吸睛商品的特價作號召，這些重點商品的售價被壓低，甚至可能低於成本，因此宣傳作用大於獲利目的，例如將原價 37 錢的舶來鞋油以 25 錢販售，或是將福助足袋以市價的半價販賣。[156] 1920 年代末以後，由於競爭激烈，各百貨公司在歲末大特賣、中元大特賣時，相互以滿額抽獎、半價到九折的折扣、來店交通免費等方式爭取顧客。[157]但同樣的，日本的百貨公司在特賣會時仍然很重視店內布置。

日治時期臺灣的百貨公司大抵也接受日式的方式。菊元百貨大多以一至數種吸睛的特賣品吸引消費者來店。例如於每季的開始時會設定當季的吸睛商品作特賣會，並在開學期間（圖 3-15）、年末送禮期間舉辦相應商品的特賣活動，也有吳服、化妝品、手錶等奢侈品的特賣會。[158]基本上，日本的清倉或歲末特賣會的目標客群，確實比平時來的階層低，但這些中間階層在日本本土仍有可能是食料品部門的消費者，臺灣的百貨公司相對之下，對象客群是上層階級，這與臺灣的工業化和都市人口、都市大小都有關，但最重要的是，臺灣的百貨公司在 1932

-----

155 左拉（Émile F. Zola，1840-1902）於 1883 年以篷瑪榭為藍本所寫的小說《婦女樂園》中，描述了當時的上流社會的女客，在百貨公司搶購時的瘋狂戰鬥力。此時的百貨公司內一團混亂，當然也就沒有了消費者入場前的優雅氛圍。鹿島茂，《デパートを発明した夫婦》（東京：講談社，1991），頁 37-51。Emile François Zola 著，伊藤桂子譯《ボヌール・デ・ダム百貨店》（東京：論創社，2002），頁 121-152。

156 西谷文孝，《百貨店の時代》（東京：産業新聞出版、2006），頁 74-75、82-83。初田亨，《百貨店の誕生》，頁 168-179。末田智樹，〈日本における百貨店の成立過程─三越と高島屋の經營動向を通じて〉《岡山大学大学院文化科学研究科紀要》16（2003/11），頁 263-288。向井鹿松，《百貨店の過去現在及將來》（東京：同文館，1941），頁 108-109。堀新一，《百貨店論》（京都：関書院，1957），頁 76-77。

157 向井鹿松，《百貨店の過去現在及將來》，頁 107-108。

158 菊元百貨的特賣活動，可參見《臺灣日日新報》的廣告。例如：〈新學期と嶄新な文房具賣出し〉，1933/03/01，2 版。〈陽春の大賣出し〉，1933/03/22，2 版。〈夏物大安賣全店大福引〉，1933/06/15，2 版。〈秋物吳服雜貨大賣出し 各階の新荷到著品御案內 特別奉仕品〉1933/09/21，2 版。〈福引券附大賣出〉1933/09/30，1 版。〈吳服歲暮大賣出し〉，1933/12/10，2 版。可參見《臺灣日日新報》上刊登的菊元百貨的特賣活動廣告。例如：〈歲の市 御贈答品に菊元の優良品〉，1938/12/11，2 版。〈御入學に御進級に 菊元の學用品 第三面 珊瑚新案家工品の展示と即賣會〉，1938/03/05，2 版。〈固形タンゴドーラン先着 壹千名樣に 無代進呈〉，1938/06/23，2 版。

年出現後，不過五年便進入戰爭期，再過三年，七七禁令即公布並實施，百貨公司還未來得及在目標客群中達到飽和，消費文化即被扼止。

圖 3-15、菊元百貨開學期間的特賣會。
廣告欄，《臺灣日日新報》，1933/3/1，2 版。大鐸資料庫。

削價競爭與倒閉潮

　　而以 1950 年至 1959 年臺北市各家百貨公司在《徵信新聞》所刊登的廣告為例，九年間共刊登 147 則百貨公司的廣告，其中 91 則含有「犧牲品」、「特價品」的字樣，僅 15 則與禮券、減價、贈品等無關，絕大多數是開幕消息。在奢侈品禁令頒布的 1951 年，各百貨公司在該報所刊登的廣告有 10 則，其中 7 則的廣告文包括了減價、便宜、贈品的文字，並有 5 則列出特價品／犧牲品的價目表，3 則是開幕廣告，其中 2 則沒有提及價格。再以 1957 年為例，該年所有的進口奢侈品均被納入一般海關管制法令，原則上都可銷售，這一年百貨公司的廣告有 32 則，其中含有減價、打折等廣告文的有 31 則，僅有 1 則南新百貨公司的廣告，是為次日起的一週年慶活動作預告，而未含減價等字樣。同時，在這 32 則廣告中有 21 則刊出最便宜的商品價目表，大多為布料、毛巾、牙膏或成衣。

圖 3-16、由上自下：廣告欄、《徵信新聞》，1957/10/10，1 版。1957/10/29，1 版。

　　以名目與頻率來看，1951 年時的特價活動主要在夏季、秋季與開幕期間。這種名目一直維持到 1957 年，例如 1953 年時，以當時主要的建新百貨公司為例，其特價活動都在每個季末。[159]到了 1957 年，除了 6 月外，每月都有百貨公司舉辦減價活動，去除該年有二家店開幕的南新百貨所作的 5 則開幕特價外，各百貨公司除了夏季、冬季、年終特價與週年慶之外，還有以兒童節、聖誕節、國慶日、軍人節、總統誕辰紀念、光復節等節日的名義舉行的特價活動（圖 3-16）。但是，整體來看，1954 年廣告有 14 則，1955 年時 24 則，1956 年時 30 則，到 1957 年雖有 32 則，但其中 19 則是新開幕的南新百貨，到了 1958 年時廣告則數僅有 4 則，1959 年 3 則。

-----

159 建新百貨在 1953 年的 1、4、7、10、12 月，舉辦了季末與年末大減價。參見《徵信新聞》廣告欄〈建新百貨公司冬季大減價〉，1953/01/05，1 版。〈建新百貨公司春季大減價〉，1953/04/04，1 版。〈建新百貨公司夏季大減價〉，1953/07/12，1 版。〈建新百貨公司秋季大減價〉，1953/10/14，4 版。〈建新百貨公司冬季大減價〉，1953/12/20，1 版。

若將日治時期和 1950 年代的臺北市的百貨公司報紙廣告相較來看，二者均以告知訊息的功能為主，但日治時期的百貨公司則有較多是透過圖像等象徵物，去間接提醒讀者消費的訊息，將貨幣交易隱藏到象徵圖像的背後，以建構百貨公司乃至商品的文化形象，這也符合日本的百貨公司重視文化資本的特徵。而 1950 年代臺灣的百貨公司則多是明白地在廣告欄揭露價目表的方式，顯示出它們並沒有設定顧客是為了獲得文化資本（附加價值）而來消費，因為金錢交易無疑是剝除了無形的附加價值與文化品味。[160]

　　再以布置而言，即使再重視主題與裝飾，特價活動仍然是把原本符號附加價值的展演空間，拿來容納大量商品，以此換取購買效率與現金利潤，當然也就失去平時開店的餘裕——這從英國的哈洛茲百貨在 20 世紀初，大特價活動時將店內的擺設放到走道上即可看出，[161]而臺灣即使到了 1980 年代，大型百貨公司如今日百貨、遠東百貨在大減價時，也會將大量商品堆放在門口叫賣，[162]加上 1950 年代臺灣的百貨公司規模更小，以此去推想在反商業化、浪費奢侈更受壓抑的 1950 年代百貨公司大減價時的樣貌，應該很難重視視覺的展示與符號性。

　　犧牲品主要都是百貨公司的主力商品：紡織品與洋雜貨，包括毛巾、床單、牙膏、牙刷、熱水瓶、明星花露水、玻璃水杯，以及西裝布料、外套等。但百貨公司在賣犧牲價時，確實是低於成本價售出，再加上必須開立統一發票，每 100 元須繳印花稅、營業稅、另附徵防衛捐 1 元 1 角 8 分，再加上綜合所得稅及其他開支，如果顧客不順便多買些利潤較厚的一些貨品，百貨公司就只有虧本。百貨公司想要向洋雜貨和紡織品廠家壓價，許多生產廠家乾脆自行開設門市部，例如後來的遠東百貨公司，最初就是因為被建新百貨將價格殺到成本價，幾乎沒有利潤，使得遠東紡織的老闆徐有庠於 1955 年籌設自家品牌「洋房牌」的門市部，地點就在建新百貨隔鄰的臺北中山堂對面的永綏街上。而廠家們也會觀察各百貨公司的經營狀況，經營情形穩固的，生產廠家們會將自己各種各色產品送去，期票時間長些也沒關係，反之，則甚至要求現金交易。[163]惡性循環下，造成 1950

-----

160 從 1960 年代時臺北的建新百貨、臺中的王吉本百貨、高雄的大新百貨等的新聞影片可以看出當時這三家百貨公司有使用玻璃櫃、牆上的立櫃、以及人偶模特兒，整齊地陳列商品，但卻無法確知是否有櫥窗設計、店內裝飾等。希望日後能在這方面有進一步的史料出現。

161 坂倉芳明，《ハロッズ：伝統と栄光の百貨店》，頁 217-241。

162 參看《聯合知識庫新聞圖庫》所收藏的圖片編號：5375873、5375861、5375368、5375862（圖片年代：1984/12/14）。

163 徐有庠口述，王麗美執筆，《走過八十歲月—徐有庠回憶錄》（臺北：聯經，1994），頁 233-236。〈百貨店競爭 做蝕本生意〉，《聯合報》，1958/3/3，4 版。

年代百貨公司常常開一家倒一家的狀況。尤其是 1957 年奢侈品可以販售，1958年 3 月大中華百貨卻突然倒閉，造成百貨業界一陣喧嘩。

當時的報導認為，在緝私嚴密的情況下，奢侈品極重的進口貨物稅及其他稅捐，使得有顧客即使在購買犧牲品後購買它，百貨公司能得到的利潤也不會太多，無法彌補整體的虧損。[164]但如前節所述，購買奢侈品的顧客，基本上不會選擇重稅的百貨公司。更重要的是，許多顧客是到了生產廠家開設門市部，才相信原來犧牲品是真的低價，[165]這顯示出大減價、犧牲品等口號，在討價還價的日常下，並不是一個真的能吸引顧客來店的號召。

如果從拓展客群的角度看，在缺乏壯麗感與文化資本的情況下，百貨公司不是上層客群的必然選項，而且百貨公司和高級布行的差異不大，無論薪資階級或上層階級，要買衣料不如選擇專門的布料行。[166]而在食品費支出佔一半的狀況下，薪資階級對娛樂交際的花費也不必然會很高，以 1954 年為例，就只佔 4.94％，而該年臺灣整體民間消費中，「娛樂消遣教育及及文化服務費」所佔比例為5.35％。[167]因此百貨公司的常態性大減價，更有可能是在目標客群的購買力不足的情況下，不得不透過大減價、犧牲品的方式，將商品的價格降低給更多客群。從 1951 年起，百貨公司的報紙廣告幾乎都在告知閱報者「減價」「特價」的訊息。換言之，失去附加價值、主要販售衣料與實用品的百貨公司，在臺北連薪資階級都著重在餬口的情況下，它們能拓大的客群只有不斷向下探底。

然而，特賣會原本是一時性的活動，刺激短暫的消費欲，一旦變成常時性狀態，購買力低的社會便不足以支撐起這麼多家百貨公司，幾乎全年性的經濟活動，同時，顧客也會計算每家特價時間，等待購買便宜的商品。如此一來，這些

-----

164 〈奢侈品進口已利潤無多〉，《聯合報》，1958/3/3，4 版。

165 〈百貨店競爭 做蝕本生意〉，《聯合報》，1958/3/3，4 版。

166 筆者第一章中曾提及訪談到的姚老太太，先生是招商局的船員，生活中有米之類的配給，「宿舍就是日式的房子，一樓是主管住的，二樓有四戶人家」，她和先生分配到其中一間房間。「因為先生是船員，所以小孩子的衣服都是日本美國買回來的，我自己的衣服，（從上海）來的時後帶了幾箱衣服，夠穿。後來，開始在衡陽路的精品店買。買布做旗袍……挑布就到布店去挑，衡陽路布店好幾家，祥泰、鴻祥、永安。」但姚老太太來臺時 28 歲，「臺灣的百貨公司，東西精緻的也有，差一點也有。但那時我剛來時，兩個小孩子很小，一個才十個月，沒時間出去，本來上海有佣人不用我弄，來這裡就都自己弄，變得很少逛街，抱一個牽一個很難逛。」李衣雲、嚴婉玲口訪，「姚老太太口訪」，時間：2011/2/14，地點：姚老太太於新北市大坪林自宅。

167 不過，薪資階級的「其他」項佔了 10.32％，而臺灣整體的「其他」項僅佔 6.61％，而且 1954年時的統計未含「運輸交通及通訊費」項。〈五年來臺灣的投資與消費〉，《經濟參考資料》，頁 5。行政院主計處，《國民所得統計摘要》（臺北：行政院主計處，2008）。

原本即非華麗巨型建築的百貨公司，基本上只是一種相對上較大的廉價購物處。從百貨公司將軍公教福利社當成競爭的對手這一點上，更可以看出它們與一般商店難以區辨之處。

軍公教的福利社是以員工參股方式成立，販賣日用必需品給員工，並提供康樂活動，[168]本屬於內部成員專用的購物處，但在 1950 年代卻常對外開放。例如1953 年時，某機關在繁華的臺北市博愛路上開設福利社，出售百貨罐頭等日常家用品，而且因免開發票又不負擔各項捐稅，比一般商店便宜一成，造成顧客認為一般商店抬高物價、要求退貨的情形。臺北市百貨業、罐頭食品、布疋等業者因此舉辦座談會，請有關單位要求福利社不再對外營業並遷址。[169]這並非單例，自1952 年到 1959 年，臺灣省政府乃至行政院多次下令不准福利社對外開放，顯見福利社與一般商店爭利的情形應是相當普遍。[170]

然而，福利社是低價販售生活必需品、而非挑起購買欲之處，因此，商品擺設與種類也是功能取向，與強調符號消費的百貨公司的顧客群應不重疊。但 1953年時，百貨公司卻將福利社視為百貨業者生意清淡的原因之一。顯示 1950 年代的百貨公司已失去與福利社之間的區隔性，加上又缺乏娛樂、都市機能、文化資本與「逛街」的特徵，此時期的百貨公司屈從於節約實用主義的困境，在此完全展現出來。

1953 年時，臺北市百貨商業同業公會即幾度嘗試提振營業，一方面向政府提案，希望物資局能辦理進口百貨半奢侈品配售商店、並讓臺灣庫存的尼龍絲襪能交給百貨店銷售，同時希望政府能制止軍公教等機構的福利社對外營業，保障百貨業者。另一方面，公會試圖聯合成員舉辦年終大贈獎的活動，炒熱買氣，但成效均不彰，臺灣百貨市場衰微，一波波的倒店開店再倒店。1953 年臺北市有一家

-----

168 〈電為訂頒「臺灣省各機關員工福利委員會組織規則」及「臺灣省各機關員工福利社章程」，希遵照〉，《臺灣省政府公報》37: 秋 :25，1948/7/30，頁 301-302。

169 〈本市百貨業昨集議 請通衢福利社遷設 並擬請當局面陳苦況〉，《徵信新聞》，1953/1/24，4 版。

170 〈43 府財一字第 39484 號（43.05.05）：行政院令軍政公營等機關福利社應絕對禁止對外營業，轉希遵照〉，《臺灣省政府公報》43：夏：33，1954/05/8，頁 464。〈臺 43 令總字第 3080 號（43.04.27）：奉令知糾正軍政公營等機關福利社營業範圍希遵照令〉，《司法專刊》39 卷，1954/06/15，頁 1528。

〈41 府人乙字第 100777 號（41.10.18）：令臺灣省所屬各機關為機關福利社不得對外營業，希遵照〉，《臺灣省政府公報》41：冬 :17，1952/10/21，頁 166。〈48 府人丙字第 87865 號（48.11.09）：令臺灣省政府所屬各機關學校為各機關福利社不得對外營業，希遵照〉，《臺灣省政府公報》48: 冬 :35，1959/11/11，頁 438。

大百貨公司和二家商場——中華國貨公司、大萬商場、中央商場——因拖欠房捐險被查封。而 1952 年 10 月開幕的華華百貨，在 1956 年宣告破產。這些百貨公司在倒閉後，常由其他百貨業者接手，卻往往經營未久又結束營業，例如接手中華國貨公司的建臺百貨，1959 年因欠稅被查封拍賣。又如 1954 年 12 月，接手倒閉的華昌綢布百貨公司的大中華百貨，在 1958 年 3 月進行結束大拍賣。[171]

總而言之，在節約與實用價值的意識型態下，不同於戰前臺灣的百貨公司乃至同時代美日英的百貨公司，1950 年代臺灣的百貨公司講求實用節約的原則重於符號意義，這與政府的統治手法緊密相關，在以「反攻大陸」為目標的戰爭體制下，全體主義壓制個體差異，在政府定義出來的「必需」框架之外的「剩餘」，都必須被回收進框架內部，個體不存在，自由消費的能力與可能性也就無法出現，只能以地下化的方式流通。從這點對比日治末期的戰時體制，可以看到自 1937 年以來，臺灣的符號消費與個人自由所受到的限制，其實是一直延續下來的，並沒有因為戰爭結束，就得以從戰爭中解放。

小結

早在 1932 年百貨公司在臺灣出現之前，臺灣已有許多專賣洋雜貨、吳服，並重視展示的商店，但總括性地分門別類、販售商品的一體性大型建築的百貨公司，則要到 1932 年底才出現。這些百貨公司亦相當重視附加價值的轉嫁，櫥窗、展演等視覺效果都是百貨公司善用的手法，百貨公司成為欲望與遊戲性消費的空間，而不單只是購物的地方。但這些特色到了戰爭時期，隨著進口貨品的管制與七七禁令相關規則的實施而消失，百貨公司裡只有國產品，而且在節約的大義之下，不得不放棄符號價值轉身為實用型百貨。

-----

171 〈市場黯淡側風頻吹 少數商號搖搖欲墜〉，《聯合報》，1953/05/01，5 版。〈大都百貨商場今天開幕〉，《聯合報》，1953/05/15，1 版。〈大中華公司 突宣告停業〉，《聯合報》，1958/03/01，3 版。〈百貨皆不振〉，《聯合報》，1953/12/23，2 版。〈百貨店競爭 做蝕本生意〉，《聯合報》，1958/03/03，4 版。〈建臺公司欠稅 依法查封拍賣〉，《聯合報》，1959/05/12，4 版。〈華華公司今日隆重開幕〉，《徵信新聞》，1952/10/10，1 版。〈本市三大公司拖欠房捐，或將依法查封〉，1953/10/08，4 版。〈華華公司破產財團 標售百貨公告〉，《徵信新聞》，1956/02/02，1 版。〈大中華百貨公司今日開幕〉，《徵信新聞》，1954/12/09，1 版。

圖 3-17、戰後日本三越百貨在 1950 年 9 月恢復第一場「秋與淑女」時裝秀。株式会社三越
伊勢丹ホールディングス提供。[172]

　　1945 年戰爭結束，但臺灣並未就此「終戰」。隨著中華民國政府敗退來臺，
臺灣被當成國共內戰中反攻大陸的跳板、基地，從所謂的「戰後」再度被投進另
一場戰時體制的嚴格實施裡。曾經歷過相同的戰時體制的日本，在 1950 年代已
重啟了符號消費文化：三越百貨在 1950 年 9 月恢復因戰爭而中斷的時裝秀，推
出戰後第一場「秋與淑女」時裝秀（圖 3-17）。高島屋百貨在 1952 年時，由當時
的社長飯島慶三提案，設計出了日後高島屋的公司象徵：玫瑰包裝紙，最初只有
單色紅玫瑰，1957 年再改變推出四色的紅花綠葉版。在在都顯示出當時日本已再
度走向重視美學與符號意義的運用。

　　然而，曾是日本殖民地的臺灣，事實上在 1945 年、法令上在 1947 年再被納
入國民黨的「國家總動員法」，而再度被捲入戰時體制下，1950 年代中華民國政

-----

172 「三越のあゆみ」編集委員会，〈株式会社三越年表〉，《株式会社三越創立五十週年記念
　　出版　三越あゆみ》，無頁碼。

府在臺施行的戰時經濟體制、奢侈品販售禁止令，臺灣省政府戒除奢侈浪費取締遊蕩浪漫要點、戰時生活綱要等，與日治末期的總動員令、七七禁令、自肅與節約的精神、生活刷新、全面廢止奢侈浪費的運動，可說是極為類同，均是以實用主義為中心，將效率與對戰爭的貢獻作為最高準則，同時，高度壓制臺灣人民的自由，多樣性的個體特色不被允許，消費生活的可能性也就不存在。可以說臺灣從 1937 年之後，就一直處在戰爭體制下，從消費與節約概念的對立關係的脈絡來看，所謂的中日戰爭時期到「戰後」，在臺灣並沒有斷裂、而是連續的「戰時」進行式。

　　社會結構的限制與政治軍事的控制，使得臺灣社會無論在實際物質上，或者在精神的餘裕上，都是以節約和生存為首要目標，同時，戰爭體制強調全體國民同調，以形成對抗「外敵」的內部一體化，具有標識個別特性卻又無法產生效益的奢侈品、以及象徵憧憬與個人理想像、操作欲望的百貨公司，與此時的臺灣社會無疑是相反的存在。在這樣衝突下的百貨公司，就只有實用取向的國產品、日用品，而沒有舶來品與符號性附加價值商店，雖然仍有販售昂貴的布料與服裝，但無論從部門分類的數目或是象徵意義的運用來看，1950 年代臺灣的百貨公司，本質上更接近於「百貨皆賣」的布料百貨行，或是早期的新奇商店，而非 1937年以前的消費殿堂。正如同臺灣戰時經濟管制的鬆綁是一波一波地進行，直到1991 年「動員戡亂時期臨時條款」廢止才告終。西方形式下的近代百貨公司的雛形，要等到 1965 年後，才在臺灣再度登場。而符號的意義轉嫁、氛圍形塑等手法，則是更久之後的事了。

第四章
追求娛樂與效用的路線

TAIWAN'S
DEPARTMENT
STORES

1945 年 8 月 15 日日本投降，二次大戰劃下句點，然而所謂的「終戰」並沒有結束臺灣的戰爭體制，1950 年代的臺灣在政府嚴格的經濟管制之下，物資被要求集中於國民黨的反共戰爭，一般人民只能使用維持生存的需求，此時所謂的百貨公司甚少有象徵標識性、也沒有販售奢侈品，主要販售物是以布類與日用品為主，也未能擁有讓大量商品進行展演的空間。

　　1960 年代開始，政府的關注點從軍事統治分出了一些給經濟發展，也就是臺灣史學者石田浩（1946-2006）所說的「開發獨裁」。[1] 1960 年政府提出「經濟正常化」，實行匯兌貿易改革，以及「經濟運營制度化」，制定獎勵投資條例，例如減免出口租稅、簡化利用工業區的手續，同時撤銷外資持股的限制，保證給予臺灣資本同等待遇，大幅放寬利潤匯率限制等，不僅帶給本土資本活力，也吸引了外資。[2] 反商業的色彩逐漸消退。1965 年經濟部次長張繼正在中華民國國貨館的揭幕式上，[3] 公開表示支持「重商主義」的精神，並且認為應改變過去重視生產的觀念，要強調「銷」，以拓展海內外市場，同時，也強調商業服務的重要性。[4] 這顯示出 1950 年代蔣介石主張的反商業化與戰時經濟體制，到 1960 年代已發生變化，政府除了生產也強調銷售，有限度地允許商業化展示等非需求的存在，不屬於使用價值的商業服務也開始受到政府部門的注意，亦即在某種程度上，運用符號產生附加價值成為可能。

　　在 1970 年代中，日本商學者佐藤肇（1920-1975）與西武百貨集團企業家高丘季昭（1929-1996）將百貨公司界定為販售商品種類需涵括食衣住樂，滿足市場的「遊、休、知、美、安、健」六項需求的場所。廣大的百貨公司空間中，須容納足夠多的商品種類，讓被吸引來的顧客一方面可以買到舶來品、傢俱等商品，享受符號展演的餘裕、文化教養的知性和美學，另一方面可以在屋頂遊樂園、頂層的食堂、地下樓層的食品街等娛樂設施和餐飲業得到「樂」與「食」的滿足。[5]

1　石田浩，《台湾経済の構造と展開―台湾は開発独裁のモデルか》（東京：大月書店，2003）。

2　隅谷三喜男、劉進慶、涂照彥，《臺灣之經濟：典型 NIES 之成就與問題》，頁 115-117。

3　1965 年 3 月 17 日，中華民國國貨館在臺北市西寧南路與峨眉街口揭幕，八層高的建築中，四到八樓是展場，展品包括機械、鋼鐵、塑膠、手工藝、藥品、水泥、紡織、印刷、電器工具、汽車等，共 1,000 多種陳列商品，目的在於「推廣國貨市場及發展國際貿易」，而不以營利為目的，作用類似於日本的內國勸業博覽會，雖是巨型展場，但非百貨公司。〈推廣國貨促進貿易，國貨館今揭幕〉，《中央日報》，1965/03/17，5 版。

4　〈張繼正盼國人認識商業重在服務〉，《中央日報》，1965/03/18，5 版。

5　林洋海，《三越をつくったサムライ日比翁助》（東京：現代書館，2013），頁 164-166。佐藤肇、高丘季昭，《現代の百貨店》（東京：日本新聞經濟社，1975），頁 46、53-62。

亦即，百貨公司的消費能帶來的文化資本標識社會身分的符號性，同時也能具有大眾化的食與樂的功能性。

1960 至 70 年代，在經濟政策鬆綁的條件下，臺灣出現了超過菊元、吉井時代的大型百貨公司，而在人民的購買力與個人主義的條件下，是否能支撐這些百貨公司的存續，則是本章要爬梳與探討的問題。

一、大型百貨公司登場

1950 年代的臺灣乃是節約實用型的社會，政治上反對商業化與無法產生教育意義的休閒娛樂，對非實用性的符號意義與附加價值持負面態度，而此評判的基準乃是建立在對「反共建國」的有效性上。[6]當時臺灣社會的購物大多因需求而起。以服裝為例，成衣在當時算是相對高價，一般人多是買布料或自己在家縫製，或是拿去附近的裁縫店作，衣服破了自己補，大人的衣服改給小孩穿，小孩的衣服輪著排行給下面的弟妹，一年內可能就一、兩件換著穿，新衣服是相當難得的，學校制服往往是學生唯一的衣服——從這裡可以更理解到衣服被歸於奢侈品的意義。在這樣的背景下，具備遊戲性的欲望—消費，應只限於上層乃至上中層階級。在這樣的背景下，也無怪 1950 年代的百貨公司必須以折扣（實用性），作為吸引中間階級乃至上中層階級顧客的方式。

這樣的狀況到了 1960 年代慢慢有了一些變化，1950 年代以來的戰時經濟管制與「獨裁性經濟發展」體制，一方面改革匯兌，讓臺灣經濟與世界市場直接結合在一起。並透過控制內需和土地政策，將農業的剩餘財富轉到國家資本，並迫使農民離開農業，在 1960 年代末高速發展出口產業時，農村人力移往工業發展，正好為工業提供了低薪的勞力。加上臺灣自日治時期起即實施國民教育，使得這些有小學以上的教育水準的勞工，能熟練地操作新設備，之後 1968 年再實施九年國教，兩者皆支撐了臺灣出口產業向多樣化、尖端化發展，提高臺灣出口產品的競爭力。而這些勞工不是都移往大都市，有一半在農村附近的中小型城市，這些大多屬於勞力密集型產業。在農村附近的勞工，有一些學得技術後，得到家庭的支持獨立出來，成為中小企業者。到了 1980 年代，才又出現一波移往大都市

6　蔣介石，《民生主義育樂兩篇補述序言》，《司法專刊》33 期（1953 年 12 月），頁 1188-1191。蔣介石，《民生主義育樂兩篇補述》，《司法專刊》36 期（1954 年 3 月），頁 1354-1361。

的離農現象。[7]在這樣的發展下，1965 年時的人均所得為 8,165 元，之後逐年成長，到 1970 年時為 14,550 元，1975 年時是 34,181 元，1976 年飛漲至 40,025 元，之後成長速度更快。[8]這也給予了中、大型百貨公司發展的空間。

必須注意的是，就如同反商業化不等於反利潤，商業化、經濟發展與非使用價值的發展，也不代表臺灣社會的自由化，1960 年代後仍有一連串限制自由與個體性的規定。例如 1968 年世界盛行「披頭熱」、學潮，教育部、警察單位開始以違警罰法第六十六條第一款：「奇裝異服有礙風化」為由，取締此種裝扮者，1970 年 10 月警備總部更召開座談，表示「奇裝異服、蓄留長髮等，影響社會良善風尚，以目前的國家處境來說，不容許其在國內流傳。」街上常有警察巡察，取締不符標準者。[9]這顯示即使反商業的思維有了鬆動，臺灣人民對於自己的身體與思想仍沒有太大的自由，符號消費的空間仍受壓縮，這或許也是 1960 年代中期以後的大型百貨公司，朝向日用科技新品與娛樂部門發展的背景之一。

1950 年代的百貨公司延續到 1960 年代，發展規模最大的應屬龔漢生的南洋百貨。最初在成都路開店時僅有 63 平方公尺，之後陸續買下四周的店面，擴建成二、三層樓約 700 平方公尺，[10] 1968 年時買下原來的建台百貨（原菊元大樓），削價販賣後改裝，再於 1970 年開幕，販賣電冰箱、洗衣機、廚具、娃娃車、皮箱等家庭用具，商品種類開始超出衣與住，在三樓設立「世界書城」，也販賣唱片，可說有了文化部門。1971 年龔漢生再買下「中外百貨公司」（圖 4-1 的 J），南洋公司全部加起來的規模在當時算是相當大。[11]不過，這些變化都是在 1965 年 10 月 5 日，徐偉峰等上海商人投資的「第一公司」成立之後發生的。[12]

7　隅谷三喜男、劉進慶、涂照彥，《臺灣之經濟：典型 NIES 之成就與問題》，頁 165-173、283-287。

8　行政院主計處，《國民所得統計摘要》（臺北：行政院主計處，2006），頁 1。

9　〈教育部長說不容有嬉皮〉，《聯合報》，1968/05/07，3 版。〈少年奇裝異服 被警分局扣留〉，《聯合報》，1968/08/02，3 版。〈男子蓄女人髮型 決以違警法處分〉，《聯合報》，1969/06/01，8 版。〈端正社會風氣 取締男女嬉皮 內政部昨分函省市政府 對違悖正俗型依法處罰〉，《聯合報》，1969/06/01，3 版。〈奇裝異服不堪入目 警世駭俗令人厭惡 警方規定五項取締標準 致力維護善良淳樸風氣〉，《聯合報》，1970/7/8，3 版。〈加強取締奇裝異服〉，《聯合報》，1970/10/9，3 版。

10　廣告欄，《中央日報》，1969/10/19，1 版。〈一位高利貸下的犧牲者：龔漢生三十年滄桑〉，《聯合報》，1977/1/28，9 版。

11　廣告欄，《中央日報》，1968/10/13，1 版。〈南洋百貨公司擴展業務〉，《經濟日報》，1969/10/23，6 版。〈開百貨公司附設加工廠 龔漢生的成功 喜有賢內助〉，《經濟日報》，1968/2/11，4 版。全版廣告，《中央日報》，1970/7/31，1 版。

12　〈第一公司 五日開幕 經銷日用百貨 多達五萬餘種〉，《聯合報》，1965/10/03，5 版。

紡織業與大型百貨公司

　　第一公司的創辦與經營者，為來臺後重建的雍興紡織負責人束雲章，[13]以及亦有經營紡織業的萬企公司創辦人徐偉峰[14]及其二弟徐正風，兩方皆出身浙江，屬於上海商人系統。依經濟史學者謝國興（1955-）所述，廣義的上海商人指的是「1949 年以前，在滬、寧、杭三地構成的地區內活動，並以上海為貿易業務往來核心的工商業者」。[15]二戰後不久，臺灣的紡織工業只能滿足需求量的 5-10%，大部分不足的衣料品都由上海提供。1948 年國共內戰隨著國民黨軍敗勢愈趨明顯之際，以上海為中心的紡織業陸續轉移到臺灣，所謂的上海為中心，指的是以江蘇、浙江與上海三地的上海商人佔大多數。1949 年前後中國大陸的逃亡資本幾乎都是紡織企業，這也成為之後形成臺灣基幹產業——紡織產業——的開端，從1947 年戰後接收「臺灣工礦股份有限公司」時的一間紡織廠，到 1953 年時已有十二間紡織廠，新成立的大型工業的綿毛紡織業十一間中，僅一間是本土資本，十間是外省人資本——其中包括三間官營企業。短短幾年內，臺灣紡織業林立，而政府面對這樣的形勢，也採取保護扶持紡織業的政策，例如按 1953 年階段的基準，規定若要設立新企業必須有一定的規模，藉此防止紡織市場過度競爭，維持既存資本的龔斷制度；對美援的原棉採統制分配制，使既存的紡織廠能用優惠的匯率買進原料；採用「代紡代織制」，由持有原棉的政府向業者提供棉花或棉紗，委託加工，加工費以棉花或現金支付。臺灣的紡織工業就在這樣的背景下急速發展起來，[16]如萬企公司、遠東紡織、中興紡織、臺元紡織、申一紡織、大秦紡織、中國紡織臺北紗廠等。在這樣的保護政策下，還是有本土資本家如吳火獅在 1955 年成立新光紡織、吳三連在 1955 年成立臺南紡織。如此可理解為什麼1950 年代的臺灣，會有那麼多布料行、販賣布料衣服的百貨公司或百貨行。

13　〈雍興公司與束雲章（下）〉，《聯合報》，1952/6/4，3 版。

14　〈襯衫業成立聯合公司〉，《聯合報》，1959/5/2，5 版。〈外銷兩個故事饒餘味 做生意最講究誠實無欺〉，《經濟日報》，1968/3/4，3 版。

15　謝國興，〈1949 年前後來臺的上海商人〉，《臺灣史研究》15：1（2008 年 3 月），頁 131-132。

16　隅谷三喜男、劉進慶、涂照彥，《臺灣之經濟：典型 NIES 之成就與問題》，頁 102-110。謝國興，〈1949 年前後來臺的上海商人〉，頁 131-172。

大型紡織業者在政府的保護政策下發展起來,而第一和今日的母體萬華企業公司也擁有嘉新水泥的股份,[17]遠東公司則經營亞洲水泥,水泥也是當時政府保護政策的項目之一,可以說二者皆在 1950 年代累積了大資本,再伸展觸角至建築、金融、運輸、百貨公司等其他產業。尤其是近代百貨公司從新奇商店一路發展下來,布料衣著一直是最重要的商品,兩者之間的親近關係,也使得紡織業母體對百貨公司的成立是有正向加分,1960 年代臺北市新興的大型百貨:第一公司、今日公司,與中型的遠東百貨公司,以及 1972 年的大型遠東百貨公司,便是最佳的例證(關於百貨公司樓層與規模,參看附表一)。

　　第一公司成立的目的,當時身為港僑的徐正風[18]表示,當時他回臺灣觀光時,聽聞工商業界有人想與日本企業界合作開設大型百貨公司,日本方來臺考察後,覺得臺灣稅制太複雜而不允投資。因此徐正風與徐偉豐決心要在臺灣發展工商業,遵守政府法令,自我管理。同時,他在「回國觀光期間,發現市面上討價還價的風氣特別盛」,「在這個講究『速度』的時代,時間的價值實在太高……在討價還價上浪費去很多時間」,因此他決定引進節省時間的不二價精神。公司的方針是「微利是圖」「售價公道,保證品質優良」、「推行禮貌運動」,也就是薄利多銷,講求服務。[19]換言之,徐正風提到資本主義的效率、自我管理與利潤,但在非使用價值部分,只提到了禮貌服務。

17　嘉新水泥的總經理翁明昌,也是萬華企業公司的常務董事與今日股份有限公司的董事長,與徐偉豐一度是親家,其女翁小玲曾嫁給了徐偉豐與徐潘玲瑛的兒子,徐偉豐也有嘉新水泥的股份。宋梅冬,〈維持父親事業於不墜的徐黛琍〉,《經濟日報》,1978/5/31,11 版。〈翁小玲自訴案 潘玲瑛未出庭〉,《聯合報》,1978/3/24,3 版。

18　徐家三兄弟中,長兄徐偉峰在 1949 年時來到臺灣。二弟徐正風、三弟徐之豐與父母、祖父母只到了香港。依宋梅冬的這篇文章,徐偉豐之後再把他們帶進臺灣。但 1965 年此時,徐正風的身分仍是港僑。宋梅冬,〈維持父親事業於不墜的徐黛琍〉,《經濟日報》,1978/5/31,11 版。

19　蔡策,〈商店與商業 訪第一公司總經理徐正風〉,《中央日報》,1965/10/5,5 版。〈第一公司今揭幕〉,《中央日報》,1965/10/5,5 版。

圖 4-1、1931 年，臺北車站前的三線道路，中央是火車道。圖片來源：國立臺灣圖書館[20]

西門町與博愛──衡陽路的百貨公司

　　第一公司的地址選在臺北市漢口街與中華路口（圖 4-2 的 A），屬於西門町商圈與博愛路商圈的交界，日治時期的這一帶是日本人的商業與娛樂中心，電影院、戲院、書店、咖啡店林立。而且在 1900 年代日本人拆除臺北城牆的遺址後，開拓了東南西北四條「三線道路」，現今西門町的中華路一段為西線，三線道路路寬 40 公尺，是當時臺灣最寬的道路，中間一條火車道，兩旁是二條慢車道，分隔的安全島上種有大樹，並裝置了路燈，路兩旁的人行道也植有樹木，陽光綠蔭，夜晚燈火點點，是當時臺北著名的風景與散步道（圖 4-1）。

20　圖片來源：「臺北車站前的三線道路」，勝山吉作編，《臺灣紹介最新寫真集》（臺北：勝山寫真館，1931）。

A、第一百貨。B、遠東百貨永綏店、遠東百貨寶慶店。C、南洋百貨。D、大家百貨。E、亞洲百貨。F、華僑百貨（中影第一大樓）。G、今日百貨。H、天鵝百貨（1976 年改為一二百貨）。I、美心百貨。J、中外百貨。K、人人百貨。L、永和百貨。M、三商百貨。

圖 4-2、1960 至 70 年代臺北市西門町的百貨公司位置圖。依 1960 至 70 年代的《中國時報》、《聯合報》與《中央日報》的新聞報導與廣告欄中，出現的百貨公司名製作此圖。底圖為：GIS 地理資訊科學研究專題中心，〈臺北市地圖（1967）〉，「臺北市百年歷史地圖」。[21]

　　然而 1949 年後，隨著國民黨流亡來臺的許多外省人無處可居，臺北市警民協會在西門町沿著中華路的縱貫鐵路搭竹棚屋，租給外省人擺攤居住，之後居民自動擴建，發展成一個商業住宅區。隨著居住人口增加、違章建築增多，中華路至西門町一帶產生相當多的交通、治安與環境衛生問題，然而雖是違建，搬遷費與之後的安置問題等，歷屆市長均無力處理。1960 年底，在蔣介石的關注下，由警備總部與臺北市政府共同整頓這片區域，包括分期拆除違建、並以「特殊方式」改變土地用途使之可以「合法」興建樓房。1961 年 4 月，中華路從北門至小南門，

-----

21 「臺北市百年歷史地圖」。http://gissrv4.sinica.edu.tw/gis/taipei.aspx（查看日期：2016/6/10）

沿鐵路共八棟三層樓的「中華商場」完工（圖4-3左方排樓），有1,640間約2坪大的房間，空間雖小，但仍有許多人直接住在店的裡間。[22]在強人權力的介入下，西門町的環境終於有了一些改善。中華商場匯集各地外省人的美食、裁縫店、電器行、獎杯獎章製作店、郵票古董店、鞋店等，加上原本西門町的電影街、委託行、百貨行等的人潮，再連結衡陽路與博愛路的商圈，使得西門町略為揮別髒亂危險的印象，成為當時臺北最熱鬧的地區之一，也就成為1960年代百貨公司選址的熱門地帶（圖4-1）。

圖4-3、1970年代中華商場（左方排樓）與第一百貨（右方大樓）。圖片來源：維基百科。[23]

　　1965年10月5日，十四樓高的建築中，從地下一樓到五樓共6,612平方公尺的第一公司開幕（圖4-3右方大樓），雖然規模仍難與日本與歐美的百貨公司相比，但已是臺灣至此時為止最大的百貨公司。第一公司的商品共有5萬多件，分類為

22　〈社論　中華商場落成〉，《徵信新聞》，1961/4/22，2版。〈整建中華商場經緯〉，《徵信新聞》，1961/4/22，2版。

23　圖片來源：「中華路（臺北市）」，維基百科條目。https://reurl.cc/58arKV（查看日期：2022/12/17）

六十二個部門，包含傢俱類，地下樓和四樓設有餐廳與飲食部，而四樓的廉價市場販售的是內外銷的過期貨，在文化育樂方面，五樓有展覽場，不定期舉辦展覽活動。同時，第一公司在開幕前聘請專家訓練員工的服務態度。如同日美歐乃至日治時期的百貨公司，第一公司也以新奇、科技設備為號召，裝設冷氣、自動門、電梯、電扶梯，[24]建立自身的現代化形象。這是戰後首間包括食、衣、住、文化娛樂部門的百貨公司。例如 1968 年元宵節時，在各樓層展出二百五十多盞花燈。[25]

　　第一公司成功地吸引了人潮，成為當時臺北市的一個觀光消費景點。1967 年10 月 10 日，有歸國華僑、放假從各地來臺北的學生與公教人員等，第一公司門口早上就排起人龍，當天入場人次粗估有 8、9 萬人，是開店以來最多，一般人最感興趣的是衣著與玩具類。[26]接下來在西門町至博愛路商圈，或如南洋百貨那樣地擴大店面，或是有新開店，這一商圈再度進駐許多新的百貨公司（圖 4-1）：1967 年華僑百貨、遠東百貨公司永綏店成立，1968 年今日公司成立。[27]不過，1967 年 10 月 5 日，由港澳僑胞參與投資成立的華僑百貨，是在電影院大樓的一樓，規模只有 163 平方公尺，規模上仍類似 1950 年代的小型百貨行。

　　博愛路商圈內規模較大的百貨公司，是 1967 年登場且至今仍在營業的遠東百貨公司。遠東百貨的母體是上海商人徐有庠的遠東紡織。直到 1950 年代中，遠東紡織的產品都是經由中華國貨公司、建新百貨等百貨公司，或是賣布料、日用品的百貨行等銷售，價格被壓得很低，尤其是在百貨公司、綢緞行打起折扣戰時。據徐有庠在回憶錄中的記載，有一次建新百貨將價格殺到成本價，幾乎沒有利潤，使得徐有庠決定自設賣場，於 1955 年籌置了其品牌「洋房牌」的門市部，地點就在建新百貨鄰近的臺北市中山堂對面的永綏街上（圖 4-1 的 B），接下來陸續在各地開設門市部。到了 1966 年，徐有庠判斷「消費者的購買能力已經大大提高，需求也更多樣化」，決定將門市改為百貨公司，首先便是將永綏街的門市改建為六層大樓，1967 年 10 月 10 日開始營業，10 月 28 日正式開幕，地下一樓販售食品罐頭與家用品與飲料，五樓是兒童遊樂園，六樓販售電器並設廉價市場，二、三樓層販售衣料和訂製衣服，其他樓層販賣、皮鞋、玩具、唱片、精巧

24　〈第一公司今揭幕〉，《中央日報》，1965/10/5，5 版。

25　〈花市燈如畫 廠商提供花燈二五〇盞 第一公司展出〉，《經濟日報》，1968/2/5，4 版。

26　〈第一公司好熱鬧 國慶夜顧客如潮〉，《經濟日報》，1967/10/11，7 版。

27　永和百貨本是位在原本的中華國貨公司與博愛百貨間的布行，1967 年 10 月增加日用品的販售，屬於 1950 年代的百貨行。〈永和百貨公司昨天開業〉，《經濟日報》，1968/10/16，5 版。

小配件等，整體包括了食衣住樂部門。遠東百貨一開始就標榜著自身為最現代化、高級的百貨，店裡在一至六樓間設有二臺電梯，一樓至四樓間則有四臺電扶梯。並在開幕前將幹部送往日本三越、西武和伊藤榮堂受訓。[28]遠東百貨內的兒童樂園，也是臺北市第一間百貨公司內的遊樂場（圖4-4）。[29]

圖4-4、遠東百貨永綏店設有室內兒童樂園。廣告欄，《中央日報》，1967/10/28，1版。中央日報全文影像資料庫提供。[30]

28　徐有庠回憶錄中所述的伊藤榮堂，為由1920年開業的舶來品店「羊華堂洋品屋」發展至今的大流通業者「イトーヨーカ堂」（伊藤羊華堂），在1970年代用於臺灣的中文名。徐有庠口述，王麗美執筆，《走過八十歲月—徐有庠回憶錄》（臺北：聯經，1994），頁233-236、246。〈遠東百貨公司 昨天開幕營業〉，《聯合報》，1967/10/11，7版。廣告，《中央日報》，1967/10/28，1版。

29　臺灣最早設有遊樂場的百貨公司，是臺灣人吳耀庭在高雄成立的大新百貨（1958），他於1962年時在屋頂設置了兒童樂園，在1975年再成立大統百貨，大統百貨面積11,000坪，為1975年時臺灣最大的百貨公司。1975年10月高雄本省系的大統百貨，是把兒童樂園設在十樓——雖說該建物高十一層樓，但從當時留下來的影片來看，1980年時的兒童遊樂園是設在頂樓。〈高雄 大統百貨公司今開業〉，《經濟日報》，1975/10/6，7版。〈大統兒童樂園明天開始營業〉，《經濟日報》，1976/01/28，7版。「高雄大統百貨（民國70年左右）」，2016/6/23。https://www.youtube.com/watch?v=dhRI9uGZ-tI（查看日期：2022/12/17）

30　中央日報全文影像資料庫網址：http://tbmc.nlpi.edu.tw:8080/cnnewsapp/start.htm

後火車站與大稻埕的百貨公司

　　另一方面，在 1960 年代末創辦的百貨公司中，於臺北後火車站、佔地 10,909 平方公尺的萬國百貨，是當時全臺最大的百貨公司，萬國百貨共三棟大樓，中間由天橋連結，一至四樓為商品販賣部，內容包括食衣住樂，也有屬於文化部門的書籍，1968 年 11 月 16 日開幕當天，並展出山水盆栽。五樓除特價部門外，另設有水族展覽中心，水族中心要收門票（每人 5 元），除了觀賞外，也販賣魚隻，同時，為了增加娛樂作用，展覽中心裡設有釣魚的遊樂設施。六、七樓為兒童樂園，六樓設有餐廳。地下一樓設有 2,314 平方公尺的生鮮超市，可說是臺灣第一間自助式的超級市場，[31]也是最先設置超級市場的百貨公司[32]——1967 年成立的遠東百貨的地下一樓僅有販賣罐頭。[33]超級市場具備陳列展示、大量商品薄利多銷、現金交易、快速有效地結帳，流水線式的銷售手法，充分展現了資本主義的合理性與有效性，與百貨公司的資本主義面向是契合的，同時，也可以帶給百貨公司現代化的符號象徵意義。

　　萬國百貨與上述大型百貨公司最大的不同，在於其是由曾任臺北縣議長的臺灣人戴德發、建築界的陳麗生、臺北市第六信用合作社前理事長張金標投資而成的，是在 1960 年代末的臺北市裡不屬於外省人與上海系統，而屬於本省人的大型百貨公司，[34]其選址所在的後火車站華陰街與太原路口鄰近大稻埕之處，也是

31　依《經濟日報》所述，第一家超市應是由 1953 年時成立的福利麵包店，在 1965 年左右轉型成小超級市場，大約在 1967 年左右才初具雛形。該店位於中山北路二段日本大使館旁，店內除生鮮蔬果外，還有嬰兒衣服、兒童玩具、成人的衣物、廚房用具等。〈第一家小型的 超級市場〉，《經濟日報》，1967/08/15，7 版。

32　日本吳服系的松坂屋百貨的名古屋店，在戰前 1936 年時，即開始在地下一樓開設「東西名物街」，販賣和洋菓子、昆布、佃煮等食物。戰後，終點站系的東急百貨澀谷店於 1951 年，在地下一樓開設「東橫暖簾街」，販賣食品，打開百貨公司地下販售食品、設置超市的開端。在地下樓開設超市與食品街成為戰後日本百貨公司的一個特色。萬國百貨在地下一樓開設超市，是否與曾有日治時期經驗的創立者有關，則是一個可以思考的面向。

　　〈その四　デパ地下グルメの発祥は松坂屋！？〉，松坂屋史料室（＃松坂屋ヒストリア小話）。https://shopblog.dmdepart.jp/nagoya/detail/?cd=038757&scd=002618（查看日期：2022/8/8）

33　〈萬國百貨公司 明天開業〉，《經濟日報》，1968/11/15，5 版。〈萬國百貨公司 新張之喜〉，《經濟日報》，1968/11/17，5 版。全版廣告，《聯合報》，1968/12/25，5 版。〈各百貨公司的獨特商品比較〉，《經濟日報》，1969/01/01，6 版。

34　臺灣人開設的百貨公司，最早的應是吳耀庭在 1957 年於高雄開設的大新百貨公司，從 1958-1962 年，吳耀庭將大新百貨從一層樓店面開至五層樓，並在六樓設置兒童樂園，成為當時臺灣最大的百貨公司。宋梅冬，〈出人頭地的 百貨業巨擘吳耀庭〉，《經濟日報》，

日治時期屬於臺灣本島人活動的區域（圖4-5中的上方綠框），而遠東百貨、南洋百貨、布料百貨行所在的衡陽路與博愛路商圈，以及第一、今日公司等所在的西門町，日治時期屬於日本人活動的臺北城內，也是政府來臺後安置外省人的地方，從戰前到戰後，都是臺北市的精品消費區（圖4-5中的下方紅框）。從地緣性來看，下方紅框包括西門町、博愛路、衡陽路，在日治時期屬日本人的生活圈，1950至1970年代為外省人設立的百貨公司／百貨行商圈。上方綠框包括後車站、南京西路、大稻埕，日治時期屬本島人生活圈，1950至70年代則為本省人設立的百貨公司商圈。

圖4-5、臺北市百貨公司商圈圖。淺藍星是百貨公司。底圖為：GIS地理資訊科學研究專題中心，〈臺北市街圖（1967）〉，「臺北市百年歷史地圖」。

1978/07/25，11版。

同屬大稻埕商圈的大千百貨成立於 1970 年，是由臺北西北區扶輪社社長陳永用，與在地五家綢布行、日用品零售店等工商界人士共同斥資「集合」而成，佔地 2,650 平方公尺（800 多坪），成立的目的是為了在工商業的社會裡，便利大家在採購日用品上的方便等因素，比較類似地方型百貨行。[35]換言之，萬國百貨和大千百貨，在地緣上較親近於本省人（圖 4-6）。附帶一提，在名稱上，萬國、大千與高雄的大新、大統均是以日本式的「百貨」公司命名，而第一、今日、遠東這三家上海商人的百貨公司，則是效法上海以「公司」命名。

N、萬國百貨。O、新光百貨。P、天良百貨。Q、日日新百貨。R、大千百貨。
S、大圓環百貨。
圖 4-6、大稻埕至長安東路區域的百貨公司位置圖[36]

35　大千百貨成立於 1970 年 4 月 17 日，由臺北市西區扶輪社社長陳永川與當地店家共同成立，位於延平北路二段與南京西路口，共三層樓，一樓為化妝品、超級市場及百貨類，二樓為衣料時裝，皮鞋等，三樓為電器、文具、兒童玩具及餐點部。〈大千百貨公司昨大開幕〉，《經濟日報》，1970/04/18，6 版。

36　依 1960 至 70 年代的《中國時報》、《聯合報》與《中央日報》的新聞報導與廣告欄中，出現的百貨公司名製作此圖。底圖為〈臺北市地圖（1967）〉，「臺北市百年歷史地圖」，2016/6/10，http://gissrv4.sinica.edu.tw/gis/taipei.aspx。

非常有趣的是，這樣的地緣性也反映在訪談的例子中。雖然僅是兩個案例，但仍在這裡介紹一下。

　　1920年出生上海的姚老太太，1945年左右結婚來到臺灣後成為家庭主婦，先生是在招商局工作的船員，小孩的衣服是從美日帶回來，住在招商局宿舍的她，則會到衡陽路的精品布店買布，「那時買布就是去看喜歡的顏色，可以摸布，挑花色，挑厚薄，點了店員拿來給你看。店員也蠻辛苦的，有時你一塊也沒買，他拿了一大堆還要捲回去，不過不太會生氣，都有服務精神，頂多臉臭臭的。像我在衡陽路的祥泰，幾個小姐差不多知道我喜歡什麼樣的樣式。一匹布可以做好幾件，一件大約三碼，長袖的再多一點。」

　　她對於第一公司的印象是：「跟上海的差多了，上海的比較大，豪華一點。臺灣的百貨公司，東西精緻的也有，差一點的也有。」[37]

　　另一位1931年出生於楊梅，1970年代搬到大龍峒居住的簡先生則表示，1960年代他來臺北時，都不會進「城裡」，衡陽路到西門町那邊的店不是「一般人」去的地方。他認為的「不是平常人」，指的是「一級人」、有高等薪水的人，而去「城裡」讓他「感覺怪怪的」，「不是我們的地方」，所以他若要去大世界戲院（圖4-1中M的對面），都會從延平北路繞昆明街走過去，避開衡陽路、中華路，路上有很多魔術、賣藥郎中、賣蛇、擺攤的，他覺得那才是和做工的「二等人」的自己配得上、比較自在的地方。對他來說，位於臺北火車站以北的華陰街的萬國百貨與「小百貨公司」大千百貨，比較親切。[38]而1970年代簡先生來到臺北時，中華路、衡陽路一帶，正是中華商場與外省人文化興盛的時代。「城內」一詞在日治時期，指的是內地人居住的臺北城內，二戰後代換為外省人。雖然沒有明言，但從簡先生的「不是我們的地方」的語意脈絡，意味著他的生活領域不進入戰後外省人被安置的區域，同時，外省人開設的百貨公司乃至綢緞行、百貨行等，被認為屬於有錢人的去處。對照前述姚老太太的回憶，1950至1970年間，衡陽路、博愛路一帶，也確實多是昂貴的綢緞布料行。[39]

37　李衣雲、嚴婉玲訪問，「姚老太太口訪」，時間：2011/2/14，地點：姚老太太於新北市大坪林的自宅。

38　李衣雲、黎旻勉訪談，「簡先生訪談」，2011/2/15，地點：大龍峒的咖啡店。

39　李衣雲、黎旻勉訪談，「簡先生訪談」，2011/2/15日＝，地點：大龍峒的咖啡店。李衣雲、嚴婉玲訪問，「姚老太太口訪」，時間：2011/2/14，地點：姚老太太於新北市大坪林的自宅。

與娛樂設施結合的今日公司

回到正題，1965 年第一公司的成功，讓徐偉峰開始籌劃第二間百貨公司，地點選在臺北市西門町內的峨嵋街昆明街口兒童戲院的對面。百貨公司部分由徐偉峰的三弟徐之豐主導，徐偉峰本身則投入於規劃「類似過去上海『大世界』[40]的綜合性育樂場所」，包括歌廳、兒童遊樂場，並演唱國劇、越劇、歌仔戲、國臺語話劇、民族舞蹈、布袋戲、歌唱表演等綜合性育樂場所。[41]

事實上，戰後百貨公司與娛樂設施的結合，早在 1956 年時即已開始。1956 年 9 月，1949 年創立的建新百貨便承租新生戲院一樓的店面，並成立衡陽路門市。[42] 1967 年，中影將日治時期以來的新世界戲院拆除，改建為八層樓的「中影公司第一大樓」（圖 4-1 的 H），二到五樓是戲院，一樓除了售票處之外的地方則設置商場，由華僑百貨承租，1967 年 10 月開幕，販賣食衣住行相關的日常生活用品。[43]華僑百貨創立時，與建新百貨一樣是與電影院結合。這裡顯現出複合式商業空間的概念：新生大樓裡有建新百貨公司、電影院、委託行、咖啡廳、舞廳；而中影第一大樓裡有電影院與華僑百貨公司，1967 年 12 月再於七樓添加歌廳「七重天」。整體而言，這兩棟大樓的型態比較類似於商場，建新與華僑雖名為「百貨公司」，但從其商品種類與規模及一體性的概念來看，應是複合式商業空間中的百貨賣場區。

第一公司在開幕期間也採用和電影相互提攜的方式，與電影『西施』的合作。該片是李翰祥從香港到臺灣後第一部導演的電影，政府在背後大力支持，由臺灣省電影製片公司與國聯電影公司花費 2,000 萬元制作，第一公司在五樓展覽場展示 14 座依『西施』的角色製作的蠟像展，並在 10 月 22 日電影上映後，在展場打出「看完西施蠟像，請去看西施電影」，而電影院則在每場打出幻燈片廣告：

-----

40 為 1917 年由黃楚九建立的大型遊樂場，內有南北戲曲、曲藝、木偶戲、舞踏、雜技、魔術等表演，以及電影放映，設有賭場、占卜場、餐廳、頂樓花園，常舉辦各種活動。1920-30 年代是上海最著名的遊樂設施。

Michael Knight, Dany Chan eds., *Shanghai. Art of the City*, San Francisco: Asian Art Museum, 2010. 陳剛，《上海南京路電影文化消費史（1896-1937）》（北京：新華書店，2011），頁 106。

41 〈西門鬧區將有 綜合育樂場所〉，《聯合報》，1968/7/28，4 版。宋梅冬，〈維持父親事業於不墜的徐黛莉〉，11 版。

42 廣告欄，《徵信新聞》，1956/09/11，1 版。

43 廣告欄：〈新世界戲院新建大廈 一數商場鋪位分租〉，《中央日報》，1967/03/07，1 版。〈推銷國貨溝通僑情〉，《中央日報》，1967/10/3，7 版。

「看完西施電影，請去看西施蠟像」。[44]

　　不過，在臺灣的百貨公司史上，將娛樂設施與百貨公司結合得最具代表性的，應屬萬企公司在 1968 年底成立的、類似戰前上海的四大百貨公司的「今日公司」。萬企公司表示其目的是「遵行總統在民生主義育樂兩篇補述之訓示，響應中華文化復興運動，倡導社會正當娛樂，為國民創造康樂環境，培養國民的健康心情，期使國人在精神生活方面更為豐富。」[45]

　　雖然此時期政府已開始鼓勵商業化，但萬企公司在育樂中心的建設期與揭幕時，都不斷宣告蓋育樂中心是為「響應中華文化復興運動」，側面顯示出在此時政府的中國化政策及政治上的思想控制並沒有鬆動。在開幕後一年，「今日世界育樂中心」在其刊物《今日遊樂》中強調：育樂中心的建立是為了「回饋社會……。目的在倡導正當娛樂，創造康樂環境，培養國民的心理健康……臺灣已邁向工業社會」，需要有「交際應酬」、「生活調劑消遣」、「對外發展觀光事業」的場所，而且明言該中心禁止「腐蝕人心的歌聲」，更呼應此時政府禁止靡靡之音的禁歌令。[46]在在都顯示出商業化只是經濟管制的鬆綁，並不代表人民擁有表現自我的自由，無論是漫畫於 1966 年起落實實施漫畫審查制，或是電影與其他娛樂活動等，都必須在政治正確的大纛下，才能取得存在的正當性。

　　1968 年 6 月，佔地 2,314 平方公尺，營業面積約 15,210 平方公尺的「萬企大樓」落成，1968 年 12 月 8 日「今日公司」開幕，地下二樓設為停車場，當時臺灣能開上自用車的階級無疑是上層階級，也顯示今日公司所定位的客群。地下一樓販賣生鮮、罐頭、家用品，並設有十元商品部，最特別的是設置「代理部」，代客辦理全球商品，據稱從汽球到房屋、汽車皆可代辦。一樓以化妝品、首飾、毛衣、皮鞋為主，二樓除了玩具、電器、文具、珠寶、手工藝品、嬰兒用品等品外，最主要的是女裝部，包括裝潢豪華的設計沙龍與中外時裝部，後者價格從十餘元一件的特價品，到十萬元一件的高貴女用皮大衣。男裝部則有世界各國高級衣料，可為男士裁製西裝或大衣。三樓兒童遊樂世界，包括各種電動機器玩具、兒童飲食部，也是「今日世界育樂中心」的接待室。[47]

44　〈塑製蠟像人物的新廣告活動〉，《經濟日報》，1969/03/07，6 版。

45　〈西門鬧區將有綜合育樂場所〉，《聯合報》，1968/7/28，4 版。〈今日育樂中心創業兩週年〉，《經濟日報》，1970/12/13，8 版。

46　〈看「今日世界育樂中心」〉，《今日遊樂》第 9 期，1969，頁 27-28。

47　〈萬企育樂大廈十月竣工 正式營業〉，《聯合報》，1968/06/20，4 版。〈今日開幕誌慶〉，《中央日報》，1968/12/08，5 版。

一週後的12月15日，今日公司的三至九樓及屋頂的「今日世界育樂中心」（以下簡稱「今日世界」）開幕，共九廳二園，樓層總面積16,529平方公尺，每日下午2時開放至夜間12時。八樓是仿迪士尼樂園的「奇幻人間」，九樓是介紹世界與中國風光的「今日樂園」，頂樓則設有電動輪車、吊車、靶場、兒童育樂設施。六樓則是餐廳。入場券16元，[48]可在全中心八個廳在一天內不限時間出入其中遊樂，這是仿照上海的百貨公司遊樂場一票玩到底的作法，但若要坐到戲園的「麒麟廳」、「松鶴廳」、「金馬廳」及「鳳凰廳」所設的前區的對號茶座，須另付茶資。開幕當天，最受歡迎的是上演楊麗花歌仔戲的「鳳凰廳」、上演特技雜耍、滑稽相聲、民族舞蹈和小型歌舞劇的「銀獅廳」，以及必須要另外收費的歌廳「孔雀廳」，演唱者有當時紅透半邊天的姚蘇蓉。[49]到了翌月，也就是1969年1月起，讓「在鄉間經常演出」布袋戲「首次」「在臺北市西門鬧區演出」，黃俊雄的「真五洲戲團」成為今日世界的長駐劇團。李亦園（1931-2017）曾述及，1960年代，「臺北或其他大都市的飯館、服裝店以至於理髮店等，大都喜歡標明上海風或香港式，似不以港滬為號召，就會被認為是不夠時尚或較『土氣』。」[50]此時恰好在1960年代末，對「今日世界」而言，讓布袋戲登上時尚百貨公司的舞臺，應當是被視為一種文化資本的賜與。反之，從布袋戲一直上演到其自身轉戰電視臺為止，[51]可以證明布袋戲在「今日世界」中是較能獲得利潤的表演。這也符應皮耶·布爾迪厄所述的，以經濟資本交換文化資本的論點。

48　國民所得：1968年為11,405元，1969年為12,920元。食品費：1968年為43.99％，1969年為42.80。娛樂消遣教育及文化服務費：1968年為6.63％，1969年為7.17％。新竹的白米一臺斤4元。16元相當於34碗飯。〈食米毋知米價（一）〉，金山面文史工作室。行政院主計處，《國民所得統計摘要》（臺北：行政院主計處，2008）。

49　高美瑜，〈臺灣民間京劇商業演出研究──以周麟崑與麒麟國劇團為考察對象〉，《戲劇學刊》16（2012年7月），頁57-88。〈萬企公司經營 育樂中心明天開幕〉，《經濟日報》，1968/12/14，5版。〈萬企公司直營 綜合性劇場 今日世界育樂中心開幕〉，《經濟日報》，1968/12/16，5版。

50　李亦園，〈文化建設工作的若干檢討〉，收於中國論壇編輯委員會編，《臺灣地區社會變遷與文化發展》（臺北：中國論壇出版社，1985），頁305。

51　1970年3月起，黃俊雄開始在臺視每週演出二次，5月11日起改為一週五次，每次一小時。同一天起，中視請來西螺新興閣掌中劇等二團擔任演出，每週一至六演出各一小時。因都在同一時間播出布袋戲，對戰火藥味濃厚，至使1982年時，華視也有意加入布袋戲播出的戰局，新聞局不得不「出面協調出三臺輪檔播布袋戲」。〈華視布袋戲播出受阻〉，《民生報》，1982/10/23，10版。〈十年心力未枉拋 布袋戲改良成功 黃俊雄發揚鄉土藝術〉，《聯合報》，1970/2/2，5版。〈臺視中視均增加 布袋戲節目時間〉，《聯合報》，1970/5/11，5版。

上海百貨公司的文化再轉譯

　　整體而言，1960年代臺北的第一、今日、遠東、萬國百貨這些大型百貨公司，除了萬國百貨外，均屬於上海商人系統，這些上海商人系統的百貨公司，與1950年代政府大力扶持的上海商人紡織業有實質上密切的關連，[52]如同法國19世紀新奇商店的出現背景，與法國紡織工廠的興盛有關，大量的紡織品被生產出來後需要消化，於是百貨公司才能採取大量進貨，同樣的，也因為市場尚未開發，因此可以採取薄利多銷的方式，一層一層地開拓客群。臺灣的紡織業在政府的保護政策下，可以大量生產，達到島內自給自足，並從1959年開始逐漸從進口替代轉為出口導向，[53]這些外銷品被視為高級貨，開始成為百貨公司的主要商品。

　　如同第一章所述，戰前上海的百貨公司同樣源自於近代西方百貨公司的形式，經由其建立者的文化轉譯與在地化地重組，形塑了上海式的特色內容。其中最重要的特色之一，即是將成人的娛樂、旅館、都市機能空間，與百貨公司一起以複合式的方式結合在一起。再者，特別重視明星所能帶來的符號轉嫁意義。

　　第一、遠東、今日公司、今日世界育樂中心、南洋百貨博愛店在開幕日，都請了當紅的電影明星到場剪綵，本省人開設的萬國百貨、大千百貨亦然，後者雖只請了楊麗花一人，但當時楊麗花已有「臺灣凌波」之稱，[54]因此，地方型的大千百貨請到她一人，也算足以壓陣。

　　而在複合式的空間上，第一公司雖在開幕時與電影合作，但一開始並沒有遊樂設施，遠東百貨永綏店與萬國百貨都設有兒童遊樂設施，這點與日本百貨公司比較類似，是以兒童為對象，不過，萬國百貨的遊樂設施是設在最高層的六樓至頂樓，也就是從內部延伸至頂樓，與菊元百貨當時從六樓延伸至七樓展望臺的概念類同，而遠東百貨則是設置在建築內部的五樓，與上海的百貨公司的概念類似。第一公司是在1968年2月才將四樓改裝為遊樂場「兒童世界」，不過雖說是兒童遊樂場，其中的電動模型車競賽場、小型保齡球場、電子快相、電動高爾

-----

52 此外，中興紡織為上海商人鮑朝樗於1949年創設，1985年時中興紡織接手興來百貨，改名「中興百貨」，是上海商人創立百貨公司的另一例。
　　〈新舊「對照」‧歷史鏡頭〉，《經濟日報》，1985/7/15，10版。

53 隅谷三喜男、劉進慶、涂照彥，《臺灣之經濟：典型NIES之成就與問題》，頁109-111。

54 凌波在1963年的電影《梁山伯與祝英臺》中反串梁山伯一角，成為港臺超級巨星，1963、1966年來時，引發萬人空巷的轟動。〈排浪而至凌波來萬人空巷看一星 三千寵愛在一身〉，《聯合報》，1963/10/31，3版。羊瑜，〈凌波星海「風」雲錄〉，《聯合報》，1966/5/21，14版。〈楊麗花隨天馬歌劇團南下 二十四日起在高演出〉，《經濟日報》，1969/1/22，7版。

夫球臺等，應是青少年乃至成人都可以玩的項目。[55]

今日公司則是徐偉峰在籌劃期間，即明言要建立類似上海「大世界」一般的育樂中心，因此，今日公司的遊樂設施也如上海的百貨公司一般是在樓層的內部低樓層與高樓層至頂樓。除了遊樂設備，剩下的娛樂就是戲曲、歌唱、雜耍等。上海的百貨遊樂場中的跑冰場、舞廳等，並沒有被徐偉峰選上，這或許與上海的百貨公司對戲曲明星的喜好有關，但更重要的應是今日世界設立的「目的在倡導正當娛樂，創造康樂環境」。[56]

雖然遠東百貨在開幕前把幹部送往日本受訓，今日公司的負責人徐之豐在創辦前，也曾赴日本和美國參訪當地的百貨公司，[57]顯示上海商人在創立百貨公司時，有參考美日百貨公司的形式，但從 1960 年代興起的這些百貨公司來看，上海的風格確實被帶進了包括臺灣人開設的百貨公司中。不過，即使上海轉譯後再形成的形式——對明星的重視、複合式空間的建築——被帶入，也不必然等於其內容也能被接受。

首先，「今日世界」開辦之初，會以被定位為「國劇」的京劇為主、中國著名的戲種越劇為輔，除了徐偉峰本身對海派京劇的喜愛之外，[58]以當時的中國化政策來說是可以想見的，甚且，1969 年元月今日世界開始上演黃俊雄「真五洲劇團」的臺語掌中戲之初，節目表上並未特別為之定位，但到三月時，卻開始將之定義為「地方戲」。[59]這似乎顯示出臺灣文化雖因經濟因素被允許在場化，但旋即被界定為「地方戲」而編入中國文化的體系中。有趣的是同樣發源於臺灣並以臺語演出的歌仔戲卻未被如此編入，而在此之前的越劇亦沒有特別被標識為「地方戲」，其原因為何，則有待日後從戲曲定位的脈絡作進一步探討。

1967 年時，現代科技文明的電視與電影已開始滲入一般人的生活裡，臺北市有四分之一的人口（33 萬餘人）為電視機用戶，佔全臺灣用戶的 66%，[60] 1969 年中國電視臺開臺、1971 年中華電視臺開臺後，電視臺每天下午開始輪流播放京劇，1970 年，黃俊雄的布袋戲也在臺視上演，戲院內的戲曲演出開始離開日常範

55　〈電動花燈 最受歡迎 第一公司 兒童世界 改裝完成〉，《經濟日報》，1968/02/06，4 版。

56　〈西門鬧區將有 綜合育樂場所〉，《聯合報》，1968/7/28，4 版。

57　〈東京百貨公司兩項特點值得借鏡〉，《經濟日報》，1968/7/22，4 版。

58　高美瑜認為外省人資本家的鄉愁，是上海式的今日公司與育樂中心建立的重要原因。高美瑜，〈臺灣民間京劇商業演出研究——以周麟崑與麒麟國劇團為考察對象〉，頁 78、81。

59　〈今日世界育樂中心節目表〉，《今日遊樂》13（1969 年 3 月），頁 33。〈歌星跑場的故事 上〉，《經濟日報》，1968/12/20，8 版。

60　當時僅有一間臺灣電視臺而已。〈兒童看電視增加常識〉，《經濟日報》，1967/11/17，7 版。

圍，成為一種特別的行事。同時，對習慣了靜默看敘事的年輕世代來說，以聽覺為主、共感覺式欣賞的戲曲已相當陌生，[61]再加上京劇、越劇的唱腔與語言，對臺灣人來說較難懂，即使今日世界在傳統戲曲或說唱藝術演出時，均配有字幕，文化隔閡仍然很難跨越而使之成為臺灣人的休閒藝術活動，更遑論花費珍貴的放假時間與入場票 16 元。從今日世界開幕後的翌月起即增加臺語布袋戲，與越劇共享一個表演廳。[62]其後越劇便不再演出，即可以看出現實上今日世界需要臺灣人客群的支持。

1972 年，在連連虧損下，萬企公司決定重新裝修「麒麟廳」，將它更名為「麒麟國劇院」，改採單獨售票的營運方式，試圖吸引觀光客，但最終入場的還是以老觀眾居多，虧損過大導致麒麟國劇院於 1973 年結束營業，[63] 12 月起改為專映國語片的電影院：「今日戲院」。[64]待 1977 年今日公司在南京西路開設分店「今日新公司」時，也沒有再嘗試設置戲園，而是設置電影院。[65]或許可以說，臺灣的百貨公司與電影院之間的淵源，在 1960 年代的建新、華僑百貨時代便已連結起來。

無生產功能的服務

近代百貨公司的基本形式，在於定價標售、入店自由、平等對待所有客人、

61　例如在今日世界上演《包公案：狸貓換太子》時，臺上的反派角色龐吉被迫向包公低頭，恭送包公出皇城代天巡狩，「捏著鼻子也得大聲呼叫」，臺下觀眾被逗得哄堂大笑。再接著《包公案：脫落帽》中，孝子角色范仲華上場，五分鐘的一段數板念得極為清楚，「立刻得了滿堂彩。觀眾紛紛的交頭接耳的研討，這位是誰？」由此可見，當時的戲園裡仍是傳統「聽戲」的方式，並非靜默地觀看。然而，1960 年代時，辯士已淡出臺灣電影界，臺灣看電影的方式已是靜默的觀看，同時，相較於戲曲，此時都市裡看電影已是更普及的大眾文化。
　　〈狸貓換太子和楊建良〉，《今日遊樂》34（1969 年 8 月），頁 20-23。
62　君實，〈掌中戲上演了〉，《今日遊樂》7（1969 年 1 月），無頁碼。
63　據高美瑜的研究，出身上海的徐偉峰喜好海派京劇，因此請來麒麟團在「今日世界」駐團演出，而之後的沒落，也與徐偉峰生病、1981 年過世，資方無人支持虧損連連的京劇演出有關。高美瑜，〈臺灣民間京劇商業演出研究——以周麟崑與麒麟國劇團為考察對象〉，頁 78、81。
64　〈苦撐了五年不堪賠累麒麟國劇院關門大吉〉，《聯合報》，1973/09/10，9 版。〈今日戲院開幕〉，《聯合報》，1973/12/20，9 版。
65　「今日新公司」一至四樓是百貨公司，五樓兩間小型電影院「明珠」與「翡翠」。六樓是茶樓，地下一樓則是超級市場及各式小吃攤位。〈國泰百貨公司今開業今日新公司定週六下午揭幕〉，《經濟日報》，1977/10/6，9 版。

一體性空間中一次陳列大量商品，以及符號性陳列展演，東亞的百貨公司在轉譯時也將這些基本要件接收下來。

　　徐正風在第一公司開幕時，明言由於許多人因不會討價還價，而懷念起了上海四大百貨不二價又不會上當的好處，因此希望第一公司的不二價和推行禮貌兩項運動，會帶給臺灣社會帶來誠實風氣。然而開幕當天，即有顧客凌氏夫婦在百貨公司買下「店員小姐斷言不褪不縮」的墨藍色「臺灣織『外銷品』」衣料，「下水之後，既褪色、又縮水」。凌先生打電話去客訴，「好不容易找到一位負責的小姐，她的第一句話是：『臺灣出的料子總是要褪色的。』她要凌君告訴是哪個廠家出的，以便公司去退貨。但是那一塊料子上並沒有商標，所以無法答覆。至於對凌君的損失則按下不表。」凌先生於是將料子剪了一塊，連同投書一起寄給《聯合報》副刊專欄「玻璃墊上」，專欄主筆何凡評論此事：「第一公司據說是三百多名受過訓練的店員，也許這些店員在各方面都好，但是有的在誠實方面仍待加強」。[66]

　　1966 年 9 月，臺北市商品標價暨商場禮貌推行委員會，決議通過商品標價或不二價以及商場禮貌辦法，前者由商家自主登記，審查合格者，由主辦單位發給「誠實標價」標誌，貼於各該商號門前或商品櫥窗內，後者則由商家推薦其男女店員若干名參加商場禮貌小姐、先生競賽。[67] 1967 年底，臺北市再度組成推行不二價運動及選拔禮貌店員委員會，以百貨公司林立的成都路、衡陽街為示範區，推行不二價運動及選拔禮貌店員，示範區外的商家也能參加活動，雖然不能參與競賽，但能獲得「參加不二價運動商號」的標識。[68]

　　1968 年萬國百貨開幕前，邀請日本包括松屋百貨在內數間百貨的五位店員，來臺灣為其四百名售貨員講習，何凡在知曉該事後，在專欄中寫道：臺灣的百貨公司中許多店員「經常在閒聊中，顧客上門時她們愛理不理，一面說閒話，一面把東西扔給顧客，對於調換、問詢等事自然不耐煩。」[69]當時已開幕的中、大型百貨公司有第一、南洋、遠東百貨，均屬上海系。到了 1970 年時，當時著名的專欄作家薇薇夫人也在『聯合副刊』上借逛美國百貨公司的經驗，諷刺當時臺灣的百貨公司店員「瞧不起寒酸或錢袋扁的顧客」，如果你說只是看看，就會盯在後面緊跟不捨，或暗示你買不起的腔調。如果試了幾件衣服覺得不合適，就「非

66　何凡，〈誠實為經商之本〉，《聯合報》，1965/10/16，7 版。

67　〈商品標價 商場禮貌 實施辦法〉，《聯合報》，1966/9/13，7 版。

68　〈獎勵不二價運動 成都路衡陽街為示範區〉，《經濟日報》，1967/12/24，4 版。

69　何凡，〈待客之道〉，《聯合報》，1968/9/27，9 版。

把顧客駁倒不可……顯示她才是專家的味道」，如果一直試了都不買，店員就會沒有耐心。[70]

　　整體而言，不二價的定價販售要到 1990 年代才成為百貨公司的日常默契，將折扣價限制於打折時期。[71]而禮貌店員的運動則一直推行到 1984 年，才告一段落。[72]換言之，日治時期百貨公司的店員素養訓練，並沒有延續下來，1960 年代百貨公司的商業手法與店員訓練，沒有將服務當作是氛圍消費的一環，也沒有服務不是為了金錢交易而存在的概念，再從上述薇薇夫人所述可知，百貨公司也並未給予顧客賞玩的餘裕。由當時的店員投書看來，店員僅是領薪資的勞工，還沒有售出商品可以抽成的作法，上架、理貨、交易才是正經的工作內容。[73]確實，在尚未進入消費社會前，服務業中未產生交易的部分，如微笑、禮儀、服務等，不被視為是具有生產意義的勞動，在這樣的情況下，工作若只是以時間換取金錢，沒有動力、歸屬感、或能使之成為一種志業的榮譽，則服務精神確實很難實踐，前述的禮貌小姐／先生運動即是以榮譽作為刺激服務精神的動力。

　　同樣的，若依據資本主義的功效計算，顧客入店後翻動、挑選商品後卻不購買，店員認為要收拾那一團亂的商品是增加工作負擔，而不認為這本就包含在他們的工作中。[74]在傳統面對面的人際網絡時代，討價還價和交涉是人情往來的一部分，時間也還沒有被切割出去、成為「有」或「沒有」的對象，入店即購物的義務感多來自人情壓力。然而在現代社會，從上述的店員投書中可知，店員覺得白白多費勞力，卻沒有業績會被老闆責備，相反的，顧客已沒有了入店應購物的義務感。這兩者間的衝突，必須要等到服務自然地成為一種氛圍的消費時代，才能解消。

無用的空間：櫥窗

　　在櫥窗的展示部分，前章提及在 1957 年後，櫥窗在聖誕節時開始有了布置，同時也出現櫥窗比賽。第一公司在建築時，靠中華路的臨街面設立六個大櫥窗，1965 年聖誕節時作了一次聖誕節布置。然而，翌年（1966）便將櫥窗全部出租給

70　薇薇夫人，〈不算牢騷〉，《聯合報》，1970/9/2，9 版。

71　〈官商論成敗南轅北轍〉，《經濟日報》，1991/10/30，19 版。

72　〈百貨公司「服務」成風〉，《經濟日報》，1984/10/14，10 版。

73　立文，〈店員的心聲〉，《經濟日報》，1972/8/14，10 版。

74　立文，〈店員的心聲〉，10 版。

固定的廠商，百貨公司本身對櫥窗沒有置喙之權——也就是失去了百貨公司的一體性——即使聖誕節到了，也只能在門口貼一些象徵的金色字體，然後將二樓的窗子布置一下作為象徵性的聖誕櫥窗。[75]這顯示出第一公司對於符號的展演並沒有付諸太多心力。

事實上不僅是第一公司，1966 年時，西門町商業繁華區，與外僑最多的中山北路，都沒有聖誕氣息的櫥窗布置，臺北的「街頭看不到一座出色的櫥窗」。甚至衡陽街有的商店把店內的玻璃櫃檯伸到外面來，把櫥窗拆除，或是往後退進店門裡，裡面「只放一兩具模特兒，單調的穿著一兩件衣服」。原因一來是「櫥窗布置費用太高，商家不願延請專家來做」。再者當時「顧客不進門觀看的習慣心理」，促使店家把櫃檯放到外面，讓過路客經過時看到什麼，可以隨口問。[76]附帶一提，從 1965 年 5 月 22 日日本 NHK 播出的節目『第 20 年的臺灣』中，可以看到當時高雄大新百貨所使用的人偶模特兒還是有面目的。同時，這些女裝模特兒被放在玻璃櫃中，不能觸模，童裝模特兒則放在陳列櫃上（圖 4-7）。[77]與上述所說的「只放一兩具模特兒，單調的穿著一兩件衣服」一樣，是作為立體展示使用，而非用來展現情境，發展為理想像的可能也就有限。然而，在 1961 年時，臺北市曾舉行過商店櫥窗布置比賽，得獎者中與百貨業相關的有西服店、傢俱裝潢行、內衣公司、委託行、皮鞋店、藝品店、呢絨綢緞公司。而 1958 年時，人偶模特兒也被特別報導出來，說是女性模仿的目標。[78]

換言之，1950 年代末 60 年代初尚不能自由購買的時代，櫥窗得到的重視，反而比 1965 年允許商業化後來得少。在能賺錢了的商業化時代，講求的是直接換取到金錢的實用性，而非以符號展演吸引消費者的間接手法。1966 年櫥窗被撤除是因為顧客不進門的習慣，側面顯示出進店即需購物的義務性，在此時的臺灣社會仍然相當普遍。

75　〈櫥窗的沒落 商人心有旁騖 大家馬馬虎虎〉，《聯合報》，1966/12/24，13 版。

76　〈櫥窗的沒落 商人心有旁騖 大家馬馬虎虎〉，13 版。

77　日本 NHK，《南の隣国（1）（再放送）「20 年目の臺湾」》，1965/05/22 上午 11:00~11:29。

78　〈櫥窗布置比賽 今開始報名〉，《聯合報》，1961/9/4，3 版。小麗，〈櫥窗模特兒〉，《聯合報》，1958/9/23，7 版。〈北市櫥窗賽 仁山莊第一 大雅西服號第二 美源銀樓第三名〉，《聯合報》，1961/10/27，5 版。

圖 4-7、1965 年時的高雄「大新百貨」中，商品均是放在玻璃櫃裡。人偶模特兒有放在玻璃櫃中，也有孩童型的立在玻璃櫃上。NHK 提供。[79]

　　1967 年，文星書店的老闆蕭孟能在經濟日報副刊發表〈談櫥窗設計〉，以戰前在南京時，所看到的捷克人開的皮鞋店精美的櫥窗作為起手式，指出櫥窗設計是純粹西方的產物，在現代企業中是一種廣告媒體，因此首要「造成速成印象」，引發行人駐足的興趣；其次要跟上趨勢，「把握時間主題」，三要「藝術化與戲劇化」，將櫥窗交予「藝術家施展想像力與創造力」。[80] 6 月，《經濟日報》記者訪問了貿易公司美術設計師、廣告公司經理與貿易公司專員，談論櫥窗應如何設計，報導中提到聯藝廣告公司總經理周中同指出：「櫥窗設計確實關係著『生意』的前途」，因此，「櫥窗設計，應該重視兩個觀念：第一是實用上的經濟價值，第二是觀感上的藝術價值」。中國生產力貿易中心專員趙越也表示，櫥窗設計應該重視：「造型、色彩、燈光與感覺」，但當時臺灣的商店的櫥窗卻是「有多少商品，就儘量堆積多少東西，所以櫥窗就成儲藏室，只夠上『零亂滿目』四

79　日本 NHK，《南の隣国（1）（再放送）「20 年目の臺湾」》，1965/05/22 上午 11:00~11:29。
80　蕭孟能，〈談櫥窗設計〉，《經濟日報》，1967/4/21，7 版。

個字」，即使有設計，也還是「太過於匠氣」。[81] 1969 年國泰集團的蔡辰男也指出美國百貨公司最能吸引顧客的是櫥窗，挑動著人們的購買欲，櫥窗的布置烘托著商品的特色，「比臺灣『貨積如山』式的櫥窗布置，似乎更能使顧客心動。」[82]

中國生產力及貿易中心工業美術設計師丁伯銘更直言，許多大公司的老闆並非不重視櫥窗設計，但是他們能理解花在櫥窗上的材料費，卻無法理解為何要花錢請設計師，結果便是「臺北市內沒有一家商店有一個可觀的櫥窗。」[83]這顯示自 1950 年代以來政府的實用節約政策，確實在臺灣社會裡產生了作用，金錢交易的對象只在於實物，非實物的符號、服務、知識、美學等，都被視為無使用價值、不值得花費金錢的對象。從這個脈絡看下來，前文所述的百貨公司店員無法作到顧客要求的服務精神，也就相當合理，因為在只將使用價值視為有價值的時代，店員會認為工作僅限於販賣交易、貨物上下架的勞動，而不包含保持禮貌的服務。面對這樣的情況，以工商業為對象的《經濟日報》，在 1968 年為當時新起的「商業藝術業」作了一個專訪，介紹該行業是專門接受櫥窗設計、室內裝潢等的委託，「把『觀念』出售給別人，用『智慧』換取報酬」，[84]強調看不見的觀念與智慧也是一種有價值的行業。

從這些報導可以看到宛如 1908 年時《臺灣日日新報》報導的影子，兩者皆在批評當時臺灣的櫥窗多是把商品放在其中，只有堆置卻沒有陳列展示，強調櫥窗布置需要主題與展演。換言之，在 1920 年代末至 30 年代時，臺灣已發展出的商業美術與餘白的概念——例如第二章所提及的 1932 年櫥窗比賽時得到三等獎的婦人洋服店「玉屋」的櫥窗，所呈現出的海灘主題與留白等，在 1967 年時不僅不存在，甚至回到了 1908 年時，重新再提倡空間不是用來容納商品，而是用來展演的時期。

由第三章論述至此，可以看到二次戰後的臺灣，或是更準確地說，1949 年後的臺灣，是一個在思想、產業各方面上，重新近代化的社會。而比日治初期更困難的是，臺灣本土已經歷過一次外生因脈絡的近代化，卻要在這個地層上再重新建構一次外生因型的近代化，然而兩者在轉譯的形式與內容上，又有著相當的差異，這點在上述的今日公司與今日世界上尤其充分地展現出來，1968 年轟轟烈烈開幕的今日世界育樂中心，翌月就不得不加入「鄉野粗鄙」的臺灣布袋戲，到了

81　〈櫥窗應如何設計？〉，《經濟日報》，1967/6/11，6 版。

82　蔡辰男，〈「辰園隨筆二十三」百貨公司和櫥窗的哲學〉，《經濟日報》，1969/2/13，4 版。

83　〈櫥窗應如何設計？〉，6 版。

84　〈設計 商店櫥窗 室內布置〉，《經濟日報》，1968/7/18，4 版。

1973 年 12 月，還是在經濟為重的資本條件下，收掉原為主力的四樓國劇麒麟館，改為上映國片的今日戲院，1981 年 7 月再將原六樓改為上演西片的金馬戲院，1982 年 4 月，由電影人徐進良再把頂樓鳳凰廳承租下來，改裝為鳳凰戲院，[85]於是，1982 年 4 月後，所有的戲曲、雜耍、話劇等動態表演都被收斂進電影院，1982 年 5 月起，今日世界只剩下三家電影院與天福樓江浙菜、香滿樓廣東飲茶兩家餐館。[86]無論是因為上海百貨公司強調戲曲的轉譯不受到臺灣人的接受，或是現代化的觀賞方式與傳統聽戲的方式的差異，1980 年代後，聽戲、雜耍等遊藝已被電影院、遊樂場給替換，而代理等都市服務則只是點綴出現。

近代西方的百貨公司在面對百貨公司林立的競爭時，美國的百貨公司採取向郊區開店，英國城鎮百貨公司以薄利多銷與現金周轉的面向爭取大眾階層，而倫敦的哈洛茲百貨與日本的百貨公司則藉樓層區隔的方式，以地下樓層的食品食材、和洋糕點，作為吸引大眾消費者的方式。那麼，在現實上尚未進入中產階級社會的臺灣，走上層階級與公務人員等上中階級的路線的百貨公司，是否能持續下去？面對 1970 年代十三間新的中大型百貨公司開幕（參見附表一），行為者們實用主義的購物方式，又會產生什麼樣的變化？

二、百貨公司的複合式空間

以高格調為目標的遠東寶慶店

1967 年遠東百貨的成功，使得徐有庠在 1971 年時，即籌劃在臺北再開一間百貨公司，經過一年的籌劃，1972 年 1 月 18 日，遠東百貨位在臺北市西門町外圍的寶慶路分店開幕，營業面積 11,570 平方公尺，為當時臺北最大的百貨公司。開幕當天請來楊麗花、陳莎莉、徐楓、夏台鳳等當紅的十二位影視明星聯合剪綵，

85　這些廳名與樓層配置都與開幕時期不同，每個廳內表演的內容也不同。例如開幕時在八樓的「金馬廳」，專演國臺語話劇，在 1981 年結束前，金馬廳已移到六樓。而六樓在開幕時是「鳳凰廳」與「孔雀廳」，前者上演歌仔戲，後者是歌廳，但 1982 年結束前，鳳凰廳已移到頂樓作為歌廳。這裡說的頂樓應是八樓，因為屋頂上是兒童遊樂園。

86　〈今日戲院開幕〉，《聯合報》，1973/12/20，9 版。〈八大公司雄踞臺北百貨市場 他們的經營訣竅在那裡？〉，《民生報》，1983/2/10，5 版。〈金馬戲院四日開幕 將以放映西片為主〉，《民生報》，1981/7/3，7 版。〈幹導演搞發行 頭昏腦脹 徐進良有「頭」無「尾」〉，《民生報》，1982/5/7，10 版。

並遠從國外請來維也納森林天使交響樂團演唱。在不重視設計師的年代，徐有庠特地請了美國設計師倫理與臺灣設計師梁順財，花半年時間規劃整間百貨公司的內部裝潢，開幕時一樓進門處設置二個大型巨人雕像，入門後是高而寬的圓型大廳，天花板採用彩色鏡片，反射著真珠五彩的投射燈光，是戰後百貨公司中首度顯示出空間餘白的概念者。不過，由於該大樓最初是設計為辦公大樓，雖然賣場的通道設計得相當寬大，但是每層樓的高度不夠，中心的廣場將內部賣場空間切割零碎，難以展現出一望無遺的壯麗一體感。[87]

遠東百貨非常注意櫥窗設計。臨街櫥窗分為十大格，若是全租給廠商至少可增加每月 7 萬元的收入，但遠東百貨還是決定三分之二租給廠商，自己則保留了幾個位置最佳的，請華裔美籍設計師主導設計自家的櫥窗。開幕當天，最靠近大門的櫥窗裡放了一組電動娃娃樂隊，共七個穿著穿橫條短衫短褲的精緻娃娃，居中的是指揮，其他的拉手風琴、打鼓、吹薩克斯風、拉提琴，動作都隨著節拍，小腦袋右一點、左一點，眼睛一眨一眨，吸引非常多人觀看。其他幾個櫥窗設計也都有主題，如阿拉丁神燈、天方夜譚。而由廠商如 BVD、佳麗寶、蜜斯佛陀、豐姿等自行設計的櫥窗，記者也形容「不像一般那麼市儈氣」。[88]

寶慶店在地下二樓設置了可容納一百輛自用車的停車場，顯示遠東百貨定位的客群也是當時少有車的上層階級。賣場從地下一樓到四樓，地下一樓設置了當時罕見的美式食品館與牛排店，以及四十五分鐘可交件的自助洗衣中心、超級市場，四樓設有書城，三樓有狄士斯奈玩具館、特賣館、電化館。[89]

遠東百貨走的是高格調的路線，不僅是願意於裝潢和櫥窗上重視符號設計，同時，在高關稅之下，遠東百貨仍於 1973 年與美國商務部簽約，派員往美國在芝加哥、華盛頓、紐約等地採購包括家庭用品、兒童用具、家庭衛生器皿、電器、運動器材及旅行用品在內的商品。[90]從第一公司以授予廠商空間在店裡陳列販賣

-----

87 〈遠東百貨彩虹大贈獎〉，《經濟日報》，1972/01/18，6 版。〈女裝部仿歐美選品中心 設一千零一夜街 街中有街店中有店〉，《經濟日報》，1972/01/02，6 版。臺視影音文化資產，「遠東百貨公司分公司揭幕　影片編號：new0241445」，1972/01/18。https://www.ttv.com.tw/news/tdcm/viewnews.asp?news=0241445（查看日期：2021/12/30）

88 〈關鍵全在於設計〉，《經濟日報》，1972/31/02，6 版。

89 〈遠東百貨彩虹大贈獎〉，6 版。

90 政府一方面鼓勵遠東百貨這種有益稅收的行為，同時表示為了維持國內消費，抑制走私品與物價的波動，宣布開放了多項以前列為管制進口的物品的進口事宜。〈百貨業經營進入新境界之一：進口舶來品 對國內製造商的激勵〉，《經濟日報》，1973/6/7，7 版。

商品、本身抽取一定比例金額的專櫃抽成方式，經營百貨公司，[91]而獲得成功後，專櫃抽成的經營方式就成為臺灣百貨公司的商業特色。[92]在百貨公司間數逐漸增加的情況下，遠東百貨願意降低專櫃比例，重金開拓自營比例，顯示出其注意到了差異化對百貨公司的重要性。同年，遠東百貨在五樓開設立「遠東藝廊」，由遠東百貨的經理柏舜如等人贊助，交由數百名藝術家組成的「中國藝術研究發展中心」營運，於 1973 年 5 月 4 日揭幕，同時舉辦中國藝術百人聯展，並於 4 日至 6 日下午三時，舉行日本「小原流」插花表演。5 月 27 日，又舉行了與年輕服裝設計師郭玟英的「四季服裝設計展」，展出二十五張服裝設計圖。1982 年遠東百貨大改裝，仍保留遠東藝廊。[93]加上前述一樓入口的圓型大廳，顯示出遠東百貨參考歐美百貨公司時，也注意到了空間餘白的概念，而不再採取把空間填滿商品，使其變成能產生交換價值的營業面積（坪效）的手法。這在自 1950 年代至 1977 年間的百貨公司中，是相當創新的一舉。

訂製服裝與時尚成衣

以紡織業為母體的遠東百貨最重視的當然是布料與服裝部門，自 1972 年開

91　雖然當時各報均指出專櫃制是由第一公司開始的。但從 1952 年 7 月 5 日軍人之友總社回覆臺灣臨時省議會的公文中，可以看到：「復查該公司營業部門早已非國貨公司直接所營業，僅以佔用公家房產，高價轉租商人，（如生生皮鞋店等達數十餘家）從中漁利。本社為適應臺北市區三軍將士苦無休息處所之實際需要……」從當時的老照片可看出，一樓原本菊元時代臨衡陽路的櫥窗已改為生生皮鞋店。而從這段記述顯示中華國貨公司內賣場，也有十餘處是出租給其他業者／廠商。雖不知其是如何收取租金，但與第一公司出租專櫃的方式應是有類似性。

　　〈事由：函復接收國貨公司三樓為增設戰士康樂廳之用洽辦詳情並請轉知該公司履行協議即遷讓以便裝修，43 軍友臺總字第 1305 號〉，〈臺灣中華國貨股份有限公司董事長陳萬等陳情為軍人之友總社欲再接收該公司三樓商場〉（1953/6/24），臺灣省議會史料總庫，分類號：002223044203。

92　〈臺北百貨公司的經營奧祕 經營角色‧撲朔迷離 專櫃制度主客易勢令人詬病〉，《經濟日報》，1982/1/4，10 版。

93　不過，在 1984 年至 1991 年之間，遠東藝廊沒有報導，從 1991 年重新開幕的字樣看來，這段時間藝廊應該是關閉了。〈中國藝術研究中心 明正式揭幕 遠東藝廊同時開放〉，《聯合報》，1973/5/3，9 版。〈別開生面的服務設計展〉，《經濟日報》，1973/5/27，7 版。〈北市各大百貨公司 今明展開促銷活動〉，《經濟日報》，1983/7/23，7 版。〈遠百寶慶分公司慶改裝開幕〉，《經濟日報》，1991/12/5，28 版。

幕起，三樓即有販售布料，而二樓整層都是女裝部，被命名為「一千零一夜街」，參照歐美國家百貨公司的設計，在柔美的燈光下，沿牆的櫃位用花巧的隔間分成十二間店面，可以走進去，是為「街中有街、店中有店」，而每間店面都各有一個試衣室，讓顧客可以試穿，裡面鑲嵌多面銀灰色的三重明鏡，在當時可說是一種創新。因為當時設於樓層中央不沿牆櫃位的中島區多由玻璃櫃組成口字型，沿牆櫃位的玻璃櫃也都是封閉式的，需要店員幫忙打開，櫃位區本身是封閉的，顧客不能走入，而遠東百貨的設計讓顧客能更接近商品，甚至可以碰觸部分服飾，讓顧客直接感覺到材質。[94] 在「一千零一夜街」的一側，有一塊設計平臺，設計師與裁縫待機於此，免費為顧客們設計服飾。顧客可以將想穿的款式跟服裝師說，設計師便會為客人裁好。[95]

　　當時百貨公司的時裝大多從外國進品，遠東百貨寶慶店即標榜採進的貨「量少，樣多」，不會撞衫。販售的大多仍以布料為主，不僅是遠東百貨設有設計臺，今日公司也請設計師和裁縫師駐店，以利布料的銷售。直到 1972 年時，臺灣成衣的製作仍然不很完善，「國內女裝成衣，儘管生產廠家很多，卻始終維持上等價格，中等貨料，下等設計的水準……尤其是式樣，廠商一做就是二、三百件，成了變相的制服。」[96]當時美國工業生產的成衣多是立體剪裁，製造出來的衣服穿在人身上才能服貼，但臺灣用的是平面剪裁，出品的成衣穿上身往往會出問題，因此大量生產的內外銷成衣都只有廉價品。[97]更重要的是，當時臺灣從根本上缺乏大量製作時的必要條件：標準尺碼。直到 1973 年 5 月，紡織工業中心才對衣著消費量較大的 19 至 23 歲在學女生作了體型調查，供設計成衣之廠商參考。[98]

　　歐美的百貨公司在一次大戰前的郵購目錄上，已有尺碼可供選購。日本雖然與臺灣類似，對於成衣抱持著低價品的觀念，成衣標準尺碼的制定從 1952 年開始，總共作了四次體型普查，中間於 1970 年公布一次，而正式的服裝 JIS（日本產業規格）則到 1980 年才確立下來，成衣的普及大約要到 1960 年代後半到 70 年代初這段期間才開始。不過，日本的百貨公司很早就引進歐美的時尚成衣，獲得了一群穩固的客層，並開始自行開發時裝，如伊勢丹百貨商品部便自行設置「服

94　〈女裝部仿歐美選品中心 設一千零一夜街 街中有店店中有店〉，6 版。〈一千零一夜女裝街 名字怪內容也引人〉，《經濟日報》，1972/01/23，11 版。

95　〈女裝部仿歐美選品中心 設一千零一夜街 街中有街店中有店〉，6 版。

96　〈一千零一夜女裝街 名字怪內容也引人〉，11 版。

97　康季秋，〈成衣的外銷展望〉，《消費時代》82（1977 年 7 月），無頁碼。

98　〈成衣業邁向高級產品之路〉，《經濟日報》，1973/5/18，2 版。

師研究室」，1958 年秋天研究出「簡易訂製」（easy order）女性套裝的五個尺寸，包括如何畫版型、省布料的剪裁法等。1960 年代初，因各家百貨公司尺寸不一致，造成女性消費者的困擾，於是伊勢丹、西武、高島屋三家百貨公司在協商後，於 1964 年 3 月起使用共同討論出的「百貨公司統一尺寸」，這是日本的百貨公司為推廣高級時尚成衣所作的努力，早了一般成衣十年左右。[99]

臺灣的百貨公司沒有走日本百貨公司的這條路線，這與高級消費客群的厚度不足有關。百貨公司又有駐店設計師，可以省去消費者買布後，再另找設計師設計的工序。不過，相較於成衣可以試穿後修改、帶走，仍然要等待製作、再跑幾趟試衣、領取，還是屬於較有閒階層者的範圍。[100]

1974 年 5 月 18 日，遠東百貨耗費一千多萬元，請國際著名設計師劉予迪將二樓的「一千零一夜街」改為「巴黎香榭大道」，借用巴黎香榭大道的符號意義，並使用洋風設計作出氛圍設計，例如 1975 年初用藤蔓、垂葉、白鐵飾架作背景，讓穿著時尚服裝人偶模特兒擺出坐與站的姿勢，販售時尚成衣。[101]訂製服則遷至三樓販賣布料的綢緞部，定名為「霓裳宮」，專門販售臺灣還無法製造的外國高級品，例如瑞士、義大利、英國、法國進口的名貴仕女衣料、花邊、繡花織品等，並請當時曾在臺視主持『穿的藝術』節目、並曾為第一公司主持時裝秀的郭心穎為常駐設計師，為顧客免費提供意見、紙上設計，依客人的「身材、氣質、季節及配戴的飾物來決定最佳的款式」，客人再拿著設計的樣圖到同層樓的貴婦時裝沙龍，有裁縫師傅可幫忙訂製服裝。[102]此時，賣布料並提供訂製衣服，與販售成衣，兩者在遠東百貨裡的地位似乎已漸漸趨向對半，不再是以布料為主。而在百貨公司購買成衣和訂製服裝，價格也沒有太大的差異，不過，基本上都偏高，屬上層階級的消費。[103]

99　木下明浩，〈日本におけるアパレル産業の形成〉，《Fashion Talks……: the journal of the Kyoto Costume Institute : 服飾研究》3（2016 Spring），頁 42-51。

100 例如遠東、人人百貨、第一公司同時販賣布料與成衣。〈遠東百貨三樓 設真絲製品部〉，《經濟日報》，1973/06/13，7 版。〈巴黎秋裝 遠東百貨今起表演〉，《經濟日報》，1974/11/16，7 版。〈週末廉價百貨〉，《經濟日報》，1978/04/08，8 版。

101 〈遠東百貨香榭大道女裝街展出新式新裝〉，《消費時代》21（1975 年 2 月），無頁碼。

102 1974 年 6 月 15 日先開幕的臺中遠東百貨的巴黎香榭大道，出售的均是 1974 年歐洲最新款式的女裝。〈遠東百貨公司香榭大道女裝街展出新式時裝〉，《消費時代》21（1975），無頁碼。〈臺中遠東女裝街 陳列最新歐式裝〉，《經濟日報》，1974/6/16，6 版。〈華視平劇受嘉獎 秋衣特介荷葉邊〉，《聯合報》，1972/11/21，8 版。〈專家為你免費設計服裝〉，《消費時代》期 78（1977 年 3 月），無頁碼。

103 以華僑百貨的秋裝為例，普通單件式的洋裝每件大約是 150 到 250 元左右，套裝則是 200 元

寶慶店人偶模特兒不再擺放在玻璃櫃中，而是被安置在走道邊、展示區或玻璃櫃前，此時用的人偶模特兒是有五官面目的，[104]且多為西方白人的樣貌，其所要實踐的理想像，主要仍是呈現服飾從折疊到展開、穿著上後的樣子，但也有了姿勢、藤蔓等背景，較單純直立著的多了些氛圍，不過，也佔了較多的空間，因此遠東百貨盡可能地在巴黎香榭大道上少用模特兒，因為如此一來可以「省了許多空間，客人在架上挑自己喜歡的衣服，這樣對服裝的式樣，觀察的比較『純淨』，不受模特兒身材、膚色、髮色的影響。」[105]換言之，模特兒展現出的理想像與現實之間的差距，會有造成選擇誤差的風險，這也是 1990 年代後，人偶模特兒轉向無五官抽象風格的原因之一。

為安置榮民榮眷的欣欣大眾公司

1972 年這一年間，除了遠東百貨，臺北市同時又迎來二間百貨公司，一間是也在西門町商圈的「人人公司」，在空間設計上，人人公司的每個櫃位獨立但沒有顯著隔間，保持在視覺上一覽無遺的效果。在精品上，人人公司也有引進法國名牌 Coty 的各種用途化妝品，以及西德名牌 Rewenta 的各款打火機。而比較特別的是，人人公司在一樓設立的詢問臺，具備外幣兌換與郵票販賣的都市服務功能。[106]

另一間「欣欣大眾公司」則是百貨公司中較特殊的案例。1970 年，內政部將原訂第十四號公園以北（在林森北路）停車場保留地變更用途為市場保留地後，[107]由行政院國軍退除役官兵輔導委員會在此處創立欣欣大眾公司。該百貨公司會開在與當時臺北繁華區完全不同的地方，與該地的特殊性有關。

至 290 元。而原本 150 多元的夏裝，則半價賣 70 多元。每天賣出平均 500 套。1969 年的平均每人國民所得為 12,920 元，平均每人民間最終消費支出為 8,068 元。

黃佩鈺，〈紡織成衣業升級模式的省思─以五分埔成衣市場的轉型軌跡為例〉，《華岡紡織期刊》卷 15 期 2，頁 95。〈早晚涼風起 櫥窗秋意鬧 華僑百貨公司 秋裝出籠〉，《經濟日報》，1969/09/07，6 版。

104 陳莎莉、華真真，〈遠東貨公司分公司揭幕，臺視影星觀禮〉，《臺視影音文化資產》（1972.01.18），2021/2/21，https://www.youtube.com/watch?v=qSvJeWrsF_4。〈遠東百貨香榭大道女裝街展出新式新裝〉，無頁碼。

105 〈一千零一夜女裝街 名字怪內容也引人〉，11 版。

106 〈人人百貨公司的經營策略〉，《經濟日報》，1972/12/2，6 版。〈人人股份有限公司今天下午二時隆重開幕〉，《中央日報》（臺北），1972/12/2，5 版。

107 〈十四號公園以北 車場地變更計畫 經審核通過即日公告〉，《聯合報》，1970/11/8，6 版。

圖 4-8、從廣告中可以看到欣欣大眾公司內部的設計，以及其商品的陳列展示，從下圖左上的照片中，可以看到櫥窗中已有創意的設計，而非只是陳列商品。上圖：廣告欄，《中央日報》，1972/6/24，5。下圖：廣告欄，《中央日報》，1972/6/27，4版。圖片來源：中央日報全文影像資料庫提供。

該處在日治時期為日本人公墓，1949 年許多隨國民黨軍來臺的外省低階士兵無處可居，[108]便佔用公墓地搭違章建築居住，後來移居於此的人增多後，就直接在公墓上鋪上水泥蓋違建，及至 1970 年代，所有的公墓都被鋪滿，成為榮民及其家眷集聚之處。[109]因此，欣欣大眾的基礎客群設定在榮民與榮眷，設定目的也是要安排榮民及其眷屬、子女的工作，開幕初期預定安置榮民二、三百人，榮眷子女三百人。百貨公司區僅一至二層，重點放在地下一樓的大眾化生鮮超市，由於進貨採現金，所以可在不影響利潤的情況下，比一般百貨公司訂價低一成。同時率先使用震旦行製造的現金收銀機、多條結帳走道出口，展現現代化的效率。欣欣大眾超市還有送貨到宅服務，標榜買一件也送，早上上班前到欣欣大眾超市買好貨後，中午前就可以收到貨。是專門為打卡公務人員設計的服務。[110]作為退輔會單位的欣欣大眾公司為了配合政府節簡政策，沒有任何開幕活動，1972 年 6 月 28 日當天直接開門營業。不過，百貨公司內部仍有寬闊的走道，從圖 4-8 下圖的左上圓中，也能看到櫥窗的設計是經過設計的。

臺北市中心的東擴與新開幕的百貨公司

　　1974 年 12 月 4 日，本省人吳火獅的新光集團（擁有新光紡織）所開設的「新光育樂公司」，選在南京西路近中山南路口，這個位置接近鄰近大稻埕的建成圓環，擁有比欣欣大眾更大的超級市場，1975 年 5 月 4 日超市舉辦了一場「佳餚烹飪示範觀摩大會」，現場菜的材料、調味料適量配合，附上食譜，裝成一包包地

-----

108 1949 年時隨國民黨來臺的外省人，除政府核心層之外，簡單以有無分配到住處來看，空軍、海軍、政戰的高階將領，或中央級國民代表、高級文人等配有個別宿舍。上級軍階、技術官等、及可攜家眷來臺，往往居住在接收來的日式房舍或由公款、婦聯會捐款等興建的列管眷村。而絕大多數的陸軍士兵則無處可居，便圍繞列管眷村或軍營，或是便於交通的鐵路、公園，自行搭蓋竹棚，形成自力眷村／非列管眷村，前節所述的中華商場前身即為一例，欣欣大眾公司所在處，亦屬自力眷村，土地屬於市政府所有。1975 年起因市政府要將土地改建為十四號公園（今林森公園）而引發住戶抗爭，時間長達 22 年之久。

　　關於眷村，可參看：李廣均，〈臺灣「眷村」的歷史形成與社會差異：列管眷村與自力眷村的比較〉，《臺灣社會學刊》57（2015 年 9 月），頁 129-172。

109 而白色恐怖時接受政府委託為死刑犯收屍的「極樂殯儀館」也位在此處。〈全市最大違建區將闢成美麗新世界 市府決以多目標規畫興建 林森北路、南京東路一帶發展大利多〉，《聯合報》，1992/7/27，14 版。〈極樂殯儀館下月中拆除〉，《聯合報》，1973/12/21，6 版。

110 〈欣欣大眾市場 月底開業〉，《經濟日報》，1972/6/21，6 版。〈欣欣大眾公司擇定二十八開業 現金進貨創新風格〉，《經濟日報》，1972/6/23，6 版。〈欣欣大眾公司的超級市場及百貨公司開業〉，《經濟日報》，1972/6/28，6 版。

在超級市場內出售，回家拆開即可烹調，作為超市配好食材販賣的開端。[111] 1975
年 12 月和 1978 年 9 月份別又在民生社區和信義路新生南路口，開設以超級市場
為中心的分店。1977 年 5 月，與日本相當受年輕世代歡迎的巴而可百貨（PARCO）
合作，選在寶慶路與中華路口的新光大樓一樓，並成立「新光巴而可」，以少女
服飾為中心，1980 年 6 月再擴建為三層樓，增加飾品、皮包皮鞋、靠墊等生活用
品，以及餐廳。[112]

① 新光育樂公司 ② 欣欣大眾公司 ③ 今日新公司（今日公司南西店）
④ 衣蝶生活流行館 S 館（力霸百貨系統 1999/12/28 開幕）⑤ 永琦百貨
⑥ 芝麻百貨　⑦ 先施百貨

圖 4-9、1970 年代東擴至臺北市南京西路商圈的百貨公司。[113]

　　雖然欣欣大眾公司因為標的客群不是一般人，而離開了臺北西門町與衡南路

-----

111 〈新光超級市場舉辦 佳餚烹飪示範大賽〉，《經濟日報》，1975/5/4，6 版。

112 日本的巴而可百貨是採全專櫃，選擇的品牌在年輕世代中，可說是具有領導流行的摩登代表。
　　〈新光育樂公司 11 點開幕〉，《中央日報》，1974/12/07，1 版。〈新光育樂公司 七日開業〉，
　　《經濟日報》，1974/12/04，7 版。〈新光巴而可今日揭幕〉，《經濟日報》，1977/5/8，6 版。
　　〈新光巴而可公司〉，《經濟日報》，1980/6/1，10 版。

113 底圖：〈臺北市街圖（1979）〉，「臺灣百年地圖」。https://gissrv4.sinica.edu.tw/gis/
　　taipei.aspx（查閱時間：2023/7/21）

商區，向東移選址在林森北路近南京東路交叉處（圖 4-9 ②），但卻也恰好連接上了臺北市繁華區的東擴。

1970 年代新開的百貨公司，遠東百貨（1972）、人人公司（1972）、全女性為主的洋洋百貨衡陽店（1976）、[114]新光巴而可（1977）、國泰百貨（1977）[115]和 1980 年代頗受年輕人喜好的來來百貨（1978）仍是在西門町中華路商圈內。然而，1974 年的新光育樂公司在南京西路開店後，1977 年 10 月，徐之豐在其隔壁設立「今日新公司」（後多為稱為今日公司南西店或南京店），11 月 29 日永琦百貨在南京東路新生南路口開幕，[116] 1978 年芝麻百貨在復興北路近長安東路口開幕，[117]（圖 4-9 ⑥）12 月 17 日，遠東百貨在更向東移的仁愛路圓環開設仁愛店。[118]（各百貨公司簡介參看附表一）

臺北市從日治時期到 1960 年代的經濟重心，集中在中山北路以西的臺北火車站附近地區至西門商業中心，為單一中心。但這個單核心的都市空間結構在 1960 年代開始發生變化，臺灣經濟與世界接軌，轉向出口導向工業化發展，這些製造廠商為了能與快速接近決策中心獲得訊息，甚至與決策中心互動，取得決策支援，因此紛紛在臺北設立總部，日治時期臺北市從靠淡水河邊一直到火車站區已有一定的建築，因此，這些廠商總部只能選擇建在臺北市東邊郊區，如中山北路、敦化北路、南京東路、羅斯福路二段等地，1965 年至 1975 年時，傳統市區（龍山、城中、建成、延平等四區）的人口呈衰退 17%。相對的，外圍的大安、古亭、雙園、大同、中山、松山等東邊郊區的人口數成長了將近一倍。1960 年代至 70 年代，製造商總部不斷在中山北路以東，敦化南北路以西的地區發展（圖 4-9），連帶起了相關的不動產、金融銀行以及國際貿易商的聚集發展，使此區成為臺北市新的動態發展地區，臺北市的經濟商業核心也發生了位移，火車站以西的傳統市區開始沒落，被火車站以東的新興地區所取代。[119]

換言之，在 1970 年代，臺北火車站以西的意象逐漸「老舊」化，而新興的東邊則開始帶著「新」的意象。這點從上述百貨公司的發展上也可以看出來，

-----

114 〈洋洋百貨明天開幕 專售女性高級服飾〉，《經濟日報》，1976/12/15，7 版。

115 〈國泰百貨公司今開業〉，《經濟日報》，1977/10/06，9 版。

116 〈永琦百貨公司揭幕〉，《經濟日報》，1977/11/29，9 版。

117 〈芝麻百貨公司 下月中旬開幕〉，《民生報》，1978/10/21，8 版。〈華美啟用芝麻大廈 芝麻百貨及超級市場同時開幕〉，《經濟日報》，1978/12/18，7 版。

118 〈百貨雄獅 遠東百貨臺北仁愛路公司即將開幕了〉，《消費時代》86（1977 年 11 月），無頁碼。

119 周志龍，〈後工業臺北多核心的空間結構化及其治理政治學〉，《地理學報》34（2003 年 12 月），頁 1-18。

1974 年新光百貨和 1977 年的今日新百貨開在了南京西路與中山北路口，也就是新舊的交界處。1977 年的永琦百貨、1978 年的芝麻百貨則是開在完全新興的金融辦公區內，而 1978 年的遠東仁愛店則進入了高級住宅的大安區，兩者的客群與集客方式，都勢必與傳統西區不同。

不過，去除大多設在地下一樓、可以將之視作一體化建築之外的超級市場，1970 至 80 年代的許多百貨公司，包括本省人投資的百貨公司在內，都選擇在建築內部設置娛樂場，例如保齡球場、遊樂場、電影院（表 4-1），這顯然是延續了上海系統的轉譯，在一體性的空間內，複合式地將各種功能性場所連結起來。

保齡球場	遊樂場	電影院	無超市
◇欣欣大眾公司（1973-1978，3F-4F）[120]	◇第一百貨 ◇欣欣大眾公司 5F ●金銀百貨[123] ●中信百貨 ◇人人公司「電動遊樂中心」（1976，8F） ◇力霸百貨 ◇環亞育樂中心（與環亞百貨公司為複合式建築，但不屬於同一單位） ◇鴻源百貨（1988） ◇太平洋崇光百貨 ◇明曜百貨 ◇大亞百貨 ◇新光三越站前店	◇欣欣大眾公司（1978/6 撤除保齡球場，4F 改為欣欣大戲院） ●金銀百貨 ●中信百貨 ◇新光電影院（1981 撤保齡球場，4F 改為新光大戲院） ◇今日新公司 ◇芝麻／興來／中興百貨 ◇統領百貨 ●永和鴻源百貨 ◇鴻源百貨（小型電影院）	◇南洋百貨 ◇人人公司（1972~1974） ◇來來百貨 ◇洋洋百貨衡陽店 ◇永琦 A 棟 ◇來來百貨 ◇先施百貨 ◇大亞百貨 ◇新光三越站前店
◇新光育樂公司（1-3F，1974-1978）[121]			
◇金銀百貨 8F			
●中信百貨			
●永和鴻源百貨[122]（6F）			

表 4-1、1970 至 80 年代各大百貨公司的遊樂設施（虛線以下為 1980 年後開設
實線以下為 1990 年初開設。星字開頭為中、大型百貨，●開頭為地方型百貨）

-----

120 欣欣大眾公司的走道寬，有三公尺，而且貨架不超過 170 公分，保持視野的開闊性，在當時是相當先端的百貨手法，但販售的商品種類較少，以服飾，手工藝品、皮鞋、童裝、女裝為主。〈欣欣大眾公司擇定二十八開業 現金進貨創新風格〉，《經濟日報》，1972/06/23，6 版。

121 〈新光育樂公司 11 點開幕〉，《中央日報》，1974/12/07，1 版。〈新光育樂公司 七日開業〉，《經濟日報》，1974/12/04，7 版。

122 永和鴻源百貨的母體鴻源機構本身有保齡球隊。

123 〈金銀百貨昨開幕〉，《經濟日報》，1979/12/10，9 版。

百貨公司內部的遊樂設施

　　歐美的百貨公司在近代發展的過程中，並沒有娛樂設施的介入，美國娛樂設備、電影院是在百貨公司往郊區發展，形成商場後才連結在一起。但是日本、香港、中國廣州、上海的百貨公司，在接收了近代百貨公司的形式後，都以不同的方式發展出娛樂設施。而臺灣真正大型的百貨公司出現後，也與娛樂設施產生了連結。這不得不去從外生因性的關連來思考。1970 年代在臺北市與鄰近的臺北縣永和開幕的中大型百貨公司，約有十九間（附表一）。大千百貨、南洋百貨、與宣稱倒閉後又重開張的新第一公司（1979），在性質上屬於偏向 1960 年代的百貨公司。新光巴而可則類似服飾店。而新光百貨信義店與新光百貨民生店，主要是超市為主的社區型百貨，因此在此先將這些排除。洋洋百貨博愛店在接收南洋百貨後開幕，但僅二年就倒閉，中間並沒有什麼變動，因此也將洋洋博愛店刪去。中信百貨與金銀百貨則是在永和開設的地方型百貨公司，也予以排除。因此，本節接下來討論 1970 年代時，主要將以臺北市的這十一間中大型百貨公司為主——其中有六間是在 1977 年至 1979 年間開幕的，[124] 而 1976 至 1979 年也恰好是臺灣第一產業急速沒落，第二產業急速興起的工業化時期，以及家戶可支配所得開始增加的時期。[125]

　　1970 年代是臺灣風行保齡球館的時期，[126]從表 4-1 可知，新建的百貨公司如欣欣大眾公司與新光百貨，都花了二層樓設置保齡球館，尤其是新光百貨在一、三樓共設立紅藍雙色的六十四條球道，利於運動比賽用。[127]人人公司原本 1972 年開幕時僅有四層樓，在 1976 年 12 月改裝時，向上擴張把八樓改裝成佔地 1,157.03

-----

124 1970 年代臺北市與臺北縣永和開設的主要中大型百貨公司分別為：1. 遠東寶慶店 2. 欣欣大眾 3. 人人百貨 4. 永和・中信百貨 5. 新光育樂公司（南西店）6. 洋洋百貨寶慶店 7. 國泰百貨 8. 今日新公司（1978 年後多稱為南西店）9. 永琦百貨 10. 遠東仁愛店 11. 來來百貨 12. 芝麻百貨 13. 臺北縣永和金銀百貨（依開店序）

125 財團法人中華經濟研究院，〈由消費支出結構探討臺灣產業結構調整之趨勢與策略〉。101 年度國內外及中國大陸經濟研究及策略規劃工作項目一。https://www.moea.gov.tw/Mns/cord/content/wHandMenuFile.ashx?file_id=1956（查看日期：2022/8/17）隅谷三喜男、劉進慶、涂照彥，《臺灣之經濟：典型 NIES 之成就與問題》，頁 166。

126 獅，〈保齡球史話〉，《經濟日報》，1969/4/21，10 版。〈保齡球運動 逐漸大眾化 養顏保健恢復疲勞〉，《經濟日報》，1969/8/4，6 版。

127 〈欣欣大眾 成立週年贈獎品〉，《經濟日報》，1973/6/28，7 版。〈新光育樂公司 今天起大贈送〉，《經濟日報》，1974/12/25，7 版。廣告，《中央日報》，1974/12/4，1 版。

平方公尺的電動遊樂中心。[128]到了 1970 年代末，保齡球的熱潮不再，欣欣大眾公司便在將保齡球館拆除，在 1978 年 6 月將之改為欣欣電影院，並在五樓增設兒童遊樂場。[129]

　　然而 1970 年代的百貨公司並不是很熱中於設遊樂場，十一間百貨公司中，僅三間設有遊樂場，可親子共遊。[130] 1980 年代則有五間新開的百貨公司中有遊樂場，[131]只是，1980 年代中末期的百貨公司遊樂場，已多是以青少年為主的遊樂場，如鴻源百貨地下一樓的 DJ 廣場、點唱式 MTV 及大型遊樂場，或是電動、遊戲機。[132]電玩遊樂場與百貨公司的結合，從第一百貨開始，一直連續到 1990 年代中期以後，才逐步退出百貨公司，而在 1990 年代初至 90 年代中期，電玩業成為百貨公司異業結合的重點對象，[133]例如臺北火車站對面新光三越站前店和大亞百貨的競爭手段，前者在十三樓購值價值 2,500 萬元的日本 Namco 銀河系防衛戰電玩設備，後者立刻在六樓增設「SEGA WORLD」電動遊樂場，引進日本著名的 SEGA 電玩與之對抗，其中的 SEGA 超級賽車便花費 800 萬元。[134]從親子同樂的電動機遊樂器，轉向 DJ、電玩遊戲機等，顯示出 1980 年代末的消費客群與 1970 年代也已有了不同。

　　一直到 1970 年代，百貨公司在選擇結合複合式的娛樂設備時，主要的對象多是電影院。會選擇電影院的原因之一，與 1960 年代以來上海系百貨公司的轉

-----

128 〈猴面梟 現在人人百貨展出〉，《經濟日報》，1976/12/19，5 版。

129 〈欣欣大眾四樓改建戲院 月底前開幕〉，《經濟日報》，1979/6/8，9 版。

130 〈購物之外有吃有玩 百貨公司經營多元化〉，《民生報》，1984/2/22，5 版。

131 1980 年代臺北市開設的主要中大型百貨公司 1. 大王百貨 2. 力霸百貨（接手大王百貨）3. 環亞百貨 4. 興來百貨 5. 統領百貨 6. 中興百貨（接手興來百貨）7. 先施百貨 8. 永和鴻源百貨 9. 鴻源百貨（接手環亞百貨）10. 太平洋崇光 SOGO 百貨忠孝館 11. 明曜百貨 12. 永琦敦南店

132 〈百貨公司 電玩管理大死角〉，《聯合報》，1991/1/1，13 版。

133 其間 1979 年 5 月內政府規定取締未依標準營業或具賭博性質的電動玩具，並特別針對未經許可在百貨公司中附設經營電動玩具遊藝者，一律以未經許可擅自經營特定專業經營，予以取締，不過，供幼童玩的電動木馬類的不算在內。1982 年 3 月 5 日起全面禁止，直到解嚴後，1988 年 6 月 6 日才解禁非賭博性電玩。〈警局強制拆除吃角子老虎 第一公司的兒童世界也在內〉，《中國時報》，1972/3/17，6 版。〈電動玩具將予全面禁止〉，《中國時報》，1982/3/5，1 版。〈電動玩具氾濫 戕害學童身心 滋生社會問題 議員促速取締 警方允在二十天內全面掃蕩予以清理〉，《中國時報》，1979/4/7，6 版。〈取締電動玩具 限於賭博性質〉，《中國時報》，1980/6/19，3 版。〈電動玩具解嚴了 內政部開放七種電玩販賣與製造 凡未涉及賭博行為者將不予取締〉，《中國時報》，1988/6/6，8 版。〈百貨業吹起投資電玩熱〉，《經濟日報》，1993/9/29，15 版。〈百貨公司靠電玩打天下？〉，《聯合報》，1995/03/18，49 版。

134 〈大型遊樂場 進駐百貨公司〉，《聯合報》，1993/12/23，16 版。〈百貨公司電玩 比新！比刺激！〉，《聯合晚報》，1993/12/22，5 版。

譯應不無關聯。歐美乃至日本的百貨公司都少有在建築內部設置電影院。而日治時期臺灣的百貨公司與電影的關聯僅止於海報展等。因此，戰後臺灣的百貨公司在一體性建築內設立電影院的作法，應與上海商人帶入的複合式娛樂空間概念與注重戲劇明星有關，這樣的概念到了 1970 年代時，已被臺灣人接受成為百貨公司認知的一部分，當然，在電視尚不發達的此時，電影（院）帶有的西方文明技術的新意象，在臺灣應還是有一定的意義作用。

　　新光百貨在保齡球熱潮退卻後，於 1981 年拆除保齡球場，將四樓擴大為百貨城，同時設立新光大戲院，[135] 1984 年更在以超市為主的民生店也設立新光民生大戲院，首開了離開繁華市街、在社區內設立電影院的先例。而原本即屬重視戲曲的上海商人系的今日公司，不僅身處西門町電影街、本身也有今日大戲院，在 1976 年時還與推出到今日公司購物滿 20 元，憑電影街的當日票根一張可抵 10 元的活動。[136] 1977 年在南京西路新光百貨旁開設今日新公司（南西店）時，也在五樓設立專映西片的翡翠大戲院，與專映國片明珠大戲院；1978 年開幕的芝麻百貨，也在三、四樓設立裝潢精緻的金像獎電影院。

　　換言之，除了開在西門町電影街鄰近的遠東寶慶店、國泰、人人、來來百貨之外，1970 年代的百貨公司中，只有遠東仁愛店與永琦百貨沒有設置電影院。相反的，1980 年代新起的百貨公司，除了西門町電影街周邊的大王百貨與接手它的力霸百貨之外，僅有 1984 年成立的統領百貨，以及 1987 年接手環亞百貨的鴻源百貨設置電影院，而鴻源百貨的電影院是在地下二樓的二間小電影院，在此之前環亞百貨所在的超大型「環亞世界」，以及 1980 年代的巨型百貨太平洋崇光 SOGO 百貨忠孝館，或是中型的先施百貨、明曜百貨、永琦敦南店都沒有設電影院。由 1973 年今日公司（或者說更早的建新百貨）牽起的臺灣百貨公司與電影院的緣分，在 1987 年後，新起的百貨公司開始排除電影院，1990 年代後再逐步排除遊樂場，以一體性的消費空間與文化場所作為號召，而複合式的遊樂設施等，則逐步轉向類似美國的商場，以各立門戶的方式分享建築物。這其中與符號消費的關係，留待下章再來討論。

　　從 1960 至 70 年代百貨公司接收近代百貨公司的形式過程中，可以看到上海的複合式空間與對娛樂戲曲、明星等轉譯後的內容，是臺北市的百貨公司所接收的形式。然而，日本文化的內容也沒有完全被抹除，最明顯的例子顯現在電影院

135〈新光戲院 今天開幕〉，《民生報》，1981/12/24，7 版。
136 廣告，《中央日報》，1976/8/10，8 版。

的廣告表現方式上。電影院如何招攬觀眾的手法，仍然維持日治時期以來電影院大型手繪看板的方式。日本從江戶時期以來，就常在「新奇事物秀」（見世物）、歌舞伎等表演場所的門前擺上大型手繪看板，之後的電影院也延續這樣的傳統，加藤幹郎（1957-2020）認為巨大的手繪看板是日本電影院的特徵，[137]這種巨型手繪看板鮮少出現在歐美，戰前上海也僅有 1921 年的「夏令配克影戲院」等少數例子。[138]但在戰後臺灣，巨型的電影看板仍是電影院的重點招牌，不論是在日治時期以來西門町電影街區裡的新世界、新聲、樂聲、真善美、今日戲院，或是新起的新光大戲院、欣欣大眾電影院等百貨公司的電影院，均使用這種看板，而這其中除了國民黨 1947 年從日本人手中接收的電影院外，[139]也有戰後由外省人或臺灣人成立的電影院，顯現出在臺灣，電影院與百貨公司的結合是雖是上海轉譯而來的產物，但面對「如何看電影」的臺灣人的習癖與實作感覺，百貨公司也仍然不得不有所變化，這也是日本與中國上海的文化在戰後臺灣相互雜揉的現象。

借助明星的光環

除了與電影院結合，臺灣的百貨公司也承襲上海的百貨公司借用明星光采的手法。從目前所得的報紙廣告欄來看，南新百貨於 1957 年 11 月 10 日在報紙上刊登的「紀念國父誕辰舉行大特價大贈品三天」廣告裡，放上臺語片明星柯玉霞與小豔秋的照片（圖 4-10），[140]應是最早運用明星面貌作宣傳的百貨公司。1965年後一直到 1980 年左右，舉凡開幕剪綵、活動贈禮等，各中大型百貨公司都會請來影視明星助陣，可說是臺灣百貨公司的一大特徵。例如 1965 年第一公司開幕時，除了經濟部長李國鼎之外，還邀請被稱為「國聯五鳳」的五位女影星到場，1967 年遠東百貨永綏店與華僑百貨開幕時，也都邀請明星到場剪綵、摸獎，請明星到場造勢開始成為此時期的風潮。之後的今日公司、新第一公司、人人公司、南洋百貨等的各種活動，都可見明星的身影，即使在臺灣人開設的百貨公司中，萬國百貨與大千百貨、新光百貨、來來百貨在開幕時也同樣邀請明星到場造勢（附

-----
137 加藤幹郎，《映画館と観客の文化》，頁 228。
138 可參看《上海摩登》中上海電影院的照片。李歐梵，《上海摩登》，頁 100、102。
139 王泰升，〈中國國民黨的接收「日產」為「黨產」〉，《律師雜誌》245 期（2000/02），頁105-111。
140 南新百貨於 1957 年 2 月 30 日開幕於臺北西門町的成都路 54 號，亦即房屋屬日治時期老屋，總面積不大，主要自產自銷服裝，屬小型「百貨行」。由柯桂康任董事，劉景波與張華庭任總經理與經理。〈南新百貨公司定今正式開幕〉，《徵信新聞》，1957/2/30，2 版。

表一），[141]而高雄的大統百貨在 1975 年開幕時則沒有請明星，而是邀請政府官員及各界人士到場，並由董事長夫婦主持剪綵，[142]與日治時期的百貨公司的方式較為類似。

圖 4-10、南新百貨公司在報紙廣告欄上放置了明星小豔秋與柯玉霞的照片。廣告欄，《徵信新聞》，1957/11/10，1 版。

　　不過，請明星剪綵的熱潮到了 1980 年代，不再受到歡迎。1977 年開幕的國泰、永琦百貨沒有請明星剪綵，與其說是本省人未受上海風影響的關係，不如說是明星熱潮的消退。1970 年代中期以前，除了沒有開幕式的欣欣大眾公司以外，僅洋洋百貨沒有請明星到場開幕。而 1970 年代中期以後，國泰、永琦、芝麻百貨都沒有請明星到場。進入 1980 年代後，除了徐偉峰之子徐小峰的大王百貨之外，僅 1991 年開幕的新光三越站前店，請日本影星翁倩玉來臺剪綵，但翁倩玉本人的服飾品牌「Judy」在新光三越設櫃，因此她出席的意義又不同於一般的影視明星。

　　這消退的歷程也對應了 1960 至 70 年代臺灣電影院與明星輝煌的時代，百貨公司透過明星可以聚集人潮，如前節所述，凌波來臺一次可聚集上萬人，百貨公

-----

141 例如 1967 年遠東百貨永綏店開幕時則請了唐寶雲、謝玲玲等中央電影公司的六位女星剪綵，同年，華僑百貨開幕當天，請了明星李麗華和謝玲玲剪綵獻花，並舉辦滿額贈品。1968 年萬國百貨開幕時請來夏臺鳳、張美瑤、劉明，今日公司開幕時請來凌波，今日世界育樂中心開幕時請來楊麗花等十二名女星。1972 年 1 月遠東百貨寶慶路店開幕時，請來陳莎莉、徐楓等十二名女星剪綵。12 月人人百貨開幕時，除舞獅舞龍外，也請來鄒森、夏臺鳳、青山等十四位影視明星剪綵。〈推銷國貨溝通僑情〉，《聯合報》，1967/10/03，7 版。〈萬國百貨明日開幕〉，《中央日報》，1968/11/15，1 版。〈今日公司開幕誌慶〉，《中央日報》，1968/12/08，5 版。〈今日世界育樂中心今日開幕〉，《中央日報》，1968/12/15，5 版。〈遠東百貨公司寶慶路分公司開業〉，《中央日報》，1972/01/19，7 版。〈人人股份有限公司今天下午二時隆重開幕〉，《中央日報》1972/12/02，5 版。廣告欄，《徵信新聞》，1957/11/10，1 版。廣告欄，《中央日報》，1965/10/5，1 版。廣告欄，《中央日報》，1967/10/28，1 版。廣告欄，《中央日報》，1968/10/5，1 版。廣告欄，《中央日報》，1968/10/15，1 版。廣告欄，《中央日報》，1970/5/2，4 版。〈人人百貨推出新禧大贈送〉，《經濟日報》，1976/01/03，7 版。廣告欄，《聯合報》，1977/11/29，1 版。

142 廣告欄：《中央日報》，1970/6/16，第 1 版。〈高雄大統百貨公司今開業〉，《經濟日報》，1975/10/6，7 版。

司不僅得到明星轉嫁的光芒／形象，也得到實質的利益。換言之，電影院是 1970 年代最佳的集客手段。這相對也顯示出在 1970 年代，百貨公司尚無法僅作為消費空間便能吸引到顧客的光臨，尚需要與娛樂設施結合集客的力量。那麼，1970 年代末沒有邀請明星來開幕剪綵的百貨公司，如永琦、芝麻百貨等，是已具備了足夠的集客力，亦或是有別的因素？這將是下一章要討論的問題。

三、上百貨公司「作功」

剩餘的消費 vs. 有效的作功

物理學裡有一個詞叫「作功」，也就是施了的力能轉換成為動能，這個能量便是具有「作功的能力」，否則就是「白費力，沒作功」。[143]把這個意義用在理解實用功效上，如果花費時間力氣作進行一件事，卻沒有得到收穫，例如沒有獲取皮耶・布爾迪厄說的各種資本，或是沒有得到任何實質的滿足，像是吃飽、獲得「物」等，即意味著沒有「作功」，是既無效率也不合理的行動。[144]

從這個概念去比擬百貨公司的顧客，19 世紀歐美的百貨公司客群，是有剩餘時間能浪費的上流階級，進入 20 世紀初的百貨公司，雖將客群擴大至中上階級，但這些仍是有餘裕進行沒有效率之遊步的、在餘白的時空中享受想像遊戲的階層。然而，對於 1970 年代尚處於強調實用、節約氛圍，經濟才剛起飛的臺灣社會而言，一般大眾去了百貨公司卻買不起東西，等於沒有作功，是一種無謂的浪費。

若臺灣的百貨公司就像近代歐美興起的樣貌一般，是一種在合理與效率經濟的基礎上，作為符號展演的舞臺、文化的場域而存在的消費天堂，人們僅是為了消費而去逛百貨公司，那麼就必須要先考究，當時的臺灣是否有足夠厚的客群，讓百貨公司得以僅作為其本身——消費所在之處——而存在。

-----
143 「功（work）」是一個被定義出來的物理量，外力對物體施力，使物體位移的方向的作用力乘以位移的結果，即是「功」。外力對物體所做的功（W=F・d）時，會再轉換為物體的動能（K=（1/2）mv2）。蔡坤憲，〈能量守恆嗎？從作功看能量的轉換〉，《科學月刊》618（2021 年 5 月 31 日）。https://www.scimonth.com.tw/archives/5224（查看日期：2022/8/21）

144 當然，在物理學上作功發力端與受力端兩端的位能與動能的均衡，但在人文社會學上，以欲望而言，作功不見得得到完全的平衡，這是必須先在這裡說明的。

西方近代的百貨公司以內生因的脈絡，從 19 世紀末以來，一方面由於工業化生產大量需要消化的商品，藉著近代化的合理主義進行大規模、有效率的薄利多銷商法，另一方面，百貨公司本身擔負起貴族階級與新興布爾喬亞階級間的文化媒介，並在這過程中持續取得文化與象徵資本。而也是在 19 世紀至 20 世紀初，隨著大眾印刷術、電影、廣播、照片等大眾媒體的快速發展，不斷地創造意義與形象，讓消費對象客群不斷「發現」、「知道」自己缺少什麼，並想要填滿這些匱乏。但這一切的前提條件是已經有了一定規模的消費者群，能在一定程度的社會自由上，追求個體的表現與個性。如同尚・布希亞所指出的，消費社會必須建基在符號的差異化上，而人們能創造差異的前提，是必須誤認這個社會是平等的，有這個平等神話存在，消費者才能相信自己透過消費金錢所交換到的「物」及其所具有的意義，能讓自己完成自身的理想像。[145]然而，如同亞伯拉罕・馬斯洛的需求理論所述，愛情、尊嚴、自我實現等更高層次的需求產生之前，往往必須先滿足吃、喝、居住、安全等基本需求。因此，西方近代百貨公司是因內在出現的布爾喬亞階級的個人主義需求發展而來，並在 1930 年代才面臨大眾化等問題。相對的，同屬外生因型的日本與上海的百貨公司，在誕生沒有多久的 1920 至 30 年代，即生產出了具有大眾集客力的異業結合——具備其他功能，而非留白剩餘的空間——食堂、屋頂遊樂園、遊藝場等。這即是因為內部能消費的布爾喬亞階層不夠厚實，因此快速轉向大眾化發展。

臺灣直到 1965 年之前都處於反商業化的戰時經濟管制之下，1970 年代臺灣整體雖然仍在戰時體制之下，但國際局勢的緊迫使得政府不得不放鬆內部管制，經濟才開始起飛，從國民所得與民間消費支出比例來看，1970 年代初的臺灣人還需要將 40% 支出花在餬口上，到了 1979 年時，才降到 35%，1980 年時為 33%。而自由民主運動要到 1980 年代才真正開啟，解嚴則要等到 1987 年 7 月 15 日，而戰時體制的終止，更要等到 1991 年 5 月 1 日《動員戡亂時期臨時條款》公告廢止才到來。平等與言論表現的自由，也不是戰時體制結束便降臨，而是在 1991 年 5 月 22 日《懲治叛亂條例》廢止、1992 年 5 月 16 日刪除刑法第 100 條裡的思想犯條目後，才算達到表面上民主，但思想的自由與文化意義的多樣化，則需要更長時間的積累。

-----

145 Jean Baudrillard，《消費社会の神話と構造》，頁 48-49。今村仁司，〈消費社会の記号論——ボードリヤールの場合〉，收於川本茂雄等編，《日常と行動の記号論》（東京：勁草書房，1982），頁 86-102。

臺灣在 1950 年代的經濟管制下成立的百貨公司，毋庸考慮符號消費問題，因為在法規上是被禁止的。1960 年代中期剛剛開始商業化的時代，第一、遠東、今日、萬國等大型百貨興起，在臺北市內吸收當時的上層階級，尤其是遠東百貨走有格調的路線，自營舶來品、進口時裝與布料等，就如同 19 世紀末的巴黎的百貨公司與布爾喬亞階級都在尋找彼此的時刻。然而，僅 1970 年代，臺北市新開的百貨公司就有十一間，競爭的對手迅速增加。而臺北市的氛圍從 1972 年高玉樹市長的施政報告中，可以看出官方所謂的「導向市民生活之合理化，現代化」，其實是要實踐國民生活須知、國民禮儀範例、勤儉節約儲蓄運動，以及婚喪喜慶的節約，也就是直接介入規範人民的日常生活舉止與庶民宗教習慣，包括推行主神相同之祭典統一舉行、節約拜拜等。這些由民政局、新聞局與教育局擔綱，宣揚中華文化、檢肅查禁出版與藝文活動，以及塑造現代國民的措施，一直延續了整個 1970 年代，甚至到 1980 年代中葉。[146] 換言之，集體主義從 1950 年代一直延續下來，並沒有因為 1965 年的商業化，就帶來了個人自由運用符號的消費行動。整體的氛圍仍然是節約、集體規範與中華文化精神。

1970 年代臺灣的社會流動與所得變化

因此，1970 年代的百貨公司，面對的是經濟興起中的臺灣人，在政治封閉的環境下，上層階級仍然是同一群體的再生產，而從社會學者許嘉猷所作的社會流動研究可知，至少到 1986 年時，臺灣藍領與農民之間幾乎不存在階級藩籬，離農者往往成為密集工業的人力來源，但在白領階級（行政及主管人員、專門性技術性及相關人員、監督與理人員）與農工階級之間，卻有一道不易攀越的藩籬，[147] 換言之，1976 至 1980 年代是臺灣第一產業急速沒落，第二產業急速興期的工業化時期，由農轉工型的社會向上流動層很大——如果這是一種向上流動的話，中產階

-----

146 王志弘，〈臺北市文化治理的性質與轉變，1967-2002〉，《臺灣社會研究季刊》52，（2003年 12 月，頁 136-140。

147 在許嘉猷的社會階層分級中，由上而下分別是：行政及主管人員、專門性技術性及相關人員、監督與管理人員、買賣工作人員、服務工作人員、工人、農林漁牧狩獵工作者，共七級。許嘉猷透過飽和對數線性模型的乘數參數，來探討父子二代職業流動的基本關聯型態。就職業傳承性的高低階序來說，最高的是父親為農林漁牧狩獵工作者，兒子亦為之。其次是父親為行政及主管人員者，兒子為行政及主管人員。整體而言，藍領與農民的兒子，成為行政及主管人員、專門性技術性及相關人員、以及監督與理人員的可能性最低，反之亦然。

許嘉猷，〈臺灣代間社會流動初探：流動表的分析〉，收於伊慶春，朱瑞玲主編，《臺灣社會現象的分析》（臺北：中研院三研所，1989），頁 538-540。

級則尚未興起，[148] 1970 年代百貨公司向下開拓客群時，面對的是廣大的新興勞工階層，和主要從上層階級中流出而漸形成的少數白領階級。

　　1976 年時的平均每戶實質消費支出為 233,107 元。在 1976 至 1995 年間，平均每戶實質消費支出水準的變動曲線趨勢，與平均每戶實質可支配水準亦步亦趨，兩者以同樣的幅度在成長，1995 年之後兩者的成長趨勢也一同變緩（圖 4-11）。然而，在可支配的所得中，儲蓄與消費是消長關係，儲蓄的傾向在同一時期以陡峭的曲度攀升，從 1976 年的 17.7％急劇地提升到 1980 年的 23％左右，在 1981 年時達到 1980 年代的一個高點 26％，之後開始下滑至 1984 至谷底後再開始攀升至 1993 年。[149]換言之，這個時期的臺灣人還延續著 1960 年代以來的實用與節約的觀念，而且必須為了家庭醫療費、老後生活、意外事故等作儲蓄準備，亦即尚處於亞伯拉罕・馬斯洛的尋求滿足生理與安全需求的層次。

　　而在民間消費支出中，除了必需品的支出外，「娛樂消遣教育及文化服務費」的比例自 1975 年後持續成長，從 1976 年的 8.63％、增長到 1979 年的 11.04％、1980 年的 12.08％，[150]這項支出屬於非必要性消費，似乎顯示 1970 年代中期以後的臺灣一般大眾，相較於過去擁有了較多購買力。然而必須注意的是，「娛樂消遣教育及文化服務費」也包括了學費、補習班和家教費在內，在重視學歷與家庭的臺灣社會，教育類支出一直都高於娛樂、休閒文化等費用，[151]因此，在考慮購買力時，必須先去除儲蓄與教育費。

-----

148 表 3-2，隅谷三喜男、劉進慶、涂照彥，《臺灣之經濟：典型 NIES 之成就與問題》，頁 166。

149 財團法人中華經濟研究院，〈由消費支出結構探討臺灣產業結構調整之趨勢與策略〉。101 年度國內外及中國大陸經濟研究及策略規劃工作項目一。https://www.moea.gov.tw/Mns/cord/content/wHandMenuFile.ashx?file_id=1956（查看日期：2022/8/17）

150 行政院主計處，〈16. 民間消費型態〉，《國民所得統計摘要》（臺北：行政院主計處，2006），頁 63。

151 直到 2007 和 2008 年時，在「娛樂消遣教育及文化服務費」支出中，「教育與研究費」的比例仍遠高於其他幾項（「旅遊」「娛樂消遣服務」「書報雜誌文具」「娛樂器材及附屬品」），佔 50%以上。2016 年至 2020 年時，「娛樂消遣及文化服務」與「教育」，被分開成多個子項目計算，其中僅「套裝旅遊」在 2016 至 2018 年之間略低於「教育」支出，相差在 3,980 至 7,769 元之間，2019 年時兩者最接近，僅差 498 元，佔「家庭消費支出」的 36%。應與臺灣社會整體少子化有關。〈我國家庭休閒、文化及教育平均消費支出〉，《105~109 年家庭收支調查報告》。行政院主計總處網站（2002）。https://stat.moc.gov.tw/ImportantPointer_LatestDownload.aspx?sqno=46（查看日期：2022/8/17）

行政院文化建設委員會，〈第二節 文化消費〉，《2008 文化統計》（2008 年 7 月）。政府統計資訊網，頁 141。https://twinfo.ncl.edu.tw/tiqry/hypage.cgi?HYPAGE=search/merge_pdf.hpg&type=s&dtd_id=11&sysid=T1144382（查看日期：2022/8/17）

如前面所提到的，當臺北市的百貨公司在 1970 年代快速增加，而不得不開拓新客群時，選項之一是廣大的新興勞工。以臺灣的受薪階級為例，依隅谷三喜男（1916-2003）、劉進慶（1931-2005）、涂照彥（1936-2007）所述，在商業、服務業與製造業中，製造業的工資最低。[152]而在製造業中，「汽車及其零件製造業」的平均工資則較高。

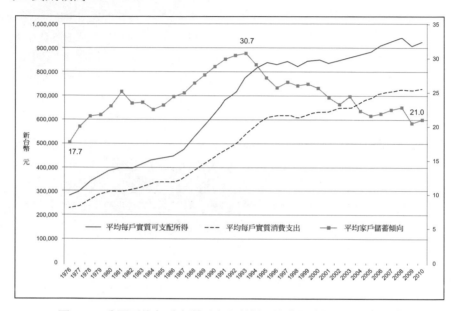

圖 4-11、我國平均每戶實質可支配所得、消費與儲蓄傾向趨勢圖[153]
資料來源：行政院主計總處，《家庭收支調查》。

-----

152 1970 年代，是紡織服裝業發展的頂峰時期，到了 1980 年代即由盛轉衰，成為夕陽工業。1973年，蔣介石的身體衰弱，而政權已轉移到其子蔣經國手上，蔣經國以日治時期的建設為基礎，開啟了「十大建設」，計畫內容可分為基本建設事業和重化學工化兩方面，前者是為了補起在此之前蔣介石因反攻大陸與戰時經濟體制，沒有建造的基本建設與能源部門，無法支應當時的產業發展所需，後者，則是要讓進口原料能替代為自給生產。另一方面，隨著臺灣中小企業在 1970 年代末興起，引領 1980 年代急速的經濟起飛，而一直以密集低勞力作為經濟發展的製造業，勞動工資水準也終於開始上漲，一般來說，在日本等工業國家中，製造業的工資比服務業商業的來得高，但在臺灣，製造業的工資卻是最低的，這與工廠中女工多、而女工薪資普遍較低的因素不無相關。

隅谷三喜男、劉進慶、涂照彥，《臺灣之經濟：典型 NIES 之成就與問題》，頁 129-140、147-156、181-182。邱永漢，〈設計的良窳，將影響時尚產業的興衰〉，《經濟日報》，1977/1/10，12 版。

153 〈我國家庭休閒、文化及教育平均消費支出〉，《105~109 年家庭收支調查報告》，頁 62。行政院主計總處網站（2002）。https://stat.moc.gov.tw/ImportantPointer_LatestDownload.aspx?sqno=46（查看日期：2022/8/17）

表 4-2、1977 至 1979 年，百貨公司特價期與平時的商品價例。本研究製表。

	特價品例[154]	製造業平均工資[155]	非特價品例[156]
1977	＊長袖男襯衫是 120 元（第一公司 10 月） ＊洋裝一律每件 120 元（新光百貨） ＊麻紗印花港衫一件 150 元 ＊金足絲襪一雙 50 元 ＊高級女裙一條 150 元（今日公司 7 月）	＊平均製造業勞工工資 4,862 元 ＊平均製造業女工 4,264 元 ＊汽車及其零件製造業平均工資 8,362 元	＊百貨公司男用皮衣與該年流行的西裝價格相同，售價最高為小牛皮製品，每件售 4,000 元至 4,800 元左右，豬皮製品次之，每件 3,500 元至 4,000 元左右，合成皮製品，每件售 800 元至 1,000 元左右。 ＊風衣型皮衣的售價較西裝式貴，最便宜的合成皮製品售 2,500 元至 3,500 元左右。 ＊夾克型皮衣從最便宜的 800 元至 2,300 元左右。 ＊女用皮質服裝從 500 至 1,200 元，洋裝依皮質優劣從 700 到 2,700 元之間。大衣則都是合成皮，因此在 1,200 至 1,400 元之間。 ＊項鍊臺灣製的每條 200 至 250 元，日本製的 250 至 300 元。 ＊ K 金耳環 100 多元，緞帶花耳環依大小 30 至 40 元。

-----

154 以 1977 至 1979 年報導與廣告欄中所能找到的價目為例：〈新光百貨拍賣 推出大批洋裝〉，《經濟日報》，1977/9/19，9 版。廣告，《中央日報》，1977/。廣告欄，《中國時報》，1978/8/8/6 版。廣告欄，《中國時報》，1978/7/14，7 版。廣告欄，《中國時報》，1978/5/27，6 版。廣告欄，《中國時報》，1979/9/24，7 版。廣告欄，《中國時報》，1979/10/25，6 版。廣告欄，《中國時報》，1979/2/10，4 版。

155 「表格・平均工資・年」，中華民國統計資訊網。https://reurl.cc/GEj2W3（查看日期：2022/8/30）

156 〈皮衣市場新貨陸續登場〉，《經濟日報》，1977/11/24，7 版。〈女用飾品 耳環項鍊推出新貨〉，《經濟日報》，1977/12/10，7 版。〈多種冬季服裝續推出半價品〉，《經濟日報》，1978/3/23，7 版。

1978	＊女皮鞋一雙 100 元 ＊睡衣一件 78 元 ＊洋裝一件 190 元 ＊童裝一件 50 元（新光百貨夏季大拍賣） ＊高級自動洋傘 95 元、慶隆洋傘 280 元（國泰百貨） ＊運動衫 89 元 ＊裝飾用緞帶花 60 元（國泰百貨）	＊平均製造業勞工工資 5,417 元 ＊平均製造業男工 6,143 元 ＊汽車及其零件製造業平均工資 8,476 元	＊1978 年 3 月時，百貨公司中所售的臺灣製品牌：紅獅牌羊毛衣 450 元、套裝 1,200 元。 ＊茄克，伍隆牌套裝 1,460 元 ＊美術牌西裝褲 980 元。
1979	＊只收裁縫錢、不收布料費的西裝，一套也要 2,500 元（今日公司） ＊高級絲織洋裝特價則是 650 元、1,000 元（新光百貨） ＊小家電類的三洋原裝進口電動刮髮刀 380 元 ＊WACOL 手提收音機 330 元（第一公司）	＊平均製造業勞工工資 6,558 元 ＊平均製造業女工 5,662 元 ＊汽車及其零件製造業平均工資 11,279 元，女性 12,438 元。	＊月餅禮盒內裝四個月餅，售價 200 元（今日公司中秋節）

　　再以「汽車及其零件製造業」的平均工資而言，特價 2,500 元的西裝仍然要花掉他們 22.16% 的工資，但 389 元和 330 元的小電器對他們而言卻是可購買的。而「汽車及其零件製造業」平均擁有高於男性工資的女工們，12,438 元月收入或許不能常時性消費，但 650 至 1,000 元的特價洋裝就可能是有選擇空間的購物／消費對象。

　　換言之，以這樣的價位而言，勞工階級在金錢上與要能在百貨公司購物——不是消費，僅在特價期間才有較大的選擇空間。逛百貨公司消費，不會是大眾階級的選擇。這也就說明此時的百貨公司無法僅以百貨公司本身，而必須藉由能提供具體享受的娛樂設施來集客的理由。

百貨公司內設電影院與勞動階級薪水間的效率關係

　　1970 年代是臺灣電影市場正處於巔峰的時期，百貨公司會選擇與電影院結合

的原因，除了上海式的轉譯之外，更重要的原因可能在此。1970 年代，雖然電影票內含了 30％的教育捐和大陸救濟金（一張 5 角至 3 角）[157]，西片要課徵娛樂稅，國片要徵印花稅，但電視娛樂剛起步[158]，電影是當時欣賞戲劇的主要選項，1972 年時首輪西片最高價為 32 元，國片為 22 元。1978 年臺北市限制電影票價，國片最高不得超過 50 元，洋片不得超過 70 元，但有地毯的真善美戲院可收 75 元，日片因臺日斷交而被禁止上演。[159]

電影市場的盛況，可以從黃牛票的行情來看，1975 年時，黃牛票的行情是原價的二倍，而且黃牛不只高價賣票，還會找人插隊或佔位買票，引發不少民怨，例如西門町電影街常有警察到場取締，黃牛便一哄而散，警察離開後，黃牛又回到原地。當時只能現場排隊買票，在人龍中連排數場都買不到票的人，最後還是不少會向黃牛屈服。1977 年 10 月時，西門町鬧區的熱門電影，一張黃牛票每張比原價貴 100 元，直到 11 月底才行情才稍落。[160] 百貨公司從這樣的盛況，看到

-----

157 「大陸救濟金」是自 1953 年起，隨著電影票、舞廳及歌廳入場券被「附勸」隨票「樂捐」給中國大陸災胞救濟總會使用。這項救濟金雖非強制繳交，但在四十幾年開始隨票附勸時，曾經省議會通過，具「合法性」。但隨著解嚴，加上娛樂業不景氣，1988 年時娛樂業拒絕再繳納。〈勞軍捐及大陸救濟金不入國庫財部不管〉，《聯合晚報》，1988/6/15，2 版。〈娛樂業拒繳大陸救濟金救總財源中斷協調轉圜〉，《經濟日報》，1988/9/12，8 版。

158 依行政院主計總處所作的〈家庭主要設備普及率 - 年〉統計，全臺灣彩色電視機的普及率在 1976 年至 1987 年時，分別是百分之 23.48、34.70、46.57、58.64、69.29、77.90、83.12、87.79、90.41、92.31、94.42、95.78。至 1991 年超過 99.16％。

而依陳清河的研究團隊的研究結果，黑白電視在 1978 年時，一般用戶的普及率是 49.9％，1981 年時降至 15.6％，1982 年時 7.9％，至 1988 年時僅 2.5％。不過，這兩者的統計方式不同，關於彩色電視的普及率數字略有差異，但均是上升趨勢。整體而言，1970 年代全臺的黑白電視普及率要到 1978 年左右才達到約 50％，但臺北市應該高於這個數字。行政院主計總處，〈家庭主要設備普及率 - 年〉，2022/8/12。https://reurl.cc/eODOZm（查看日期，2022/8/20）。

陳清河，〈「臺灣地區電視產業歷史考察及文物史料調查研究」研究案（結案報告）〉，2009/8。 https://nccur.lib.nccu.edu.tw/bitstream/140.119/53744/1/98014.pdf（ 查 看 日 期， 2022/8/20）

159 〈北市首輪影院明起降低票價〉，《聯合報》，1972/6/30，9 版。〈北市電影不漲票價〉，《聯合報》，1974/6/19，9 版。

160 1974 年時首輪西片最高價為 40 元，國片為 30 元。1975 年時，一張電影票價原來是 50 到 60 元的，黃牛已叫價 100 元以上。1977 年 11 月底時臺北市西門鬧區的黃牛電影票價每張比原價貴 30 至 40 元左右。1985 年採用依片長訂票價的「浮動票價」後，最高價大約佔國民所得的 0.0008％。

1985 年 7 月 1 日起，為因應進口西片實施每片課征「國片輔導金」新臺幣 20 萬元的成本負擔，臺北市票價採浮動價格，以影片放映時間的長短來決定票價，全票定為 110 元、100 元、90 元、80 元等四種級距，學生票及軍警票按比例減 10 元。然而國片臺北 70 元，臺中 90 元，高雄 80 元。

電影院的集客力，於是，在西門町電影街圈之外的新光百貨、芝麻百貨等，便開起了電影院。

　　換言之，以 1977 年的工資而言，一場首輪洋片以票價 70 元計的話，看一場佔工資的 1.4%，女工們看一場國片的支出是工資的 1.6%，而這筆支出在她們逛了整間百貨公司後，可能只買得起一對不一定喜歡、上班時因著制服而未必能佩戴的耳環。而加上 100 元洋片黃牛票價是 170 元，佔工資的 3.4%，特價時期在百貨公司可以買得起一些東西，但在平時則也還是只能買得起耳環一對。到了 1979 年臺北市電影票價不變，工資提高，看電影更屬平常消遣，但要以這個工資要上百貨公司購買高級品，即使特價時期仍然不容易。百貨公司因此需要藉著電影院、乃至遊樂場的集客力，吸引人潮到百貨公司購物。這般必須透過異業結合集客，而不能如西方近代百貨公司一般，因為消費者想要消費而誕生、存在，即透露出了臺灣百貨公司乃是外生因產物的特質。

　　另一個證明，是百貨公司與電影院異業結合停滯的時間，與臺灣電影市場由盛至衰的時間點恰好吻合。1980 年代初，因為盜版錄影帶與「第四台」／有線電視的衝擊，在 1985 年左右，短短數年時間，臺灣電影市場便從巔峰跌落。錄影帶店在 1985 年著作權法實施後，逐漸因版權化而減少，但電影院卻沒有再增長，從 1970 年最盛時的 826 間一路下滑，1993 年時僅剩 241 間，臺北市則從 1975 年的 45、到 1980 年的 63 間、到 1985 年的最高峰 74 間，至 1995 年剩 60 間，2000 年時僅 41 間。[161] 至 1980 年代中期以後，看錄影帶已成為臺灣人的家庭娛樂。在家看電視的習慣經過 1970 年代已成形，1980 年代利用電視機連接錄影機或有線電視看影片，普及的速度比看電視的習慣形成得更快，而錄影帶和有線電視所具備的日常性、機動性與便利性，[162] 遠勝於出門到電影院，既受時刻表的限制、又無法預測排隊買到票的時間，看電影不再是能集客的活動，電影院也因此被百貨

　　〈龍山警察分局掃蕩影票黃牛〉，《聯合報》，1975/7/10，6 版。〈電影黃牛囂張仍如昔競爭激烈索價卻下跌〉，《聯合報》，1977/11/28，3 版。〈電影票價有限制〉，《聯合報》，1978/11/4，6 版。〈北市國片戲票悍然漲價〉，《聯合報》，1985/2/18，9 版。〈西片票價「浮動制」〉，《經濟日報》，1985/7/17，10 版。〈外片稅率降低電影票價降否〉，《經濟日報》，1985/11/2，10 版。〈食米毋知米價（一）〉，金山面文史工作室。1978 年新竹金山里一臺斤白米是 9.4 元。

161 葉龍彥，〈錄影時代的來臨〉，《竹塹文獻雜誌》23（2002 年 4 月），頁 62-76。王志弘、高郁婷，〈從大眾日夢到分眾休閒：臺北都市消費轉型下的電影院〉，《區域與社會發展研究》10（2019 年 12 月），頁 15。

162 李衣雲，《臺湾における「日本」イメージの変化、1945-2003「哈日現象」の展開について》，頁 79-88。

公司放棄，新的百貨公司不少轉向開設青少年為主的電玩遊戲場（表4-1）。

　　無論是遊樂場、保齡球、電影院，這些娛樂設備都具有著共通的特質：立即性與一次性。如同本書最開頭所述，在近代化的過程中，時間從自然中被分割出去，成為一種可以計算、交易的對象後，無目的地使用時間就成了一種浪費。不工作的時間是屬於自己的，不有效地利用自己的時間，也造成浪費屬於自己放假時間的焦慮。[163]

　　以柯林・坎貝爾的論點而言，「快樂的感受最直接相關的不是感覺本身的實質特性，而是造成刺激的潛能。」傳統享樂主義對於快樂的獲得，在意的是「娛樂」（pleasures），也就是帶來快樂的經驗（當然不會只產生快樂），根本的考量是增加娛樂的次數，其「享樂指數」指的是每單位為生命帶來多少快樂，也就是直接透過物品的刺激滿足需求、感受快樂，再以人為的方式創造出「需求—滿足」循環的經驗，持續處在充滿各種感官刺激的情境中，例如加大刺激的次數或強度，使「享樂指數」得以增加。[164]

　　於是，擁有娛樂設備的百貨公司，進入的門檻變得較具有親和力，顧客可以不需要花費太多想像力去思考自己要什麼，或思考要作什麼，即可既上百貨公司又不會花太多錢，還可以享受到刺激與滿足——尤其1978年後臺北市的電影票價還是固定的。[165] 娛樂設施也不像百貨公司一樣需要凝聚客群的忠誠度，不想浪費時間卻想立即有實質享受的勞工階級、中間階級及其家庭，偶而上百貨公司遊樂一次，即足以成為百貨公司潛在的客群「後備軍」。

　　同時，還要考慮到1965年後的離農現象，人口不是向都市中心聚集，而是向都會旁的近郊城鎮。[166] 至1960年代中期以後，工業化落實在臺北都會區附近，特別是臺北市以南和以西地帶，臺北縣的都市地帶和臺北市一樣，所吸引的主要是來自臺北都會以外的其他地區的人口，此時在都會外圍所增加的人口，主要是工業設施吸引來的勞動人口。[167] 這些近郊的勞工們在假日很有可能會到臺北，如

-----

163 約翰・鄂瑞（John Urry, 1946-2016）在《觀光客的凝視》中指出，旅遊中觀光客會感覺到有義務似地不停地拍照，讓自己忙碌有事做，而不是悠閒地欣賞風景，使得觀光旅遊像是一種為了找到拍照景點與進行拍照留念的勞動。這即是一種不能浪費自己休閒時間、保持做到功的一例。John Urry，葉浩譯，《觀光客的凝視》（臺北：書林出版，2007），頁111-133。

164 Colin Campbell，《浪漫倫理與現代消費主義精神》，頁53-60。

165〈電影票價有限制〉，《聯合報》，1978/11/4，6版。

166 隅谷三喜男、劉進慶、涂照彥，《臺灣之經濟：典型NIES之成就與問題》，頁165-173、283-287。

167 章英華，〈第十六章 都市化、城鄉關係與社會〉，收於王振寰、瞿海源編，《社會學與臺灣

前所述，他們也許無力常態性地到百貨公司購物，卻需要娛樂活動的地方。

此外，娛樂設施也使得「去百貨公司」不至於只是一種閒晃。因為從合理性與效率的觀點來看，遊樂或看電影是進行一件事、吃喝則有物體進入腹中，均是在合理的支出中完成了交換行為，也就不是「無功而返」。因此，相較於購物而言，娛樂雖然沒有物質上的獲得，但與閒晃逛街相比，以合理與效率的原則而言，能得到精神上的刺激與滿足，仍算是有所獲得。且在一次性地滿足後即可結束成為一件事的完成，產生「作功」的結果。以傳統享樂主義而言，若是需要更多的快樂，則可以立刻增加看電影或遊樂的次數，達到量的滿足，也就是可以迅速累積作更多的功。對尚沒有足夠消費力的一般大眾來說，「玩到了」所作的功，使得去百貨公司不至於是一場時間與力氣的浪費，提高人們前往百貨公司的動機，從而增加到百貨公司後進行其他購物或活動的可能性。

電影院與百貨公司的離異，其實也顯示此時實用性大於符號感性氛圍的特質。閱聽人看電影時注重的是敘事的視覺表現，而不是五感體驗的臨場感，在電影院的黑暗空間中、以五感與電影整體共同產生全身韻律的共感覺，與在家中嘈雜環境裡以電視機看錄影帶的差異，在此時並沒有受到重視，因此，錄影帶、第四台與電影院共同競爭的是敘事的所有權，這也顯示視覺在此時仍是主導性媒體生態系，聽—觸覺的媒體生態系仍尚未取得復權。

削價競爭的激戰再次登場

娛樂設施引來人潮，其本身賺取了利潤，但如前述，百貨公司本身的價位，並不是大眾階層能常態性購物的地方。1970 年代至 1980 年代末，臺北市的百貨公司採取的手法之一，便是打折特賣。

篷瑪榭百貨在十九世紀推出全館性的「白色特賣會」，細緻企劃、布置特賣會的目的，便是讓消費者感受到與平時來店時相同的壓倒性「壯麗」（spectacle）感，並且付加給商品乃至到百貨公司的體驗一種魅力，將百貨公司變身為「充滿色彩、興奮、夢幻的大展場、幻想的國度」。這樣的成功促使篷瑪榭百貨將之轉為每年的重要行事，一年舉辦一次，細緻的企畫使得活動規模逐漸擴大，到了1910 年的特賣會時，發放至各地的商品目錄已達 100 萬份。[168]

社會》（臺北：巨流，2009），頁 401-402。

168 Peter D. Smith 著，《都市の誕生：古代から現代までの世界の都市文化を読む》，頁 307。

而此時的消費者已擴展到上中階級。篷瑪榭百貨的這種手法也為各國的百貨公司乃至商店效法。例如在日本，百貨公司也是最早推出特賣活動的業者，從明治後期（1900 年後）開始，基本上百貨公司（及其前身）是以奢侈品為中心，但仍開始注意到新中間層的客群，不定期會舉辦某些商品的特價販賣，如 1919 年三越的「木綿日」。到了 1923 年關東大地震、1927 年後的昭和經濟大恐慌後，百貨公司業者逐漸重視日常必需品的薄利多銷式販售，[169] 再加上各百貨公司間的激烈競爭，皆促使百貨公司在換季特賣以外，會採「吸晴品」的特價販賣特定商品的方式，吸引顧客。臺灣日治時期的三大百貨公司也採取類似的手法。

1960 年代末至 1970 年代中，臺北市各家百貨公司也常進行特價吸晴商品、買五百送一百、買滿多少錢送贈品、購物即送禮券、抽獎等活動，或設有半價／廉價市場的樓層，[170] 這也是各國百貨公司都會使用的手法，吸引顧客上門，而使其轉向瀏覽其他商品，挑起購買欲。[171]

然而，邁入 1970 年代中期，也就是面臨著臺灣經濟起飛後廣大的大眾階級，各家百貨公司的特賣會演變成了將愈來愈多的商品以九折、八折地向下打折，並出現「買一百，送一百」，「滿百送百」、「買一百送五十」、「半價」、「一折」的現象，以至於 1975 年，第一、今日、遠東、新光、人人、中信、南洋、欣欣大眾、大千這九家百貨公司的代表，在商議後簽訂了「不二價公約」，[172] 但接下

-----

169 例如：高島屋的大阪長崛店在 1926 年推出「10 錢均一」的賣場攤位，10 錢換算今日的幣值大約是 200 日圓，之後在全國開設超過 100 間的 10 錢、20 錢均一獨立店鋪。而 1925 年阪急鐵路在車站二、三樓設了阪急市場（阪急マーケット），1929 年再改建為八層建築的百貨公司〈阪急百貨〉，更是百貨公司客群向中間層發展的例子。這類以鐵路公司為母公司的百貨公司的終點站百貨公司，與以吳服店起家的三越等傳統百貨公司不同，目標顧客群為車站的大量的乘客，也顯示出百貨公司的商品從吳服等高價物，向日常的、中等價位的前進。

　　初田亨，《百貨店の誕生》，頁 171-172。株式会社阪急百貨店社史編集委員会，《株式会社阪急百貨店二十五年史》（大阪：阪急百貨店，1976 年）。

170 例如 1973 年 3 月 15 日，第一公司的綢緞部，凡是屬於春季衣料，均對折廉價推出。皮鞋部為了清倉，由三折至五折的大拍賣，女裝部門均四折起削價廉售。電器部也推出春季對折起大拍賣。遠東百貨公司，除了設有半價樓，今日公司二樓推出特價市場、三樓亦有「滿百贈百」的專部開闢。〈百貨業春季攻勢 折扣優待帶贈品〉，《經濟日報》，1973/3/5，7 版。〈週末廉價百貨〉，《經濟日報》，1978/1/14，8 版。

171 1953 年臺人吳耀庭所創的大新百貨，也學習日治時期的百貨公司以「限時拍賣品」取代全面折扣的方式。「限時拍賣」是每天以數種名牌產品，在特定時間內，以最低價錢，甚或低於成本的價錢拍賣，其出色之處，降低價格方面之外，拍賣產品多係名牌，可以在流量少的時候多吸引一些顧客。〈百貨大贈送日久生「疲態」「限時拍賣」可算一個絕招〉，《經濟日報》，1972/03/18，9 版。

172 「約定同業不再以打折扣為號召，以免消費者會有上當受騙的感覺，影響全體百貨公司的信

來一年中仍有會員不遵守約定，「以特價與折扣方式銷售商品，違反政府規定的不二價政策」，於是 1976 年 5 月 5 日「臺北市百貨商業同業公會綜合小組」再次舉行會議，決議由每家百貨公司提供 100 萬元保證金，依約定貫徹「不二價公約」。[173] 但不滿月餘又破功，先是今日公司於 5 月 12 日今日公司推出「特價週」，販售多樣特價品（圖4-12上圖），接下去 5 月 14 日第一公司以男裝部低價賣出為名，推出包含女裝、家電在內的特價品（圖 4-12 下圖）。

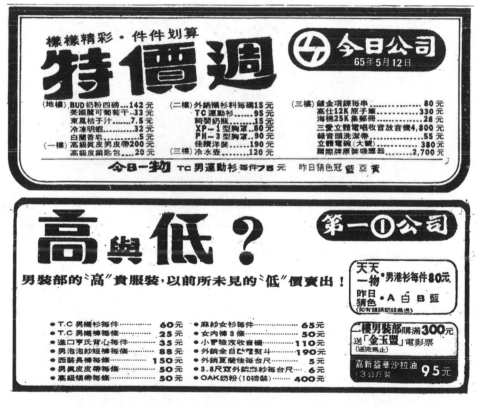

圖 4-12、不二價公約被破壞。《中國時報》，1976/5/12，7 版。1976/5/14，7 版。

譽，並且訂出了違約者處以新臺幣十萬元罰鍰的規定。為了維持此項公約，並規定了百貨公司在週年慶典時，可以有三天的『自由活動』，不受公約的約束，但以不超過營業額的百分之五的額度為限。」〈百貨業實施不二價公約一波三折〉，《經濟日報》，1976/7/9，7 版。
173 〈百貨業決貫徹不二價運動 每會員公司提保證十萬元〉，《經濟日報》，1976/5/5，7 版。

5 月 23 日不僅今日、第一，包括新光、遠東、大千百貨都加入特價拍賣的行列。於是，7 月 9 日再度開會決議維護不二價公約，不論是報紙廣告或百貨公司裡的貼紙，都不會出現「折扣」字樣，而且由「臺北市百貨商業同業公會綜合小組」訂定實施細則。然而，面對清淡的生意，僅五日後，「各百貨公司在不違反『不二價公約』的情況下，推出了一連串新的銷售行動。像遠東公司的『大清倉』，今日公司的『十大部』，第一公司的『全面大減價』等，都是以降低售價，薄利多銷的方式吸引顧客。此外，人人公司採取『哈哈大贈送』。……推出『全樓七折』的南洋百貨公司和中外百貨公司，現在已改為『部分七折』的方式了。」[174]

很快地，不二價公約再度連名義上的約束也消失，除了換季、各節日、慶祝總統就職之外，還有改裝大拍賣、店內裝潢大拍賣等。折扣戰火越燒越烈，1978 至 1979 年二年間，幾乎每個月平均有 21 天有百貨公司在打折扣戰。[175] 以 1979 年上半年為例，今日公司就進行了 21 次折扣活動，第一公司 19 次，而曾強調高格調的遠東百貨也進行了 12 次。[176] 直到 1980 年代中期，百貨公司都在簽定協議－撕毀協定－競相大特價的折扣戰中循環（圖 4-13）。[177] 直到 1990 年代初，打折的時間才逐漸收斂到固定的週年慶期間內。

-----

174 張又明，〈百貨業除削價競銷外 應打的算盤〉，《經濟日報》，1976/7/14，3 版。

175 〈百貨業是否能起死回生〉，《經濟日報》，1979/09/28，第 10 版。〈北市大型百貨公司 再陷全面折扣競售〉，《經濟日報》，1979/10/29，第 10 版。

176 今日：21 次。國泰：19 次。第一：19 次。新光：19 次。人人：18 次。芝麻：13 次。遠東：12 次。欣欣大眾：9 次。中信：5 次。永琦：5 次。來來：4 次。大千：2 次。〈促銷活動 忽視了公益性與教育性〉，《經濟日報》，1979/11/02，10 版。

177 〈贈品再打折扣 百貨業個別苗頭 銷售活動翻新 專人專車代送禮〉，《經濟日報》，1976/01/25，5 版。〈百貨業決貫徹不二價運動 每會員公司提保證十萬元〉，《經濟日報》，1976/05/05，7 版。〈大減價．撿便宜〉，《聯合報》，1977/02/17，9 版。〈今日公司舉辦「折扣滿場飛」〉，《經濟日報》，1978/02/18，9 版。〈百貨業續停止折扣競售 決定維持特價方式促銷 臺北市十二家百貨公司代表開會通過上項決議〉，《經濟日報》，1978/08/22，9 版。〈百貨業提前掀起折扣戰〉，《民生報》，1979/12/06，6 版。〈百貨業猛打 不實惠的折扣〉，《民生報》，1980/6/17），6 版。〈百貨業折扣戰短兵相接〉，《民生報》，1981/09/25，6 版。〈百貨折扣戰 不戰？〉，《民生報》，1984/07/15，5 版。〈換季拍賣先盛後衰〉，《民生報》，1985/07/28，5 版。

圖 4-13、1979 年百貨公司折扣激戰。
廣告欄，《中國時報》，1979/10/30，5 版。1979/11/21，6 版。1979/12/24，7 版。

徐之豐主導的今日公司系統，被視為每次打破協議、掀起折扣大戰者。[178] 例如 1978 年 6 月底臺北各大百貨公司才達成協議，自 7 月 1 日起停止以打折為號召的促銷活動，7 月 22 日，今日公司與遠東百貨就掀起了全面性特價折扣戰。1979 年第一公司的徐偉豐與徐正風乃之間發生糾紛，導致第一公司與萬企公司之間的房租糾紛，8 月時第一公司進行所謂「結束大拍賣」（圖 4-14），引起臺北市百貨公司的折扣大混戰，9 月 11 日第一公司停業，9 月 28 日由徐偉豐之子徐小豐改名為「新第一公司」重新營業；[179] 而 1980 至 1982 年的折扣戰，仍是由上海系的今日公司、遠東百貨，與徐小峰於 1982 年 3 月倒閉的新第一公司和 10 月新建立的大王百貨掀起，被稱為「傳統老上海派」與「嶄新少壯派」的競爭。大王百貨成立甫三個月即因借貸陷入危機，1982 年 5 月由力霸集團接管，該集團亦擁有紡織、水泥等部門，創辦人為與徐偉豐夫婦交好的湖南籍王又曾。但力霸百貨在接管後，還未開幕即在 5 月 21 日發動「接受大王存貨出清五折、六折、七折」，22 日，「臺北市十六家比較具規模的百貨公司，幾乎全部亮出折扣海報」。遠東百貨寶慶店為對抗相鄰的力霸百貨，也打出「改裝拍賣四折、五折、六折」。[180] 這種長時間的特價活動，與上海四大百貨公司在 1920 年代末至 30 年代因經濟不景氣，而形成的長期特價活動相當類似。

圖 4-14、第一公司結束大拍賣。廣告欄，《中國時報》，1979/8/1，5 版。

-----

178 黃淑麗，〈百貨經營 30 年〉，《經濟日報》，1984/6/20，12 版。

179 〈新第一百貨昨開幕〉，《經濟日報》，1979/9/29，9 版。〈百貨業折扣大混戰 結果是每家都受傷〉，聯合報，1979/9/21，3 版。〈昨天正式停業〉，《經濟日報》，1979/9/12，9 版。〈商場耍噱頭‧突出奇招 結束大拍賣‧生意興隆〉，《聯合報》，1979/8/3，9 版。

180 〈折扣戰‧是否死灰復燃 大拍賣‧再度面臨考驗〉，《經濟日報》，1978/7/27，9 版。〈百貨折扣戰短兵相接〉，《民生報》，1981/9/25，6 版。〈大王力霸‧多事之秋 百貨業者‧再亂陣腳〉，《經濟日報》，1982/5/23，10 版。

特賣會的頻度與作功的能量下降

　　大減價的頻繁度、全館性、期間的長度，顯示其背後隱含的實用功能取向。如同前面所提到的柯林·坎貝爾的傳統享樂主義，著重的是「享樂指數」。由於平時的價位無法吸引到大眾客群，透過減價不只提高集客力，同時，也讓顧客上百貨公司買到東西，感受到「作功」的價值。然而，個人如果永遠處於完全滿足的狀態，快樂就會隨之剝奪，必然要先處在不舒適滿足的狀態，才會再感覺到刺激與快樂。因此，傳統享樂主義者感受到刺激的最低臨界值會愈來愈高。[181]進行折扣戰的百貨公司吸引的是這樣的客群：他們不是感受附加價值的消費者，而是直接享受實惠的購物者。於是，百貨公司只能一次次的下壓折扣、增多次數，加強「享樂指數」。於是，也就面臨到以下的問題：早期百貨公司偶爾打個九折就很吸引人，但到了 1981 年時，只有八折以下才能產生促銷作用，但打八折就沒利潤的窘境。[182]

　　特價活動本身採用的降低金額的方式，實際上考量的基礎是傳統享樂的方式，也就是增加娛樂的量，而不是以意義轉嫁、品味等手法增加對於愉悅的想像，與前述歐美日百貨公司的定位和手法恰好相反。所謂的減價活動，是僅在名義上保留商品的附加價值，使其表面上仍分類於奢侈品或高級品，實質上卻是將附加價值從商品上切除，尤其在商品還不可觸及的時代，相較於平時展示在陳列櫃或架上、或是由店員守護在半開架的吊桿區內，特價品通常雜亂地堆在花車，或是隨意掛在通道上，如同從天上落到地下、隨手可碰的貨物。[183]商家對自身的定位在於「需求」，而非需求之外的符號意義，那麼，顧客也不會轉變為願意為需求以外的附加價值付費的消費者，在平常時期也難以對這些商品再感到距離，或是所謂的高價感。

　　在 1976 至 1985 年這段折扣戰最盛的期間，南洋百貨博愛店（1977 年 2 月）、洋洋百貨與旗下的揚洋服飾（均 1979 年 4 月）、第一公司（1979 年 8 月）、新第一公司（1982 年 3 月）和大王百貨（1982 年 5 月由力霸百貨接手）、人人公司（1984 年 11 月）陸續閉幕。若是有龐大的資本，如遠東百貨公司與大王百貨叫陣時放出的

-----

181 Colin Campbell，《浪漫倫理與現代消費主義精神》，頁 55-57。

182 〈從新第一的沒落談百貨經營〉，《民生報》，1981/12/9，6 版。

183 〈分別在哪裡？〉，《民生報》，1978/06/20，6 版。〈百貨換季打折難免沒花招〉，《民生報》，1983/02/21，5 版。

風聲：「遠東能賠，大王賠得起嗎？」，在折扣戰中當然較有優勢。[184]上述倒閉的百貨公司都與借貸導致資金問題有關，相對的，其中資本較大的遠東、新光、今日公司就撐住了。不過，新光百貨也在這個過程中，發現到傳統的經營方式——也就是第一公司開啟的設專櫃手法——的弊病，於是開始企劃轉型，並於1982 年正式與日本的三越百貨進行合作。[185]換言之，上述倒閉的百貨公司，都在西門町一帶。這一方面與前文述及的核心商區東擴，西門町整體老舊化有關，但也與西門町區較多臺灣傳統典型的百貨公司，當只有第一公司一家設專櫃時，固然是很獨特，但當遠東、今日、人人等百貨公司林立，臺北市的大小百貨公司開到十家以上，再加上各專櫃自己的門市部等等，各百貨公司缺乏特色，除了在價格上比高低、打折扣戰之外，別無競爭力。[186]

專櫃制造成的重複性

專櫃制是臺灣的百貨公司特有的營業形態，日本的百貨公司大都是直接從國外進口，或是由公司直接購自生產廠商為主；歐美的百貨公司多為連鎖店，則採取聯合採購，透過大量訂貨的方式，使進貨成本大幅降低，利潤也相對地提高。這樣的方式使得百貨公司對整體的商品配置，能有計畫性的掌握，保有自身的獨特性。臺灣的百貨公司則分成自營與專櫃抽成。自營是由百貨公司派員去採購商品，若自家有生產品也可直接引進。專櫃抽成則是百貨公司召集廠商來公司內設專櫃，經營方式採抽成與包底制度。所謂的抽成制度，是由百貨公司按照專櫃廠商的營業類別，抽取一定比例的營收款，約在 10 到 30％之間。而包底制度是指百貨公司按照專櫃的商品內容及設櫃位置，規定一定數額的營業額，有按年、季、月份的，時間一到，廠商即使沒有達到這個營業額，百貨公司也按這個額度去抽成。1981 年時，專櫃與自營部分的銷售比例，除了高雄的大統百貨公司勉強達到1 比 1 之外，其餘大部分的公司均為 2 比 1 的比例，臺北市的百貨公司，甚至有些已達 3 比 1 的比例。[187]1984 年時，高雄的大新和大統百貨專櫃比例不到30％，而臺北的百貨公司除了超市，專櫃比例通常在 70％左右，沒有超市的來來

-----

184 〈百貨折扣戰短兵相接〉，《民生報》，1981/9/25，6 版。
185 〈新光百貨與三越公司展開業務輔助 舉辦廉價優待〉，《經濟日報》，1982/1/22，9 版。
186 〈打折促銷終非長久良策〉，《民生報》，1981/9/28，6 版。
187 〈臺北百貨公司的經營奧祕 經營角色‧撲朔迷離 專櫃制度主客易勢令人詬病〉，《經濟日報》，1982/1/4，10 版。

百貨專櫃比例達 90% 以上。[188]

在當時進口關稅極高的狀況下，百貨公司裡舶來品相當少，專櫃重疊率很高，A 公司打折而 B、C、D 公司沒打折時，想買 x、y、z 商品的顧客到 A 公司去買即可，於是 B、C、D 公司生意立刻下滑，尤其是屬於同一商圈的，於是 B、C、D 公司也只能打折，而面對傳統享樂型的顧客，哪家打的折低，哪家的「享樂指數」就高，於是便引發折扣戰火。然而對百貨公司而言，「打八折就沒得賺了，七折更低於批發價，只有賠本的份。」[189]因此很多百貨公司便提高標價再打折，或是表面上說全面八折，但實際上許多高級品並沒有打折。例如百貨公司對最主要的女裝，抽成常是 30%，但專櫃制的貨品、服務人員、薪給、管理都由廠商承擔，與百貨公司的業主無關，百貨公司促銷活動時，也會要求專櫃分擔廣告、裝潢、贈品的費用，再加上配合打折，廠商往往沒有利潤可言，於是只能提高價格，導致 1980 年代百貨公司的女裝「標價高得離譜，一套衣服動輒五、六千元，甚至七、八千元，相當一般公司職員半個月的薪水……難怪我國消費者到百貨公司購物的比例尚不及美日等國家的一半。」[190]

再者，折扣期間，商品會擺滿到走道、樓梯間，甚至是大門外，1978 年 6 月時，《民生報》將百貨公司打折時商品堆疊的照片，與地攤照片擺在一起刊登，問：「分別在哪裡？」（圖 4-15）[191] 1985 年打折期間，「各公司為招徠顧客，往往利用擴音器叫賣，或者順便將攤位移至戶外或紅磚道上，此一奇特現象，實在與大百貨公司所標榜『個性化購物空間』、『高級方式的購物享受』距離甚遠，甚至被譏為『百貨公司地攤化』。」[192]到了 1989 年時折扣期的陳列方式仍「不僅使百貨公司明朗寬敞的購物空間受到破壞，更使消費者的購物權益遭受戕害」。[193]換言之，即使在平時能作到理想中百貨公司的「擺設富麗堂皇，陳列的貨品種類多、花色繁，而陳列的方式，要一覽無遺，而且要藝術化，而且要能夠不斷翻新」，[194]但到了折扣時期，貨物堆疊，不僅與一般的購物商店並沒有差異，

-----

188 〈百貨公司做「二房東」樂而不疲〉，《經濟日報》，1984/5/9，10 版。

189 〈從新第一的沒落談百貨經營〉，《民生報》，1981/12/9，6 版。

190 〈專櫃廠商有如小媳婦 百貨公司好比二房東〉，《經濟日報》，1984/10/31，10 版。

191 張福興，〈分別在哪裡？〉，《民生報》，1978/6/20，6 版。

192 〈商業升級的展望〉，《經濟日報》，1985/1/1，14 版。

193 〈百貨公司空間 怎麼縮水了？業者換季拍賣大舉展售商品 竟把走道電梯間用來作賣場〉，《經濟日報》，1989/2/13，7 版。

194 〈怎樣才是理想的百貨公司〉，《經濟日報》，1972/4/20，11 版。

甚至被視為與路邊地攤無異。[195]

　　散亂堆疊的花車販賣特價商品的方式，是篷瑪榭百貨在最初推出特賣會時發明出來的，目的在於縮短平時高級商品與人之間的距離，減少難以出手的感覺，並產生尋寶的樂趣，但這建基於百貨公司平時的消費方式，是有餘裕地瀏覽、建構理想像，甚至是日本式的賞玩，如此才能在特價時期產生嘉年華式非常態的狂歡。同時，篷瑪榭會設立主題展演的方式來包裝減價活動，這些都是為了維特百貨公司的高價值。

　　此外，歐美日的百貨公司在 19 世紀末起，便藉由華麗的大型建築給予消費者壓倒性的氣勢，有助於建立自身的信賴度，這是運用建築學上的「移情作用論」（Einfuehlung）。建築的美感在於觀看者使自己與所見的形體融為一體，相對地，建築也能將人的感情狀態移入結構形體中，如飛簷、尖塔、雕樑、拱廊，因此，人們觀看建築形象時，會與之發生共鳴並產生感動。[196]建築物與陳設所具有的符號意義，會轉嫁到百貨公司、商品與消費者身上。這即是象徵意義的轉嫁。

　　但是，所謂的附加價值，指的是在物質與使用價值之外所添加的符號意義，不具備實質或可證明的部分。因此，這種轉嫁也可以逆向進行，附加價值也可以是負面的意義。壯麗華美的建築讓消費者仰視，帶來了信賴，反之，地攤化與堆疊的商品則帶來了廉價感，一旦減價活動不是對單一商品的特別優待，也不是一種特定期間的新鮮感，而是整間店、長時間的活動時，縮短百貨公司的「平時」與「折扣期間」的界限，特價變成了日常，這種廉價的意義轉嫁到商店上，更會動搖消費者對原本昂貴商品的定價的信賴度，[197]使商店乃至商品失去高級象徵價值。

　　因此赫蘭特・帕斯德曼金認為百貨公司一旦過於頻繁地舉行特價活動，會使消費者習慣於等待降價，而不在平時前往百貨公司，進而改變消費者對百貨公司的忠誠度，認為打折後的價格便是百貨公司應有的價格。因此，歐美的百貨公司

-----

195 照片，〈四五六七八 裡外都打折 力霸百貨再掀拍賣折扣戰〉，《民生報》，1982/5/23，5 版。
　　〈百貨公司布滿折扣海報〉，《民生報》，1982/2/24。5 版。〈百貨公司打折難保沒花招 精挑細選多比較 不會吃〉，1983/2/21，5 版。

196 Bruno Zevi 著、張似贊譯，《如何看建築》（臺北：田園城市文化，2001），頁 189-195。

197 例如即使到了 1972 年時，有讀者在報上指出，亞洲百貨與天鵝百貨進行大拍賣，仿一般小店作風用麥克風大喊特價，但卻無人去購買，因為覺得「這一家全部是半價犧牲品，進去買，被熟人瞧見了，怪不好意思。而且半價也令人不放心，一定什麼地方有毛病」。〈商店漫步合理的廉價政策〉，《經濟日報》，1972/04/21，9 版。

並不常舉辦特價活動。[198]加上臺北市的百貨公司雖然不再像 1950 年代般多是小型，而有大型建築出現，但在實用主義取向的 1960 至 80 年代初，外觀仍較少壓倒性的壯麗感，內部平時即使高挑、明亮開闊，一旦在折扣期間的堆疊中失去了這樣優勢，「擺設富麗堂皇」的時間與「地攤化」的時間之間的交替也就愈來愈模糊。百貨公司再於折扣期常作出如提高標價再打折等行為，都讓顧客會對傳統百貨公司所主張的「高格調」產生懷疑，反而只會在特價時去百貨公司購物。

-----

198 Hrant Pasdermadjian, *The Department store.* pp. 173-174.

實用與娛樂、奢侈與消費：臺灣百貨公司文化的流變

圖 4-15、1978 年的百貨公司。在打折時,商品堆疊,記者稱與攤販沒有分別(上頁)。但不打折時,店內雖然整潔,但已冷清沒有客人(上圖)。上頁:〈分別在哪裡?〉,《民生報》,1978/6/20,6 版。上圖:〈百貨業今天起不打折〉,《民生報》,1978/7/2,6 版。圖片來源:聯合知識庫提供。

消費需要符號意義的積累

　　1970 年代臺灣經濟的起飛,並不代表大眾願意消費,先儲蓄投資、買不動產,建立生活安全滿足是一點。同時,有金錢也不代表能夠立即進入消費社會,因為符號消費的基礎,在於人們對應各個符號的貯槽(reservoir)中,存有著象徵意義,並對符號體系中的各種(連辭、範列的)關係有所理解,如此才能產生遊戲性的互動。

　　如同羅蘭·巴特在《神話作用》中所述,在第一層次體系中是意符與意指所成立的社會性關係,也就是約定的規則,在第二層次體系中被神話化,「形式」遠離原初的意義,獨立化成為一意指,而對應之的「概念」則具有豐厚的意涵。當這形式與概念的指示關係成立,得以被傳達出去後,就形成第三層次體系的後設性的符號。[199]概念得以傳達出去,即意味著第三層次體系的符號擁有著豐厚的貯槽。

-----

199 Roland Barthes,篠沢秀夫譯,《神話作用》,頁 147-156。

例如，當一件寬鬆完全顯不出身材的黑色的毛衣，從右頸向左斜下一排破洞，左肩下落處和右胸有著大破洞，從實用角度而言，這是一件穿鬆破掉的壞毛衣，然而，這是日本設計師川久保玲在 1981 年於巴黎時裝展時推出的服裝，破洞的地方是刻意選擇的，從符號學而言，表現了不對稱的破碎感，而整件毛衣打破了過去服裝必須合身、完整的概念。隔年起，這種破洞裝有了個暱稱叫「乞丐裝」，成為 1980 至 90 年代初年輕世代叛逆的象徵之一。在臺灣，要到 1980 年代末，年輕人才能割破自己的牛仔褲穿在身上，父母常以為是破了，把裂口縫上，過幾天卻發現褲子又破了。年輕世代與父母世代分享著不同的符號意義、或是共享但不同意這個符號意義。這也顯示出滿足生理與安全需求，有了經濟的餘裕後，還必須有一定的自由，才能使用符號意義。

不只是自由，要走向符號意義的遊戲性消費社會，還必須先學習並吸納符號所能指示的意義，也就是要習得神話體系的「概念」的意義貯槽，是需要積累的。有了金錢，卻沒有相應的社會象徵體系與文化價值架構，以及體系與架構中所定位的各個符號——這些符號貯槽都充填著豐富的意義——那麼消費也只能進行表層的遊戲。[200] 19 世紀中以來，作為布爾喬亞階級的貴族文化指導者的歐美百貨公司，或是 20 世紀初認為自身肩負著市民文化教養責任的日本百貨公司，他們所作的即是不斷地在建構客群的文化價值架構、充實象徵體系與符號的意義貯槽：貴族散步時的穿著、貴族喝下午茶的習慣與裝備、西方文明的教養、日本文學中的服裝等等。

事實上，20 世紀初的臺灣百貨公司，一度在基調上也是這麼走，直到中日戰爭爆發，全體主義壓過個人主義，想像力的遊戲性開始被集體收編，而走向實用主義，也就失去了想像力。到了 1970 年代，臺灣經濟雖然起飛，但對仍在戒嚴體制下相對封閉的臺灣社會而言，符號的附加價值與想像遊戲仍有困難。

小結

1960 年代，臺灣經濟開始發展，反商業化的政策終於退讓，開始注重銷售與服務，讓因戰時經濟體制而只能節約的臺灣社會，有如春泉一般活動起來，連一

-----

200 這裡所說的表層的遊戲，並非尚·布希亞所說的擬象的表層符號遊戲性消費。而是指沒有對應的貯槽，因此無法進行二次體系的言說，只能進行第一層次體系的遊戲，比如金光閃閃 = 富貴，紅色 = 喜氣，這種直白的指示作用。

般商家也為了賺錢而不斷壓縮櫥窗與陳列的空間，只為了把更多商品展現給過路客看。而一體型大型建築、將商品分門別類、陳列展示大量商品的大型百貨公司，終於在 1964 年的高雄登場，不過，這間大新百貨是從 1953 年開始不斷改建、擴增而來，類似新奇商店的發展方式。臺北市則是在 1965 年，迎來一整間新建的第一公司，翻開了戰後接收西方近代百貨公司形式的一頁。1967 年成立的遠東公司，母體是由 1949 年以後在政府的保護政策下發展起來的紡織與水泥公司，經營第一、今日公司的萬企公司旗下也有這二項相關產業，遠東與第一、今日皆是上海商人系百貨公司，而萬國百貨則是本省人資本的百貨公司。

今日公司明言要帶入戰前「大上海」遊樂園的風潮，在百貨公司內部設置「今日世界育樂中心」，將上海複合式空間的特徵帶入臺灣。雖然戲園在現代化、文化差異等過程中沒有存續下來，但上海式轉譯百貨公司的內容，如對明星與戲劇的重視，或是舉辦國貨皇后、毛衣皇后／公主、今姐（今日小姐）、芙蓉仙子等票選活動等，[201] 仍然保存下來。1970 年代成立的百貨公司，在開幕或各種活動時，都會請明星到場，也確實吸引到相當多的人潮。又如在 1970 年代百貨公司在選取與異業結合以增加集客力時，都選擇了電影院。雖然不能否認這與 1970 年代臺灣電影市場正處於最興盛的時期有關，但百貨公司與電影院的結合，在歐美與日本的百貨公司是鮮少見的，戰前上海的百貨公司卻在 1920 年代後半便設有電影院。不過，這也不意味著日本的概念便完全從臺灣的百貨公司中消失，當電影業與百貨公司結合時，臺灣人對看電影的概念仍然顯現在電影業的展現手法中，電影院用來廣告的大型電影手繪看板，即是從日治時期以來一直延續下來的特色。

在反商業化政策與戰時經濟體制甫放鬆的臺灣社會中，大型百貨公司出現無疑是一大刺激，雖然售價昂貴，但 1960 年代臺北市的上層階級足以支撐起這幾間大百貨公司。[202] 而 1970 年代初的上海系遠東百貨公司也走高格調的路線，寶慶路分店在五樓開設了藝廊，以浪費的空間換取文化資本，並且在委託行盛行的當時，不顧高關稅而與美國商務部簽約，派員前往美國採購，保持自家百貨公司

-----

201 廣告欄，〈第一公司‧今日公司 中華民國第一屆國貨皇后決選開始〉，《中央日報》，1970/12/10，5 版。連玲玲，《打造消費天堂》，頁 366-367。廣告，〈今日公司 四屆今姐十位服務〉，《中央日報》，1972/8/1，8 版。廣告欄，〈今日公司 敦請羔羊牌第一屆毛衣皇后暨毛衣公主光臨〉，《中央日報》，1972/12/30，8 版。廣告欄〈今日公司' 75 年（2 屆）芙蓉仙子選拔明天開始報名〉，《中央日報》，1975/7/10，8 版。

202 〈從新第一的沒落談百貨經營〉，《民生報》，1981/12/9，6 版。

的自營比例，[203] 1974 年時，遠東百貨又引進蘭蔻（Lancôme）的香水等化妝品，[204] 建立自身與其他公司的差異化。且由於遠東紡織為其母體，因此相當注重布料服飾，也常舉辦服裝表演，包括男裝在內。[205] 以當時的高進口關稅來看，商品的定價也必然相對地高，顯示出遠東百貨寶慶店在 1972 年時所設定的客群是在上層階級。

1960 年代末至 1970 年代初的第一與今日公司，在臺北市可說是百貨巨頭，1970 年代初也舉辦歐美的商品展，[206] 1974 年時，第一公司引進依莉莎白雅頓（Elizabeth Arden），在徐家的第一、今日公司，以及人人公司販賣。不過，雖然有紡織產業，但第一公司最大的服裝秀，應屬 1971 年 4 月 3 日二樓時裝沙龍裝修完畢時，在舉行揭幕典禮請來明星剪綵的同時，所舉辦的「1971 年春夏時裝表演」，由設計師郭心穎主持。[207] 從報紙廣告與報導來看，第一公司的時裝表演很少。今日公司亦然，1975 年以前尚有睡衣表演，之後多為泳裝表演。其他的百貨公司也多偶一為之。

第一公司創立時採用專櫃制，也就是召集各類廠商到百貨公司裡設櫃，百貨公司則按營業額抽成。這樣的方式在 1960 年代大型百貨公司稀少的時代，是一種相當便利有效率的經營方式。而對物資尚缺乏的客群——即使是上層階級——

-----

203 以遠東百貨出版的刊物《消費時代》中所登的推薦廣告品為例，有香皂，大理石飾品、咕咕鐘、不鏽鋼製、銀製或水晶餐具、餐車、烤麵包機、皮鞋皮包皮箱、絲巾、萬能刀、嬰兒學步車等，品牌則有西班牙 Lavanda、美國 camay 和日本資生堂等牌子的進口香皂，大理石飾品、美國 KECO 不鏽鋼餐具、ONEIDA 銀餐具、HOOVER 麵包機、瑞士 BALLY 男鞋、西德 F.W.XI 女用皮包、義大利 Bayron 絲巾，特別展覽時期時則會有瑞士 WENGER 萬能刀、德國 rastal 水晶玻璃器皿、德國 Schwarzwäld 咕咕鐘、旅行皮箱、餐車、嬰兒學步車、各種餐具。1980 年代初開始增加了進口家電與日用品，如熨斗、吸塵器、三用快速鍋、茶具、筷子、馬桶套、印有日本動漫畫角色的鉛筆盒等。

〈遠東公司文具部提供齊全的學生用品〉，《消費時代》期 155（1983 年 8 月）。〈遠東中秋禮品頗受親朋喜愛〉，《消費時代》期 156（1983 年 9 月）。〈最新進口暢銷商品展售會〉，《消費時代》期 159（1983 年 2 月）。〈適合今年中秋送的禮品〉，《消費時代》期 4（1974 年）。〈逛逛百貨〉，《消費時代》期 75（1976 年）。〈歐洲商品展最受注目商品〉，《消費時代》期 8（1974 年）。〈美國商品推廣銷售展覽會〉，《消費時代》期 69（1976 年）。

204 〈雅頓化妝品 昨正式發售〉，《中國時報》，1974/01/06，5 版。〈蘭康公主加冕 香榭大道通行〉，《經濟日報》，1974/06/22，7 版。

205 廣告欄，《中央日報》，1973/11/1，5 版。

206 例如：廣告欄〈第一公司舉辦美國商品週〉，《中央日報》，1974/1/12，5 版。廣告欄〈今日公司春節佳禮歐洲商品〉，《中央日報》，1974/1/19，7 版。〈今日公司 歐美商品展今揭幕〉，《經濟日報》，1974/9/21，7 版。〈義大利皮革製品 今日公司今展出〉，《經濟日報》，1974/4/10，6 版。

207 廣告欄，《中國時報》，1971/4/3，12 版。

而言，最重要的是滿足需求，而不必然是消費符號，大量陳列的商品就足以炫目誘人，如同尚‧布希亞形容美拉尼希亞人看見白人的貨物船（celui du Cargo）時，覺得自己是如此地一無所有。[208]

這裡必須注意的是，在近代百貨公司興起時，無論是歐美亞洲，其目標客群或是歐美的布爾喬亞階級、或是日本的上流階級，其實都不是最頂級的消費者。頂尖富裕階層的消費是與一般人區隔開來的。即使西方貴族階級沒落，流出了過去貴族生活樣式的線索，但現實中頂級富貴者的消費場所，不會混入雜質的一般人。[209]

1970 年代大型百貨公司紛紛興起，大都採取專櫃制，在 1977 年永琦、來來百貨創立後，這些百貨公司被輿論稱為傳統型百貨公司。當大型百貨公司多達 11 間時，百貨公司也就無法像 1960 年代一樣僅以「數大就是美」來吸引尚不夠厚的上層階級。1970 年代正是臺灣經濟起飛的時期，百貨公司面對的是工資上升的勞工大眾，和從上層階級流出的白領工作者。

此時傳統享樂取向的勞工階級，直接從物的刺激去尋求快樂，「享樂指數」來自快樂經驗的次數與強度，同時，對於浪費時間感到焦慮，因此，娛樂設施成為集客的良好手段。第一公司、今日公司、人人公司、遠東百貨公司、國泰百貨，都立地於西門町電影街圈，而位於臺北市核心商圈東擴之處的欣欣大眾公司、新光百貨、今日新公司，也都設有電影院。[210]而欣欣大眾、新光、人人、力霸百貨設有遊樂場。這都顯示出這些傳統型百貨公司，無法以消費天堂的身分去引吸客群，原因之一即在於專櫃的高重疊率使得這些百貨公司沒有差異化，最終只能比折扣高低。

當然，這也與此時的客群特徵有關，此時政治尚未民主化，資訊封閉，人們的符號既少、意義貯槽也空無，更罕有身體表現的自由，無法進行符號消費，在

-----

208 Jean Baudrillard，《消費社会の神話と構造》，頁頁 22-23。

209 這可以從國際名牌的店鋪往往有會員限制，或是有專員服務，貴客臨門時立即清場可知。又例如名牌愛馬仕（Hermès）有所謂的「配貨潛規則」，也就是要買該牌的皮包、皮箱單品，必須要先購買陶瓷製品、絲巾、手錶等小物件，累積到足夠的點數，或是進店買足金額，讓店員覺得你有買包和配件的能力，才能購買，比如要買一個 25 萬元的皮包，通常必須要買 75 萬元的配件才足夠。Sally〈愛馬仕包「配貨潛規則」大公開！想買包先花雙倍加購周邊，人氣 BKC 光有錢也買不到〉，GirlStyle 臺灣女生日常，2020/11/8。https://reurl.cc/GE54eG（查看日期：2022/9/2）

210 可參考王志弘與高郁婷的論文中，臺北市電影院向東擴的區位圖。王志弘、高郁婷，〈從大眾日夢到分眾休閒：臺北都市消費轉型下的電影院〉，頁 35-39。

實用性與目的性購物的條件下，「價廉物美」仍是主要原則。[211]大量陳列與瀏覽的作用之一，原本是要造成「選擇的奢侈」效果：不是二選一，而是有太多的選擇，於是誘發超越需求的消費。然而，當百貨公司彼此之間沒有差異性，商品都是一樣的，不斷進行折扣活動，只會將客群的最低滿足臨界值提高，而需要更大的刺激，於是，百貨公司只能把折扣打得愈來愈低，以吸引顧客。但這整個折扣活動的後設前提，在於認為折扣多等於來客多，而來客多就等於販售多與利潤多，卻忽略這個前提不必然成立的代價，於是到了 1986 年時，聯合報系在大臺北所作的民調顯示出，有 80% 的市民對百貨公司的折扣沒信心，有 53% 的人在打折期間不一定會去百貨公司逛。[212]甚至在 1970 至 80 年代，百貨公司與地攤這原本應屬於兩個極端的零售場所，竟在臺灣成為競爭激烈的對手。[213]

而遠東百貨在這之間的轉折也相當戲劇化。在 1972 年寶慶店開幕時，遠東百貨從空間餘白、櫥窗設計的符號運用，對服飾與時尚成衣的重視，以及引進高價舶來品，維持自營比例，以及開設藝廊賺取文化資本等，都可以看到遠東百貨將自身定位為高格調百貨公司的作為。然而，在 1976 年後，遠東百貨公司也陷入了折扣戰，這當然與西門町商圈老舊化的結構性問題有關。西門町、博愛路、寶慶路一帶房屋老舊難以都更，傳統型百貨公司眾多，但隨著核心商圈的東擴，新的金融界與商業界的薪資階級，以及之後於 1980 年代開始形成的中產階級，也往新擴張出來的永琦百貨、芝麻百貨方向消費。西門町電影街、中華商場吸引來的是大批為了娛樂的年輕人，這些人的購買力相對低。遠東百貨寶慶店在週邊的今日公司、第一／新第一公司、大王／力霸百貨點起折扣戰火時，所選擇的對應方式是以雄厚的資本應戰，以至於到了 1988 年時，在臺北市民的印象中成為了僅次於欣欣大眾與區域型的大千百貨的「最平民化的百貨公司」。[214]不過，遠東百貨也在 1978 年 11 月於較芝麻百貨更東邊的仁愛路與敦化南路口，開設有3,300 平方公尺大的生鮮超市、沒有娛樂設施的遠東百貨仁愛店，目標客群是這一帶高級住宅區的客群。[215]這樣的方式，類似於美國百貨公司在 1950 年代往郊

-----

211 〈百貨公司與攤販 消費大眾爭奪戰 折扣戰鼓喧天‧多數沒有信心 地攤消閒逛逛‧帶點尋寶心理〉，《聯合報》，1986/02/02，3 版。

212 〈百貨公司只能逛不能買〉，《民生報》，1986/02/05，6 版。〈折扣產生信心危機？百貨業者有不同看法〉，《民生報》，1986/02/05，6 版。

213 〈百貨公司與攤販 消費大眾爭奪戰 折扣戰鼓喧天‧多數沒有信心 地攤消閒逛逛‧帶點尋寶心理〉，3 版。

214 〈景氣復甦‧百貨業先受其惠 展望未來‧全憑經營巧手法〉，《經濟日報》，1983/08/18，10版。

215 〈百貨雄獅遠東百貨臺北仁愛路公司即將開幕了〉，《消費時代》期 86（1977 年 11 月），

區開展分店的應對法。

　　整體而言，從集購物、消費、娛樂於一身的大型百貨公司，可以看到 1960 至 70 年代的臺灣社會，實用、效率與合理性仍是重要的軸心。不過，從娛樂的一次性的特質，顯示出即使沒有獲得實體的物，此時願意為精神上的刺激花錢的臺灣大眾已有一定的數量，換言之，雖然這些娛樂活動未必具有展現社會地位的意義，但在某種程度上仍是超越了滿足生理需求與生活安全需求的層次，也符應了 1970 年代中期以後，臺灣國民所得雖然增加、卻還未進行符號性消費的臺灣社會的樣貌。

　　這個狀況到 1970 年代末開始有了轉變。1977 年永琦百貨、1978 年芝麻（之後的中興）百貨開幕，與日本的百貨公司合作，強調文化品味，開始積累符號意義貯槽，運用符號展演、意義轉嫁勾起消費欲望，內部不設遊樂場，芝麻百貨僅保留電影院。在傳統型百貨公司環繞中，不只交出亮眼的成績，也開闢出另一條道路。這也符應了李亦園所述的，1960 年代後，「以港滬為號召的趨勢已不甚流行」，「人們心目中也已不再已『海風』為時尚標準」。[216]李亦園認為這是因為臺灣人已培養出對自己生活的信心，產生出本土取向的價值，形成一套以臺北為中心的文化風尚，但他卻沒有意識到「日本」這個意象在這其中的位置。而這就留待下一章來論述。

無頁碼。

216 李亦園，〈文化建設工作的若干檢討〉，頁 305。

第五章
邁向文化品味與符號消費
的百貨公司

1970 年代，臺北市以上海系百貨公司為主，開啟娛樂設施與百貨公司結合的複合式空間，隨著臺灣經濟開始起飛，1970 年代中期，百貨公司林立，以上海徐家的今日 / 今日新百貨、第一 / 新第一公司、大王百貨為中心，掀起了一波波折扣戰，在彼此商品重疊率高的狀態下，面對傳統享樂取向的客群，參與折扣戰的百貨公司只能以愈打愈低的折扣數目，刺激顧客上門，[1] 不僅讓百貨公司產生顛覆其原本應是「消費殿堂」形象的廉價感，甚至將對極端點的地攤也視作了競爭對手。

　　然而，也是在 1970 年代末，臺北市陸續出現了幾間強調高格調與文化品味的百貨公司：立地於臺北市東擴新商區的永琦與芝麻（之後的中興）百貨，將目標客群轉向新商區的金融業等白領階級女性，有別於上述西門町的百貨公司將目標放在新興大眾階級，而 1978 年在西門町開幕的來來百貨則以西門町的新年輕人客群為主，開闢出一條有別於被輿論稱為「傳統型百貨公司」的路線。[2] 等到 1987 年超大型的太平洋崇光百貨（以下簡稱 SOGO 百貨）出現後，再以巨大的空間達成分層區隔遊樂設施與文化品味的臺北市百貨公司新文化。

　　這個過程發生在 1970 年代末至 80 年代，臺灣從經濟起飛到成為新興工業化國家（NIES）的背景下。臺灣平均每人國民所得（按當年價格計算）自 1976 年後開始快速增長，到 1979 年後的成長更是急劇上升。[3] 如同經濟學者安格斯・迪頓與約翰・穆埃鮑爾的理論所述，臺灣的社會也顯示出同樣的現象，可支配所得級距越低，也就是愈窮的階層，消費支出比例越高的對象為食品飲料及菸草、住宅服務水電瓦斯及其他燃料、以及醫療保健；可支配所得級距越高，也就是愈有錢的人，消費支出比例越高的對象在於衣著鞋襪、傢俱設備及家務服務、運輸交通、休閒文化等。[4]

1　〈遠百九千三百萬元太平洋增加三成五〉，《經濟日報》，1979/08/12，6 版。〈中華徵信所排名發表〉，《經濟日報》，1980/07/15，9 版。〈促銷活動忽視了公益性與教育性〉，《經濟日報》，1979/11/02，10 版。〈百貨折扣行情大亂〉，《聯合報》，1983/12/10，7 版。〈各大百貨公司業績今年大有起色〉，《經濟日報》，1984/7/19，10 版。〈評斷去年各百貨公司的經營〉，《經濟日報》，1985/01/04，10 版。〈百貨誰是折扣王〉，《民生報》，1984/05/07，5 版。〈百貨公司擺地攤〉，《經濟日報》，1986/01/13，12 版

2　〈景氣復甦・百貨業先受其惠展望未來・全憑經營巧手法〉，《經濟日報》，1983/08/18，10 版。

3　行政院主計處，「2007 年中華民國臺灣地區國民所得統計摘要」。https://ebook.dgbas.gov.tw/public/Data/352913302353.pdf（查看日期：2021/4/26）

4　財團法人中華經濟研究院，〈由消費支出結構探討臺灣產業結構調整之趨勢與策略〉，101 年度國內外及中國大陸經濟研究及策略規劃工作項目一，頁 113。https://www.moea.gov.tw/Mns/cord/content/wHandMenuFile.ashx?file_id=1956（查看日期：2022/8/17）

不過，平均每戶實質可支配的消費支出，要先扣除實質可支配所得中的儲蓄傾向，才是實質可消費的支出。實質可支配所得從 1976 至 2010 年期間呈現遞增的趨勢，快速成長期間約為 1987 至 1995 期間，1996 至 2010 年的成長趨緩。儲蓄傾向率從 1976 年時急劇攀升，1981 年達到 26% 的高點後，一度下滑，1984 年之後每戶實質可支配所得、消費與儲蓄傾向以相似的曲線上漲，直到 1993 年達最高點 30.7％後，開始逐漸下跌，之後每戶的平均消費支出仍持續成長，只是曲線與可支配所得一樣趨緩。[5]

依據主計處 2007 年的民間消費型態的資料顯示，臺灣人的食品費、飲料費、菸絲費從 1960 年起便一直呈現下滑的趨勢，在 1990 年代初達到一個穩定的比例。而「娛樂消遣教育及文化服務費」[6]和「運輸交通及通訊費」佔的比例，則在 1979 年快速成長，之後現持續成長的趨勢。

換言之，臺灣在 1979 年後進入經濟快速發展的狀態，每戶的平均消費傾向有逐年升高的趨勢，臺灣消費習慣也逐漸開始變化。然而，不從物的本質與用途、功能獲得的快樂，而是藉由附加價值去想像、建立理想像、進行遊戲的消費行為，則要到 1980 年代中期，中產階級興起以後才真正展開。整體而言，在 1987 年解嚴、1992 年 5 月 16 日修正刑法 100 條、去除思想犯，使得言論與表現真正自由化，1994 年儲蓄傾向開始下降，而「娛樂消遣教育及文化服務費」和「運輸交通及通訊費」佔民間消費支出的 28.32％，而食品費、飲料費、菸絲費佔 25.89％，才能說臺灣進入了消費社會。

而 1970 年代末到 1990 年代初，也是臺灣開始邁向符號消費的過程。1988 年，突破雜誌和哈佛企管顧問中心對臺北市民所作的「消費者印象中的百貨公司」問卷調查中，雖然 69.3% 的受訪者認為價錢太貴是百貨公司的缺點，但在「整體印象最差或最爛的百貨公司」項目中的前三名分別是大千百貨（32.1%）、欣欣百貨（15.1%）、今日公司中華店（原第一公司 13.7%），大千百貨是區域型百貨，以日常生活品為主，鮮少高價品，而欣欣與今日公司則是折扣戰的常客。最常去的百

-----

5 財團法人中華經濟研究院，〈由消費支出結構探討臺灣產業結構調整之趨勢與策略〉，頁 61-62。https://www.moea.gov.tw/Mns/cord/content/wHandMenuFile.ashx?file_id=1956（查看日期：2022/8/17）值得注意的是，儲蓄下跌的時間點 1994 年，正是全民健保法制定完成的時間點，1995 年 3 月 1 日則是全民健保開始實施的時間。

6 娛樂消遣教育及文化服務費佔年民間消費總額比（年：%）：1965：5.86。1968：6.63。1970：7.81。1973：8.19。1974：7.93。1975：8.24。1976：8.63。1977：8.81。1978：8.91。1979：11.04。1980：12.08。1981：12.47。1982：12.72。1983：12.84。1984：13.52。1985：13.92。1986：13.95。1987：14.18。1988：14.89。1989：14.80。1990：15.47。1991：15.85。1992：16.13。1993：16.72。

貨公司前三名為中興百貨（15.5%）、SOGO百貨（12%）、來來百貨（10%），這三間均是位於停車位最難找的地帶，而百貨公司第二大缺點即是停車位難找（48.4%）。而「最能領導流行」、「印象中最好」、「最具特色」、「貨色最好」、「最具高級感」、「櫥窗設計最美」的百貨公司，都由1978年代末興起後改名的中興百貨、1986年成立的先施百貨與1987興起的SOGO百貨囊括（按興起年份排序），永琦百貨則為「服務態度最好」的百貨公司（圖5-1），[7]本章便來透過重視文化品味的百貨公司，討論符號消費的百貨公司文化的誕生與發展。此外，關於本章中所提到的百貨公司相關資料，如創立年、規模、樓層服務等，請參看附表一。

消費者印象中的百貨公司評價　（一）

印象評價	第一名	%	第二名	%	第三名	%
在印象中最大的百貨公司	SOGO	71.1	鴻源	11.8	來來	4
廣告印象最深刻的百貨公司	SOGO	33.5	鴻源	19.7	先施	14.9
商品價格最昂貴的百貨公司	先施	43.8	SOGO	15.5	中興	9.4
最能領導流行的百貨公司	中興	35.7	SOGO	22.9	先施	11.4
最想帶親朋好友去的百貨公司	SOGO	38.4	中興	12.0	鴻源	9
印象中最好的百貨公司	SOGO	24.9	中興	20.5	先施	11
最會搞噱頭的百貨公司	鴻源	32.3	SOGO	28.5	東光	7.6
最平民化的百貨公司	欣欣	14.3	大千	13.9	遠東寶慶店	10.8
服務態度最好的百貨公司	SOGO	22.1	永琦	12.7	鴻源	11.8
服務態度最不好的百貨公司	大千	15.7	今日中華店	10.8	力霸	10.6
最常去的百貨公司	中興	15.5	SOGO	12	來來	10
最具特色的百貨公司	SOGO	27.9	中興	24.7	先施	14.5
貨色最好的百貨公司	先施	24.1	SOGO	20.9	中興	18.9
最具高級感的百貨公司	先施	35.5	SOGO	21.7	中興	21.5
櫥窗設計最美的百貨公司	中興	38.8	SOGO	17.5	先施	10
整體印象最差或最爛的百貨公司	大千	32.1	欣欣	15.1	今日中華店	13.7

百貨公司有那些缺點？（三）

單位：%

%	項目
9	走道不夠寬敞
12.2	賣場太大、無法短時間內逛完
13.3	賣場太小、商品不夠齊全
20.9	各樓面分類標示不夠醒目
29.9	空氣不新鮮
45	服務態度不好
48.4	停車位難找
69.3	比一般商店價錢貴

消費者最喜歡的促銷活動（二）

排名	項目	%
1	換季大拍賣	42.4
2	節慶折扣	24.7
3	送家電用品	18.3
4	配合節慶送應景物品（如父親卡、母親卡）	16.7
5	摸彩活動	16.1
6	送紙用券	16.0
7	送贈車	11.0
8	按址還本	10.0
9	發票回饋參加抽獎	9.8
10	購滿預定金額可免費至指別部門限時搶購	9.6

圖5-1、〈消費者心中的百貨公司印象評估〉，《中央日報》，1988/04/02，15版。圖片來源：中央日報全文影像資料庫提供。

7　〈消費者心中的百貨公司印象評估〉，《中央日報》，1988/04/02，15版。

一、文化資本的建構

1950 年代以來臺日百貨公司的交流

　　1945 年日本敗戰後，日本三大百貨公司作為日產被接國民政府接受後離開臺灣，在國民黨政府或晦或明的反日政策下，日本與臺灣的百貨公司之間的交流，最初以個別的方式存在。高雄大新百貨的創立者吳耀庭私人在開幕前，曾赴日本伊勢丹實習過。萬國百貨在開幕前從日本的高島屋、三越、松坂屋、松屋這四間百貨公司請來五位售貨小姐，給員工作了三個月關於包裝與服務態度的訓練講習，算是戰後百貨公司個體上與日系百貨的連結。[8]遠東百貨在籌備期間，也因臺灣的「文化與日本比較接近，比起西方國家，兩國民眾消費習慣也近多了」，而派人到日本的伊藤榮堂超級市場連鎖公司受訓，學習盤貨、管理等制度，再到西武、三越百貨接受服務顧客的訓練；1983 年，遠東百貨才進一步與伊藤榮堂訂定協定，後者允諾協助遠東培育人才，雙方也同意互相採購商品。[9]

　　然而，真正與日本的百貨公司簽約進行技術合作，派駐顧問提供 KNOW-HOW 的，應屬 1977 年由板橋林家與電鐵終點站百貨系統的東急合作的永琦百貨。之後，日本與臺灣百貨公司的技術合作越來越頻繁。芝麻百貨 1978 年開幕前，曾與日本吳服系的松屋百貨簽約，請其派資深人員協助規劃、代訓營業人員，以期吸取現代化經營知識，突破百貨經營理念。[10]與芝麻、永琦同樣屬於中型規模、走高格調經營路線的統領百貨，於 1984 年成立時，與日本電鐵系的京王百貨合作，京王提供包括商品、服務、經營管理在內徹底的外包，不僅高級管理幹部全由日本人擔任，各樓層主管也由日本人擔任，所採用的臺灣人全是新手，從頭訓練起。[11]1985 年來來百貨因十信案，而從原主國泰信託關係企業轉手給豐群

8　廣告，《中央日報》，1968/11/15，1 版。〈萬國百貨公司下月開業附設超級市場〉，《經濟日報》，1968/09/12，4 版。〈日本優秀售貨小姐五人昨來臺將在萬國百貨公司作訓練講習〉，《經濟日報》，1968/09/19，4 版。

9　徐有庠口述、王麗美執筆，《徐有庠傳》，頁 235-236，246。〈遠東百與日伊藤榮堂簽約將互相採購商自三月一日開始〉，《經濟日報》，1983/1/07，10 版。

10　〈芝麻百貨即將開幕‧創造獨特服務顧客新觀念〉，《經濟日報》，1978/12/13，9 版。

11　〈統領與日本京王技術合作全新格調幹部選用新手‧跳槽一概拒收〉，《經濟日報》，1984/11/17，9 版。〈百貨公司折扣是個煙幕！〉，《經濟日報》，1985/06/17，10 版。〈統領與日京王百貨簽定合作契約徵求廠商供應高級產品〉，《經濟日報》，1984/04/10，9 版。〈日本京王百貨店與統領簽約合作〉，《經濟日報》，1984/03/11，2 版。

集團的張國安時，張國安也聘請日本 KAN 顧問公司作全面的精心規劃。[12] 1987年，統領百貨的資方再投資成立明曜百貨，不僅地點就在統領百貨的正對面，規模、商圈和客層的定位也重疊，而且都與日本京王百貨技術合作、負責規劃。[13] 今日公司南西店 1985 年也跟日本電鐵系的西武百貨技術合作，並被西武說服而一改「老百貨與折扣公司」的形象，1986 年 7 月 6 日重新開幕時，脫離了「以前打折公司的形象，改走強調服務的高格調不折扣經營路線……對顧客新增的多項軟體服務……讓消費者感受到購物即是一種享受」。[14] 業績和形象都有顯著提升，因此徐之豐在 1987 年，又將營業一直走下坡的峨嵋店（原育樂大樓）等三家連鎖店，委託西武百貨改裝規劃，之後業績皆有回升。[15] 而今日公司的轉型，則與其南西店隔鄰的新光百貨，傳出欲與日本三越百貨合作的消息不無相關。

換言之，1970 年代末以來，日本式轉譯自近代百貨公司的內容——或者說日本的百貨公司二次形式，包括保有禮儀的服務精神；給予觀賞商品的消費者一些賞玩的時間與空間，不立刻上前推銷，減少購買的義務感；重視文化品味，以及日本特有的對商品包裝、陳列細節等，[16] 都漸漸被引入臺灣。

1977 年 11 月 29 日開幕的永琦百貨，首開戰後以來與日本的百貨公司正式技術合作之先河。永琦百貨董事長林明成在成立前赴日考察，接受東急百貨的推薦，聘請白木屋百貨總裁河井麻生為永琦百貨的總經理。[17] 可以說從永琦百貨開始，臺北市的百貨公司才跳脫出第一公司的上海體系，而與日本系統的百貨公司再度產生連接。

永琦百貨位於南京東路二段與新生北路口，接近當時林森北路一帶的日本人商區，與欣欣大眾公司、新光百貨南京店、今日公司南京店約為同一商圈（圖5-2），[18] 屬於臺北市中心東擴後的新金融財經區域。

-----

12 〈張國安經營來來採取新路線百貨商品走向高意象大眾化〉，《經濟日報》，1985/12/22，9 版。

13 〈明曜卯上統領同根相煎老闆佈棋且看將帥用兵〉，《經濟日報》，1987/12/03，7 版。

14 〈今日南京西路店與日商合作改裝〉，《經濟日報》，1985/12/14，10 版。〈看日本西武的傑作！今日南京西路改頭換面〉，《經濟日報》，1986/7/4，10 版。張曉琴，〈與西武合作「今日」換新裝徐之豐大手筆百貨業矚目〉，《經濟日報》，1986/7/7，10 版。

15 〈今日南京西路店 與日商合作改裝〉，《經濟日報》，1985/12/14，9 版。〈今日三家百貨公司決繼續重新「包裝」〉，《經濟日報》，1987/04/04，10 版。〈萬華企業不甘雌伏！計畫開設百貨公司和超市〉，《經濟日報》，1988/01/06，5 版。

16 Roland Barthes，宗左近譯，《表徵の帝国》（東京：筑摩書房、2012），頁 69-78。

17 〈河井麻生經營百貨創奇蹟〉，《經濟日報》，1977/12/16，9 版。

18 〈永琦百貨公司昨開幕〉，《民生報》，1977/11/30，9 版。

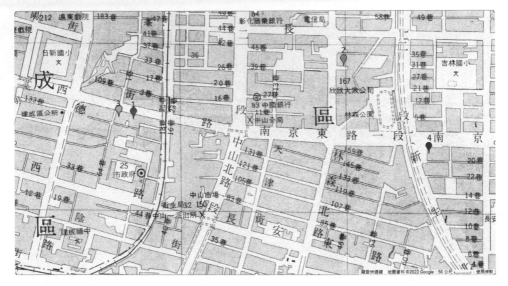

1、新光百貨。2、欣欣大眾公司。3、今日新公司。4、永琦百貨。

圖 5-2、1977 年時，臺北市中心東擴後的新金融區域。本研究製作。[19]

新白領階級女性的登場

　　如前章所述，由於從 1960 年代以來，許多產業要接近決策中心，因此多在臺北市設立辦公處，但舊市中心已無可設立之處，於是向東擴張，從 1960 年代以來，從南京東路一帶冒出許多商辦大樓、飯店，也衍生出來金融業與百貨公司，到了 1970 年代末 80 年代初，南京東路商圈轉為臺北市的新金融財經中心。臺灣金融景氣盛況的 1985 年至 2000 年時，從南京東路二段起，向東延伸至五段，走路 35 分鐘的距離內聚集了近二十家證券商，[20]也就生產出許多新興白領階級。所謂的白領階級層大約指的是「主管及經理人員、專業人員、技術員及助理專業人

19　依 1970 年代的《中國時報》、《聯合報》與《中央日報》的新聞報導與廣告欄中，出現的百貨公司地址製作此圖。底圖為：地理資訊科學研究中心，〈臺北市街圖（1977）〉，「臺北市百年歷史地圖」。https://gissrv4.sinica.edu.tw/gis/taipei.aspx（查看日期：2022/12/15）

20　周思含，〈南京東路「券商第一街」傳奇：臺股百億富豪發跡地，「臺北華爾街」的流金歲月〉，《財訊雙週刊》496（2016 年 3 月）。https://www.thenewslens.com/article/36982（查看日期：2022/9/4）

員、事務支援人員」，[21]表 5-1 中的「金融保險」、「出版、影音製作、傳播及資通訊服務業」、「專業、科學及技術服務業」、「藝術娛樂及休閒服務業」屬之。

從表 5-1 可以看到，在中華民國的統計資訊裡，女性的「藝術娛樂及休閒服務業」類別要到 1979 年才出現，而「服務業」這個類別要到 1980 年才出現，顯示臺灣基本上在 1980 年代才進入第三級產業社會。「金融保險業」的薪資 1980 年還低於製造業中工資最高的「汽車及其零件製造業」，到 1981 年開始反轉，1984 年後的成長金額已是「汽車及其零件製造業」遠比不上的，僅「出版、影音製作、傳播及資通訊服務業」能略追於其後，也符應從 1985 年開始，長達十五年的經濟盛況的時代，金融業的女性薪資為當時女性受薪階級中最高的一群。

而從 1978 年起，都會女性已較喜歡買成衣，[22]一方面是此時白領階級的職業婦女已較多，開始形成一種生活方式，負擔得起比較貴的成衣。另一方面，訂製衣服的工錢也逐年上漲，訂製要挑布、選樣式，完工後要試身，穿起來若不合身，又要修改又麻煩，來來回回要好多趟，而比較好的成衣店都備有修改處，試穿略有不合，當場就可以修改，付錢即可取走衣服。[23]符合時間即是金錢的現代化精神。大約在 1983 年後，最重視布料的遠東百貨在仁愛店改裝後，也取消了布料與訂製部門，將二樓的香榭大道與霓裳宮，改為紐約派克大道女裝街後，臺灣的百貨公司已將成衣作為主要的販售商品，包括童裝在內。[24]

-----

21 依中央銀行 2017 年的分類而言，職業別分為白領階級（包括民意代表、主管及經理人員、專業人員、技術員及助理專業人員、事務支援人員），服務及銷售工作人員、藍領階級（包括農、林、漁、牧業生產人員、技藝工作、機械設備操作及勞力工。也就是將農與工合在一起。而 1977 年至 1990 年代初臺灣尚未開放國會選舉，民意代表極少，因此在這裡不採用該項。

中央銀行，〈五、就業與薪資〉，《中央銀行年報 106》（臺北：中央銀行，2017），頁 43。https://www.cbc.gov.tw/tw/public/Attachment/853114184871.PDF（查看日期：2022/9/4）

22 不過，所謂的較喜歡，也只是相對而言。在 1978 年時，日本女性花在衣著上的費用約佔全部收入的 33%，臺灣只有 18%，畢竟此時的臺灣的中產階級尚未形成，所謂的白領階級仍屬中上階級。曾玉姬，〈閒話服裝、便裝、時裝〉，1978/6/11，7 版。

23 1980 年時，依當時輔仁大學織品服裝系作一項「臺北地區職業婦女購衣習慣的研究」問卷調查，對象為臺北市 3,000 名職業女性，結果顯示購買成衣的比例佔 76%，訂做衣服的比例佔 24%。然而，對購買的成衣不滿意的程度佔 97%，對訂做衣服不滿意的程度佔 87%，略低於購買成衣。不過，從這份調查中的職業女性，購買成衣最多的地點是服裝店，其次為百貨公司、地攤、國外帶回及從委託行購買，似乎顯示出調查對象的收入偏高。〈問卷調查顯示成衣商未能掌握市場導向〉，《民生報》，1980/06/15，6 版。王思佳，〈買成衣也有訣竅〉，《消費時代》期 88（1978 年 1 月），無頁碼。

24 即使是布料品為母體的遠東百貨，在 1982 年 7 月寶慶店重新裝潢後，也取消了三樓的布料製衣部門，改為兒童用品、淑女館。百貨公司銷售的童裝裡，不太跟隨流行的童裝，則走大眾

表 5-1：女性受薪階級各業別裡最高的平均薪資。單位：NT 元。[25]本研究製表。[26]

	1977	1978	1979	1980	1981	1982	1983	1984	1985	1986	1987
金融保險	7,214	7,313	8,672	10,791	13,432	14,932	14,996	17,362	19,341	20,632	24,514
出版、影音製作、傳播及資通訊服務業	—	—	—	12,528	14,830	13,604	15,068	16,171	17,944	19,979	21,334
專業、科學及技術服務業	5,361	5,719	7,291	7,612	8,466	10,168	11,263	12,327	13,192	14,043	15,512
汽車及其零件製造業	8,987	8,816	12,438	13,353	12,048	12,353	12,267	13,049	12,220	13,155	14,445
製造業	4,264	4,703	5,662	7,121	7,568	8,177	8,781	9,537	9,753	10,745	11,792
藝術娛樂及休閒服務業	—	—	8,118	8,240	9,673	8,309	8,921	9,644	9,303	9,947	10,720
服務業	—	—	—	7,271	8,940	9,504	9,948	11,571	11,973	13,232	14,622

　　永琦百貨在 1977 年加入百貨公司的戰局時，即主張要「使購物成為享受」，寬敞甬道、提供舒適優雅的休閒場所，翌年更在各層設置座椅讓消費者休息，播放輕音樂，並在室內養植綠色植物，主打廣大綠色空間。[27]在客群上，回到 19 世紀近代百貨公司的源頭，定位於女性客群，在開幕廣告中明白地寫著：「即使陪

　　化路線，價格約在 200 至 300 元。1983 年〈遠東百貨寶慶路公司面目一新，令人刮目相看〉，《消費時代》142（1982），無頁碼。〈夏季童裝已全面上市〉，《民生報》，1982/5/15，5 版。1982 年的平均每人國民所得為 96,230 元，200 元約為一個月收入的 2.5%。行政院主計處，〈中華民國臺灣地區國民所得統計摘要〉。https://ebook.dgbas.gov.tw/public/Data/352913302353.pdf（查看日期：2021/9/2）

25 資料來源：「表格・平均工資・年」，中華民國統計資訊網。https://reurl.cc/GEj2W3（下載日期：2022/8/30）

26 淡網底是「金融保險業」薪資高出「汽車及其零件製造業」的年份，而深網底是「金融保險業」的薪資高於「出版、影音製作、傳播及資通訊服務業」，成為各業界最高薪資的年份。

27 廣告欄，《民生報》，1978/11/25，5 版。〈永琦百貨今揭幕〉，《經濟日報》，1977/11/29，9版。全版廣告，《中國時報》，1977/10/25，5 版。

著太太來，先生也不會無聊！」[28]可以說是試圖在當時走全面向的百貨公司中，區隔化出一群特定的客群。再加上商品定在中上價位精品，[29]因此，這個客群也就不僅僅是女性，還是中上階層的女性。從其立地區域也可以發現，永琦百貨的目標對象是以在新金融財經區的職業女性為主。女性是家庭消費的主力結構，因此永琦百貨 B 棟的地下室是超市，也有童裝、孕服裝部門。[30]此外，永琦百貨在五樓設置文化館，除了舉辦文化展覽活動外，開幕時也設置負責婚禮用品與策劃、以及各類禮品的部門，將女性從未婚、結婚、懷孕、生子、童裝、每日超市、男士衣服等的「人生歷程」全都包辦在內。[31]

第三產業：「服務」的出現

如前述經濟學者安格斯・迪頓與約翰・穆埃鮑爾的理論，隨著消費社會的發展，食品、飲料、住處等必需品的費用會減少，而能展現消費社會表徵的奢侈品，如衣物、耐久財、交通、服務與其他等，則會增加。[32]雖然銀行、證券業常附有制服，但職業女性對於外出穿著的需求與注重，仍然會隨著薪資的增長而增加。永琦百貨的主力也是放在各季女裝，一至三樓被設為不同年齡與職業的女性服飾用品區，[33]並自開幕以來，便如同遠東百貨一般，相當著重服裝秀。

1978 年 12 月 17 日由建築、觀光、餐飲服務業為主的華美企業董事長張克東，以集資的方式在復興北路與長安東路口開設了芝麻百貨。這是第二間在東擴的金融商圈開設的百貨公司。張克東與日本的吳服系松屋百貨合作，將日本的「顧客為神」精神帶到臺灣，主張「消費者是王」，讓芝麻的服務水準「使消費者有『王者』」的氣度」。價位訂在中層收入者，營業方針則是富有多元個性的表現，裝潢格調典雅，追求新的生活形式，最重要的是，芝麻百貨也放棄了「商品全線供

-----

28 全版廣告，《中國時報》，1977/10/25，5 版。

29 〈臺北市百貨公司櫥窗決戰〉，《聯合報》，1983/07/14，12 版。

30 〈永琦百貨公司昨起至四日止舉辦快樂兒童服發表會〉，《經濟日報》，1978/04/02，4 版。〈流行服飾不是女性的專利〉，《聯合報》，1983/11/09，12 版。

31 〈永琦百貨公司昨開幕〉，《民生報》，1977/11/30，9 版。

32 依恩格爾曲線將物品分類為奢侈品、必需品與劣等財。再將物品分為四組，第一組是食物、飲料、煙草，第二組是住處與燃料，這二組乃是必需品。第三組是衣物與耐久財，第四組是交通、服務與其他，這兩組為奢侈品。

Angus Deaton and John Muellbauer（1980），Economics and Consumer Behavior. pp. 19-20.

33 〈永琦百貨公司昨開幕〉，《民生報》，1977/11/30，9 版。

應型」的經營方式，轉以「『目標商品』的齊全顯示獨特個性」，在容易接受的價格範圍內，「集合感覺好、品質優良的商品」。每樓層各自有特定的客層，以及獨特的音樂、陳列風格與色調，包括各樓層店員的制服色在內（樓層簡介參看附表一）。[34] 從這裡可以看到，「感覺」一詞已正式成為百貨公司選品或廣宣時的標準。

　　芝麻百貨開幕時的業務經理由徐莉玲擔任。徐莉玲曾被永琦百貨派往日本接受成衣設計、剪裁、縫製、品管、包裝出貨的專業訓練，並在永琦相關的長青成衣廠擔住總經理，因此，她對服裝一直非常重視。芝麻百貨 1979 年上半年成立初期，也曾加入折扣戰，打了十三次折。[35] 但徐莉玲認為芝麻百貨所在的區位有非常多有潛力的職業婦女與家庭主婦，商品應該走時髦高尚的風格，不能像傳統型百貨一樣出租專櫃像「雜貨店」，因此有計畫地規劃場地、設計櫥窗、對專櫃及其商品加以品管。這些專櫃除了她自行接洽的「夠水準的名牌」廠商外，也積極邀請新品牌、培育臺灣新人設計師，例如現今有一定知名度的陳季敏、溫慶珠、陳彩霞等人。[36] 她也在芝麻百貨中設立服裝開發課，專責收集各國世界流行服裝資訊給廠商參考，協助廠商開發新樣式。對於店員的服務，徐莉玲也認為不只是禮貌，服務員還必須深入理解商品，因此定期給服務員上課，以利其協助顧客們依身材挑選款式、顏色與搭配。1981 年徐莉玲升任總經理，她也公開演講服裝專題給一般人。[37] 但不久張克東即因財務問題，使得芝麻百貨發生欠廠商債務問題，1984 年 10 月由國泰信託集團接手，1985 年國泰信託集團的「十信案」爆發，1985 年 6 月再改由中興紡織接手，但掌舵者一直是徐莉玲，因此，從芝麻後期到興來、再到中興百貨，基本方針都沒有變，與永琦百貨一樣都是不參與折扣戰、走高價位路線的百貨公司。[38]

34　〈百貨業將出現新經營作風〉，《經濟日報》，1978/12/13，9 版。〈芝麻百貨公司明天上午開幕〉，《中央日報》，1978/12/16，7 版。

35　〈促銷活動忽視了公益性與教育性〉，《民生報》，1985/1/8，5 版。

36　Paulina Hsu，〈學學文創｜創辦人徐莉玲：看見臺灣的「缺」—我們看見自己了嗎？〉，《dfun》。2021/7/19。http://www.dfunmag.com.tw/see-the-lack-of-taiwan-have-we-see-ourselves/（查看日期：2021/8/18）

37　蕭容慧，〈擁有自己的天空——女性主管嶄頭露角〉，《臺灣光華雜誌》（1984 年 10 月）https://www.taiwanpanorama.com.tw/Articles/Details?Guid=021a2bb8-46d5-4c22-9e46-9f3fe1d9b079（查看日期：2022/9/6）廣告欄，《中國時報》，1981/4/4，6 版。

38　〈百貨折扣要停戰〉，《經濟日報》，1979/11/2，10 版。

引領時尚的新型百貨公司：時裝秀

　　永琦與芝麻百貨都相當重視女性服飾。1978 年 3 月，永琦百貨舉辦「我愛春天」服裝發表會，主打淺綠、鵝黃、粉紅、天藍等明亮柔美的色彩，和柔軟的棉織、絲織品，並著重穿著方式及搭配。參與開幕籌備、也是這場服裝發表會的主辦設計師的徐莉玲，她觀察國際的流行趨勢，指出此時臺灣的女性，「對服裝的看法比較保守……有人穿一件上衣，一定固定地配某件裙子，連胸針也從不更換，這樣穿法，會大大削減服裝變換的趣味。」她認為「今年在剪裁、式樣上，並沒有很多不同，反倒是穿著的方式，本身就是一種流行。……搭配改變，嘗試從原有的衣服中變化出更多的花樣」，只要找出適合自己的式樣，就是穿出了流行。[39]這在 1978 年時是一個相當大膽的主張，也就是在國民黨還在塑造現代國民道德與禮儀規範措施的這個時候，[40]徐莉玲與永琦百貨已推出了個人主義的時裝風格。

　　1979 年 6 月，永琦百貨主辦、保爾姿美儀學校協辦了一場「一九七九年之夏」的女裝流行趨勢時裝發表會，這場連續兩晚在永琦百貨一樓廣場演出的時裝發表會，是由美國著名設計師 Michele Desgrenien 主持策劃，由美儀學校的八位國內外師生演出該年夏天流行的服裝。這場服裝展的特色，在於模特兒在舞臺上穿出的是各種不同場合穿著的服裝，同時，為了更深入的介紹展出的服裝，永琦百貨另外用幻燈片配合解說，讓觀眾了解每套服裝的特點。[41]亦即觀眾看到的不僅是現場服裝表演，還包括了對夏天流行趨勢的理解，能進一步靈活運用，建立屬於自己的風格。這裡很重要的一點是，1978 年的服裝展時永琦百貨注意到個人風格與搭配，然而個人風格不僅是自身的，還與場合、情境有關，於是，在 1979 年時推出的二晚服裝發表會，則是包括了解說關於不同場合的穿著。

　　時裝展一次一小時，來往人次百來人，二晚也不過就二百多人，影響力不夠大。於是，芝麻白貨的 1979 年夏季服裝發表會，改採定期發表的方式，每週日中午半小時，由徐莉玲主持。由於芝麻百貨在建設時選擇在內部設置金像獎電影院，因此自身沒有大型廣場，地點便選在張克東的相關企業「芝麻大酒店」二樓

39　陳翠，〈春裝・像花一般熱鬧〉，《聯合報》，1978/3/9，9 版。

40　王志弘，〈臺北市文化治理的性質與轉變，1967-2002〉，《臺灣社會研究季刊》52（2003 年 12 月），頁 136-140。

41　〈美著名設計師主持永琦女夏裝發表會〉，《民生報》，1979/6/23，8 版。〈永琦百貨昨舉行夏季時裝發表會〉，《經濟日報》，1979/6/22，9 版。

九鼎宮。[42]

　　1980 年芝麻百貨公司推出一系列關於服裝搭配的活動。此時國內成衣市場正開始流行，隨時可穿用的休閒服買氣相當好，但百貨公司的時尚成衣卻還在觀望中，這也意味著當時百貨公司的服裝價格不菲，但流行的符號意義貯槽卻還不足以撐起百貨公司的時尚市場。芝麻百貨推出的「流行的組合與搭配」活動，借明星的符號形象，請電視紅星包翠英與模特兒沈曼光到場，解說時下流行之服裝組合與搭配，及如何選購適合穿著之最經濟服飾。[43]

　　1982 年 5 月，徐莉玲推出首屆「流行的預言」服裝展，為當時臺灣最大的服裝展示會，同時在夏裝換季打折開始時，配合「流行預言」服裝展示會，推出黑、白對比色的秋冬裝，11 月芝麻百貨改裝後重新開幕，又推出「流行預言實現了」專案。1983 年 4 月再投入高達 490 萬元，於 10 月在圓山飯店舉辦「流行的預言：芝麻，'83/'84 秋冬服飾特展」，包括國內六十七個優秀品牌，上百位服裝設計師設計的當年秋冬新作少女裝、童裝、男裝、淑女裝，著重燈光音響等舞臺效果，不過，「流行的預言」系列服裝秀是要入場券的，分 500 元與 300 元。[44]「流行的預言」成為了徐莉玲手下百貨公司的招牌。即使到了興來百貨時代，口號轉為「精緻的生活文化」，[45]已成為時裝秀品牌的「流行的預言」仍然持續下來。[46]

　　到了 1985 年，由於現場演出的觀看人數依然有限，興來百貨決定由一年二次的舞臺時裝秀轉戰螢幕，成為每週日在華視下午 1 點 50 分播出 40 分鐘的電視節目『流行的預言』，播出時間自 4 月 28 日起至 8 月 25 日止共 15 集，內容分門別類，介紹女裝、男裝、童裝、家居服及泳裝等最新流行主題，例如設計的重點及髮型、化妝、飾品等整體搭配的知識，為了製作這個節目，興來百貨投下二百多萬元，可以說是臺灣的百貨公司第一次將知識體系與電視媒體連結在一起。有趣的是，原本電視臺編審認知這節目是時裝秀，而新聞局有關「時裝秀」節目的規定是每季（十二週）每一電視臺僅能播一次。由於『流行的預言』達十五集，超出規定，因此在拍攝時，「依編審建議用音樂影片方式，不加任何旁

42　〈芝麻百貨將辦夏服發表會〉，《經濟日報》，1979/5/6，7 版。

43　〈多家百貨公司近日舉辦活動〉，《民生報》，1980/8/16，5 版。

44　〈百貨公司展開宣傳戰〉《民生報》，1982/11/16，5 版。〈新光明啟用淑女名店街芝麻將辦秋冬服飾特展〉，《經濟日報》，1983/10/20，9 版。

45　〈芝麻百貨功成身退興來百貨將試啼聲〉，《民生報》，1984/10/4，10 版。

46　〈承繼芝麻好傳統興來百貨大型秀分輕便、優雅、家居、兒童四主題〉，《經濟日報》，1984/11/11，10 版。

白，僅有音樂襯托全局。但缺少了旁白說明，一般消費者不易瞭解拍攝內容，不少人看過試播影片，只覺得影像很美，但是很難瞭解這是一個什麼『性質』的節目。因此徐莉玲特別到新聞局去『爭取』，才發現其實只要不涉及廣告行為，新聞局並未規定不可加旁白。」於是重新又再加上旁白解說。[47]徐莉玲從芝麻百貨時代擔任總經理、歷經興來百貨、中興百貨，一直到 1990 年代才離開。在當時被譽為時尚百貨教母，[48]她所提出的「流行的預言」與「精緻生活文化」定位，即是意識到造型美學與符號體系，在誘發消費行動裡的重要性。

搭配情境場景的穿搭：符號意義的重要性

1980 年輔仁大學織品服裝系進行的「臺北地區職業婦女購衣習慣的研究」，其中有 80% 的女性希望購買來的成衣可以自由搭配、任意組合，只有 20% 喜歡固定搭配好的。[49]同年，遠東百貨因應這樣的社會需求，請旅法設計師高令儀為 18 至 30 歲女性設計揉合典雅和功能性的遠東淑女裝，可以依照搭配方式適用於任何場合，例如已搭配好的「簡單大方的外出服」，略加修飾「變成晚宴的服裝」。[50]

換言之，服裝並不是買了穿上就好，還包括穿搭配飾的體系概念，也就是風格（style）。1970 年代末，時尚成衣在臺灣社會尚在起步的階段，女性們雖想要自由搭配穿著，但卻缺乏一定的後設知識，即使買下了櫥窗中人偶模特兒展示的整套時裝，仍需要相應的知識去理解在什麼場合要穿這樣的衣服、行什麼樣的禮儀，如同篷瑪榭百貨作為將貴族文化傳遞給布爾喬亞階級的媒介一樣，永琦百貨在 1983、1984 年舉辦的靜態服裝展，扮演著媒介的角色，在敘事性場景中將穿搭與時尚文化傳遞給參觀者。

在此之前，永琦百貨也辦過許多場動態的時裝展，但對於流行的推廣與引領

-----

47 〈興來「流行的預言」捨舞臺‧就電視〉，《民生報》，1985/5/10，5 版。〈螢幕上預言流行提高穿著品質‧擴大告知範圍〉，《民生報》，1985/5/26，5 版。

48 Paulina Hsu，〈學學文創｜創辦人徐莉玲：看見臺灣的「缺」—我們看見自己了嗎？〉，《dfun》。2021/7/19。http://www.dfunmag.com.tw/see-the-lack-of-taiwan-have-we-see-ourselves（查看日期：2021/8/18）

49 在 1980 年的這份調查中，職業女性的成衣訊息來源，依序來自服裝雜誌、店面廣告櫥窗、電視廣告、親友介紹、報紙、時裝表演。〈問卷調查顯示成衣商未能掌握市場導向〉，《民生報》，1980/06/15，6 版。

50 〈遠東淑女裝價格大眾化〉，《消費時代》期 117（1980 年 6 月），無頁碼。

時尚而言，能觀看的人數對整體市場而言終究是微不足道的。因此，永琦百貨在1983年11月做了一個很大的動作：舉辦時間較長的「靜態服裝展示會」，地點在1980年火災後改裝新設的七樓展覽會場。第一波是女裝展，以20至60歲、具有較佳的消費力、講究培養個人服飾品味的女性為目標。這場淑女裝展特別之處，在於不同於過往的服裝展是請真人模特兒走秀，而是長達五日，以立體人偶模特兒在搭好的辦公室、郊遊、約會、宴會、臥室等場景中，穿著由設計師搭配好的服裝（圖5-3）。參展的業者表示，「國內女性對穿著一向捨得花錢，然往往穿得不得體，這檔淑女裝展的展示……以靜態模特兒展示出設計冬季建議的組合與搭配。參觀者可以仔細比較、欣賞、選擇，不用擔心銷售小姐在一旁過度熱心地推銷。」[51]這場女裝展在三天內，參觀人次超過2萬人，接下去是男裝展、少女服裝展，三檔展場下來參觀人次共15萬人。[52]

圖5-3、1983年靜態服裝展。人偶模特兒穿著搭配情境的時裝。《民生報》，1983/11/04，5版。圖片來源：聯合知識庫提供。

51　〈國內最大型靜態服飾展〉，《民生報》，1983/11/03，5版。

52　〈'83/'84秋冬服飾展〉，《民生報》，1983/11/04，5版。許玉葵，〈專家帶你看展覽：掌握服裝的機動性〉，《民生報》，1983/11/04，5版。〈最大靜態展示十五萬人次參觀〉，《民生報》，1983/11/21，5版。

相較於前章所述的同一時期傳統路線百貨公司的折扣戰，這裡的業者卻認為「國內女性對穿著一向捨得花錢」，顯見兩者的客群已有一定的分界。

翌年（1984）11月，永琦百貨再度與《民生報》合辦十五天的「八四／八五秋冬服飾臺北展」，同樣是採靜態的場景模特兒展，以生活、感性或故事化背景等手法展示165套高級女裝，讓觀眾實際感受，進而懂得如何依時、依地穿著打扮。除了場景使用的器具等商品外，相較於前一年，更使用誇張的幾何圖形、燈光、色彩等表現方式，人偶模特兒甚至橫置而懸於空中，加強消費者對服飾設計的記憶。[53] 1980年改裝後，永琦百貨所使用的商品「視覺化展示銷售法」（Visual Merchandising，簡稱V. M. D.），也就是將與日常生活息息相關的商品，以最自然不做作的方式組合搭配陳列，使顧客對於商品的用途一目了然，自然而然地被喚起購買的意念的展示法，已展現出商品設計與展演的價值。

符號體系的建構與意義的轉嫁

正如羅蘭・巴特與尚・布希亞都明白指出的：時尚與「物」的消費是一套知識體系，[54]例如人們是如何將「帽冠－上衣－裙褲」上下裡外穿搭，即為羅蘭・巴特所說的將陳述中前後相連的符號結合在一起的「橫組合關係」（the syntagmatic relation），而各服飾所具備的象徵意義，則是將符號與一個蓄聚其他符號的特殊貯槽（reservoir）結合起來的「縱聚合性關係」（the paradigm relation），[55]這關連到了對顏色、形狀、線條、象徵物、體型、乃至社會情境、價值體系相關禮儀等的理解，也就是意符從羅蘭・巴特的符號神話體系中的第一層次延伸到第二層次的形式，開始指示向開放式的意指／概念，例如寬沿帽、薄網面紗帽、雞尾酒帽（cocktail hat）以及它們不同的顏色、設計、材質，在英國各場合要如何搭配中，並能被辨識出其象徵的意義，是因為帽子、服飾、象徵物等的（概念層次的）符號意義貯槽

-----

53 〈八四／八五秋冬服飾臺北展昨登場〉，《民生報》，1984/11/05，5版。

54 參見 Roland Barthes，敖軍譯，《流行體系》，（臺北：桂冠，1998）。Jean Baudrillard，林志明譯，《物體系》，（臺北：麥田，2018）。

55 羅蘭・巴特認為每個符號（signe）都包含著三種關係，其中「縱聚合性關係」是指符號間潛在的外在性關係，每個符號均有一蓄積形式的有組織的貯槽，其中包含著許多與此符號相關的其他符號意義，人們在進行象徵活動時，則透過貯槽或謂「記憶」來召喚意義。第一種是將意符（signifiant）與意指（signfié）結合起來的內在性關係，例如象徵（symbole）。其次是潛在的外在性關係，是一種透過否定、分類的指示作用，為縱聚合性關係。第三種則是實在的外在關係，為橫向的、隔鄰的組合性關係。Roland Barthes，《符號的想像》，頁259-266。

中，有足以被喚起形成「縱聚合性關係」的豐厚度，以及社會象徵體系的共享使其能相互傳達。

在談到時尚與「物」的知識體系之前，必須先述及這個體系成立的前提條件。以尚・布希亞對消費的形上學的概念來談，消費的交換體系不只是金錢、需求體系，也是基於符碼（code）的意義交換溝通體系。同時，也是一種分類（classification）與社會性差異化（différenciation sociale）的過程，在這個層面上，作為符號的「物」不只是具有符號意義上的差異，也具有在社會地位的金字塔中定位價值秩序的作用。「消費是戰略性分析的對象，在彰顯地位的價值上，與具有知識、權力、教養等社會意義的事物一樣，具有特定的權重。」[56]亦即物可以是基於需求被消耗，但在透過在過度的量的滿足之外，「物」也可以透過符號產生社會差異化的作用。

在這個背後支撐的原理有二，首先，意義能透過「物」轉移到所有者的身上，當然，在身分階級制度等權力規制下會受到限制，但當地位不再只由身分而定，變成可流動之後，食衣住行等外在的「物」的表現，均能作為定義一個人的線索。其次，意義是被賦與的，並非本質地與物連結在一起，而意義的來源在於具有某種客觀性的價值體系，也就是社會體系中某種程度被認知為明示的意義（denotation），或是尚・布希亞所說的「最小共通文化」（Plus Petite Commune Culture），例如透過學校義務教育或是大眾媒體得來的「常識文化」，當然，每個不同的團體也會有各自的最小共通文化，[57]如果沒有分享任何共通的文化符號，則所謂的符號運用是不可能誕生的。

例如，將玫瑰送給西元 1800 年的臺灣住民，應該沒有辦法傳達出「愛情」的意義。同樣的，當 2022 年的臺灣人在得到紅玫瑰時，感受到「愛的告白」，顯示了本質上與愛情沒有關係的玫瑰，在此刻不是作為一種植物存在而已。意符與意指可以與原生的意義切割開來，第一層次的符號可以被空洞化，而且符號的意義可以被轉移並傳達，只因為雙方分享了共同的社會象徵體系，使得指示關係成立。

欲望與自我理想像的消費 Z 圖式

日本精神分析學者佐佐木孝次（1938-）與哲學思想學者山本哲士（1948-），

56　Jean Baudrillard，《消費社会の神話と構造》，頁 67。

57　Jean Baudrillard，《消費社会の神話と構造》，頁 139-144。Pierre Bourdieu，《ディスタンクシオン I》（東京：藤原書店，2002）。

以西格蒙德・佛洛伊德（Sigmund S. Freud, 1856-1939）的欲望理論為基礎，結合符號學與尚・布希亞的概念，提出了理想像與自我之間的 Z 圖式（圖 5-4），來說明在消費過程中自我主體欲望與意義轉移的作用。圖 5-4 中 S 是自我主體，a 是主體所欲望的對象，也就是我們所意識到自己所匱乏或沒有的，a' 則是主體 S 透過 a 所看到的自己擁有了 a 之後的理想像，A 是大寫他者的社會性象徵體系，也就是提供主體社會文化的想像來源，[58] 如果用阿爾弗雷德・舒茲（Alfred Schütz, 1899-1959）的語彙來說，就是社會認識參考架構中的知識／意義貯槽（stock of knowledge／reservoir of meaning）。[59] a 具有的讓我們產生欲望的意義，是來自 A 社會文化象徵界的分享，也就是符號、廣告等的神話作用，而非 a 原生的或本質的，a 與 a' 之間是想像力的作用，這個想像關係的形成有賴於 a 與 a' 之間能自由地進行連結，以及 A 的豐饒。

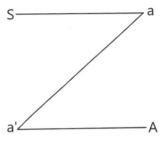

圖 5-4、消費的欲望 Z 圖式[60]

58　佐々木孝次、山本哲士，〈承認の欲望理論〉，收錄於山本哲士監修，《消費の幻視人》（東京：ポーラ文化研究所，1985），頁 169-202。

59　人是藉由社會認識參考架構（scheme of reference）來認識世界。人們從直接的經驗出發，藉由日常生活世界中的匿名性，將世界中的各事物加以理念性的類型化，透過這種類型化的架構，我與我群、他群的關係中形成一種曖昧但不證自明的共通知識——例如，我們與高度匿名性的同時代人的理念型，共享一種難以明確言之的「現代文明」的共通知識——在互為主體性的關係之下，透過這種理念型而來的類型化認識架構，便能預測、理解面對面直接經驗的人、同時代的人之間的行動。

　　社會認識的參考架構形塑了成員們的世界秩序觀，每個事物、概念及其間的關係也有了各自的位置與意義。從這個角度看，社會認識參考架構可以說是一個我與世界關連的座標體系，這個座標定位了世界中的各個事物、元素——當然，這些位置並非固定不變的，而會隨著個人身處的社會不斷變化，但卻不是朝夕之事，需要經驗的積累。同時，這些在座標中的事物與元素，亦會透過個人與社會的互動而不斷積累新的知識與意義，或是改變原本的認知。

　　Alfred Schutz，盧嵐蘭譯，《舒茲論文集第一冊：社會現實的問題》（臺北：桂冠，1992），頁 236-237。Alfred Schutz，渡部光、那須壽、西原和久譯，《アルフレッド・シュッツ著作集 3——社会理論の研究》，頁 87-169。Maurice A. Natanson，盧嵐蘭譯，〈導論〉，收於 Alfred Schutz，《舒茲論文集第一冊：社會現實的問題》，頁 1-22。

60　圖 5-4、Z 圖式。佐々木孝次、山本哲士，〈承認の欲望理論〉，頁 194。

而想像力能發揮的前提，也就是附加價值之得以存在的基礎，在於能脫離傳統導向的「唯有已經存在的事物可以存在」的束縛，[61]個體能自由地在現存的實質物的滿足之外，去建構理想的可能像，這個可能的意象是美好的、快樂的，使個人願意為此延後立即可得到的滿足，以便在之後得到更大的快樂，甚至，這個等待的過程本身都變成快樂的一部分，這即是附加價值所勾起的欲望過程。

　　從 A 借用象徵符號、同時也建構意義的媒體廣告，亦是一種最小共通文化的來源。這裡可以再分兩個層面來理解，一是廣告的內容所建構出來的意義，例如將香奈兒（CHANEL）的香水與 1950 至 1960 年代美國性感女星瑪麗蓮夢露（Marilyn Monroe）（A）放在同一張廣告畫面中，藉由物與物彼此相近而連結的逐字關係，讓觀看者將香水與瑪麗蓮夢露連結在一起，製造出使用香奈兒香水（a），便能擁有瑪麗蓮夢露的性感與美（a'）的誤認；二是透過這個畫面，形塑出美女與性感的「應有的」樣貌，使得不與其擁有共同特質的一般人（S），對自身的不美麗感到焦慮，並進一步希望藉由擁有香奈兒的香水，獲得瑪麗蓮夢露的美（a 與 a' 之間連結）。廣告同時在文化品味的架構中界定了美、女性、香氣的位置，並在這三個符號的貯槽中填入意義。[62]

　　總合而言，在符號學的脈絡中，事物所具有的意義是透過社會文化而產生的，人們以語言互動之時，不能脫離抽象性的符號。符號的意符與意指之間指示關係的確立，有賴於所屬的社會文化體系，A 即意味著主體 S 必須（至少自以為）理解或感受到大寫的他者／社會性象徵意義體系，能從百貨公司的商品 a 中讀取到自己匱乏的意義及理想像 a'，而這個理想像或是由廣告、服裝雜誌、百貨公司的立體人偶模特兒、櫥窗、展示、服裝展等建構出來，而這個建構／解讀過程是一套由符號的意義貯槽體系中「選取─編碼─解碼」的過程。編碼與解碼本身即是一種詮釋過程，包含了訓練與學習：編碼者要讓解碼者學習到他的密碼系統，或反之，去學習解碼者的符號系統，兩者（至少某一部分）必須存在於同一解釋共同體內，才能進行意義溝通，a 從來都不只是無機質、實用性的物，而是含有社會象徵意義的「物」。[63]

61　Colin Campbell，《浪漫倫理與現代消費主義精神》，頁 35。

62　當然，廣告並不必然對所有人產生作用。羅蘭‧巴特在《神話作用》中所說的，有建構神話的人、有接受神話的人、也有分析神話的人。三者對於神話的立場、解讀都有不同。在此之外，還有巴特沒有提到的，也就是不在這個體系之中的人，也就是不知道瑪麗蓮夢露是誰，也不覺得她性感或美麗的人，以及不知道瓶子裡裝的是什麼東西的人。Roland Barthes，《神話作用》，頁 147-156。

63　關於編碼與解碼的模型，參考：Stuart Hall, "Encoding / Decoding." In Stuart Hall, Dorothy Hobson,

新型百貨公司建構高文化資本

永琦百貨於 1983、1984 年的靜態服裝展，展示並說明要怎麼穿搭，即是在建立一套美學的概念，將其認為關於穿搭的風格、品味、社會儀禮等，注入相關的符號貯槽中，甚至增加相關的符號貯槽，或是徐莉玲在 1978 年的服裝發表會上所提出的個人自由穿搭，即是一個新的概念，而她之後對「流行的預言」，都是一種新的提案。透過這樣的方式，永琦、芝麻這類新路線的百貨公司，才可以引領流行。永琦、芝麻百貨本身當然不可能建造一個全體社會通用的 A，因此從集體主義中解放是臺灣大社會正逐步發展的過程，而要讓消費者能運用想像力、從自身品味出發，新型百貨公司則必須從 A 借用意義或符號，建立新的概念或符號，以及符號之間的縱聚合、橫組合關係，例如如何穿搭配色、當季流行剪裁等，再在各種符號貯槽中投注多樣化意義，進行編碼，創造品味，並訓練客群解碼的能力，然而，要得到這些前提，就必須讓自身在正式文化場域中擁有足夠的發言權，也就是必須累積文化資本與象徵資本。

皮耶・布爾迪厄的分析中指出對中下層階級而言，獲得文化資本最便捷的方法便是獲取學歷資本。學歷資本的交換來自一定的經濟資本量。擁有學歷資本，可以促使世代間的階級提升，但要被上層階級承認，或是主觀上自認為中產階級，不是僅有學歷與經濟資本即可，還需要有象徵資本與文化資本，這些也可以透過經濟資本交換而來，因此，管理・技術型中產階級常透過各種學歷的方式，去提高自身的品味，以晉級文化位階。[64]

為了創造文化資本與發言權，芝麻百貨自 1979 年 10 月起開設婦女文化進修班（圖 5-5），請專家來教烹飪班、插花班、準媽媽班、英語會話班、媽媽髮型講座，並邀請世界級化妝師免費開設美容講座，而且以有孩子的婦女為目標，舉辦芝麻小朋友夏令營，內容包括兒童口腔衛生檢查、意外災害預防講習、急救訓練、兒童繪畫班、郊遊寫生、民俗遊藝活動、阿公阿婆講古等。並在 1980 年國際藝術節時，芝麻百貨公司的所有陳列櫥窗、促銷活動、展覽乃至服務小姐名牌，都

Andrew Lowe, and Paul Willis ed., *Culture, Media, Language: Working Papers in Cultural Studies*, London: Hutchinson, pp. 128-138. Stanley Fish, Is there a text in the class?: The Authority of interpretive communities. Cambridge. Mass: Harvard University Press, 1980, pp. 332.

64　布爾迪厄特別提醒後天的習得與所謂先天的品味——也就是成長於支配階級之中的人，所具有的文化資本量是不同的。因此，如何將習得的品味身體化得宛如天生一般，是區辨／秀異的重要一環。Pierre Bourdieu，《ディスタンクシオン II》，頁 75-76、93-96、106、111-121。

以這次「國際藝術節」的主題去表現，並同時舉辦「穿的藝術活動」。[65]身為服裝設計師的總經理徐莉玲亦親身主辦服裝流行專題演講。之後接手芝麻百貨的興來百貨、中興百貨亦循著同樣追求文化格調的路線。而永琦百貨自 1982 年 5 月，也開始推出不收費的「婦女文化家政進修班」，內容包括美容、插花、剪紙、中國結、蔬果切雕、服飾藝術等。[66] 1984 年 3 月起，更有規劃地推廣文化教室，將 1981 年重新裝潢後新開的十一樓共 529 平方公尺的地方，規劃為文化教室專屬地，派專人有系統地策劃所有的課程，文化教室內容也加入咖啡調製班、準媽媽班講座等。[67]在永琦百貨大動作擴大文化班時，興來百貨亦闢專用教室加強文化 PR 活動。之後到中興百貨時期，有規劃地設置每季一期的季度的「精緻文化教室」，以及精簡版的「週末速成班」，課程除原有烹飪、才藝外，增闢個人置產投資、自己動手做、餐盤裝飾、微波爐烹調、麵包花及禮品包裝。[68]

圖 5-5、1981 年芝麻百貨婦女文化進修班的廣告。廣告欄，《中國時報》，1981/2/15，4 版。

65　〈最大的缺點是沒有特色。〉，《經濟日報》，1979/03/8，7 版。〈芝麻小朋友夏令營〉，《經濟日報》，1979/07/14，8 版。〈國際藝術節活動華美企業積極贊助〉，《民生報》，1980/02/1，8 版。

66　廣告欄，《中國時報》，1981/04/04，6 版。廣告欄，《中國時報》，1981/03/08，6 版。廣告欄，《中國時報》，1980/05/03，6 版。〈女性顧客多，要好好把握！百貨公司紛辦婦女社教活動〉，《經濟日報》，1983/5/31，10 版。

67　〈永琦辦咖啡調製班〉，《經濟日報》，1986/04/12，5 版。〈永琦今辦準媽媽講座〉，《經濟日報》，1986/08/09，5 版。（廣告）《中央日報》，1982/11/16，5 版。

68　中興百貨於 1986 年，一度於百貨大樓的賣場樓上，再租下了 300 坪，設立了「中興健身俱樂部」，內有健身、三溫暖、美髮與咖啡廳。〈百貨業將出現新經營作風〉，《經濟日報》，1978/12/13，9 版。〈承繼芝麻好傳統興來百貨大型秀〉，《經濟日報》，1984/11/11，10 版。〈易手國泰但未更名〉，《經濟日報》，1983/12/20，7 版。〈中興文化教室增新班〉，《民生報》，1988/03/06，13 版。〈大型百貨公司肚裡能容服務業整體性消費食衣住行無不包〉，《民生報》，1988/01/22，17 版。〈婦女們！來上文化課百貨公司的 PR 活動掌握固定消費群，帶動人潮〉，《經濟日報》，1985/4/02，10 版。

所費不貲地舉辦這些一期僅收數百元、甚至不收費的文化班，從成本計算而言當然不合理。當時永琦百貨公司的副總經理許重雄坦言，設文化班的首要目標是建立服務的形象，另外，可藉文化教室學員的反應，作為蒐集消費者意見與建議的管道。而興來百貨的文化教室負責人則表示，參加該公司文化教室的學員多屬有錢有閑的主力顧客，她們將文化教室作為一個休閒的場所，藉此擴大生活圈與交友的範圍，這些人來公司上課，多半會順便逛街購物，故有助於提昇業績。興來百貨注意到的是實質的業績，而永琦百貨則強調的是文化班對銷售的業績應具間接、無形的效果，也就是文化班是一種長期、定時對顧客的廣宣活動，藉此讓主要顧客定期來店，建立主力顧客群忠誠度，與來客頻數（Frequency）的功能。

換言之，文化班的內容不必然是與高級文化相關的，例如孕婦知識、理財、蔬果切雕等，但藉由「文化」的字樣、去金錢化的服務、文化班上課的場所設計、以及百貨公司原本在西方以來脈絡中的高級品味的意義等，使得文化班與文化場域產生了正向的親近性，提升百貨公司的文化資本。在文化教室結業後，永琦、芝麻等百貨公司會給予學員文化相關的證明，一方面有助於顧客獲取文化資本，同時也反向地肯定永琦與芝麻百貨公司擁有能給予文化教養定位的象徵權力，並轉換成為這些新型百貨在文化時尚場域中的象徵資本與文化資本。

同樣走精品價位的來來百貨，則是位於舊市中心的西門町，於 1978 年 11 月 25 日開幕的來來百貨，目標群是在西門町的年輕族群，因此，全棟沒有超級市場，同樣也開辦教室，不過，來來百貨的教室也走年輕動感路線，例如在 1980 年 7 月起連續五週舉辦「暑期育樂營」活動，免費教土風舞、吉他教唱、兒童繪畫班，比較不是精緻文化取向。直到 1986 年才開設精緻文化路線的免費文化教室，課程包括有夏衫編織、美容保養、咖啡調製、西點烹調、紙藝造花等五種班別，[69]至 1987 年時再加上咖啡調製班、押花班、日語旅行會語班、西點烹飪班、仕女美容班等。[70]

整體而言，1983 年後，百貨公司文化班的種類開得愈來愈多，數量也愈來愈多，[71]包括參與折扣戰百貨公司也偶爾加入開班之列，如力霸百貨於 1983 年推出

-----

69 〈來來特價供應禮盒〉，《聯合報》，1988/8/2，9 版。

70 〈來來暑期育樂營接受報名〉，《經濟日報》，1980/07/14，8 版。廣告，《中央日報》，1987/2/6，12 版。〈百貨公司不只購物而已！〉（大臺中），《民生報》，1988/05/12，22 版

71 1985 年的〈百貨公司的 PR 活動〉這篇報導中說大約在四年前，臺北市百貨公司開始有針對女性消費者開設的不定期婦女文化家政課。廣告，《中國時報》，1983/03/18，6 版。廣告，《中國時報》，1983/03/05，5 版。廣告，《中國時報》，1983/01/01，5 版。〈婦女們！來上文化

「婦女生活講座」，內容包括服裝搭配、手藝教學、有氧健美操，及美姿儀態等指導。[72]之後，1987 年 5 月接手環亞百貨的鴻源百貨，以及 1987 年 11 月 12 日成立的 SOGO 百貨，都設有文化班，這也符應皮耶·布爾迪厄所說的，新中產階級有積極透過學習取得文化資本的傾向，而文化班也對新型百貨公司吸引客群而言是有助力的。

　　除了文化教室外，永琦百貨另以發行貴賓卡的方式，作為集中客群忠誠度的方式。發給分為兩個階段，凡一次購滿 2,000 元者發給準貴賓卡，憑卡在半年內繼續購滿兩萬元者，發給貴賓卡。持有貴賓卡的貴賓，可以享受免費在該公司地下樓附設停車場停車若干次；生日、結婚或生產時，可以得到一份禮物；且在貴賓卡有效期的一年內，購物可享九五折優待等。根據統計，永琦百貨自貴賓卡實施後的實得利益，為每月營業額增加實際額數的十五分之一到二十分之一，數目雖非很大，「但此種制度正如雪球，越滾越大，貴賓卡發行越多，效果越著」。[73]當然這也引起其他百貨公司的不滿，認為永琦百貨是在變相持續打折。但這種發卡方式在各家百貨公司均跟進之前，不僅是折扣，也確實讓顧客與永琦百貨之間產生黏著度，並透過文化資本與象徵權力，形塑了一種專屬於永琦會員的認同感，並減少附隨著「折扣」「大減價」帶來的廉價感。

公司誌所塑造的文化資本

　　1985 年 8 月，中興百貨推出「生活情報」的服務，在一樓服務檯旁設立一塊看板，上面列有當時臺北市各博物館、美術館及藝廊的展出、表演活動內容，提供顧客主要文藝節目。中興百貨企劃人員指出，這是為了展現「百貨業的服務是多元化的，為了提升顧客的生活品質……。使服務項目走出『物質』的限制。」[74]事實上有沒有顧客去看或需要這個看板，並不是重點，重點在於中興百貨透過這個方式，與博物館、美術館及藝廊建立起連結，從對方汲取到高度正量的文化資本。

　　課百貨公司的 PR 活動掌握固定消費群·帶動人潮〉，《經濟日報》，1985/4/02，10 版。

72　〈百貨經營層次提高公益活動廣受歡迎〉，《經濟日報》，1983/03/04，10 版。

73　廖輝英在文中指的是「南京東路某百貨公司」，而當時在臺北市南京東路上的百貨公司僅永琦百貨一家。廖輝英，〈大型百貨公司的新貌〉，《經濟日報》，1979/4/15，11 版。

74　〈提供「生活情報」〉，《民生報》，1985/8/22，5 版。

除了文化班之外，出版刊物也是此時百貨公司走文化品味的手法之一。從十九世紀以來，歐洲百貨公司即透過畫作精細、裝釘美麗的郵購目錄，帶動時尚流行，如法國的篷瑪榭、英國的哈洛茲百貨。而戰前日本的百貨公司刊物則更偏向文學、流行、文化教養等內容，商品僅以照片或廣告頁方式呈現，例和三越的《時好》，高島屋的《新衣裝》等，[75]這是日本吳服系的百貨公司的自我定位，強調文化品味與格調。而上海的百貨公司如先施樂園的《上海先施日報》、永安百貨的《永安月刊》，如連玲玲所云，其終極目的在於透過刊物這個傳播平台，提供不同階級間資訊的一致性，「孕育」一批消費者。[76]

1965 年後上海系的今日公司與遠東百貨，皆有發行刊物，今日公司是由「今日世界」出版《今日遊樂》（圖 5-6），[77]主要在介紹節目與觀光訊息、名人傳記、明星專訪，與百貨公司較無關。遠東百貨則陸續出版《遠東人》（1974/1~1977/3）、《消費時代》（1974/8-1989）、《快樂家庭》（1977/3~1989/12）、《遠東人月刊》（1990/8至今線上版）；[78]遠東百貨的早期的刊物《消費時代》，每次發行十多萬份，[79]內容聚焦於商業知識，以及市場、展覽會的資訊與照片，並刊登許多各間遠東百貨公司主推商品照片，類似商品目錄頁。到了 1980 年左右，《消費時代》才脫離消費者認識、市場規模等產業面向報導，開始增加生活實用消費者取向內容。而《快樂家庭》刊有散文、短篇小說等文藝作品，並提供與遠東百貨的紡織工業母體相關的最新服飾樣式，報導遠東百貨定期舉辦的各種時裝表演會、服裝陳列會，創造時尚流行的趨勢，[80]遠東百貨或其販售物的廣告也不再是以商品（或百貨公司建築物本身）的照片模樣直接出現，而開始以象徵性的意象畫或照片，提供想像式連結，符合 1980 年代以符號運用取代直接推銷的現象。

-----

75 瀨崎圭二，〈三越刊行雜誌文芸作品目録〉，頁 63、65-67。

76 連玲玲，《打造消費天堂》，頁 285-334。菊池敏夫，《民国期上海の百貨店と都市文化》，頁 133。上海檔案信息網，〈圖說南京路四大百貨公司〉。http://www.archives.sh.cn/shjy/tssh/201212/t20121211_37487.html（查看日期 2015/05/24）。蔡維友、胡麗麗著，〈民國小報的價值再發現——對《先施樂園日報》的多角度解讀〉，《今傳媒》12（2014 年 12 月）。http://www.cssn.cn/xwcbx/xwcbx_bkcb/201412/t20141223_1453752.shtml（查看日期 2015/5/24）

77 1968 年 12 月 14 日創刊，最初時為週刊，1969 年 8 月 9 日停刊達五個月，於民 1969 年 12 月14 日復刊，改為每個月出版 3 次，之後出刊斷續不定，停刊日不確定。

78 徐旭東，〈關於遠東人〉，『遠東人』。https://magazine.feg.com.tw/magazine/tw/about.aspx（查看日期：2021/8/29）

79 〈期刊百貨業與消費者溝通橋梁〉，《經濟日報》，1992/9/29，18 版。

80 〈遠東公司 美國最新時裝表演〉，《中國時報》，1971/6/8，8 版。〈以婦女兒童為對象的百貨公司〉，《經濟日報》，1972/4/9，9 版。

圖 5-6、由「今日世界」發行的公司誌《今日遊樂》第 3 期封面（1968 年 12 月）。李衣雲攝。
所藏：政治大學圖書館。

　　永琦百貨也在 1979 年 7 月出版了雙月刊《永琦之友》。最初原本是員工投
稿的內部溝通刊物，從 1979 年 11 月 29 日起開始免費對外發行，以貴賓卡友為主，
同一天也開始「永琦之音」的廣播節目，[81]永琦的刊物內容包括流行資訊、新商
品與服務介紹，以及環保、香水等專題報導，同時，也會舉辦各種知性座談
會。[82]1990 年與東急合資後，於 12 月將《永琦之友》改為雙月刊《Quest》，[83]1991
年 1 月發行，從雙色印刷轉為更精緻的彩色印刷，內容除了流行新知、商品行情
及生活情報，另外開闢通訊販賣。[84]中興百貨在 1989 年 6 月時創刊了通訊購物目

<hr />

81　除了出版刊物外，1960 年代萬國百貨曾為民聲電臺提供歌唱節目：「萬國俱樂部」，每週六
　　下午 2 至 4 點播出。廣告，《中央日報》，1968/11/15，1 版。

82　〈永琦開幕二週年今舉行慶祝酒會〉，《經濟日報》，1979/11/29，9 版。〈永琦之友今感應
　　座談會〉，《經濟日報》，1987/11/27，11 版。

83　1990 至 1991 年時有的報導將永琦百貨的刊物名稱寫為《GUEST》，但之後都寫為《Quest》。
　　〈百貨業辦雜誌一書多用傳遞流行資訊另加通訊販賣〉，《民生報》，1991/1/3，17 版。

84　〈統領加強提供資訊出版生活情報誌〉，《民生報》，1988/9/18，17 版。〈百貨業辦雜誌一
　　書多用傳遞流行資訊另加通訊販賣〉，《民生報》，1991/1/3，17 版。

錄，為了打響郵購，又從 11 月起在「生活情報」看版外，每月再出版一張提供來往顧客自由取閱的「創意生活情報」，提供當月藝術表演、展覽、體育活動、演講、親子講座等資訊，將立體展示、平面資訊、以及票券發售等連成一線，形成小型的藝文情報中心。自 1992 年起，又在如西洋情人節、春節、母親節、父親節、端午節、中秋節等幾個重要禮品往來日發行一張 DM（廣告信函）式刊物，針對該節慶做專題式的趨勢報導，例如：比較不同年代的母親典型、十二種星座屬群的愛情觀，再針對這些族群的特性，建議適合的禮物。[85]

在這之後創立的新型百貨公司，也紛紛出版刊物，如 1984 年成立的統領百貨於 1988 年創辦一份彩色菊八開的生活情報誌《MINE》雙月刊（後轉為半年刊，1988-1991），內容包括文化、戶外旅遊、美食、流行、投資、新商品等，統領百貨企劃指出，生活情報誌儘量擺脫商業廣告氣息，目的在提供生活最新資訊。1986 年成立的先施百貨亦成立先施雜誌。1987 年 11 月 SOGO 百貨開幕後，也由關係企業的太聯文化出版發行雜誌《流行生活》（1987-1991/7），內容跳脫 SOGO百貨，轉向為日常生活與文化藝術，每個月給太平洋崇光 3,600 本贈予顧客，再以每本 100 元對外販賣，1991 年 7 月該誌停刊後，SOGO 改出版報紙型《SOGO NOW》，一年二期，一次印 5 萬份，寄給主力顧客，內容主要是季節性流行訊息及消費意識型態報導，[86]藉以挑動消費者來店的欲望。不過，在出版媒體發達的 1990 年代，1992 年 6 月後，僅永琦百貨的《Quest》與《遠東人月刊》（1990/8-），以及中興百貨的那一大張傳遞訊息的 DM 存活。[87]之後在 1996 年 4 月，先施百貨才又創刊發行《先施百貨流行雜誌》，菊八開創刊號以贈閱方式發行 2萬本，八十幾頁的內容裡，除了介紹春夏流行新訊中，並搭配各式醇酒與美食，以品味生活作為主題。[88]

整體而言，這些百貨公司所發行的刊物，發行份數在二至三千份到三至四萬份不等，大部分都是以常客或簽帳卡持有人為寄發對象，此外，業者也將部分刊

85　創刊號專輯主題為「休閒度假系列」，內容囊括了新潮泳裝、太陽眼鏡、海灘服飾用品、韻律服飾，以及旅遊、野宴、登山用具等。消費者可經由這份彩色精印的商品型錄中，直接以郵購通訊，或電話訂貨方式，訂購自己喜歡的休閒服飾、用品，並於一星期內收到訂購的物品。

　　〈開闢郵購直銷業務增加營收百貨業積極創造「第二春」〉，《經濟日報》，1989/6/15，19 版。
　　〈流通業擬發行商品特刊強化促銷〉，《經濟日報》，1992/11/26），19 版。

86　〈百貨期刊顧客喜歡受限於人力、經費卻紛紛叫停〉，《民生報》，1992/6/27，25 版。

87　〈百貨業唯一存活的刊物 QUEST 維持不容易〉，《民生報》，1992/6/27，25 版。

88　〈嗅流行……有秘笈！〉，《聯合晚報》，1996/5/10，19 版。

物放在服務台供索閱。刊物內容都不盡相同，但遠東百貨廣告宣傳部經理陳志成和中興百貨企劃經理蔡美慧在 1990 年代初均指出，消費者對消費資訊的求知慾很強烈，也逐漸不再盲目選購各種商品，百貨公司藉刊物提供消費者相關資訊，可建立消費者對百貨公司的親近感和忠誠度。[89]

　　無論是文化教室或刊物的設置，都是永琦、芝麻／中興、來來乃至統領等百貨公司在建構自身的文化資本與知識體系的方式。因此，即使文化班與刊物都是資本主義體制下商業機置的產物，刊物雖限於成本要求等因素，免不了有廣告和商業內容，卻會儘量降低這些刊物的商業化內容；[90]而文化班或是免費，或是僅收取極少的費用以維繫會員持續來上課的恆心

　　於是，一方面，永琦等新路線的百貨公司得以借由象徵權力與文化資本，在時尚文化的場域中，宣揚其對衣著的搭配趨勢、適穿的場合、流行時尚的美學，並獲得消費者的信任：相信永琦、中興、來來等百貨中陳列展示商品，具有其聲稱的高品味與格調。另一方面，從既有的社會象徵體系（Z 圖式中的 A）借用符號貯槽，重新填入新的意義，甚至創造新的符號，透過刊物裡的言說、圖像的逐字關係，以及永琦等百貨的文化與象徵資本，永琦等百貨公司也得以在社會認識參考架構中逐漸建構自身時尚的文化品味架構：什麼是美的、好的、帥氣的流行、什麼是精緻高雅的品味。例如，前述 1978 年徐莉玲主持的服裝發表會所主張的個人風格，誠然發表會借用了她「設計家」的象徵資本，但同時永琦百貨也以其建築裝潢、花費數百萬元設計的櫥窗等，[91]移轉高格調的文化資本給徐莉玲，兩者的共同加乘使得永琦百貨公司的文化品味更加具有說服力。而與《民生報》合辦的靜態服裝展亦然，報紙的文明象徵與在當時的政治正當性，以及作為大眾媒體所能提供的在正式場域中的傳播力，都賦與永琦百貨的時裝展正向象徵資本與文化資本，使得展覽中的情境配合穿搭的組合，擁有高品味的信賴度。

1970 年代末百貨公司的二條路線

　　1979 至 1980 年代初被認為是不景氣的時候，路邊攤盛況空前，大多數臺北市的百貨公司，折扣戰打得熱火朝天，有的百貨公司抬高價錢後，再貼上新標籤

89　〈期刊百貨業與消費者溝通橋梁〉，《經濟日報》，1992/09/29，18 版。〈迎向國際化招徠顧客上門百貨業強化營運新招迭出〉，《經濟日報》，1993/01/08），08 版。

90　〈期刊百貨業與消費者溝通橋梁〉，《經濟日報》，18 版。

91　王健，〈櫥窗設計值得花大工夫〉，《民生報》，1978/11/25，5 版。

假裝打折；有的出清瑕疵品；有的是同行間意氣用事競相打折，同一商圈其他百貨也不得不加入，大眾化的商品銷售一直下降，臺北市百貨公司對地攤提出抗議聲明，結果不但地攤並未減少，反而許多被視為不景氣現象的成衣折扣中心／切貨中心、百貨批發商紛紛成立，1980年代初，連傳統菜市場、軍公教福利中心也被輿論視為是傳統型百貨公司的競爭對手。[92]

另一方面，強調高格調的百貨公司業績卻一路竄升，1977年開幕的永琦百貨，到1980年時的營業額為4億8,800萬，1981略低為4億7,800萬，1982年10月底為止5億元。而來來百貨1980年是9億2,000萬，1981是10億，1982年10月底止是8億5,000萬。芝蔴也是從1980年的5億3,000萬元，成長到1981年的6億5,000萬元，1982年10月時達到5億1,000萬元。而10月與11月是這三家百貨公司的週年慶月，因此總年度營業額都高於往年。[93]

這顯示出在1978年至1980年代初，臺灣的百貨公司呈現出的兩條路線，一條是走向將應屬完全不同客群的地攤視為敵手的傳統型百貨公司，商品幾乎都雷同，沒有特色。一條是走高格調、精緻文化與特色客群路線的新型百貨公司，1983年底，來臺六個月的永琦百貨的日籍顧問多田近右，對臺北市當時的十七家大小百貨公司也有同樣的觀察：走高級經營路線、商品陳列以高級品比例最高的百貨公司有芝蔴、永琦、來來、環亞，其他的百貨公司雖然在商品價位分配的比例上有出入，但在形象的號召上均未以高級品自居，可歸為大眾化經營的路線。而據一位百貨業者的估計，1983年時臺北市百貨公司的營業額只佔百貨消費額的6%而已，在美國約佔30%，日本約佔20%，原因在於日本百貨市場的商品分配呈現菱形，上下兩尖端為銷售量小的高級品和廉價品，中級品佔菱形中部的大部分面積，中流消費層（Middle class）是百貨市場的主要對象，但臺灣百貨業者走中流商品經營路線的業者卻寥寥無幾。[94]

-----

92 〈從地攤到服飾公司〉，《聯合報》，1979/7/26，12版。〈百貨公司耍噱頭？定價標籤有文章！〉，《聯合報》，1983/12/5，7版。〈八折、五折 合理的價格在那裡？〉，《民生報》，1983/12/03，5版。〈百貨折扣行情大亂〉，《聯合報》，1983/12/10，7版。〈地攤很猖獗‧百貨批發業者也撈過界 百貨公司「零售型態」飽受威脅〉，《經濟日報》，1983/1/25，10版。

93 〈經濟不景氣之下消費型態有了哪裡改變？〉，《民生報》，1982/12/11，5版。〈切貨這一行應運而生 廠商謀對策路邊攤也少了〉，《民生報》，1982/12/11，5版。

94 雖然本書是以臺北市為例，不過在這裡要特別提到高雄市的大統百貨公司。李健士在《經濟日報》副刊撰文中，指出在臺灣百貨公司普遍有著「（一）走道太狹窄，使購物者有壓迫感。（二）商品陳列顯得雜亂無章，缺乏應有的美感。（三）商品分類不明顯，消費者無法很快地找到自己所想要購買的商品。（四）高、低價位商品混雜在一起，使顧客花費在挑選的時間比決定購買的時間還多。（五）經常在公司內或在大門口擺設類似流動攤販的拍賣花車，

這也就是前章所提到，在 1970 年代臺灣經濟起飛，大眾才剛剛能夠滿足生理與安全層次，著重眼前的餬口與未來的生活儲蓄，並沒有足夠厚度的中產階級去支撐西方近代化的百貨公司。因此，傳統型百貨公司主要是以物／使用價值與傳統取向的享樂方向來吸引消費者，折扣戰即是以不斷地重複購物的「撿到便宜貨」的享樂經驗來吸引顧客，自然與路邊攤的享樂取向是相似的。而本節所述的 1977 年後興起的新型百貨公司，走高格調的路線，則必須同時建立起自身的文化資本與發言權，才能具備啟蒙消費者文化品味，建立他們相應的後設知識的象徵權力，因此這些百貨公司從大寫他者 A 的社會象徵體系中汲取意義，建構自身的文化品味架構、定位符號貯槽並填入意義（建立形式與概念間的指示關係），培養消費者進行想像的遊戲，從而進行現代享樂主義的消費行動。在 1977 及 1978 年成立的永琦、芝蔴、來來百貨公司的服裝發表會、文化班、刊物、貴賓卡等，均有助於取得上述的文化資本與象徵資本，同時實行消費知識體系的建構與對消費者的啟蒙教育。

　　在輿論皆說不景氣之下，1981 至 1984 年平均每戶可支配所得與每戶實質消費支出仍呈遞增的趨勢，但儲蓄率確實下滑。[95] 即使如此，臺北的百貨公司 1982 年至 10 月底時，營業額已比 1981 年多了 5 億元。而 1981 年的臺北市十七家百貨公司營業額，比 1980 年也不過少了 1000 多萬元。[96] 因此，所謂的不景氣，應是傳統型百貨公司在折扣戰中的相對感受。

　　1980 年代，臺灣經濟逐漸發展，1985 至 2000 年為臺灣經濟奇蹟的時代，民主化運動的發展下，[97] 相對於 1970 年代，資訊逐漸不再閉鎖，而有了較多入手的

破壞大公司的格調與氣氛。」在這樣的情況下，李氏稱讚「大統百貨是個成功的例外。它是東南亞最具規模的百貨公司之一，它的經營管理已突破了以上的缺點，所以雖然是在不景氣中，仍然一枝獨秀。臺北市的永琦、來來也能脫離老式百貨的落伍作風，強調服務與氣氛。」李健士，〈簡說經濟學之七 最新型的百貨公司〉，《經濟日報》，1983/6/29，12 版。〈百貨經營開倒車・無異攤販〉，《經濟日報》，1983/12/31，10 版。

95 財團法人中華經濟研究院，〈由消費支出結構探討臺灣產業結構調整之趨勢與策略〉，頁 61-63。https://www.moea.gov.tw/Mns/cord/content/wHandMenuFile.ashx?file_id=1956（查看日期：2022/8/17）

96 報載臺北市 17 大小型百貨公司，包括東光、新光百貨信義店等百貨公司（本書未採樣），在 1982 年的 10 個月裡的營業額為 66 億元，比 1981 年全年已多了 10 億。扣除 1982 年新開幕的力霸百貨的營業額四億多元，仍比 1981 年多了 5 億元。〈經濟不景氣之下消費型態有了哪裡改變？〉，《民生報》，1982/12/11，5 版。

97 關於臺灣民主化運動，可參看：李永熾，《臺灣戰後的光與影》（臺北：允晨，2022）。薛化元，〈戰後臺灣長期戒嚴合法性與正當性的再考察〉，《臺灣風物》，卷 69 期 3（2019 年 9 月），期 97-124。薛化元、蘇瑞鏘、楊秀菁，《戰後臺灣人權發展史》（新北：稻鄉，2015）。薛

來源，報紙、雜誌、出版社紛起。[98]臺灣人的社會認識參考架構開始變得不再是單一而牢不可動，符號貯槽的定位開始多向化，貯槽中的意義也開始多樣化。臺灣的百貨公司也終於迎來中產階級——雖然在 1980 年代中期，只有薄而不穩定的一層。

二、意義貯槽的積累與符號消費

臺灣中產階級的出現

　　中產階級大約是在二次大戰後在西方被承認為一個新階級，在二戰前通常被稱為新中間階層。這個階級在「本質上」既不屬於資產階級也不屬於無產階級，沒有辦法像過去一樣用血統身分或生產工具的有無去區分，跳脫卡爾‧馬克思的階級概念，無法以資產的有無來界定。臺灣在 1988 年行政院主計處的國富調查以「資產毛額」將臺灣家庭分成五等級排序，第二至第四級的被界定為中產階級。[99]，但第二級與第四級的差額其實是相當大的。而行政院研考會從 1970 年以來作過多次調查，界定中產階級的標準為自我認同，也就是受訪者認為自己是或不是中產階級。研考會主委魏鏞在 1985 年時表示，「有 56.9％的民眾自認為是中產階級⋯⋯比七年前調查結果的 51.7％為高，這充分顯示一個堅實的中產階級已在我國形成。」[100]同年，台大精神科醫師林憲則引魏鏞五次民調的報告，指出有 63％的民眾認為自己屬於中層或中上層，如果把分析中認為自己是中下階層的人也歸入中產階級的話，則自我認同為中產階級者高達 91.7％。[101]換言之，從研考會的觀點而言，1978 年的臺灣已經有 51.7％的中產階級，但從百貨公司的消

化元主編，《715 解嚴三十週年紀念專刊》（新北：國家人權博物館籌備處，2017）。若林正丈，《戰後臺灣政治史》（臺北：國立臺灣大學出版中心，2014）。若林正丈，《臺灣：分裂國家與民主化》（臺北：新自然主義，2004）。張炎憲等編撰，《李登輝先生與臺灣民主化》（臺北：玉山社出版，2004）。

98　1980 年代中期左右，人們對服裝的知識來源已增加了雜誌、盜版錄影帶、第四台、MTV 音樂短片、偶像等，而不是靠流行領導者而已。例如臺灣的時尚雜誌如儂儂雜誌社於 1984 年成立，而日本一個月發行二冊的時尚誌《non‧no》，在 1980 年代中期，最高曾達 10 萬冊的進口量。岩渕功一，〈從東京愛情故事到小室家族〉，《影響雜誌》86（1997 年 7 月），頁 86。

99　〈臺灣地區中產階級仍佔多數〉，《中央日報》，1992/1/30，9 版。

100　〈中產階級漸興起〉，《民生報》，1985/5/5，6 版。

101　林憲，〈中產階級意識〉，《健康世界》期 118（1985 年 10 月），頁 42-44。

費方式可以看出，直到 1980 年代中期，中產階級的高度消費取向都沒有出現。很顯然，主計處與研考會忽略主觀與客觀階級認定的差異。

1989 年 5 月，由臺北青商會主辦了一場由蕭新煌、葉啟政、柯志明、瞿海源、許嘉猷、徐正光、張茂桂、吳忠吉等社會、經濟學者，以及杭之、楊憲宏等新聞界人士共同參與的「變遷中臺灣社會的中產階級」研討會，討論當時飽受關注的中產階級興起的問題。蕭新煌（1948-）指出西方的中產階級，是在資本主義萌芽過程中的城市集團慢慢發展而來，與臺灣有相當大的不同，這點與富永健一的看法是一致的：臺灣的資本主義是後發的，與西歐和美國的內因型的資本主義非常不同，因此所發展出來的階級形式與內容也會有所差異。對於中產階級的定位，蕭新煌認為可分為舊中產階級與新中產階級，前者主要是指自營小店東或自僱作業者，即小工廠的老闆，後者則是指以技能、學歷、文憑取向的事業管理人材，也就是所謂的白領階級和專業階級。[102]

新中產階級出自於技術、管理階級這點，與皮耶・布爾迪厄分析法國的中產階級時有相似的結果，然而，皮耶・布爾迪厄的分析指出中產階級的基礎建立在一定的經濟資本上，同時是發展自法國近代以來的個人主體意識脈絡，而臺灣的在 1970 年代末至 1980 年代初所出現的行政・管理層人員，如前章所述，大多是從上層行政人員流出，而上層與中層的管理層的行政人員、公教人員（高學歷資本者），均須通過以國民黨政府的再生產體制所建構的國家級考試（高考、教師證書等），在當時威權主義的體制下，屬於保守傾向的較多。相對的，在皮耶・布爾迪厄與蕭新煌的分類中屬於舊中產階級的中小企業家，在臺灣反而是較支持民主運動的一群。但相較於前者，後者卻不必然是百貨公司的客群。

依 1988 年瞿海源（1943-）與蔡淑玲所作的「主客觀職業階級結構」計畫，進行了一次全臺抽樣調查，結果臺灣所有人認同自身為上層階級 0.5%、資本階級 1.5%、中產階級 37.3%、勞動階級 54.3%、下層階級 6.4%，年紀愈輕，中產階級認同傾向愈強，外省人的中產階級認同（54.5%）也較本省人高，這也顯示出當時

-----

102 蕭新煌認為臺灣戰後中產階級的發展有四個重要的歷史背景因素，第一個是 1949 年國民黨政府來臺，1949 年國民黨政府入臺帶來的外省籍文官及管理人員，便是政治特殊條件下的第一批外來的所謂新中產階級，這不同於西方任何一個中產階級形成史。第二是臺灣特有的發展模式，也就是邊陲的資本主義發展特性。第三是 228 事件對臺灣本土中產階級的摧殘，以及事變後威權統治下對本土中產階級形塑的力量。第四則是臺灣本身在日治時期以來，融合日本、中國文化與臺灣移民性格，對後來的中產階級也有形塑作用。這些都是在思考臺灣中產階級的內涵特色——例如市民主體意識、獨立性——時，必須考慮在內的。蕭新煌，〈總論：臺灣中產階級何來何去？〉，收入蕭新煌主編，《變遷中臺灣社會的中產階級》（臺北：巨流，1989），頁 6。

臺灣仍存在著省籍上的階級優越感。這份研究結果與研考會的調查結果有相當大的不同。如果再將受訪者依成月收入分為三組，這三組的中產階級認同比例分別是：2萬以下（27.4％）、2萬（44.1％）至3萬（45.8％）、3萬以上（28.3％），顯然所得收入與中產階級認同的傾向有很大的關係。然而，如果依階級身分將受訪者二分為資本家與受僱者的話，二者傾向勞動階級的認同都在55％左右，自認是中產階級的比例，在資本家中是33.6％，在受僱階級卻是37.7％，而無論在大、小資本家階級中，主觀上自認是資本階級的只有2.6％。[103]許嘉猷依臺灣主計處1987年所作的「家庭收支暨個人所得分配調查」資料，分析指出該年以個人為單位，中產階級佔臺灣所有就業的五分之一，以戶長為分析單位的話，屬中產階級的家庭，佔家庭總數的27.4％，而新中產階級佔中產階級總數的53.3％。[104]

　　從主觀意識與所謂客觀的收入、職業乃至政治等定義的差別，可以看到中產階級是有很大模糊地帶的階級，富永健一稱之為「在所得、威信、教育、權力等社會階級的複數基準上，哪項高、哪項低，並不一定的人們（中層非一貫性）」。[105]這也是為什麼皮耶・布爾迪厄摒棄單以經濟資本來界定階級，而是以在不同場域中，經濟、社會、文化、象徵資本，與個人習癖（habitus）的加總所得顯現出的實作結果，作為分析的依據。[106]換言之，新中產階級確實在經濟上需要有一定的基礎，但是，在階級內部卻不像傳統階級一樣地具有一貫性，因此，皮耶・布爾迪厄傾向以「生活風格」（life style）與文化資本來討論這個新階級，主觀意識對中產階級而言確實具有一定的重要性。[107]

中產階級的消費風格：愉悅的想像

　　另一方面，新中產階級的女性就業結果，使得女性經濟地位獨立與提升，而且社會接觸面增大，女性接觸到的所有他者，都成為符號貯槽的意義來源——也就是圖式Z中的欲望對象a乃至象徵意義體系A的來源。女性彼此間具有著示範

-----

103 蔡淑玲，〈中產階級的分化與認同〉，收入蕭新煌主編，《變遷中臺灣社會的中產階級》，頁84。

104 許嘉猷，〈臺灣中產階級的估計及其會經濟特性〉，收入蕭新煌主編，《變遷中臺灣社會的中產階級》，頁66。

105 富永健一，《近代化の理論》，頁321。

106 {（habitus）（capitals）+ champ} = pratique。Pierre Bourdieu，《ディスタンクシオンＩ》，頁159。

107 Pierre Bourdieu，《ディスタンクシオンＩ》，頁159-160260-268。Pierre Bourdieu，《ディスタンクシオンＩＩ》，頁337-365。

效果的傳染，以及訊息交換的作用，這也刺激了中產階級的消費欲望：服飾衣著既要在個性上突顯差異，又必須擁有能顯示屬於社會地位的區辨性，在在都降低了需求面向，而擴大女性的消費市場，或者說是提高中產階級市場的獨佔性，產生出農工階級與中產階級間的隔離效果。[108]換言之，時尚的消費文化開始出現，也就是柯林·坎貝爾所談到的現代享樂主義的消費方式。

柯林·坎貝爾指出傳統享樂主義前者在意的是「娛樂」（pleasures），根本的考量是增加娛樂的次數；而現代享樂主義看重的是經驗帶來的「快樂」（pleasure），目標是在生活的過程中，從各種親身體驗的感覺盡可能獲取最大快樂，「享樂指數在此是計算生活本身就『存有』的快樂」。從傳統到現代享樂主義變化的關鍵，在於從感覺／感官，移至情緒／感受，透過情緒作為媒介，強而持久的刺激才能受到一定程度的控制，使個人得以決定自我感受的本質與強度。所謂的控制，就是從刻意培養情緒的能力，發展出自律（self-discipline）或自制（self-control）的能力，而「也只有到了現代，情緒才被視為歸諸個人『內心』，而非世界『之中』。」[109]也就是指人的自我、情緒也從「我」之中被對象化出去，成為可以自省觀察、培養與控制的對象，而不是由外力所致，例如，美食從好吃於是吃到飽，到了精緻地品嚐；時尚的消費，則在欣賞各種訊息、想像「理想像」、穿上後引人豔羨的感受、試穿等過程中進行。亦即現代取向享樂主義者是透過想像力去感受快樂的過程，也就是 Z 圖式中，主體 S 看到 a 時，想像著過去以來所有從 A 所帶來的意義、經驗，感受擁有這樣的 a 後的自己，會成為一個如何完美的理想 aʹ 的感受，然後消費而擁有這個 a。這整個消費過程都帶來亢奮、緊張、快樂，而不是只有購買的那一瞬間，或是投入娛樂、吃入口中的那一瞬間是快樂的，有時，想像的過程本身比擁有更快樂。

而這個消費行為對應的不是需求、也不是物，而是無限增殖的欲望。欲望乃是一種他者性的存在，前節所述的 Z 圖式中，欲望對象 a（「物」）與 aʹ（理想像）之間的距離（想像關係），即是主體 S 在社會中想像出來的缺失，也是欲望存在／快樂所指之處。一旦當消費行為完成，主體 S 得到 a 的同時，理想像 aʹ 與消費遊戲的興奮感也就隨之逐漸消退，因為現實中獲得 a 的我，永遠不會如同想像中的 aʹ 的「我」一樣美好。欲望的他者性在這裡被顯現出來：缺失的那部分只存在

-----

108 吳忠吉，〈中產階級的興起與未來經濟發展的導向〉，收入蕭新煌主編，《變遷中臺灣社會的中產階級》，頁 160-162。Georg Simmel，顧仁明譯，〈時尚心理的社會學研究（1895）〉，《金錢、性別、現代生活風格》（臺北：聯經，2001），頁 101-110。

109 Colin Campbell，《浪漫倫理與現代消費主義精神》，頁 53-63。

於被賦於意義的符號／欲望對象之中，a／「物」在這裡只是作為我與 a'（理想我）之間的想像的橋梁，現代取向享樂的原則下，【符號＋想像的過程＝欲望本身】才是快樂。一旦實現了，夢也就隨之幻滅，在一定時間之後，主體將要再尋找下一個理想像。這即形成消費的循環。[110]尤其到了羅蘭·巴特所說的第二層次的符號體系，浮游的意符與意指之間的指示關係是象徵性的，符號更不可能被擁有，欲望永遠沒有辦法被滿足，於是，消費的循環可以無盡地進行下去，不像需求一樣有極限。

現代享樂主義者具有對象化的自我，和作「白日夢」[111]的時間，對應的是受過新式高等教育，具有一定消費能力而能有剩餘時間與金錢的人；在 1970 年代末指的是上層階級與管理·技術層的白領階級，到了 1980 年代則指由白領階級與專業階級為主逐漸形成中的新中產階級和上層階級。這些人擁有了學歷資本，但要進行差異化的消費行為，展現秀異（distinction）的生活風格，仍需要建立豐厚的社會象徵意義的貯槽，才能進入羅蘭·巴特所謂的神話作用的層次，自然而然地喚起 - 遊戲符號意義。然而，不同於法國乃至歐美，臺灣自 1937 年以後便處於戰時體制與全體主義之下，資訊是相當封閉的，雖然有委託行等地下化管道得以獲得奢侈品，或是有電影院可以觸及美國好萊塢電影，電視播放外國影集等，但都是經過政府檢查後的結果。一直到 1980 年代初為止，臺灣可以說是在訊息封鎖的狀態下，臺灣人的大寫他者 A 的社會象徵體系，並沒有足夠豐富的知識與概念，能供符號消費體系的大量運用。

新型百貨公司的興起

1980 年代，臺灣各地區的人開始再度流往都會區，尤其是臺北市。但臺北市的住民也經歷了一番經濟淘汰。例如臺北縣遷出的人口有五成是遷往臺北市，而

-----

110 佐々木孝次、山本哲士，〈承認の欲望理論〉，頁 194-202。Jean Baudrillard，《消費社会の神話と構造》，頁 155-160。

111 柯林·坎貝爾所定義的「白日夢」，指的是「這類心理活動會使未來的意象清楚浮現腦海，不管一開始是否刻意而為皆然。而且意象是快樂的，要不也會仔細勾勒直到意象變得快為止。接著，個體就會進一步探是這些令人快樂的意象，以獲得意象可能帶來的享受，或是之在某些情況下也有可能重新回顧。這些探索多少是『引導』而成，個體有時候認為調整之後沉浸於虛構的情境才能更快樂，或者是需要更貼近現實的限制；而得以自由發展、不需根據現實加以調整的快意象就稱為『幻想』。另一方面，如果意象的發展與個人因經驗去理解而相信可能發生的結果緊密契合，而且不需加以調整就能讓個體沉浸其中獲得快樂，就稱為『想像建構』或『預期』。」Colin Campbell，《浪漫倫理與現代消費主義精神》，頁 72。

臺北市遷出的人口有七成是往臺北縣，社會學者章英華稱此時期為「都會內部遷徙為主的階級」，在都市化過程中，住不起的人往外遷移，而中產階級則遷入都市內。[112]也增加了臺北市新型百貨公司的客群對象。永琦、芝麻、來來等走文化資本的新型路線百貨公司，它們的目標客群即設定在是1980年代逐漸形成新中產階級，尤其是女性。

　　這些新階級也帶來新型百貨公司的興起，1980年代中期，類似的新型百貨公司在臺北市逐漸增加。走中上價位的百貨公司有統領（1984/11）、明曜（1987/12），這兩間百貨都是建立在金融證券圈的忠孝東路上，而且屬同一家業主，都與日本京王百貨簽約經營。1983年1月開幕的環亞百貨（16,529平方公尺）最初走中上價位，使鄰近的芝麻百貨總經理徐莉玲祭出強硬手段，要求由自家培養起來的廠商必須在芝麻與環亞之間擇一設櫃，之後在1987年SOGO百貨開幕時，中興百貨也同樣撤掉二家違反允諾不重複設櫃的高收益專櫃，顯示出徐莉玲對手下百貨的獨特性與區隔性的要求。[113] 1984年環亞百貨在地下一樓營業商場「環亞世界名店城」（13,223平方公尺），走高價位與高格調路線，但有自己門戶店面的專櫃與環亞百貨的重複率很高，價格也差不多，開幕不到三個月就因包底與抽成率太高，導致三十多間廠商集體撤櫃。[114]而上七層加地下一層近3萬平方公尺的環亞百貨，開幕後不久便加入了折扣戰，最終因經營不善，1987年5月轉手給永和鴻源百貨，改名鴻源百貨，走中等價位。1986年成立的先施百貨走高檔價位、名牌精品路線。而1987年開幕的超大型太平洋崇光百貨基本上走中上價位，但其總營業面積達42,975.4平方公尺，因此足以以分層方式加以區隔，採全系列方針，齊全地羅列了市場上各年齡層、各價位的男女商品、[115]因此也包含了大眾取向。

　　面對臺灣社會象徵體系的匱乏，永琦、中興、統領、SOGO等新型百貨公司在建立起文化資本與時尚界的象徵權力的同時，也透過各種文化班、服裝秀等活動、豐富新中產階級的相關知識體系與意義貯槽，並連結她們與上百貨公司的同類們的關係，形成一種同伴／階級意識。伴隨著藝術活動、與媒體間的文化互動，新型百貨公司不只引領流行、展現時尚潮流，也提供多樣化的選擇可能。然而，

-----

112 章英華，〈第十六章都市化、城鄉關係與社會〉，收錄於王振寰、瞿海源編，《社會學與臺灣社會》（臺北：巨流，2009），頁401-402

113 〈專櫃重複、芝麻百貨鐵腕清除商品區隔、理成今後經營趨向〉，《經濟日報》，1983/2/11，10版。〈為貫徹市場區隔原則中興百貨撤掉兩家專櫃〉，《經濟日報》，1987/11/18，7版。

114 〈巴黎大道冷冷清清〉，《經濟日報》，1984/5/5，10版。

115 〈吃喝玩樂的都市天堂東區消費場所分布指南〉，《聯合晚報》，1988/5/22，12版。

這種創造新符號、豐厚化符號貯槽（縱聚合關係）、建立羅蘭‧巴特第二層次的意符與意指的指示關係等活動，就如同消費的無盡循環一般，是一個不斷更新的過程，一旦失去新鮮感，百貨公司就失去了在時尚界的象徵權力。

例如櫥窗即是一個很好的例子。尚‧布希亞將櫥窗視為在街頭既非公共亦非私有領域的「特殊社會關係的場域」，人們看著櫥窗，櫥窗所展現出來的不是人與「物」的溝通，而是實現人們在同樣的「物」中，解讀同樣的符號體系與價值位階的符碼的結果；訓練人與人之間普遍化的溝通符號體系。布希亞認為百貨公司的櫥窗是讓人們嘗試著誘導自己投射自我理想像的實驗室。[116]如前節所述，1970 年代時雖然櫥窗在大多數百貨公司還不受重視，有的百貨公司甚至認為櫥窗是累贅，想盡辦法縮小櫥窗以便擴大賣場面積。這即是還將櫥窗視作「容納」商品的地方。到 1982 年，百貨公司對服裝流行的推廣只找幾家廠商舉辦一、兩場服裝展示會，或在櫥窗內展示幾套服裝；對真人或人偶模特兒的髮型、化妝是否是今年最流行的都不在意。即使是在 1970 年代曾屬時髦的遠東百貨寶慶店的櫥窗，到 1984 年時也已無法掩蓋它的缺點：樓層過矮，有些不到一個人高，無法擺放站立的人偶模特兒，只能讓它們坐臥著。[117]這都顯示出是人們還沒有想像與自我投射的時代。

傳統型百貨公司將櫥窗出租給廠商而不加管理，新型百貨公司則走教育消費者的路線，也注意到了櫥窗作為氛圍意義上的作用，能促使消費者因逛櫥窗而受情境安排產生購買行為。1982 年時，櫥窗氛圍造型在走向上分「寫實派」與「抽象派」；一般而言，以前者較為受重視，也就是透過一個主題，將商品搭配布置擺設，創造出一幅畫面，除了吸引消費者的視線，還可以提供色彩的搭配，[118]但又不至於太過抽象，讓過路客不知指示的對象是什麼。順帶一提，臺灣的百貨公司櫥窗設計，通常以季節或節慶做區分，甚至不會有明顯的時間區隔，通常以二至三個月為一期，變更櫥窗設計上的內容，除非遇到節令或促銷期間，否則也沒有特別預算作類似規畫運用。但有還是幾間新型百貨公司是例外：先施（1986/7成立）、中興百貨有特別固定的預算；永琦以營業額所佔比例來推算，以及鴻源百貨（1987 年接手環亞百貨）以年度預算的百分比做為設計經費；而永琦用營業額來推算，使得南京店及敦化店因為在人潮構成及消費能力方面有明顯差距，這個

116　Jean Baudrillard，《消費社会の神話と構造》，頁 252-253。

117　〈誰來傳播流行訊息？百貨業及服裝業應如何教育消費者？〉，《民生報》，1982/11/9，5 版。
　　　〈百貨櫥窗應善加利用培養顧客效果立竿見影〉，《民生報》，1984/8/23，5 版。

118　〈櫥窗的設計宜把握主題〉，《民生報》，1979/3/10，8 版。

差距也反映在櫥窗設計費上。[119]

　　芝麻百貨的徐莉玲談到參觀日本與美國的百貨公司櫥窗時，指出「百貨公司櫥窗除了廣告外，還要進一步教育、服務消費者。」日本的百貨公司櫥窗往往代表自己的商品路線，消費者能從百貨公司櫥窗裡了解目前的流行趨勢；而美國的消費者對流行訊息認知比日本強烈，從櫥窗仍然可以看到百貨公司在預測流行導向，及設計另外一套屬於自己的展示風格，進而服務、教育消費者。[120]她對於臺灣的百貨公司將櫥窗出租給廠商的作法，覺得不可思議。因此，她對芝麻百貨的櫥窗相當用心。例如，1983 年 3 月時，芝麻百貨即在櫥窗中展出夏季的服飾意象，人偶模特兒身上穿著延續冬天拓荒者系列的款式，上衣加上許多布條顯示多層式變化，圓形開叉的裙子在向兩旁散開。一樓黃金店面的櫥窗則陳列當年夏季泳裝，背景採黑白條紋，泳裝本身也是黑白條紋，強調該年泳裝走向黑白色系，[121]不僅提出「流行的預言」的服飾，同時也讓櫥窗本身以強烈的對比色向過路客發聲。

　　1986 年時，統領百貨舉行一場「非洲文物展」，展品是臺灣畫家‧雕塑家吳炫三到非洲寫生探險時的蒐集品。統領百貨將非洲奇特的織物、木雕等文物展示在一樓櫥窗，[122]以奇觀特異之物吸引過路客的注目。

　　不過，對於新階級與新型百貨公司的興起，傳統型百貨公司最初並不以為然。1982 年時，即有資深百貨業者認為臺灣消費者對流行訊息概念遠不及日本，即使百貨公司提倡流行也沒有用，其中今日公司的總經理徐之豐更以大王百貨為例，表示大王百貨開幕時什麼都要最好的，結果開支過多，還不是倒閉，表示「高格調的百貨公司，並不一定完全適應國內消費者。」這即是停留在將空間等同「容納」處，把商品只當成物，而沒有附加價值的想法。但不過三年後的 1985 年，徐之豐便不得不摒棄這樣的想法，與日本的西武百貨合作，並被西武團隊說服，

-----

119 黃昌模，〈重視櫥窗設計容易吸引人潮〉，《經濟日報》，1992/10/31，24 版。

120 〈談百貨公司櫥窗及商品擺置〉，《民生報》，1982/9/18，5 版。〈百貨櫥窗應善加利用培養顧客效果立竿見影〉，1984/8/23，5 版。

121 〈芝麻百貨發動夏季服裝宣傳〉，《民生報》，1983/3/15，5 版。

122 其實不僅百貨公司，當時以文化取向的書店也相當重視櫥窗，例如創出暢銷書排行榜而受到注目的金石堂書店，櫥窗也以排行榜為中心，在「道具」上作變化，例如 1986 年新開的忠孝店，櫥窗便將書設計為以人在閱讀的姿勢。金石堂書店的副總經理陳斌曾為了瞭解精心布置的櫥窗到底有無效果，站在店外走廊上，留意過路客的反應，發現的確有許多人是會看看窗內陳列的東西，也確實有不少人因此而被引進書店，證明他們的目的是有達成。〈「藝術」進櫥窗生意添「氣質」吸引過路人書店櫥窗展現新貌藝術家參與百貨公司更有魅力〉，《民生報》，1986/7/31，9 版。

減少今日公司南西店的打折、把空間拿來設置無坪效的無障礙洗手間走道、哺乳室、托嬰室、以及日本原宿當季最流行的青少年靜態服飾展的「TOKYO TODAY」展示臺，甚至成立文化家政教室，[123]也就是在概念上不得不轉變，把空間劃作服務用途，並視作符號展演的舞臺，轉型成為新型百貨公司。

符號：中國文化意義的再生產

1988年，中興百貨在端午前後推出了屈原專題的櫥窗，一樓臨街的三個櫥窗背景用書法寫著（相傳是）屈原所作之《楚辭》中的三首詩：〈涉江〉（圖5-7）、〈橘頌〉（圖5-8）和〈思美人〉（圖5-9）。「涉江」櫥窗中的二位模特兒站在左側，宛如鑑賞著這幅《楚辭》，米色衣裙的女仕一手扶腰，斜抬著頭，另一位著草綠色裙，大地綠色外套的女士看向她，手則指向書法中「……吾方高馳而不顧。駕青虯兮驂白螭，吾與重華遊兮瑤之圃。登崑崙兮食玉英，與天地兮同壽，與日月兮同光……」之處，像是正要出遊。「橘頌」中的二位模特兒立於櫥窗正中央，身著一黑一米色，一前一後相交而立，看向不同的方向，配合後面「紛縕宜修，姱而不醜兮。嗟爾幼志，有以異兮。獨立不遷，豈不可喜兮？」，如同正在途中，自有特色。「思美人」中兩位模特兒立於右方，均一身黑衣，前者抬手遙望左方，後者垂眼，手卻抬向右方，「……旦以舒中情兮，志沈菀而莫達。願寄言於浮雲兮，遇豐隆而不將。因歸鳥而致辭兮……」，卻是行至終處，無人可期，去留難言。

從中興百貨的這系列櫥窗，可以看到其已跳脫「寫實派」而走向了「抽象派」，將意義擺在商品的前面。換言之，它打造的情境不是像靜態服裝展一樣，以場合來教育消費者，亦不是提供流行訊息。櫥窗已是作為百貨公司的門面，在形塑百貨公司本身的意象，其中人偶模特兒身上的服裝確實是重要商品，但整體櫥窗中留白呈現的是不作為商品的《楚辭》。一般人也許不知道這三首詩屬於《楚辭》，但從書法、屈原、詩名，即可連結到高文化資本，而模特兒的姿態與詩意雖然不必然能被過路客理解，但服裝的色系從亮至黯，從出行至終途，都可以喚起社會參考架構與意義貯槽中的感受。『聯合資料庫』的連拍照片中，即有一女子一直駐足在每一張照片的鏡頭前，凝視著每一個櫥窗。

這顯示了1988年的此時，中興百貨認為其目標客群的中產階級所擁有的意

-----
123 〈誰來傳播流行訊息？百貨業及服裝業應如何教育消費者？〉，5版。〈南京西路今日百貨整裝門面再出發引進日本西武軟硬體經營理念〉，《經濟日報》，1986/6/21，10版。

義貯槽、文化資本與對應的社會認識參考架構，已足以破解這套櫥窗編碼的符號體系與價值位階，中興百貨的形象能因此而得到提升，同時也符應了 1980 年代末，臺灣具高學歷、文化資本與一定經濟資本的新中產階級的形成。

圖 5-7、中興百貨櫥窗：「涉江」。[124]「聯合知識庫—新聞圖庫」提供。

圖 5-8、中興百貨櫥窗：「橘頌」。[125]「聯合知識庫—新聞圖庫」提供。

-----

124 記者：游輝弘，圖片編號：5580299，圖片日期：1988/6/8，圖片來源：聯合報，「聯合知識庫—新聞圖庫」提供。
125 記者：游輝弘，圖片編號：5580310，圖片日期：1988/6/8，圖片來源：聯合報，「聯合知識庫—新聞圖庫」提供。

圖 5-9、中興百貨櫥窗:「思美人」。[126]「聯合知識庫—新聞圖庫」提供。

　　中興百貨這種在櫥窗上採取「抽象性」表現的廣告方式,也在 1988 年後轉向更具有傳播力的電視廣告,也就是去除了必須肉體到達場所觀看的限制,而進入媒介虛擬的傳播空間,對象也向更廣大的臺灣社會擴張。此時,中興百貨決定以「中國再出發」為經營方向,繼 1988 年 6 月推出屈原的櫥窗後,7 月,請了「意識型態廣告公司」制作類似的系列電視廣告,[127] 1989 年搭配平面廣告將「中國」定位為傳統,然後以「中國不見了」、「中國出發了」(圖 5-10),作為中興百貨的意識型態使命,這時,中興百貨是將整間百貨公司作為一個品牌在經營,讓中興百貨內的所有商品都能分享中興百貨所具有的形象意義。這從前述屈原的櫥窗亦可看到。

　　皮耶·布爾迪厄論述到新中間文化的消費者與製造者時,提到這群人為了要與正統文化的獨佔者分享文化場域裡的位階,會透過新文化媒介大量傳播一連串由高教育、教養的專家、「高級的」報刊雜誌的評論者、文學作家等,創造文化的類型,正統高級文化是難以接近的,但透過這些具有著象徵資本的專家／送訊方的解說、評論,可以被普及化成為一種能被視為具高度文化資本的文化教養、

-----

126 記者:游輝弘,圖片編號:5580286,圖片日期:1988/6/8,圖片來源:聯合報,「聯合知識庫—新聞圖庫」提供。

127 〈意識形態增添新客戶〉,《經濟日報》,1988/7/11,09 版。〈廣告產品不如打形象百貨業螢幕促銷換花樣〉,《經濟日報》,1989/11/01,19 版。

品味與美學概念。[128]皮耶‧布爾迪厄討論的正統文化是指歐洲傳統的貴族藝術文化，而在當時的臺灣，西方藝術當然是一種高級文化，但從蔣介石政府來臺後所提出的中國正統性，及 1966 年以來的推動的「中華文化復興運動」，中國「漢民族文化」[129]一直被視為正統文化，繼 1968 年今日世界的「國劇」演出之後，開幕以來一直以現代西方時尚百貨公司為目標的中興百貨，在 1980 年代面對鄰近商圈大型百貨鴻源、與超大型的 SOGO 百貨的競爭時，參照著大寫的他者 A 所推出的高級文化資本是中國正統文化。這也顯現出在解嚴後的臺灣消費文化中，臺灣本身並沒有自主性的文化。

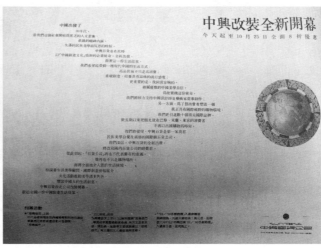

圖 5-10、中興百貨以中國傳統文化為主題的廣告。左圖：全版廣告，《中央日報》，1989/9/9，20 版。右圖：半版廣告，1989/10/22，1 版。中央日報全文影像資料庫提供。

-----

128 Pierre Bourdieu，《ディスタンクシオン I》，頁 105-106、111-112。

129 「漢民族」的歷史朝代是被建構出來的，平野聰結合中國史學者、日本學者濱下武志與平勢隆郎的觀點，指出中國主張的文明與秩序為「華夷秩序」，也就是將異民族編入或排除於「華」與「夷」的架構中，而這個「華」到了民國時期以後，就成了「漢民族主義」的觀點。

關於「華夷秩序」，可參考：平野聰，〈中華帝国の擴大と「東アジア」秩序〉，收入佐藤卓己編，《歷史のゆらぎと再編》（東京：岩波書店，2015），頁 149-174。

打造品牌：意識流 CF 廣告

中興百貨將自身作為一個品牌來打造，定位的高級文化資本在「中國創意文化」，該策略不僅在物質上作出可供銷售的服裝，更值得注意的是它運用 CF 廣告（影視廣告）建構「中國創意文化」的符號貯槽體系，及其彰顯出來的社會意義。首先，中興百貨拍攝的電視廣告是自身的形象廣告，而不是某件商品的廣告，將品牌作為一件商品來拍攝廣告，在當時是一件很前衛的舉動。其次，沒有確定的商品／物、功能，只是形象／符號與符號之間的意義轉換，這樣的符號遊戲的拍攝方式，更是在考驗人們在各種「物」中，是否解讀出了同樣（或至少類似）的符號體系與價值位階的符碼。

品牌本身即是一種「被創造出來的意義」，品牌所販賣的乃是「夢想」，也就是品牌的「形象」，品牌消費者對品牌的信仰，可以說是一種認同的理想象徵，他們分享並擁有該品牌所具有的象徵意義，同時也支撐了該品牌的存在，這種信仰不必然來自具體可證明該品牌優越性的證據，[130]這也就是品牌作為一種象徵符號，其所具有的無限循環的自我言及的過程。[131]換言之，品牌是一個被創造出來的符號，其本身並沒有羅蘭·巴特所說的符號第一層次體系直接對應的意符（物）與意指（功能、外觀、物等），因為一個品牌通常不只販售一個商品，而是一個商品的集合體，亦即品牌本身即是符號第二層次體系的形式，而它是否能成為開放的概念，並形成指示關係，不僅在於旗下商品本身的品質，更有賴於商品被賦與的品牌意義能否固著於其上。[132]當中興百貨要形塑自身為品牌時，除了前期累積的時尚、品味、文化資本與象徵資本之外，還必須持續著創意，才能繼續維繫其忠誠客群的信仰。而 CF 廣告系列即是在給予中興百貨一個整體的意象／符號，也就是往潛在客群的符號貯槽添加新的意義，以及新鮮的刺激感受。

1980 年代正是音樂短片（music video，在臺灣也被簡稱 MTV）在歐美崛起的年代，配合歌曲以斷片式影像串成短片，這也是將音樂從「聽覺」轉換成「視覺與聽覺」

-----

130 舉例而言，「可口可樂」與「百事可樂」的味道差異不一定能被消費者明確區分出，或是 SONY 和 Panasonic 的電器的功能也許在同樣的水準上而沒有太大的差異，但消費者卻可能由於其產品所屬的品牌，而認為該商品比較好（好用、好喝、耐久等）。

131 片平秀貴，《パワー・ブランドの本質》（東京：ダイヤモンド社，1999），頁 225。Jean-Noël Kapferer, *Strategic Brand Management*. NY: Kogan Page, 1992. 石井淳蔵，《ブランド：価値の創造》（東京：岩波新書，2000），頁 99。

132 關於廣告與符號的關係，可參看：Judith Williamson, 山崎カヲル、三神弘子譯，《広告の記号論》（東京：拓植書房 1985）。

的一個重大歷史變化，[133]顯示出視覺為此時期的主導性媒介，音樂（聽覺）的銷售必須與視覺連結在一起。中興百貨的 CF 廣告可以說是類似 MTV 的一種廣告，這種作法與受委託的「意識型態廣告公司」有緊密的關係，這家廣告公司開創的意識流廣告拍攝法，對臺灣社會的符號消費而言，具有相當的衝擊與開拓性。

　　臺灣最早的蒙太奇式意識流的廣告，應是司迪麥口香糖影視廣告：『我有話要講』（1985），[134]對象是出生之後較早開始接觸多樣化訊息的年輕世代（約為 1960 年代中期以後出生者），其不像父母輩經歷過戰時經濟體制與更嚴苛政治壓迫的世代，但在尚未解嚴的 1985 年，這些國高中生仍面臨聯考制度、髮禁等禁錮，華商廣告公司制作的『我有話要講』廣告引起轟動，製作人許舜英認為，當時的青少年廣告大都把青少年塑造成無憂無慮的一群，並未深入了解青少年的內心世界，因此，『我有話要講』的廣告一出來，馬上得到青少年的認同，[135]新進口的司迪麥口香糖也一舉打開市場，擠下「飛壘」，成為全臺灣第二大口香糖品牌。[136]另一方面，這個廣告內容直接衝撞了當時的政治體制：髮禁，也顯示出當時國民黨政府在某種程度上，對社會的統制力已削弱，因此負責審查與發放執照的新聞局，能允許電視播出這樣的廣告——當然，這也與髮禁只位於政治邊緣地帶有關，事實上，髮禁在尚未解嚴的 1987 年 1 月 20 日時，已於形式上解除了。

　　1987 年 1 月，許舜英與鄭自茂離開華商，自創意識型態廣告公司，也制作了許多這類遊走政治規範邊緣的廣告，如模仿公布死刑判決的司迪麥廣告『校規篇』（1988）、諷喻上班族都是戴著無臉面具，要每個人拿下面具說出心聲的『面具篇』（1989）等。[137]許舜英坦言當時很心驚膽顫，怕審查不過無法播出，這都顯示出解嚴初期的臺灣社會，個人主義萌芽、但政治壓迫仍未解除的狀態。[138]

　　到了 1990 年，司迪麥推出一系列紅、黃、白色系列口香糖廣告。1980 年代

-----

133 Arved Ashby, "Introduction," InArved Ashbys ed., *Popular Music and the New Auteur: Visionary Filmmakers after MTV,*Oxford: Oxford University Press.

134 廣告中由何篤霖飾的高中生說：「我有話要講」，但第一次父親打斷他，問：「別講了，你的成績單呢？」第二次在切魚的母親打斷他：「求求你考上再講吧。」他弄捲自己的頭髮被斥責，朋友叫他出去玩，最後他只能倒在床上，然後畫面切入：「算了，來粒司迪麥吧。」〈【懷舊廣告】1985 年民國 74 年司迪麥我有話要講篇（何篤霖）電視廣告〉』。https://www.youtube.com/watch?v=t6EyFqkvnmg（查看日期：2021/8/17）

135 〈【臺灣廣告發燒語】我有話要說〉，《聯合報》，1994/11/21，34 版。

136 〈「斯迪麥」直追「箭牌」口香糖一年嚼掉十二億〉，《聯合晚報》，1988/04/21，11 版。

137 〈追！追！追！廣告風暴有話要說〉，《聯合晚報》，1988/04/18，12 版。

138 〈【臺灣意識形態廣告】1980 年代思迪麥顛覆傳統〉，https://www.youtube.com/watch?v=VkOHFMkGOS0（查看日期：2021/8/17）

末的廣告結尾，還附有句臺詞：「算了，來粒司迪麥吧」，但到了1990年代，這系列廣告的內容，與口香糖本身的需求，如味覺、嚼勁、清新口氣等，已完全無關。當時最廣為人知、甚至成為人人口耳相傳的『貓在鋼琴上昏倒了』，是一支向語言和符號抗議的廣告，原本製作小組的構想是對現代人的生活提出清算和批判，讓灰暗影像中的紅色喇叭向著電視機前的人發出聲音：「所以，人一定要結婚、生育、參與政治生活！」但是製作人之一的許舜英根據以往的經驗，認為這樣的字眼在審查的時候應該會有「想像得到的壓力」，因此自我設限，把這句話改成「貓在鋼琴上昏倒了」。[139]

從這裡可以清楚看到，無論是廣告原本或更改後的明示義或共示義的內容，與口香糖的本質、需求、功能之間，都沒有任何連結。整個廣告若從Z圖式出發，消費者在消費紅色司迪麥口香糖（a）時，看到了想像的「酷」的自我（a'），而這些a所連結到的想像符號（鮮紅色的、貓、鋼琴、光頭、灰暗石頭、仿似囚服、男人、波特萊爾的詩句等）的意義，則來自社會象徵體系（A）。絕大多數的觀眾不明白「貓在鋼琴上昏倒了」這句臺詞的意義，但這句話卻成為臺灣許多人對1990年代的共同記憶。

上述a所連結到的意符，在社會象徵體系A中所指示的概念，即是在1980年代以來透過各種訊息來源積累而成的。同樣為司迪麥作這個廣告，將男人換成女人，將貓換成狗，將鋼琴換成銅鑼，將石頭換成棉花，將波特萊爾換成莊子，將灰藍色調換成銳光色調，整個廣告會喚起完全不同的意象。這即是符號第二層次意符與意指的關係，而在1990年時的臺灣已經出現了這樣的符號遊戲。

抽象化的中興百貨廣告形象

中興百貨的首支CF廣告出現在1988年。1985年，是徐莉玲努力爭取到讓『流

-----

139 廣告畫面三支鮮紅色喇叭擎天而立，其他的人、物都籠罩在冷暗的色調中，幾個大光頭演員開始交頭接耳傳話，字幕上打出「新建築逐漸倒塌中」，最後一個光頭轉過頭來大喊：「貓在鋼琴上昏倒了」，鮮血的喇叭開始大肆放送這個訊息，片尾出現一支紅色的口香糖，一邊打出「新包裝」的字樣。負責製作這支廣告的意識型態創意總監許舜英說：「我們要表達的是：『語言是人與人溝通時最大的障礙和災難』。」「所以會有『新建築逐漸倒塌中』和『貓在鋼琴上昏倒了』這兩句風馬牛不相及的對話。」意思是在傳話的過程中，語句會與原意失散。〈廣告的故事誰在電視機前昏倒了？〉，《聯合晚報》，1990/11/22，15版。

「《經典》貓在鋼琴上昏倒了」。https://www.youtube.com/watch?v=WyXKyE1hVw4（查看日期：2021/8/17）

行的預言』播出時能夠有解說、不然觀眾表示看不懂的一年,目標對象是白領階級與上層階級的女性。1988 年,中興百貨的 CF 廣告不僅不需要解說,而且是意識流式充滿符號性的混剪片段。短短不過三年的時間,解說式旁白的必要性已快速弱化,閱聽人不再認為一定要理解內容,被喚起的感受才更為重要。這些片段的影像接合不僅能代言中興百貨,更讓中興百貨獲得了「前衛」的文化品味。顯示出在這三年間,Z 圖式中的社會象徵性 A 的意義貯槽內部積累的量之大與速度之快,同時也側面說明了臺灣此前在戰時體制下被限制的嚴屬。

當然,國民黨政府並不會任由符號意義增生與蔓延,在網路興起之前,電視、廣播、報紙雜誌等大眾傳播媒介,是人們接收訊息的主要來源,當時無論是官方的《中央日報》、《國語日報》或是所謂民營的《聯合報》、《中國時報》等,都以政經取向為主,1978 年聯合報系藉由官方關係,買下《華報》的報紙登記證,改名後創刊了《民生報》,主要刊登消費娛樂的訊息。這在戒嚴體制下似乎不符合「勤儉建國,端正風氣」的官方主軸,然而《民生報》的基調乃配合政府政策,以「文化消費指南」等專欄系列報導,藉由提供消費訊息,建構讀者的中產階級文化品味,而這個品味標榜的是「精緻文化」的消費與休閒品質,包裹既有的文化評價體系,讓中產階級原本向上模仿的文化學習模式不會向「正統文化」以外的方向散發。[140]前節所述永琦百貨在 1983、1984 年舉辦的靜態服裝展,《民生報》亦是合辦者之一。

『中國創意文化』系列的電視廣告,使用了與象徵「傳統中國」的意符,再於其中置入新的時尚元素。例如畫面中兩個現代簡樸洋服的男女,在一群踩著高蹺、穿著藍色右衽漢服、頭戴類似清代三角笠的人偶中,收著紅色毛線球,畫面最後由旁白喊出「尋找中國流行的自我,中興百貨」。又或是一位短髮女性不斷撕毀各色布匹,在一列列類似古代的旌旗間穿梭,最後拉出一面白色大旗,上面畫著中興百貨的標幟;再一支是在海港邊盪起巨大的鞦韆,諧音打秋千(秋裝下檔),春裝上場;而秋裝廣告則是打開寫滿中藥名的各式櫃屜,裡面裝滿金黃的柿子,字幕寫著「秋柿(諧音:飾)虛構中國」等。[141]

從前述例子可以看出,廣告裡出現的符號,與百貨公司直接販售的任何商品都沒有連結,業者也承認意識型態的表達方式有點冒險,如果民眾看不懂這些符

-----

140 黃順星,〈文化消費指南:1980 年代的《民生報》〉,《中華傳播學刊》第 31 期,2017.06,頁 117-155。

141 〈【懷舊廣告】1988 年 ~2005 年 民國 77 年 ~ 民國 94 年懷舊電視廣告 - 中興百貨〉,https://www.youtube.com/watch?v=TJYd_Yqz6O0(查看日期:2021/8/18)

號彼此串連起來的意義，可能就失去了廣告最基本的傳達功能。[142]然而，與意識型態廣告公司合作後，中興百貨的營業額與形象均有相當急速的成長。[143]這顯示中興百貨的 CF 廣告採用浮游的符號，來激發想像力與遊戲性的作法，在 1980 年代末至 2000 年代是有效的，[144]它所形塑出的意象增添給中興百貨豐富的意義，支撐了中興百貨公司的品牌內容，並能分享附加價值給在中興百貨販賣的商品、消費的顧客。相對的，1970 年代末展開折扣戰的主力者今日公司，雖然在 1985 年與西武合作，在 1987 年南西店、峨嵋店重新整裝後開店，形象與業績都有成長，但在前述 1989 年突破雜誌和哈佛企管顧問中心問卷調查中，今日公司峨嵋總店仍是「整體印象最差或最爛的百貨公司」的第三名，及「服務態度最不好的百貨公司」的第二名。[145]這顯示了品牌的意義是需要積累的，今日公司長期以來形成的折扣百貨形象，在二年間是無法改變的。

　　整體而言，1980 年代中期後，美學著重的焦點從商品本身，移向了商品／百貨公司如何被展演，這種從直白到委婉曲折的編碼方式美學，也就是物在某方面疏離了羅蘭・巴特所說的符號第一層次的符號意義，進入了第二層次的神話作用，成為符號化的「物」，這也呼應了中產階級的一種特色：從傳統取向享樂主義，轉向現代取向享樂主義，著重點從實用的物質／功能性，轉向第二層次空虛化後的符號性，並被傳達出來——後兩者間的關係前提，即在符號在社會象徵體系的取汲、再定位與詮釋、分享，也就是近代博覽會以來的「物」的再定義手法。

　　永琦、中興、來來等新型百貨公司在 1980 年代，藉由文化班、刊物、廣告等建構自身文化資本與象徵資本的同時，也不斷從大寫他者的 A 中汲取符號意義，或將之空虛化以與其他意指進行連結，或創立新的符號，例如翻譯新的名詞並賦與意義，像是「暴走族」「洞洞裝」「雅痞」等，在社會象徵體系中設立新的定位與意指關係。如同尚・布希亞說的，消費社會的前提是人們在某種程度上對彼此是自由平等的誤認，唯有擁有一定自由的社會，個人才能追求個體之間的

-----

142 〈都會脈動專題報導百貨櫥窗流行的代言人〉，《聯合報》，1993/11/30，16 版。

143 1990 年改裝後的中興百貨，與 1989 年同期的業績比較，成長了營業額增加了 28%。就單月份的業績而言，1990 年一月預估的營業額是一億四千萬，而實際的營業額則達一億六千萬，比預定的營業額多出二千萬元。〈不帶走一片雲彩徐莉玲功成身退〉，《經濟日報》，1990/2/24，31 版。

144 2004 年時，中興百貨又再推出一系列意識型態流的廣告。〈慎入！ 2004 中興百貨廣告 12 年後鄉民直呼恐怖〉，『SETN 三立新聞網』（2016/03/09），https://www.setn.com/News.aspx?NewsID=128830（查看日期：2021/8/18）

145 廣告，《中央日報》，1986/12/13，12 版。〈消費者心中的百貨公司印象評估〉，《中央日報》，1988/04/02，15 版。

差異，強調自身的獨特品味，也才會進一步去學習、吸納、詮釋符號所能指示的意義，以建立消費行動所需的意義參考架構並豐富符號貯槽，[146]唯有群體中產生了關於平等化的誤認，這個群體才得以進行差異化的區隔，例如16世紀英國依莉莎白一世為掌握王權，便鼓舞貴族階級內的消費。[147]而在臺灣，則呼應了1980年代中期以後民主化的過程。[148]

　　然而，不得不提的是，消費文化本身具有一種「擬中立性」的特質。誠然，消費與國族主義會有關，例如臺灣在中美斷交時引起的拒買美貨、釣魚臺事件發生時的拒買日貨等，然而，消費本身是一種感性的、追求「白日夢」的非日常性行為。同時，當進入符號的第二層次體系時，原初的意符與意指的指示關係便停止，空虛化的意符可以被指示往開放的概念，原初具有意識型態的意符則會被鈍化，意符往往成為沒有指示的浮蝣。[149]且「物」為了要在最大多數人能解碼並接受的符號體系與價值位階內販售，因此會用感覺、氛圍將意識型態編碼在緩衝劑裡，就如同羅蘭・巴特在神話作用中所說的，對接受神話的人而言，符號傳達出的意義是理所當然的，不會去思考其後設的關係。就像中興百貨的中國創意廣告，中藥櫃、秋柿、三角笠、右衽服與中國之間的連結關係，是無庸置疑的。[150]

　　因此，臺灣民主化運動促使全體主義的鬆動與威權體制的崩壞，並帶來的資訊快速的流動與豐富多樣化，在這民主化的過程中，以中小企業家為主的舊中產階級發揮了很大的推動力。新中產階級也在段期間中，萌生自我的主體性，將自

-----

146 Jean Baudrillard，《消費社会の神話と構造》，頁48-58。

147 16世紀時，英國依莉莎白女王為了要把權力握在掌中，消解貴族的抵抗，於是利用了貴族們愈接近女王、表示權力愈大的慣例，只召喚打扮得華美奇麗的貴族，這鼓舞了貴族們紛紛將財力消耗在打扮上，逐漸失去了與王權對抗的力量，最終，依莉莎白一世鼓舞消費的策略，在某種程度上促成她強化王權的目的。Grant David McCracken，《文化と消費とシンボルと》，頁31-40。

148 關於臺灣民主化的發展評論與論述，請參看：薛化元、蘇瑞鏘、楊秀菁，《戰後臺灣人權發展史》。薛化元、楊秀菁、黃仁姿，《臺灣言論自由的過去與現在》。若林正丈，《臺灣：分裂國家與民主化》（臺北：新自然主義，2004）。李永熾，《徒然集上、下》，（臺北：稻鄉，1989）。

149 2016年12月23日新竹私立光復高中，有一班學生在校慶的變裝遊行活動中扮成納粹軍團，揮舞著納粹旗幟，導師甚至登上戰車比出希特勒手式，引發全臺灣社會轟動，總統府出面向德國道歉，教育部對該校發出懲處。此即為意符脫離原生意指（歷史脈絡），成為一浮游的意符的一例證。該班上至導師下至學生們都只覺得好玩，不知道這種好玩會傷害到所有受過納粹德國傷荼毒的人。〈光復高中學生扮納粹總統府道歉、究責〉，《自由時報》，2016/12/25，線上焦點版。

150 關於消費的擬中立性，參看：李衣雲，《臺湾における「日本」イメージの変化、1945-2003──「哈日現象」の展開について》，頁372-376。

我提升到了亞伯拉罕‧馬斯洛所說的美學、感性、自尊與自我成就的層次。但是，由於消費的擬中立性，以及臺灣新中產階級的一部分是出自於國家考試的再生產結構，而不像歐洲是內因地發生，因此，本文也不能說臺灣在百貨公司消費的主力新中產。階級有了自我主體性的同時，也就有了對他者的互為主體性。

三、文化品味與空間展演

香港先施百貨高格調登臺

　　1986年7月16日，曾在戰前上海風華一時的香港先施百貨，在臺灣成立分店，也是臺灣第一家全部外資的百貨公司。香港先施有限公司總經理馬永雄表示，先施百貨臺北分公司將走高品質、高價位路線，定位在高所得、高消費的金字塔尖端消費層，商品直接向歐洲、澳洲和美國採購，不採用日本商品，在當時臺灣的高關稅政策下，馬永雄表示已有覺悟預期前二年不會賺錢。[151] 香港於當時是亞洲的外貿中心，有香港先施百貨本店的支持，臺灣的先施百貨也有優先取得歐美流行訊息的優勢。

　　先施百貨為了與國內的百貨同業有所區隔，和來來百貨一樣採整棟皆為百貨公司、不設超市的方式。地下一樓販售的是高級進口傢俱，一樓除了女裝外，還有珠寶部門。四樓是法國餐廳，五樓為露天咖啡座，60％至70％的商品由公司自行由國外採購進口，1986年開幕同一年時關稅開始下降，先施百貨原本覺得情況樂觀，但到了1987年業績仍然不佳，先施百貨的決定是改走更高格調的路線，撤除蜜絲佛陀、資生堂、佳麗寶三家臺灣與美國、日本合製的化妝品牌專櫃，改設置聖羅蘭（YSL）、克麗絲汀‧迪奧（Christian Dior）、嬌蘭（Guerlain）、蘭蔻（Lancôme）和伊莉莎白雅頓（Elizabeth Arden）五家國際品牌專櫃，服飾方面則引進香港 Joyce Botique 等十餘家香港及歐美名牌。[152] 先施百貨也注意到如何組合搭配服飾的重要性，在1987年開始舉辦服裝表演，先施百貨企劃經理王娟娟將之視為對消費者進行「穿的教育」，一方面在服裝

-----

151 〈港資先施百貨將登陸臺北〉，《經濟日報》，1986/2/20，10版。

152 〈先施百貨新屋交接〉，《經濟日報》，1986/2/25，10版。〈先施跨海而來！〉，《經濟日報》，1986/8/24，11版。〈先施百貨推陳出新 引進歐美名牌服飾〉，《經濟日報》，1987/3/26，10版。〈百貨業熱中「自進自營」〉，《民生報》，1986/8/22，5版。

展時讓展演的服飾能「讓顧客認為有觀摩、參考的價值」，包括了「中、外服飾品牌相互搭配」，另一方面，在服裝表演中也展出「國外一些高水準的名設計師作品」，王娟娟表示這是為了要「帶動國內服飾業提升設計製作水準。」[153] 但對於先施百貨在文化資本與象徵資本方面的提升，國際設計師的專業頭銜必然是有加分的作用。

日本的百貨公司首度來臺開店：SOGO

1987 年成立的太平洋崇光（SOGO）百貨，則是戰後以來第一家外國來臺灣投資的百貨公司——在此之前的先施百貨，雖然是第一家獲經濟部投審會通過的全外資‧純香港資金的百貨公司，但這件事是經過政府內部的香港小組的特別同意，不能充分展現國民黨政府開放外國人來臺投資百貨業的自由化意義，因此，投審會在 1986 年 6 月通過日商 SOGO 公司來臺投資百貨公司，與太平洋建設公司[154] 共同成立太平洋崇光百貨，在政府開放外資投資政策上，具有里程碑的象徵意義。[155] 此外，這也是戰後以來，日本的百貨業正式進入臺灣。如果再向前追溯到戰前三越等大百貨公司拒絕來臺開店的歷史，SOGO 百貨可說是日本的百貨公司第一次正式登上臺灣的舞臺，之前的永琦與東急百貨的合作等，只是技術簽約，而非掛牌投資。

最初日本的 SOGO 百貨原本對投資臺灣並沒有太大的興趣。1980 年代末，建築業在臺灣建設房屋已經到達一定程度，許多建設公司都想開拓能持續獲利的對象，建旅館是一個選項，而太平洋建設的章啟明考慮的是成立百貨公司，「因為旅館其實不是跟本國人建立關係，而是跟外國人建立關係，這對整個集團推廣名聲上沒有幫助，於是做了（開百貨公司）這樣的選擇」。章家當時前往日本，原本想要找日本排名前幾名的百貨公司商討合作，但對方都沒有意願，直到找到大約第七、八名的日本 SOGO 百貨，當時日本 SOGO 百貨的全球展店計畫正好快要到一個整數的店面數，雖然日本 SOGO 百貨從來沒有想過要到臺灣這個地方，

-----

153 〈產銷設計穿的教育〉，1987/6/21，11 版。

154 章民強（1920-2019）出身浙江，與孫法民等人於 1967 年時集資成立太平洋建設。章民強長子章啟光，次子章啟明，三子章啟正。章啟光之長子章克勤，2015 年時任太平洋房屋副總經理，為筆者訪談對象。

155 〈先施百貨即將登陸〉，《經濟日報》，1986/02/16，10 版。〈正式投資‧非僅技術合作日商崇光跨進我百貨業〉，《經濟日報》，1986/06/17，10 版。〈太平洋建設要跨進百貨界〉，《經濟日報》，1986/05/07，第 10 版。

但因為章家恰好在此時機點提出合作案，日本 SOGO 百貨集團社長水島廣雄也就在 1985 年開始與太平洋建設協商。原本日本 SOGO 百貨要佔主導方，也就是佔大股，但由於水島社長並不看好臺灣，因此最後協定由太平洋建設佔 51%、日本 SOGO 佔 49% 的投資比例，創辦太平洋崇光百貨（簡稱 SOGO 百貨）。[156]

　　1987 年 11 月 12 日 SOGO 百貨開幕，地下二層地上十三層、總營業面積為 42,975.4 平方公尺，是當時臺灣規模最大、樓層最高的百貨公司。在商品上走中、高級路線，自營比例較高，[157] 在當時的百貨公司間作出了差異化的特色。

　　作為當時全臺規模最大最高的百貨公司，首先要克服的問題就是將人潮拉上高樓層。對百貨公司而言餐飲的利潤低，無論是十一樓的餐廳，還是之後將地下一樓的電玩遊樂場改設成的美食街，利潤都不高，但從 SOGO 百貨創辦人的立場來說，負責人之一的張蘇明（章啟正的妻子）從籌備時期開始就很重視餐飲，她認為餐廳是「讓家庭可以聚餐的場所」，因此引進日本最大的山崎麵包（YAMAZAKI），在餐廳部分則引進香港的「葡苑」、日本的「京」料理以及「椰如」西餐廳。「餐飲（開幕時指餐廳）主要都是在十一樓，先把客人拉上去」，[158]SOGO 百貨忠孝店的店長吳素吟女士說明，這是「日本的百貨公司的手法，也就是瀑布式行銷法，用活動等把人潮往上拉，然後再整個往下洩，所以會把特賣會做在頂樓，日本現在幾乎全部百貨公司都是在頂樓（辦特賣會）。」[159]

　　從這裡可以看到，十一至十三樓的特賣會場、餐廳，均屬於實用和目的性消費，也就是一種作功，人們會為了達到實用性目的往高層去，但只是漫遊式的消費則不必然，因此，百貨公司會將主力消費者的對象商品，如服飾、化妝品、日用雜貨等放在低樓層，讓消費者在逛街的符號遊戲過程中，因欲望的衝動而下手。從這裡也可以看到，現代取向享樂與傳統取向享樂不必然是取代的關係，並非現代享樂主義產生後，傳統享樂主義便不會存在；也非是有想像力式的消費後，就不存在現實理性計算、滿足享樂次數的方式。

　　此外，SOGO 百貨公司也注意到其目標客群為了兒童會願意跑高一點，因此

156　李衣雲訪談，「太平洋建設章克勤先生訪談」（2015/12/28），地點：忠孝東路四段太平洋建設辦公室。廣告，《中國時報》，1987/11/9，1 版。

157　〈鴻源與崇光帶來的「大」衝擊驚醒了中小型百貨公司！〉，《經濟日報》，1987/11/21，7 版。〈自營區賣場創造高利潤崇光百貨充分發揮坪效功能〉，《經濟日報》，1991/2/1，11 版。

158　李衣雲訪談，「太平洋建設章克勤先生訪談」（2015/12/28），地點：忠孝東路四段太平洋建設辦公室。廣告，《中國時報》，1987/11/9，1 版。

159　李衣雲訪談，「SOGO 百貨營業本部副總經理兼忠孝店店長吳素吟女士・販賣促進部副理曹春輝女士訪談」（2013/6/21），地點：臺北 SOGO 忠孝店辦公室。

將童裝等兒童相關用品的樓層會設置在較高的六樓。[160] 如第一章在討論到布爾喬亞階級與兒童之間的關係時所提到的，兒童可以作為現代化的一種豐餘的象徵，父母親願意在孩童身上消費。吳忠吉（1946-2008）對臺灣 1980 年代中期以後興起的新中產階級的分析，也指出其與早期創業的中小企業不同，主要是以高教育、高職位的雙薪家庭為主，這些雙薪中產階級家庭的特徵在於購買力強，但父母與孩子的接觸時間有限，親情的表現會趨於貨幣化和市場化，因此，與青少年生活環境和消費用品相關的市場也隨之擴大。[161] 換言之，在 1980 年代末至 1990 年代的臺灣，已顯現出與 19 世紀布爾喬亞階級類似的豐餘的特徵。甚至，不僅是兒童相關商品，SOGO 百貨也擔起了托兒的工作。

1987 年 SOGO 百貨開幕時，也與中興、永琦百貨一樣開設文化班，[162] 但是，這些文化班不是僅開給成年女性的，還包括開給兒童的才藝班。當時 SOGO 百貨在十二樓成立文化會館，裡面開設了給兒童的手工、美勞、音樂、語言等文化班，開課的初衷是讓父母在購物時，有一個地方可以托兒，但更重要的是，如果父母願意送孩子來文化會館上課的話，便會來到高樓層，那麼下樓時便有可能達到瀑布式行銷作用。當然，雖說是父母，不過主要的對象還是女性，因為對百貨公司而言，男性客層就是 20% 左右，[163] 而女性在臺灣社會中仍被視為育兒的主力，因此，兒童班與托兒功能，對於吸引原初沒有要到百貨公司的女性來說，無疑是有效用的，讓女性可以在離開文化會館時，將自由的時間轉化成為消費行為。

品牌作為一種消費符號

在 SOGO 百貨之前的百貨公司一樓，大多都以服裝為主，有的百貨公司如遠

-----

160 李衣雲訪談，「太平洋建設章克勤先生訪談」（2015/12/28），地點：忠孝東路四段太平洋建設辦公室。

161 吳忠吉，〈中產階級的興起與未來經濟發展的導向〉，收入蕭新煌主編，《變遷中臺灣社會的中產階級》（臺北：巨流，1989），頁 160-162。

162 如「準媽媽講座」、「媽媽理財班」、「正確穿著方法講習」、「剪紙藝術講座」等。〈崇光舉行日本商品展〉，《經濟日報》，1989/11/4，30 版。〈百貨走廊〉，《經濟日報》，1989/5/13，30 版。〈百貨淡季促銷春裝名茶大展座談名牌皮件展售孕味媽媽徵選〉，《聯合報》，1988/04/16，14 版。廣告，《民生報》，1988/3/25，17 版。

163 李衣雲訪談，「太平洋建設章克勤先生訪談」（2015/12/28），地點：忠孝東路四段太平洋建設辦公室。李衣雲訪談，「SOGO 百貨營業本部副總經理兼忠孝店店長吳素吟女士・販賣促進部副理曹春輝女士訪談」（2013/6/21），地點：臺北 SOGO 忠孝店辦公室。

東，會劃出一櫃賣化妝品。1987 年 SOGO 百貨開店時，設計上是把日本 SOGO 百貨實樣搬到臺灣，因此一樓改設為化妝品專區，此後各百貨公司紛紛跟進，化妝品專櫃區成為百貨公司的門面與黃金銷售區——不過，由於每家百貨公司所有的品牌幾乎相同，到了 1990 年時，各個化妝品牌已將自己的專櫃裝潢採取全臺灣一致化，乃至與全球總公司同步，品牌會將這一期間要展演的意義，統合在廣告、銷售點等臺灣的所有的媒體中，於是除了品牌的標幟（logo）外，還能更加強化品牌的形象傳遞與認識度。如此一來，對消費者來說，到哪間百貨公司購買都一樣，[164] 又重新回到專櫃重複的問題，於是有些百貨公司便會開發新的品牌引進臺灣。

不過，這也顯示出在此時，品牌作為一種符號／形象已可獨自存在於臺灣，而不是依靠其產品的實用功能性——當然，這不是說實用功能性不重要，例如買了一條項鍊，如果戴了一次就壞，對品牌而言絕對是負分。這裡所說的不依靠實用功能性，指的是實用條件已逐漸被視為應有的條件，消費者著重的是在符號的差異性，品牌強調各自能被辨識的風格、差異性，例如香奈兒（CHANEL）的服飾風格是高雅、簡潔、實用，而范倫鐵諾（VALENTINO）的特色則是純色系的奢華、張揚、艷麗。又或是珠寶名牌蒂芬尼（Tiffany）的代表色「知更鳥蛋藍」（Tiffany Blue），從 19 世紀以來，成為該品牌可辨示的主視覺色。到了 1990 年代後，有些國際品牌已透過其他文化媒介，在進入臺灣前就具有一定的名望，例如前述的 Tiffany，在新光三越百貨公司設櫃，是反將名牌的文化資本轉給新光三越百貨。如前節所述，品牌是一個商品的集合體系，品牌能在百貨公司中作為一獨立專櫃展示，顯示符號的差異性逐漸系統化、知識化，並得以以品牌的方式被夠多的消費者理解。[165]

過去臺灣消費者是由委託行買進外國服飾名牌等奢侈品，但到了 1990 年前後，消費者已更偏向於在名牌的連鎖加盟店或專賣店購買。[166] 尚·布希亞指出，在經濟成長中的社會裡，已有了一定的對平等的誤認，然而隨著社會的差異化與對地位的要求而誕生的欲望，往往先於能得到的財貨或客觀上的各種機會，因此，不僅欲望與財貨的增加之間伴隨著不均衡，連意義的生產也來不及滿足欲

-----

164 〈化妝品走俏百貨擴大賣場〉，《經濟日報》，1990/09/24，18 版。

165 到了 2010 年後，如 SOGO 百貨復興館、新光三越信義區店內的國際名牌，都可經商場化到具有獨立的門戶。由於本書只研究到 1990 年代初。因此這部分留待作為日後的課題。

166 〈1990 臺灣趨勢探索：衣篇（下）服飾市場將起化學變化進口貨強勢傾銷專賣點快速成長〉，《聯合晚報》，1990/1/14，16 版。

望的增加，於是會不斷與他者比較，尋求自身的品味權威。[167] 這可以解釋在 1980 年代之前，臺灣人不在意名牌是否是假貨，也不在意是在地攤或委託行買的名牌貨有沒有保證，因為一來名牌或許只是一個沒有指示的、空虛的意符，二來，只要能用來彰顯地位，沒有人會在意它是假的——因為認為社會沒有足夠的知識可辨識。但到了 1990 年前後，在意是否買到真品，意味著消費者對品牌的信任度與社會的辨識力已有一定的重視，也就是品牌／符號的貯槽已有了一定的填充。

　　SOGO 百貨、先施百貨的服裝秀在 1980 年代末至 90 年代初，也產生了一些變化，當然，作為服裝秀核心的引領流行沒有改變，同時，教導消費者搭配服裝的部分也保留，但是，服裝秀開始轉向品牌促銷的場合，觀賞秀的優惠票會保留給主力顧客或貴賓卡的持卡人，因為這群人是最有消費能力的客群，能為服裝秀能帶來立即的效果，甚至在 1990 年代初，常有品牌搶著上服裝秀的情形。[168] 例如 SOGO 百貨在 1989 年 2 月舉辦了英國名牌 Jaeger 時裝發表會，隨即 3 月由比其服裝公司以「人體包裝藝術」為主題，為旗下六個品牌，舉辦 3 天 6 場 3 個不同節目的服裝秀，[169] 這時的服裝秀已是品牌的天下。

分類基礎的轉換：從功能到品牌／符號

　　回溯 1920 年代，由於疊起平放的衣料與服裝，難以想像穿在身上的樣子，於是出現用掛勾、人偶模特兒作出立體具象化的展現。到了戰時經濟體制之後的 1970 年代末，走時尚路線的新型百貨公司則必須建構文化資本來為時尚發言，從大寫他者的社會象徵體系借用符號，在社會認識參考架構中建立品味時尚符號的位階，再豐富化符號貯槽中的意義。隨著時裝多樣化後，縱聚合與橫組合關係的穿搭有了更多的可能性，對過路客／逛街者而言，視線掃過專櫃／櫥窗的幾秒，便是商品／品牌／店家抓住客戶的機會。不過，臺灣與日本相似，不似美國熟悉品牌，因此，從 1980 年代起，服飾專櫃前的小型櫥窗裡也會擺飾人模模特兒，將服飾搭配著穿上，一方面告知消費者如何搭配衣服，一方面也告知消費者「同一類別有哪些衣服的廠牌可以選擇」。[170]

-----

167 Jean Baudrillard，《消費社会の神話と構造》，頁 70-74。
168 〈新裝上市沒打折業績難有進展服裝秀刺激買氣一場接一場〉，《民生報》，1993/10/9，19 版。
169 〈春裝新作逐次登場〉，《民生報》，1989/2/20，17 版。〈傳遞流行訊息大型服裝秀有得瞧〉，《民生報》，1989/3/6，19 版。
170 〈小櫥窗，大用處〉，《民生報》，1982/9/25，5 版。

這句話的敘述法，對現在的百貨公司消費者可能較難理解。因為 2022 年的現今，臺灣的百貨公司雖仍然是依女裝、男裝、童裝、家電、餐廳等功能作樓層的大分類，但在樓層內則是依一個品牌一個櫃位，例如女裝，一個品牌的櫃位中，該品牌的上衣到裙、褲、洋裝都集中在這個專櫃中。與商場不同，百貨公司雖然一個品牌一個櫃位，但整體上，不沿牆的中央部分櫃位區（中島區），各櫃位仍是相連的，消費者的視野可以將整樓層一覽無遺。而沿牆的專櫃有的雖有用玻璃稍微立在門前，但基本上門面仍是透明敞開的，不會有門戶，也就是不是獨立店面。而專櫃裡的模特兒身上穿的衣服，或掛著的商品，必然屬於該專櫃。

　　但直到 1990 年代初期，百貨公司的分類仍多是依照功能作區分。百貨公司樓層大多依性別與功能區分為女性、男性、兒童、日用品等，這部分從 20 世紀初至今都沒有太大的變化，再依商品的功能作基本的分類，例如服裝的分類法是：上衣、長褲、短褲、長裙等，臺灣亦然。但這種分類方式的空間配置與陳列展示法，在 1990 年代初以前，大多是每樓層內部，依上衣、下身等功能來分類，比如二樓女裝，上衣一區（有時會再細分襯衫一區、套頭上衣一區等）、裙子一區、褲子一區，有時在功能類項之下，會再依不同牌子分開陳列，顧客可以依照自己的需求去挑選（圖 5-11、12）。因此，常會出現一個牌子的衣服，會分散在上衣、下身，以及男、女、童裝等部門的狀況，展現出分門別類的效率。

　　例如 1987 年 SOGO 百貨在成立初期的分類方式，要上衣，就會去上衣區去找，雖然有臺灣國產的 BVD、洋房牌之類的品牌、舶來品牌，或是沒有特別牌子的廠商，一般消費者並不會特別在意，通常是先依功能挑選單品分類後，再由該單品分類裡的專櫃小姐介紹各自的品牌，或是找尋自己喜歡的樣式。這在 2013 年 SOGO 百貨忠孝館七樓的男裝襯衫區仍可以看見。七樓只有一個襯衫區，裡面同時有好幾個品牌。[171]

　　這對以功能取向的時代而言，很容易理解。買商品著重的是實用性，而不是品牌的符號性，因此重要的是一次能瀏覽到大量的商品，就如現在的家樂福等大賣場，冷氣機、冰箱會被放在家電類裡各自一區內，方便目的性購物。而品牌的經營重點在於對符號的忠誠信仰，也就是分享品牌的意義，消費者的主要目的是在品牌／符號。因此，在積累出品牌形象，也就是符號貯槽變得豐厚後，神話才能產生作用，此時實用性退位到背景，由第二層次的神話體系／符號體系撐起消費社會，所謂的品牌才能在百貨公司裡取代功能，作為分門別類的基礎。例如

-----

171 李衣雲訪談，「SOGO 百貨營業本部副總經理兼忠孝店店長吳素吟女士‧販賣促進部副理曹春輝女士訪談」（2013/6/21），地點：臺北 SOGO 忠孝店辦公室。

2022 年的 SOGO 百貨忠孝店八樓有 Panasonic 的專櫃，裡面只有該牌的冰箱，冷氣機，而 Philip 的冰箱就只會在 Philip 的專櫃區，而不像 1980 年代，大同、聲寶、三洋等牌的電扇全在電扇區，電鍋全在電鍋區。

圖 5-11、與 SOGO 百貨在 1991 年時的分類，大致上還是依照衣著功能分類。記者：徐世經，「聯合知識庫—新聞圖庫」，圖片號碼：9873840。1991/9/19。「聯合知識庫—新聞圖庫」提供。

圖 5-12、1984 年時遠東百貨的分類。記者高鍵助，「聯合知識庫—新聞圖庫」，圖片號碼：5369382。1984/8/17。

但也因為當時各專櫃所售的商品是依功能分在同一區塊中，因此，當百貨公司想要作整體性的設計規劃時，就會面臨執行上的困難。例如 1980 年代芝麻百貨公司的家庭百貨部門，是將同樣規格的各色毛巾放在一起，也就是如果要買大毛巾要到大型毛巾區去，要小毛巾要再到小型毛巾區去，讓顧客挑選時很麻煩，甚至有與服務小姐發生爭執的狀況，因此芝麻百貨在 1983 年 8 月，決定改依色系陳列各式毛巾、浴巾，認為這樣的方式會讓顧客更容易挑選。來來、永琦百貨也朝向色系陳列的方向前進，例如永琦百貨地下樓的童裝部，各色童裝不僅依色系分區陳列，各色系之內的分區中又包含了尺寸。然而，臺灣的百貨公司採專櫃制，由專櫃付錢請售貨員，因此，售貨員僅服務自己的品牌，百貨公司實際上很難完全要求售貨員們將各家商品打亂後，再按色系陳列，因為這樣售貨員很難兼顧位於各處的自家商品，[172] 除非專櫃僱人的方式改變。然而，百貨公司與商場不同的最大特色，即在於室內一體性的設計規劃，前述的來來、永琦、芝麻等新型百貨公司在改變空間區隔與分類展示的作法，就必須要在專櫃與百貨公司的整體性之間求取平衡。

消費模式變化：從人—人到人—「物」

除了分類之外，櫃位的設置也在 1970 年代開始產生變化。近代百貨公司著重的是一種由視覺給予奇觀式的快樂，原本傳統面對面接觸的世界是緊密而狹小的，近代化將人從面對面的觸—聽覺為中心的世界，解放到視覺遠眺的大視野。然而，大世界乃是讓人透過媒介認識世界，將自我從自然中對象化出去的過程，也造成卡爾·馬克思、瑪克斯·韋伯、奧爾格·齊美爾等古典社會學者所討論的人與人、人與自我身體的疏離。從日治時期的三大百貨以來，經過 1953 年高雄的大新百貨、1965 年以後的第一公司、遠東百貨、人人公司等，基本上都是採封閉式的展示空間，大多數的衣物、絲巾、文具、皮包、瓷器、玩具等商品都被陳列在玻璃櫃裡，同時，內部中島區的玻璃陳列櫃則是以「口」字形配置（圖 5-13），[173]櫃門朝內開，顧客是走不進去的，有意要觀賞時，需請店員將之從櫃中取出。[174]

-----

172 〈色彩排排站百貨公司陳列新趨勢〉，《民生報》，1983/8/8，5 版。

173 大新百貨公司的陳列，見於：日本 NHK，『南の隣国（1）（再放送）「20 年目の臺湾」』，1965/05/22 上午 11:00~11:29。

174 照片，〈越總統暨夫人參觀遠東公司〉，《經濟日報》，1973/4/14，6 版。臺視影音文化資產，「人人百貨公司開幕」，1972/12/2。影片編號：new0248074。https://www.ttv.com.tw/news/

圖 5-12、1965 年大新百貨中島區呈口字型的陳列櫃。片源：NHK 提供。[175]

　　1970 年代中期出現一些拉櫃式的半開架式玻璃櫃，也就是沒有設櫃門，只需把放衣服板向外拉出的櫃子，而且開口都是向同一方向，顧客可以走近觀看，甚至觸摸，櫃間並設有人偶模特兒。但店員仍會在旁待機，要拉出板子時，店員即會上前幫忙。[176]到了 1980 年代初，視覺化展示銷售法（V. M. D.）已逐漸在各百貨公司內普遍開來。[177]

　　這樣的方式乃是 19 世紀以來以視覺展示為中心的百貨公司擅用的手法。玻璃不只隔絕人與物之間的觸碰可能，也製造了距離，雖然在玻璃內側進行符號展示，透過意義轉嫁作用，有助於提高商品的象徵價值，但另一方面，在某種程度上仍保留了現代消費文化要摒除的「購買的義務感」，因為在要求店員從櫃中取出商品時，顧客（人）與商品（物）的現代性消費關係之間，仍存有強烈的顧客（人）與店員（人）的傳統型購物關係，此時，店員的態度是否已進入三級產業的服務業，成為百貨公司是否現代化及品味化的關鍵。第四章曾談到在 1960 至 70 年代百貨公司的店員認為自己的工作僅限於交易本身，而不及於服務，因此會發生如

-----

　　tdcm/viewnews.asp?news=0248074。（查看日期：2021/12/30）

175 「南の隣国（1）再放送『20 年目の臺灣』」，1965/05/22，『日本 NHK 放送』上午 11:00~11:29 播出。

176 照片，〈臺南遠東公司明天開幕〉，《經濟日報》，1976/3/25，7 版。

177 〈臺北百貨公司的經營奧祕潮流趨向帶來強烈震撼揚棄傳統包袱‧改裝風氣盛行〉，《經濟日報》，1982/1/4，10 版。

1970 年時報紙報導提到，百貨公司店員慫騙客人買下僅有外表一層是好的、但內裡已泛黃了的布匹，又或是對客人擺臉色等事例。等到專櫃人員能參與抽成後，更採取緊迫盯人、強力推銷的做法，帶給顧客很大的壓力。[178]

　　一方面，臺灣傳統型百貨公司並沒有把本身當成一種信用品牌／符號在經營，依然是人（店員）與人（客戶）之間的關係，另一方面，顧客可以自由進入百貨公司「看」，但不能自由賞玩，百貨公司本身成為僅是提供購物交易的場所，顧客在百貨公司內也無法獲得「逛街」的身體感受。事實上，早在 1978 年來來百貨、芝麻百貨開幕前夕，在永琦百貨公司主辦一場的百貨業座談會上，永琦百貨公司日本籍總經理河井麻生即指出，百貨公司經營應以經濟能力中等的消費階層為中心，逐漸向上發展。經營室內設計的王健也認為，國內百貨業者的櫥窗櫃檯設計急需開放，摒棄「給顧客壓力」的購買方式，讓消費者能摸，能看。[179]

　　此外，玻璃陳列櫃與設在百貨公司內部也被稱為「櫥窗」的大型玻璃櫃，在某程度上限制了百貨公司的空間的開闊性。若是如歐美的百貨公司動輒數萬坪（1萬坪為 33,058 平方公尺）以上，則玻璃櫃架並不會有太大的壓迫感，但臺灣的百貨公司如附表一所示，巨型百貨公司 SOGO 的營業面積為 42,975.4 平方公尺，其他如中興百貨賣場面積 11,570.3 平方公尺、先施百貨總面積 6,612 平方公尺，相較之下，符號的展演舞臺其實相當受限。

空間作為文化消費的一環

　　歐美近代百貨公司中，剩餘出來的空間也是一種奢侈與品味的象徵，如讀書室、展覽廳、畫廊等。這裡指的不是華美建築物的物質空間，而是空間本身。當空間被從自然中對象化出去、成為可交易的對象後，都市化愈高的城市，空間的餘裕愈能顯現出上下階層的差異。空間也是一種階級權力的展現。[180]正如尚・布希亞所述，在人口密集的都市裡，自然、清新的空氣、安靜、空間等被視為稀少財，是高價追求的對象，也最能顯現出上下階層支出差異。[181]在 19 世紀至 20 世

-----

178 〈聽太太小姐話說百貨公司〉，《經濟日報》，1970/03/12，8 版。〈臺北市又有兩家百貨公司開幕百貨業將進入自由競爭時代〉，《民生報》，1978/11/23，6 版。

179 當時百貨公司的拒絕的理由是：「顧客的氣質不好，會有人偷東西。」〈臺北市又有兩家百貨公司開幕百貨業將進入自由競爭時代〉，《民生報》，6 版。

180 Michael B. Miller, The Bon Marché：bourgeois culture and the department store, 1869-1920.p. 75.

181 Jean Baudrillard，《消費社会の神話と構造》，頁 62-63。

紀初，百貨公司裡不為了利潤——以現在的用語來說就是沒有坪效——的空間，展現出貴族文化品味空間，成了布爾喬亞階級學習品味的來源。[182]換言之，品味（taste）從來都不是與生俱來的，而是被建構的。[183]如同皮耶・布爾迪厄所指出的，透過象徵權力的作用，事物從連續的分布被轉換成非連續的對立關係，物在原本的物理性秩序中被標記差異、賦與意義，轉換成為各種有區辨的象徵性秩序，並使得對支配階級有利的實作（pratique）、或是象徵其階級的表現，如嗜好、生活方式、傢俱衣著、乃至身體化的舉止儀禮等，在社會分類架構中被定位在高等的架構裡，這些高等的文化品味被社會視為當然地接受，並在象徵權力的背書下主要透過教育體制的方式不斷地再生產。[184]

同時，在當時建築物與公共設施尚不完備的環境下，百貨公司的開闊、擁有平整地板與非賣場的剩餘空間，也成為一種象徵地位的奢侈享受。到了人口密集化後的現代大都市，臺北市從公共建設不完備的都市空間，走向 1980 年代末建築物密布，住宅空間緊密的樣態，房價飆漲，迫使「無殼蝸牛」社會運動的發生，[185]空間成了高度奢侈品，百貨公司裡的空間愈是寬敞、餘白的空間愈多，愈是象徵了百貨公司的奢華度。當然，這裡必須要注意非常重要的一點：餘白不是空白，若只是讓空間空在那裡，不僅不會顯現出奢華，反而會表現出無商品可賣的落魄感。餘白是經過符號設計後所展現出來的氛圍，是一種編碼—解碼的過程，因此也是一種品味的展現，其中富含著文化資本。

空間之所以會成為一種稀有財，可以從美國人類學者愛德華・霍爾的論點來

-----

182 高山宏，〈贅沢のイメージ・メーキング〉，頁 19-20。

183 品味一詞原初與法語能辨別各種食物特有味道的能力的「goût」一詞有關，之後從中延伸出了從中找出喜歡的味道的美食家能力，再延伸出了「直接且本能地判斷美的價值的能力的」品味的概念。Pierre Bourdieu，《ディスタンクション I》，頁 156。

184 柯林・坎貝爾指出在 17、18 世紀時，品味一詞跳脫味覺，指向美學倫理，及至 18 世紀末，開始與個人主觀偏好連結在一起，對消費行為而言，品味必須合乎道德又具備美感，19 世紀晚期浪漫唯美主義興起後，藝術家成為唯一有資格評斷何為「正確品味」的人。這種想法一直到 1980 年代後現代主義興起後，才開始受到挑戰。

皮耶・布爾迪厄以各種資本與習癖的概念，指出品味是一種社會銘刻在身體的表現，包含了個人的個性與認同表現，乃受到了個人所在的社會位置的限制，而非與生俱來的，美學與藝術家的「當然關係」，事實上是社會建構出來的。

Colin Campbell，《浪漫倫理與現代消費主義精神》，頁 133-138，172-178。Pierre Bourdieu，《ディスタンクション I》，頁 156-160、267-268。

185 因臺灣高昂的房價，1989 年 6 月 11 日，以抵制房價為宗旨的「無住屋者救援會」成立，並公開召募會員。〈無住屋者自救招人對抗房價〉，《民生報》，1989/6/12，18 版。〈無住屋者怒吼又將響起〉，《聯合報》，1989/7/19，5 版。

思考。他指出人有自己需要的空間，最基本的是身體在空氣中所佔據的體積，這是從需求面來理解。但事實上，人以自己的人格（personality）向外延伸產生一個距離圈，是人的身體意識的延伸，用霍爾的話來說，人是被看不見的氣泡包裹著。[186]例如我們的身體不僅止於皮膚，而是延伸到了我們穿戴的衣帽鞋子所佔有的空間。我們與別人之間要保有多大程度的距離，才能讓我們感到舒適，這就是我們感知到的身體範圍，也是我們所需要的空間。而這個空間的大小，與我們所屬的文化相關，皮耶‧布爾迪厄指出人在社會空間中所佔有位置，與這個人的身體所展現出的相應於該位置的習癖、財富的意義、價值等的社會性方向感覺（sense of one place）緊密相連。[187]這意味著在開闊與狹窄、豐饒與貧瘠的空間中，所形塑出來的身體舉止、精神樣態、視野、思考是有所不同的。這不僅包括了居住處，也包括了服裝，例如褲裝讓男人可以大步奔跑，裙裝限制了女人的行動自由，而這也涉及了習癖的形成。

要能夠在物理上有限的空間裡享有舒適的距離圈，在過去是透過權力／暴力，資本主義興起後，則可以透過金錢交易取得。[188]例如奴隸商人認為奴隸需要的空間只有身體的體積大，因此對塞滿奴隸的囚籠不以為意。而商人本身卻不會處在那樣的空間裡，這即是暴力的方式。而在 19 世紀之後至今，則透過房價去區隔出住宅區的等級，這包括的不僅是建築物本身，通常還包括了建築物所在的社區的自然環境（空氣、水等資源），以及周遭的公共設施完備與景觀的美麗。

在這樣的背景下，百貨公司裡的空間配置與店員、消費者、「物」之間的關係，也在 1980 年代末至 90 年代初不斷產生變化。如前文所述，視覺上要享受符號的展演，需要有距離的空間，但在感性上，除了視覺刺激之外，與「物」自由接觸（觸覺感受）、在鏡子前自由試搭（而非試穿）、試色等遊戲性與想像力的具象化，也在消費符號化的過程中，變得愈來愈重要。百貨公司在面對這樣的社會變化時，整體的陳列概念乃至分類體系也都逐漸產生了改變，常設性的商品不只要被看見，還必須被展示，甚至允許消費者的接近，與一定的賞玩空間與時間。

1985 年底，原屬國泰信託集團的來來百貨，因十信案賣給了豐群公司的張國

-----

186 愛德華‧霍爾將距離依視覺、嗅覺、對方的體溫、呼吸的聲音、味道等，分成八個相度，依相度將人與人之間的空間距離感分成親密距離、個人距離、社會距離與公眾距離，依據人與人之間不同的關係，個人能容忍對方進入不同的距離範圍內。而不同的文化、不同時代乃至不同階級，對各種距離感的界定也會不同。Edward T. Hall，《かくれた次元》，頁 160-181。

187 Pierre Bourdieu，《ディスタンクション II》，頁 337-339。

188 Jean Baudrillard，《消費社會の神話と構造》，頁 62-63。

安，邀請日本 KAN 顧問公司作全面的規劃，主打消費者能享受到優雅舒適的購物環境，改變成開放式陳列，[189]開放式的陳列逐漸受到百貨公司的關注。1985 年後，各地的百貨公司時有推出開放陳列的訊息，包括眼鏡部門、玩具部、服飾部、內衣部、家飾部、化妝品部門，一來沒有玻璃櫃使得空間看起來更開闊，可以用來展演的餘地更大。二來開放陳列的氣氛不會造成壓迫感，消費者自然而然能停下腳步，賞玩商品，感受商品的質感，選擇或比較色彩，或是試戴等，既享受「物」帶來的視覺與觸覺感受，也進行了想像力的遊戲。[190]永琦百貨與《民生報》在 1983 年合辦的「'83/'84 秋冬服飾臺北展」，就特地強調這次展出參觀者可以直接觸摸衣服，間接顯示出當時觸覺感受在百貨公司中是相當特殊的。

高價位商品如百貨公司中販售的玩具，1988 年時，維德公司設在各百貨公司的玩具專櫃，都已設有遊樂桌，讓顧客試玩玩具。也有業者進一步專闢遊樂空間，讓顧客試玩，滿意後再購買，顯示出玩具的經營策略已脫離「只能看，不能摸」的舊有模式，進入先試玩再購買的開放式銷售方式。[191]到了 1990 年代中期，開放式的陳列展示大致已成定局，消費者獲得了賞玩事物展演的時間，以及自在展開的身體空間距離，展演、想像、遊戲可以在這個空間裡發揮。換言之，陳列展示讓人們得以奇觀式地觀賞大量的商品，而開放式的櫃架讓人們可以走近、甚至接觸、賞玩「物」，直接與「物」進行溝通，此時店員在背景，於一定的時間後才介入消費者的「白日夢」。

當然，開放式的陳列對銷售方來說，也有一定的風險。例如百貨公司的顧客數多，專櫃多緊臨公共走道，而專櫃人員少，難以一一顧及，使得百貨公司專櫃的失竊率比服飾自營的專賣店高，尤其是以折扣期間為最。許多來客似乎抱著不偷白不偷的心態，因此，許多百貨公司設置大型提包的寄物櫃——尤其是進超市前必須要寄物，先施百貨更於 1993 年首創增設電子防盜系統，[192]然而，從近代化、私有權與剩餘的概念來看，當商品與消費者完全直接接觸，卻能保持不偷取，顯

189　〈西門町來來百貨「整修門面」要走大眾化經營路線〉，《經濟日報》，1985/11/20，10 版。

190　〈東帝士購物休閒中心看上臺南減少專櫃提高自營比率將採取開放式經營型態〉，《經濟日報》，1986/11/30，10 版。〈看清楚・不是地攤！〉，《經濟日報》，1987/11/24，7 版。思薇爾內衣特惠價銷售瑪林孕婦裝打扮準媽媽〉，《經濟日報》，1988/9/15，20 版。〈是一般進口家飾業者十分有興趣配合的行銷活動〉，《經濟日報》，1989/08/28，21 版。

191　〈玩玩看！滿意再買玩具業行銷突破觀念障礙門市部多闢專區歡迎試玩〉，《經濟日報》，1988/11/12，7 版。

192　〈商家防竊鬥智又鬥法〉，《聯合報》，1993/1/14，15 版。〈服飾折扣開打失竊頭痛時間 業者紛要求顧客寄存大型購物袋使用電子防盜系統因應〉，《經濟日報》，1993/2/14，14 版。

示出臺灣社會在物質與精神上已具有某種程度的餘裕，以及反身性的自我尊重，而這也跟前述民主化運動中所建立出的自我主體性相關。

　　1987 年 SOGO 百貨成立時，半閉架式的陳列櫃仍然是臺灣百貨公司的主流，一直到 1990 年代，接近商品、觸摸衣物、自由試穿才逐漸成為自然。[193]如同柯林‧坎貝爾所述，視覺、聽覺等屬遠距式感官，透過習得的想像力，有較大機會能提供更多快樂刺激，但激起反應的能力比觸覺式的生理刺激要來得大幅減少。[194]臺灣中產階級在吸收符號意義、建構大寫他者 A 的品味架構時，也從視覺主導的媒介體系中，逐漸習得、並收編觸覺的文化體系，將品質的質感也收納進視覺意義的貯槽中。而開放式陳列不僅拉近人與商品之間的距離，讓消費展演的空間擴大，更重要的是，消費者能在商品之間穿梭移動，亦即人的視線所能及之處，身體幾乎也能伸展及人的身體受到的限制變少，百貨公司對於消費者而言，是一個更自由、更寬闊的空間，也意味著是更奢侈的場所。

　　換言之，1965 年後，店家在政府允許商業化後，積極賺錢，將櫥窗拆除或撤進店內，把空間擺滿商品，店員在不能達成金錢交易時立刻擺出臉色，此時，功能、實用是最重要的。然而，在中產階級文化的形成過程中，現代取向享樂主義重視的是想像過程，欲望是被挑動、喚起，而不是直接一次性感官體驗就結束，如同設計師基思‧羅伯森（Keith Robertson）所述，「留白的存在，是一種代表了聰穎、階級、簡潔、以及精髓」的象徵。「因此中產階級的美學尋求著要將財富隱藏在娛樂消遣的背後，進入應該是外於經濟與必要的領域裡……物質事物的表現即是無私心與超然的呈現之一。這種美學焦點注重在事情的進行的形式上，而非這些事物本身。」[195]美學著重於委婉的想像，於是，「物」的符號化逐漸成為高品味的條件，金錢、感官欲望、感情等都被視為下等粗鄙的，必須被包裝、隱藏起來，[196]讓符號意義站到前面，被文化性地感受，而這種感受是需要餘裕的，也就是需要時間與空間上的奢侈。例如百貨公司的文化班，內容不必然是與高級文化相關的，例如孕婦知識、理財、蔬果切雕等，但藉由「文化班」的字樣文化化、去金錢化，從而取得文化資本。而 1980 年代的中產階級家庭大都會送小孩去學

-----

193 李衣雲訪談，「SOGO 百貨營業本部副總經理兼忠孝店店長吳素吟女士‧販賣促進部副理曹春輝女士訪談」（2013/6/21），地點：臺北 SOGO 忠孝店辦公室。

194 Colin Campbell，《浪漫倫理與現代消費主義精神》，頁 58。

195 Keith Robertson,"On White space: When Less is more", In M. Bierut, W. Drenttel, S. Heller and O.K. Holland, eds., *Looking Closer: Critical Writings on Graphic Design.* pp. 61-65. New York: Allworth.pp. 61-66. 轉引自 Guy Julier，《設計的文化》（臺北：韋伯文化國際，2009），頁 253。

196 Pierre Bourdieu，《ディスタンクシオン I》，頁 13。

音樂，如鋼琴、小提琴，除了讓孩子獲取文化資本，也不乏有在中產階級家庭中保有象徵地位──餘裕──的意義。直接炫富的「爆發戶」行為，在此時就皮耶・布爾迪厄的資本理論而言，雖然具有高資本總量，但卻不具有高文化資本，炫耀性消費不再是滿身名牌標籤（logo）或黃金，而是有自身的時尚風格。

圖 5-14、太平洋崇光百貨開幕時的「光之樹」。圖片來源：「聯合知識庫──新聞圖庫」提供，圖片號碼：5514281，1987/11/11。

　　除了櫃位轉為開架式之外，將空間設計出留白的餘裕也成為一個重點，臺灣的百貨公司逐步開始如同篷瑪榭、梅西、三越甚至菊元等百貨公司一般，運用剩餘的空間來提高自身的文化品味或特色。例如 SOGO 在開幕時，把三、四樓中間打通成挑高的天井，並設計一座以聲光水影的「光之樹」為中心的廣場（圖 5-14），同時，由於 SOGO 百貨「設定的招牌是為了要給人帶來歡樂的感覺，」於是花費 6,000 萬取得美國迪士尼授權，推出「小小世界時鐘」，每逢整點，時鐘上的十二個木門便會開啟，現出穿著世界各國服飾木偶娃娃，各自吹奏著樂器起舞報時，為了讓人們能聚集起來等待、欣賞木偶起舞，於是在時鐘下方開拓一個小廣場（圖 5-15）。之後除了 SOGO 敦南店因為是接手永琦敦化店改裝的之外，

每一間分店都有廣場與時鐘，作為 SOGO 百貨的象徵。[197]在這裡，廣場是沒有坪效的空間浪費，但光之樹、花漾時鐘與廣場的設計，顯示空間本身作為一種消費對象／留白的概念。

圖 5-15、SOGO 百貨的象徵：小小世界時鐘與其前方的廣場。李衣雲攝於 2022/12/24。[198]

-----

197 李衣雲訪談，「太平洋建設章克勤先生訪談」（2015/12/28），地點：忠孝東路四段太平洋建設辦公室。

　日本 SOGO 百貨除了與太平洋建設合作外，也與廣三建設公司合作，在臺中市開設了廣三 SOGO 百貨。

198 由於 1997 年亞洲金融海嘯、1998 年太平洋建設集團（簡稱太設集團）的有線電視聯貸案、1999 年九二一大地震，再加上 2001 納莉颱風造成年太平洋崇光百貨的虧損，太平洋建設出現危機，因此當李恆隆向章家引介總統府等政府高層官員，獲取信任後，章家聘用李恆隆擔任太設集團董事長，之後在李恆隆的手上，將 SOGO 百貨從太設集團切割出去，不再是太設集團的子公司，而是由太設集團下另一公司「太平洋流通公司（簡稱太流）」持股操控，李恆隆持有太設 60% 的股權，遠東集團的徐旭東藉由增資、買下李恆隆的股權，使得 SOGO 百貨屬於太設或遠東，成為一場歷經 20 年的司法戰爭，被稱為「SOGO 案」。但在 2013 年 5 月時，中華民國最高行政法院經濟部敗訴定讞，太流資本額仍為新臺幣 40 億元，等於確定遠東集團對太平洋 SOGO 的經營權。因此，照片中的 SOGO 百貨的招牌已從「太平洋 SOGO」改為「遠東 SOGO」。江元慶，《司法太平洋：三名董事長流浪法庭的真實故事》（臺北縣：報導文學，2014）。

此時的空間也作為可交易的對象，亦即拿來交換其他的資本。1972 年成立的遠東百貨寶慶店，在 1991 年重新裝潢設計了藝廊「遠東藝術中心」，該中心不僅展覽畫、雕術等，也進行藝術交易，[199]而 1977 年之後成立的百貨公司也善於使用留白的空間交換文化資本，如永琦百貨在五樓成立文化館，芝麻百貨在 1979 年於三樓設置藝文沙龍，可作藝廊。[200] 1982 年力霸百貨 9 月開幕時，先在一樓成立藝廊，1983 年再移到六樓成立「力霸文化會場」，展出各種藝術品。同年環亞百貨地下一樓，也成立了高山青藝廊。[201]

但 1980 年代最為活躍的百貨公司藝廊，則是來來百貨六樓的藝廊。1980 年開幕初先舉辦了百位聖心高中女生展出兩日的剪紙賀卡展，之後又邀請自日本學成回國的袁美雲舉辦押花展等，[202]接下來在藝文報欄常可看到來來藝廊的活動。直到 1987 年巨型 SOGO 百貨成立，在十二樓設立 1,157 平方公尺的文化會館，一年內舉辦百餘次的演講會，以及攝影展、畫展等種種藝術活動，搶走了來來藝廊的風采。1988 年 12 月永琦百貨敦化店開幕，也成立 661 平方公尺的文化會館「萬象廳」。[203]

這些藝廊、文化會館乃是比文化班更進一步，真正與文化場域中的高級藝術相連，而不是與百貨公司所建構出的文化品味連結，因此，就如同歐美的百貨公司從貴族文化、日本的百貨公司從西洋文明與日本文學中取得文化資本與象徵資本一樣，臺灣 1980 年代的百貨公司也從文化場域所定義的高級藝術中，汲取到高度文化資本與品味，沖淡了百貨公司的商業氣息，將銅臭味隱藏到背後。

咖啡店的消費空間

空間本身作為一種消費對象的概念，除了從走道變寬、SOGO 百貨的挑高天井之外，也可以從百貨公司內部開設下午茶與咖啡店的走向上看到。對傳統享樂取向的百貨公司而言，餐廳是吸引客源很重要的手段，百貨公司裡的餐廳主賣的

-----

199 遠東百貨寶慶店在 1973 年時設立了藝廊，應屬臺北最早在內部設置純藝廊的百貨公，到 1983 年後變回賣場。1991 年祝融之災後，藝廊移到七至八樓重新開啟。

200 〈藝廊〉，《聯合報》，1979/11/5，9 版。

201 〈百貨公司散發文化氣息〉，《聯合報》，1993//3/1，15 版

202 〈剪紙藝術欣見札根聖心女中展出作品〉，《聯合報》，1980/02/22，9 版。〈袁美雲押花作品來來藝廊展出〉，《經濟日報》，1985/11/25，6 版。

203 〈莫讓文化會館成了空殼子〉，《經濟日報》（1989/02/16），07 版。

是吃食，以美食的經驗吸引顧客一再來消費。SOGO百貨也很重視飲食業，這顯示餐飲的集客力（把客人往樓層上拉）、吃（需求的目的）與美味（味覺的享受）仍然受到重視，但同時SOGO百貨也表示無論是美食街或是餐廳，其實利潤都不高。[204] SOGO百貨做餐飲是為了方便消費者在購物逛街之餘，中間可以順便休息。餐飲的美味與集客力退到背景，前景是服務逛街的消費者的便利，因為從利潤上來看，餐飲業對此時的SOGO百貨而言是不划算的，更遑論以消磨時間為主的咖啡店。

臺北市早在戰前，京町（現在重慶南路衡陽路至臺北車站、西門町）一帶便是咖啡店和喫茶店聚集的地方。戰後，咖啡店向西門町移轉比較多。1980年代，博愛路的咖啡店還曾被視為色情行業，與1930年代同一區色情化的「女給咖啡店」，恰可作一呼應。[205]

1950至60年代，咖啡店常是用來談交易，或作某種業務上的溝通、談戀愛的地方，並非真的為了品咖啡。1972年日本上島咖啡在中山北路開店，是以單品咖啡為號召的咖啡專賣店，最低一杯12元，但至1979年時，已漲至45元，當然，這或許與當時石油危機造成的物價上漲有關。1975年由日本人東山泰三在西門町開設第一家東山蜜蜂世界咖啡專賣店，之後在全臺開了15家分店，一杯咖啡25元。之後，全臺開始出現許多「蜜蜂咖啡」、「大蜜蜂咖啡」等咖啡店，不僅賣咖啡，也賣簡餐。

1970至80年代，「上咖啡廳」成為年輕人的高消費，當時臺北著名的咖啡店還有1977年從臺中開到臺北市的「老樹咖啡」，咖啡配方獨特，有很多粉絲。「由紅磚、原木構成的老樹，光線有點昏黃」，裡面的裝潢是「按照歐洲俱樂部式的設計，華麗中帶著貴氣」。「坐在這裡，看著人來人往，喝著香醇綜合熱咖啡……別是一種浪漫優閒」。而南京東路十條通的「玫瑰田園」咖啡店則以滿是老年代的特殊木頭味聞名，也是許多咖啡店老闆偷閒與過招的專門店。[206]這個時

-----
204 當時百貨公司與其共生餐廳的合作方式，一般可以分為：經營權各自獨立，但長久共同合作的默契，使得百貨公司開設在哪裡，餐廳必然也尾隨而至。還有一種是百貨公司自己有開餐廳的經驗，百貨公司和餐廳是同一個老闆經營。最後一種，也是目前最普遍的一種合作方式，就是餐廳業者以專櫃方式進駐百貨公司，兩方面以包底抽成或租斷方法合作。〈上百貨公司吃飯！附設餐廳漸獲消費者肯定〉，《民生報》，1989/8/10，17版。
205 費家琪，〈咖啡專賣店臺灣正流行 35元喝一杯以機器調製走平價路線〉，《經濟日報》，1995/11/19，22版。關於臺灣日治時期的咖啡文化，可參考：國立歷史博物館編輯委員會編輯，《臺灣早期咖啡文化》（臺北：國立歷史博物館，2008）。沈孟穎，《咖啡時代：臺灣咖啡館百年風騷》（新北：遠足文化，2005）。
206 〈時髦歐吉桑的浪漫風情喝喝看老牌咖啡店長壽秘方〉，《聯合報》，1997/03/29，39版。

期，品嚐咖啡本身之外，打造出的消費空間也是重點。

　　1980 年代，另一種學習自日本的結合書香與咖啡的咖啡店出登場。一是在書店裡附設小型咖啡屋，如重慶南路上的金石堂書店、光統圖書百貨公司；另一是在咖啡屋中陳列許多書刊，供人閱讀，如書香園、御書園等咖啡屋。在 1986 年左右，大資本，大投資為主流的新型咖啡廳出現，以場地寬闊、採光良好，以清新、現代化設備和播放的音樂為主體，一反過去窄小，陰暗的休閒環境，講究裝潢、氣氛，被稱為「後現代主義」咖啡廳，有歐風咖啡店、庭園式咖啡店，或玻璃屋式咖啡店，例如「舊情綿綿」、「青山綠水」、「似曾相識」、「書情畫意」等店。[207]此時，作為咖啡店主體的「味覺」被推到了背後，重點在於與書香結合的高級品味感，甚至空間本身作為消費的主體。消費的殿堂百貨公司在這個時間點插手開設咖啡店，正是抓住咖啡店剛擁有留白餘韻與文化美學的時機。例如 1992 年 SOGO 百貨地下一樓推出的「Aunt Sella's」（詩特莉）餅乾店，一杯咖啡配餅乾要 90 元。

　　事實上在 1990 年代，作為精緻休閒餐飲如西式下午茶、咖啡店等尚未在臺灣流行。首先，這類飲食並不實用，亦即不是用來吃飽的，西式糕點在製作過程需要耗費非常多昂貴材料，如進口的香料、乳酪、奶類、巧克力等，而製作出來的糕點可能只有相當小的一塊，而且價格不菲。

　　正如前文所述，咖啡店是不實用的消費，在無法帶來飽足感的狀態下，以 1992 年每月平均所得 23,861 元、每月平均能花在娛樂消遣教育費及文化服務費的比例為 3,848 元（包含補教費）而言，90 元（佔 2.33%）的價格並不算低。[208]換言之，喝咖啡、飲茶，配上糕點本身，是奢侈性飲食。而咖啡、紅茶等自日治時期被引

-----

207 王家英，〈咖啡與咖啡專賣店〉，《經濟日報》，1979/5/19，11 版。〈大蜜蜂咖啡屋昨天開張營業〉，《經濟日報》，1981/9/8，9 版。〈咖啡店禁止新設.為什麼滿街林立？〉，《聯合報》，1981/3/23，3 版。〈博愛路遭色情汙染！警方豈能視若無睹？〉，《聯合報》，1986/2/25，7 版。〈八六年流行圈大事記〉，《聯合報》，1986/12/28，12 版。〈書香咖啡屋閱讀新天地 現代人休閒又多一去處〉，《民生報》，1986/10/4，9 版。〈新潮咖啡廳以「大」取勝〉，《經濟日報》，1986/09/09），10 版。

208 1992 年的平均國民所得為 286,329 元，平均每人民間最終消費支出為 178,295 元，如以月來算，每月的所得平均為 23,861 元，最終消費支出為 14,857 元。飲料支出比例為 3.2%=763 元，食品費支出比例為 22.60%=5,392 元。而 2008 年時，平均國民所得為 443,634 元，平均每人民間最終消費支出為 311,135 元，如以月來算，每月的所得平均為 36,970 元，最終消費支出為 255,928 元。每月花在娛樂消遣教育費及文化服務費的比例為 19.67%=7,272 元，飲料支出比例為 2.21%=817 元，食品費支出比例為 21.39%=7,908 元。行政院主計處，〈中華民國臺灣地區國民所得統計摘要〉。https://ebook.dgbas.gov.tw/public/Data/352913302353.pdf（查看日期：2021/9/2）

進臺灣以來，即被與西洋文明連結在一起，也就分享「文明西化」所具有的高文化資本。既是奢侈性飲食，又具有文化資本，喝咖啡、享受下午茶自然不是為了消飢解渴，而是要花費時間細細品味──這也連結到 19 世紀有閒階級所形塑的文化資本，因此，這類店家也通常會以符號裝飾其空間，讓消費者在飲食的同時也享受消費的時空。

1990 年到 2006 年這段時間，臺灣的中產階級已形成一個穩健的「中堅階級」。[209]這意謂著此時的臺灣社會中，有一定主體性的個我產生，而社會象徵體系也有足夠回應這些個我追求秀異的豐厚度。[210]換言之，能夠消費高價位商品的母群有了一定程度的大小與穩定度。華麗堂皇的百貨公司的出現即是在回應新中產階級對差異化的追求，1991 年 10 月，新光百貨與日本三越百貨合作成立、至 2023 的現今仍為最高檔的新光三越百貨公司，即為一例。

三越來臺：新光百貨轉型高級百貨公司

1982 年時，新光百貨即意識到傳統型百貨公司的侷限，該總公司企劃課襄理劉慶輝表示：「新光總公司過去走的雖係傳統派的經營路線，惟在『顧客導向』的今天，該公司為適應時勢潮流，已決定澈底揚棄傳統經營的包袱，而以高品質、高格調的商品內容，塑造獨特的經營風格，為消費大眾提供更新穎的生活指引。」[211]這個轉型即是於 1983 年與三越百貨進行技術合作。雖然新光百貨也開始開設文化班，[212]但仍脫不出折扣戰的波潮。1989 年 1 月 25 日，新光百貨與日本第一間百貨公司三越簽約合作，配股方式採雙方各半，將全臺灣的新光百貨改

-----

209 用同樣的所得分配不均測量指標，即全國所得高低分 5 等分戶，算最高所得戶可支配所得額（第 5 等分位組）除最低所得戶（第 1 等分位組）的倍數來測度社會所得（財富）差距嚴重程度，根據主計處的數據，貧富差距拉大是 1980 年開始續上升的。然而，1991 年後全國所得高低分 5 等分戶位，與處於次富的第 4 等分位組的差距卻穩定而變化不大，維持在 1.68 倍到 1.72 倍，最富和「次次富」（第 3 等分位組）之間的差距變化，在 2.21 倍到 2.30 倍之間徘徊。蕭新煌認為這說明了臺灣處在貧富兩極之間的中產階級，不僅沒有像大前研一的 M 型理論那樣消失、崩潰，而且持續穩固地存在、成長和茁壯。蕭新煌，〈臺灣社會的貧富差距與中產階級問題〉，《臺灣民主季刊》第四卷第四期，2007 年 12 月，頁 143-150。

210 這裡仍然要再次提醒，如前節最後所提出的，消費上的自我主體性不等同於民主上的自我主體性。

211 〈臺北百貨公司的經營奧祕潮流趨向帶來強烈震撼揚棄傳統包袱‧改裝風氣盛行〉，《經濟日報》，1982/1/4，10 版。

212 〈百貨走廊〉，《經濟日報》1986/10/18，5 版

建為新光三越百貨公司，第一步是拆除在南京東路的新光百貨南西店，原址重建為地上九層、地下四層、有 230 個停車位、營業面積 23,140.6 平方公尺的鋼骨玻璃幃幕建築，同時，也計畫在南西店對面建設大樓，創立新光三越一號店（現今的南西店三館）。並在臺北火車店對面建立地下二層，地上五十一層高的大樓，十五層以下均為新光三越百貨站前店。[213]

　　新光三越南西店的整體空間，全棟每個樓層都有挑高設計，在身體感與視覺上讓消費者感受到寬敞開闊，使消費者在進入百貨公司的那一刻，感受到的就是舒適的身體空間，內部裝潢利用光滑柔色調的花崗石，水晶吊燈反射著光芒，展現出具氣勢但柔和的空間感。雖較 SOGO 百貨面積來得小，但透過燈光、用材和挑高樓層等作出擴大空間的感覺。[214]由於臺灣百貨公司的商品重疊率高，因此新光三越在一開始設定的策略就是區隔化，整體自營比例 30％，專櫃比例 70％，不過由於當時品牌的概念已經進入臺灣，因此新光三越也從這個地方入手，進口品牌達 50％，包括代理進口，以及如資生堂等在外國品牌在臺灣製造的國產進口品牌。[215]女裝部分除了「東洋」、「優佳莉」外，[216]國內的服飾品牌只有溫慶珠、黃嘉純、呂芳智等臺灣個人設計師的專櫃，其他則大多數是由新光三越自行由歐洲、香港及日本進口的自營品牌，包括日本當紅設計師君島一郎、森英惠及翁倩玉（Judy）時裝等高級女裝，自營比例高達 40％ 左右。相反的，四樓紳士服的部分，大都是國產進口品牌，包括皮爾卡登（Pierre cardin）、皮爾帕門（PIERRE BALMAIN），原裝進口的品牌則有 BOSS、CERRUTI、GIVENCHE 等。五樓運動休閒世界的品牌有鱷魚牌（LACOSTE）、PLAY BOY、聖羅蘭（YSL）、JAEGER；六樓童裝世界的名牌除了迪士尼，還引進泰迪熊，雖依報導不知是哪

-----

213 〈新光百貨與日本三越〉，《經濟日報》1987/9/12，7 版。〈新光與日本三越簽約合建國際性百貨公司〉，《經濟日報》1989/1/26，24 版。林岳，〈商情采微〉，《經濟日報》1989/9/16，31 版。〈東洋百貨業寶島爭地盤〉，《經濟日報》1989/10/19，19 版。

214 〈自營與平價良品受矚目新光三越百貨今天開幕〉，《民生報》，1991/10/29，19 版。

215 〈新光三越定 1029 開業〉，《經濟日報》，1991/6/9，19 版。

216 只選擇了二家國產服飾品牌的原因，新光三越南京店日籍店長古山宏表示：「臺灣有不少優秀的業者，但是產銷制度並不健全。新光三越為堅持『定價販賣與不二價意義相同』的策略，只好優先吸收定價合理、不亂打折的廠商……臺灣百貨公司一年 365 天有 70％ 的時間在打折；打折時間太長了，必（須）養成消費者等待折扣的習慣。」他指出：「臺灣百貨公司最不正常的地方在於『售價提高，靠打折促銷』，日本商品在臺灣的定價是在日本的 1.8 倍 ~2 倍間，正常行情是 1.2 倍。而國產品牌定價頗高，打到七折才可以看到較多顧客上門。『為什麼不把訂價壓低，即使沒有折扣顧客也願意購買？』」因此，新光三越推動「定價販賣」在臺灣實行，「是希望以自營的商品來帶動國產品訂價合理化，並縮短百貨打折期。」〈日系百貨公司中國產廠商難混？〉，《民生報》，1991/9/22，17 版。

個品牌，但真正有牌的泰迪熊在市面上都價值不菲，七樓、八樓則是寢具、瓷器等中外精緻生活用品。新光三越表示自營比例高，即可以使訂價比同類商品低20%到40%，全年不打折也較易被消費者接受。不過，這個全年不打折的策略，新光三越原本是希望中興、先施、太平洋崇光等新型百貨公司一起加入，共同實施，[217]但最後沒有辦法得到共識。

此外，新光三越也引進了珠寶名牌，如日本著名的珍珠品牌御木本（MIKIMOTO），不過，在當時最引人注目的，是由於日本三越百貨店內亦有設點，因而牽線來臺北新光三越百貨店內設櫃的國際名牌蒂芬尼（Tiffany），櫃位佔地約132.232平方公尺，雖然在商品部分，蒂芬尼考慮到了百貨公司的消費客群並非最上層階級，而減少頂級價位的珠寶，但這仍是國際精品首次在百貨公司內部設點，意謂著最重視符號意義與文化資本的名牌，願意與百貨公司共享其形象意義，顯示此時臺灣的新光三越百貨公司本身的文化與象徵意義，已能符合國際名牌在意義轉嫁上的水準，[218]而新光三越百貨也因此分享了蒂芬尼國際名牌的高度文化資本乃至象徵資本的榮光，成為百貨公司界的翹楚。

新光三越百貨主打塑造高度文化觀的企業形象。從文化活動、人員訓練，到空間設計、多樣化的服務等，均引進日本三越的全套制度。在八樓設置約165平方公尺的自營常設專業藝廊，不僅展覽，亦販售藝術作品，為這些作品作擔保，建立起自身的文化位置。九樓則劃出四分之一的樓面（496平方公尺）的文化藝術會館，用來舉辦各種文藝活動，包括表演舞臺、文物展示覽等，開幕的文化館第一檔藝術展，展出臺灣當代美術家朱銘的雕刻展，獲得了藝術界相當大的迴響；之後，新光三越不斷推出藝術活動。[219]頂樓則承襲日本的屋頂花園的概念，設置

-----

217 〈開幕獻禮新光三越說分明〉，《經濟日報》，1991/4/20，11版。〈日四個服飾品牌即將來臺森英惠並將主持發表會〉，《民生報》，1991/10/6，19版。〈自營比例商家用品居多新光三越百貨品牌亮相〉，《民生報》，1991/10/26，19版。

218 〈珍珠、化妝品各有通路御木本珍寶集團在臺雙管齊下〉，《民生報》，1991/10/9，19版。〈TIFFANY將增賣點十月底在三越設立〉，《民生報》，1991/10/8，19版。〈嘗試走普及路線名牌珠寶將進駐百貨專櫃〉，《民生報》，1991/4/23，19版。

219 例如新光三越百貨展出，焦太士畫展、歐洲版畫展、干彭園林水墨畫、户塚刺繡展、歐豪年國畫展、中國壽山石展、桂一正陶藝展、楊英風九二年個展，及舉辦大陸根藝奇木展、姚旭燈畫作展、馬場忠寬工展等。同時，新光三越百貨藝廊自1991年成立一年來，曾賣出雕刻家楊英風的雕刻作品，單價206萬元、雕刻家朱銘的雕刻作品，單價168萬元、畫家吳冠中的一張八號畫作，單價160多萬元，其他單價100餘萬元和數十萬元的藝術品，成交的也不在少數。以二週為一檔的展售期，一般約可銷售300萬元左右，最多曾達1100多萬元。新光三越會要求每項展覽作品，必須附上作者的親筆簽名保證書，許多在其藝廊購買藝術品的消費者，都未曾在坊間藝廊買過藝術品，而且會持續在甚藝廊購買藝術品。〈藝廊就在百貨公司

了 1,322.32 平方公尺的露天廣場，露天廣場，將提供給表演團體演出，或讓社區民眾舉辦康樂活動、園遊會、播放影片等，開幕當天請來明華園歌仔戲團，在頂樓演出，並於 11 月 4、5 日二天，共演出三天。[220]同時，為了與 SOGO 百貨的大眾化路線作區隔，新光三越不設置特賣樓層。

1990 年代，中日合資的百貨公司永琦東急敦化館、太平洋崇光和新光三越這三家中日合資的百貨公司，以及 1991 年祝融之災後於 12 月 5 日重新開幕的遠東百貨寶慶店內，均設有百坪以上的文化展覽空間，提供市民從事文化休閒活動。[221]高級藝術的文化資本除了轉給百貨公司外，也能轉給一般因逛百貨公司而去參觀的人，百貨公司的文化會館與藝廊展出對當時的臺北市而言，是重要的文化媒介所在。而新光三越、SOGO 百貨與遠東百貨更有設立藝廊，[222]使得原本對一般人而言難以接近的高級文化場所，可以藉由逛百貨公司的方式得其門而入；另一方面，對具高級文化資本但不必然能獲得經濟資本的藝術品而言，百貨公司也是一個能夠轉換為經濟資本的地方。

1980 年代末，百貨公司已朝向大型百貨的方向前進，在 1994 年時，新光三越與 SOGO 百貨，[223]已佔有臺北市百貨公司 50% 以上的市場，剩下的由十五家各規模百貨公司來分，[224]可以說百貨公司已是日系百貨公司取向。日系百貨公司強調感性，[225]此時的開放式架櫃已不只是用來陳列，其本身的曲線就是展演的一環，加上天花板的造型設計、光線的亮度、色彩，都具有引導動線的作用。例如寢具區的燈光偏好鵝黃、柔和，以製造出臥室的溫馨感，而折射光線能營造出璀燦光漾的水晶玻璃器皿，則適合使用白色的日光燈。同時，綠色盆栽或造景等也

裡！〉，《經濟日報》，1992/1/13，11 版。〈百貨公司散發藝術氣息成立藝廊銷售高單價藝術品且成交案例不少〉，《經濟日報》，1992/11/18，14 版。〈百貨公司增闢藝文場所好處多〉，《經濟日報》，1992/3/17，11 版。

220 〈新光三越將開幕頂樓闢露天廣場請來明華園打頭陣〉，《聯合報》，1991/9/4，15 版。

221 〈大型風吹起形象專業化百貨業經營理念變則通〉，《民生報》，1991/12/3，19 版。

222 SOGO 百貨在文化會館中設的固定畫廊「美術小館」，曾在 1995 年 7 月畫家李石樵病逝後，展出李石樵的石版畫作展，賣出其畫作 100 多萬元，抽成數使畫廊成為該百貨公司的「百萬專櫃」。〈百貨公司愈來愈有氣質闢財源紛設畫廊、美術小館〉，《聯合報》，1995/8/18，16 版。

223 這裡的新光三越，還要包括 1993 年底在臺北火車站對面開幕的「站前店」。〈站前百貨戰沸騰新光昨起開幕折扣大亞今起家電特賣〉，《聯合報》，1993/12/24，16 版。

224 報導中的百貨公司包括了臺北縣的百貨公司，並不完全符合本文中定義下的百貨公司。〈兩大公司主導形成寡頭市場百貨客層保衛戰更火爆〉，《民生報》，1994/1/13，17。

225 觀於日本式的感性，可參考：佐々木健一，《日本的感性》（東京：中央公論新社，2010）。

被用在百貨公司中，以調節空間區隔。[226]可以說符號以各種形態出現，在百貨公司中創造出一種讓感性的想像與欲望的循環，在這裡充分遊戲的空間氛圍。[227]

同時，空間不再是作為「容納」商品的地方，而是展演的舞臺、消費的對象，甚至，是一種品味的象徵。換言之，到了 1980 年代末，臺灣的百貨公司才逐漸詮釋出近代西方百貨公司的形式，也就是將文化資本作為百貨公司的基礎，將剩餘／奢侈的概念展現出來：空間上，寬敞、挑高、不能產生坪效的浪費，反而能營造「物」的高級意義；時間上，有效的定價標售、一次性大量的陳列展演，與相反的店員待機給予消費者瀏覽、觸碰、賞玩、試穿的時間，反而能獲得消費者的忠誠度。當然，在燈光、裝潢的材質、色彩、背景音樂的選擇，都是浪費，而這些浪費都會轉嫁在商品與百貨公司的意義上，於是，同樣的商品在華美的百貨公司裡，與在地攤或五金行裡銷售，它的信賴度與意義便有所不同。這也是 1988 年雖然關稅開始下降，然而整個成本結構並沒多大改變，委託行卻開始沒落的原因之一。[228]

小結

1970 年代末，當傳統型百貨公司因商品重疊率高而陷在折扣戰火之中時，以永琦百貨為首的新型百貨公司，以與日本的百貨公司技術合作的經營策略，開出了一條以品味導向，形塑高級文化格調的路線。

當時臺灣並沒有足以支撐高級百貨公司的中產階層，只有傳統享樂取向的大眾或頂尖階級，後者的消費場所不屬於百貨公司。因此，1970 年代末新成立的永琦、來來、芝麻等新型百貨，定位於高格調的路線，也就必須要培養出能進行想像力的符號遊戲的消費客群。這些百貨公司於是致力於積累自身的文化與象徵資本，形塑自身對流行品味的發言權。不過，在新型百貨公司裡仍可以看到傳統享

-----

226 照片，〈逛百貨大賣場像走迷宮〉，《民生報》，1995/4/20，32 版。照片，〈百貨公司家用品高貴不貴〉，《民生報》，1995/4/20，32 版。〈誘發購買欲，賣場藏巧心〉，《民生報》，1995/11/15，27 版。照片，圖說：「強調趣味及豐富感的文教雜貨，佐以適當的光源，恰恰提供消費者『尋求』的氣氛」、「小家電以廚房用品以日光燈凸顯效率感」，〈可貨擄獲顧客的眼光營造氣氛、特色賣場燈光影響大〉，《民生報》，1994/10/9，32 版。

227 關於空間氛圍，可以參看〈前言〉中所談到的建築與共感覺的部分。

228 〈化妝品市場水貨兌來兮〉，《經濟日報》，1989/1/19，8 版。〈企業新年新希望系列（七）名牌商品百家爭鳴〉，《經濟日報》，1989/2/2，8 版。

樂主義的痕跡，例如 1978 年成立的芝麻百貨內部仍設有金像獎電影院，1984 年的統領百貨內設有忠孝電影院。然而，到了 1990 年代，百貨公司以「大」為號召時，電影院等異業結合被認為不划算，尤其是東區消費族群年齡層走高，與統領百貨最初設定的年輕人不同，但看電影的人是年輕人，使得電影院人潮與百貨公司消費之間的連動關係很低，讓統領百貨很後悔，認為當初應該將自行投資的二層樓電影院拿去作賣場。[229] 不過，電影院被視為是不划算的，但更沒有利潤的文化班、文化會館，卻被視為是有價值的，這也顯示出 1960 年代到 1980 年代的百貨公司，從以功能與現實取向的傳統享樂主義，朝向以想像力的現代享樂主義變化的傾向，文化資本與經濟資本之間的轉換在此時是成立的。

在背後支撐文化品味路線發展的社會條件，一是隨著臺灣經濟發展而興起的中產階級，1970 年代末，上層階級流出的白領受薪階級是新型百貨公司的主要標的客群。這群人到了 1980 年代，隨著專業技術者等薪水階級的擴張，形成了中產階級，但真正穩固成為中堅層則要到 1990 年代。在 1980 至 1990 年代，能夠逛百貨公司進行符號想像的人雖然逐步增加，但真正能將想像化作消費行動的，應仍侷限於中產階級乃至上位中產階級，而這也是新型百貨公司真正的標的客群。

這就連結到第二點，也就是個人主體性的自由中產階級並不單是以財富來計算，還包括了意識。臺灣在民主化之前，言論與創作自由受到限制的狀況下，意符與意指之間的關係能進入第二、三層次體系的空間並不大，個人能參照的社會象徵來源 A 並不豐厚。例如在 1970 年代時，能在百貨公司購物者，也是講求效率與合理性，希望商品多、不討價還價。[230] 因此，中產階級意識的形成需要時間，參考象徵來源 A 的貯槽也需要有一定開放的程度，第二層次體系的意符（形式）才能與意指（概念）產生指示關係，這也是為什麼像司迪麥口香糖廣告、中興百貨公司廣告等意識流的意義連結，基本上都是在解嚴後才蓬勃發展起來。民主化運動帶來的自由，使得意義貯槽內部的積累、符號意義的轉嫁、乃至廣告運用空間得以愈形擴大。

1987 年的太平洋崇光 SOGO 百貨是解嚴後臺北第一間開幕的百貨公司，也是臺灣自 1945 年 8 月 15 日後，第一間在臺灣登場的日臺合資的百貨公司。在此之前，日本的百貨公司在此之前是以技術合作的方式，與永琦（東急）、芝麻（松屋）、統領（京王）、今日（西武）等百貨合作，而入股的 SOGO 則是將日本轉譯

-----

229 〈百貨結合戲院、證券行昔日風光不再業者大呼不划算〉，《民生報》，1991/10/26，26 版。
230 〈聽太太小姐話說百貨公司〉，《經濟日報》，1970/3/12，08 版。

近代百貨公司的概念，以實踐的方式帶入臺灣，在最初的臺北市忠孝館成立之初，負責籌劃 SOGO 百貨公司的章啟正與其妻張蘇明於籌備期間，在與日本人商討、看動線的過程中，會討論到每個世代的人都有不同的流行，「就是不斷帶新的東西進來，」[231]也就是要一直讓消費者在每次進入百貨公司時，都有新的感覺。事實上，日本產業界在 1990 年代的生產模式，即是注意細微處的設計與差異化。由於日本當時重視快速地生產新製品，幾乎每一季都有新商品問市，在商品的功能並無太大不同的狀況下，對於商品在符號性上追求差異化，以刺激消費者汰舊換新的方式，變得即為重要，不僅是商品被賦予的符碼意義，連著商品的廣告、商品名都成為被消費的對象。[232] 1991 年，新光百貨與日本的三越百貨以同樣合資的方式在臺開幕，1918 年以來呼聲不斷的「三越將來臺」的流言，在 70 多年後終於成真。不過臺灣與日本的百貨公司間的合作，以及對日本服飾等的喜好，也引發了一些反日輿論的不滿。[233]

隨現代百貨公司興起，最重要的是因應近代化追求合理性與效率的核心概念，將商品分門別類、進行交易管理，因此，如何分類是百貨公司的基礎。然而，隨著符號貯槽內意義的積累，以及文化品味的建構，百貨公司所啟蒙、培養的中產階級式的消費空間，逐漸在 1980 年代末至 90 年代初開展出來。而國際名牌開始進駐臺灣的百貨公司的時間，與百貨公司分類體系變化的時間大約相同，都在 1980 年代末至 90 年代初。或許可以說，從 1977 年永琦百貨開始，加上之後的芝麻、來來百貨，走著高文化品味的路線，1986 年的中型百貨先施走的是高價位精

-----

231 李衣雲訪談，「太平洋建設章克勤先生訪談」（2015/12/28），地點：忠孝東路四段太平洋建設辦公室。

232 John Clammer，《都市と消費の社会学》（東京：ミネルヴァ書房，2001）。石井淳蔵，《ブランド：価値の創造》（東京：岩波新書，2000）。

233 例如 1983、1984 年的臺灣，盛行日式流行服飾，當時的《民生報》便批評「從百貨公司、大小服裝店，一直到小菜市場旁邊的衣架推車上，無不掛滿了款式『最』新、顏色『最』流行的當季時裝，難怪大家說，臺北是座『流行服裝城』。太過流行的服裝就好像太多的人擠進狹窄的胡同，難以翻身。特別是日式服裝很難與其他風格的衣服搭配，一過時便覺得惹眼，實在不能算是最理想的投資衣著。除了日式服飾之外，美式服裝的簡潔大方、意式服裝的瀟灑輕鬆、法式服裝的優雅或創新，都是值得借鏡之處。」

〈穿出個性最流行〉，《民生報》，1984/1/23，5 版。〈日商在臺坐大　業者難辭其咎〉，《經濟日報》，1995/05/07，11 版。〈正視日本文化侵襲問題〉，《聯合報》，1986/02/14，3 版。〈日商掌控我產與銷的通路日商產銷通吃之 9 業者切勿使我淪為日貨次級消費者〉，《經濟日報》，1991/01/04，9 版。〈百貨公司盡是東洋天下！〉，《聯合報》，1991/11/8，16 版。

關於 1972 年臺日斷交後，反日抗日等運動中，國民黨政府對「日本」意象的運作，可參看：李衣雲，《臺湾における「日本」イメージの変化、1945-2003「哈日現象」の展開について》。

品路線等，十年來積累出了一些與文化品味相關的象徵符號，如永琦百貨公司在宣傳上會不斷強調名牌，甚至編印名牌手冊來教育消費者。同時，在民主化的過程中，更多的媒介帶來了更多元的想像來源，浮游的意符與意指分離，「百貨公司」本身可以成為一個品牌，同時，與日本的百貨公司一樣，品牌單獨成為消費對象，也被臺灣的消費者接受。[234]分類不再是依照實用的功能，而是依照獨自被賦與意義的符號／品牌。

1980年代以來，臺灣的百貨公司裡的空間也發生改變，1977年永琦百貨成立時，在百貨公司裡設座位等留置多餘的空間，到欣欣大眾公司加寬走道，再到SOGO百貨與晚半個多月成立的明曜百貨在大門前設立小廣場，可作音樂表演等，空間本身也被包含在了消費文化中，氛圍形塑與空間是一個互動的力場，空間成為了消費的一環。1990至2000年後SOGO百貨、新光三越百貨等的改裝，也都一直往整體視野開闊、走道加寬，製造餘白空間的方向走。[235]空間不僅是用作製造文化與象徵資本的文化班——至少它有作功，更是以餘白的方式被奢侈地從賣場中切割出來，作為開架式的走道切入專櫃區，或成為文化會館、藝廊，連結到高級文化以換取文化資本與象徵資本，或是連結到符號展演與分類體系的變化，讓人／消費者接近並撫摸商品。這種觸覺的回歸，與現代享樂主義強調感受的身體感是有關的。想像力的「白日夢」不只在腦中，也在身體的實作感覺上。

永琦百貨公司在1977年成立時，提出提供給消費者一個充滿綠意、音樂的舒適環境，作為自己獨特的風格，與其他百貨公司差異化，形塑自身品牌的作法。[236]在此之前，被稱為「背襯音樂」的背景音樂，是用來調劑員工工作情緒，

-----

234 〈誰來傳播流行訊息？百貨業及服裝業應如何教育消費者？〉，《民生報》，1982/11/9，5版。舶來品不再稀奇雨港委託行逐漸沒落〉，《經濟日報》，1988/1/18，19版。

235 例如SOGO百貨臺北復興館（2006年開幕）在籌備時，吳素吟女士便考慮要打造一個能滿足來賣場的消費者消磨時間的空間，而不能完全是一個為購物而做的空間：「忠孝館本身已經有這麼強大的一個購物品項在，那復興應該要再補充它的不足——就是空間，因為忠孝感覺比較擁擠，那復興應該要釋出空間感給過去很支持太平洋SOGO的消費者...因為二十幾年不滿了，就是買東西，那買東西買到一天也會膩啊，再來，年紀隨著也會隨著越來愈大，一定要的就是消磨時間，所以復興館才會做一個日式花園（十至十一樓），6點就關燈啊，就是讓它白天晚上有一個感覺。」這個空間一開始被當時的老闆，也就是遠東的徐旭東質疑是否是浪費空間，但吳素吟堅持，於是還是作了這個對賣場而言是浪費的空間，但復興館的業績非常好，「五年做到破百億」。這顯示出空間本身已成為消費的對象。

李衣雲訪談，「SOGO百貨營業本部副總經理兼忠孝店店長吳素吟女士，販賣促進部副理曹春輝女士訪談」（2013/6/21），地點：臺北SOGO忠孝店辦公室。

236 李孟熹，〈百貨公司的行銷策略〉，《經濟日報》，1978/08/28，06版。（廣告）《民生報》，1978/11/25，5版。

提高效率，增加生產力的音樂，「因此有時候在百貨公司播出的背襯音樂，聲音過大，而且其曲調並不是輕鬆的音樂，乃是一些談情說愛的流行歌曲，這麼一來就令人覺得太走樣，太不高明了。這樣做，不但不能提高效率，反而疲勞轟炸，妨礙工作；售貨員緊跟著哼，有時候不把顧客放在眼裡。」[237]在1970年時，並沒有放音樂給顧客聽的概念，音樂是給員工聽的，放音樂反而是不尊重顧客，妨害顧客購物的效率。也因此，永琦及芝麻百貨為消費者播放輕音樂，可以說是在視覺瀏覽之外，將聽覺再拉入了消費的空間裡，1987年成立的SOGO百貨，同樣也在店內播放輕音樂，[238]到了1990年代，百貨公司內放音樂已經是常態，平時播放輕音樂或古典音樂，節慶日則播放節奏感強、快板的曲風引導消費者下手選購，[239]聽覺消費不僅已成為百貨公司裡自然存在的背景，甚至成為誘發欲望的手法。加上1980年代逐步開放的展示法帶回了觸覺，可以說，近代化以視覺的效率性，一次性展示大量奇觀的美學，在1970年代末已逐漸藉由留白的時間與空間，將觸-聽覺又拉回了消費的文化中，並且仍保有其高級品味感。

事實上，到了2000年代後，代表嗅覺的香氛也進入了百貨公司，2022年時點的SOGO百貨九樓、新光三越信義區A8的六樓，販售的香氛包括香精、香氛蠟燭、香油、枕頭香水等各種香味。想像力的感受從白日夢再度回到身體，可以說是五感以現代享樂主義的方式重新聯結共感覺的快樂。

-----

237 〈「背襯」音樂〉，《經濟日報》，1970/09/28，10版。

238 李衣雲訪談，「SOGO百貨營業本部副總經理兼忠孝店店長吳素吟女士・販賣促進部副理曹春輝女士訪談」（2013/6/21），地點：臺北SOGO忠孝店辦公室。

239 〈誘發購買欲賣場藏巧妙聲光流轉、親切問候處處打動你的心〉，《民生報》，1995/11/25，27版。

結論

TAIWAN'S
DEPARTMENT
STORES

西方近代化以來，在 19 世紀中葉，隨著工業化生產出大量需要消化的商品，以及在舊身分制度瓦解後興起的布爾喬亞階級，於焉誕生了以合理性、效率與資本主義邏輯運轉的近代百貨公司，在經濟手法上採取大量進貨、薄利多銷、現金交易，而在商業手法上則是採取將商品分門別類、一次性多樣化陳列展示、定價標售的手法，並一改之前入店即須購物的義務感，讓顧客可以自由出入、觀看商品。同時，百貨公司也注意到了物的需求有盡，而符號性的「物」的意義消費，卻可以無盡增殖下去的特質，因此，近代西方百貨公司挪用了正統貴族文化的象徵資本，建立華貴的大型建築，將自身打造成傳遞貴族文化給布爾喬亞階級的媒介，在百貨公司內部塑造各種奢華的浪費：讀書室、畫廊、挑高天井等空間的剩餘；過多商品選擇的奢侈；稀有舶來品的新鮮刺激等，藉以形塑自身的文化資本與引領時尚的地位。此時，百貨公司的形式又多增加了一項，也就是將所有的商品展示、文化空間全都納入同一大型建築中，並展現出一體性的脈絡。這即是 19 世紀中葉至 20 世紀初，在歐美內部誕生出來的近代百貨公司的形式。

外生因型文化轉譯的東亞百貨公司

這種形式經過近代化的擴張傳到東亞。日本自明治維新以來由上而下地推動近代化，百貨公司的發生也與這種近代化的方式有關，原本封建時期以高級身分者為對象的吳服店，透過國家引進的博覽會、陳列展覽會等，吸收了近代陳列展示的觀看方式，再派員赴歐美百貨公司參訪，在 19 世紀的最後 10 年，逐步吸收百貨公司的形式，過程類似於歐洲 19 世紀中葉從新奇商店轉身大型百貨公司的過程，只是日本吳服店已有歐美的典範可供參考，因此在短時間內，即從吳服店吸收西方百貨公司的形式，轉型成為百貨公司。

不過，正如前言中所說的，內生因與外生因的發展是不同的，文化轉譯的過程必然會與原生文化的古層產生低音的迴盪。日本的百貨公司最初建立西洋花園、日式庭園時，是以外加的方式建在一體化建築的頂層，盡可能維持西方百貨公司形式上的整體性，之後建設近代西方百貨公司從未有的遊樂場時，也是在內部一體空間之外的屋頂上，顯示出吳服店在轉譯的過程中，是以原樣挪用形式為主，這也符應由上而下的近代化模式，是給予一個典範，向之學習，而這也使得日本的百貨公司與政府之間的關係，較歐美來得更加緊密。即使如此，吳服店的轉譯仍然保留了原有的賞玩文化，店員們會給予顧客更多獨自欣賞商品的時間。同時，日本的百貨公司也不僅是西洋化，亦是和洋折衷文化啟蒙的樣品屋，在引

進西方文明的同時，日本的百貨公司特別重視文化資本，相對於歐美將傳統貴族文化作為參照軸，日本的百貨公司則主要透過日本的文學、藝術作為文化資本的來源，日本文藝中關於氛圍、此時此刻的餘白文化，也流入了百貨公司的櫥窗、展演中。在日本百貨新興的 20 世紀初，百貨公司刊物與著名文學家合作，建立自身的文化位階。即使 1930 年代大眾型的終點站百貨公司興起，但當其聲稱自己為百貨公司時，也不得不從日用品轉而開始販售奢侈品、舉辦藝術品展覽，建立文化資本。這是日本的百貨公司轉譯出的內容，這也在之後傳到臺灣時，成為羅蘭・巴特所說的第二層次的形式。

香港與中國廣州、上海的百貨公司則是另一種轉譯的內容。一方面，是上海的英國商人由新奇商店開始發展至一體型建築的大型百貨公司，這部分與西方近代百貨公司的發展相當類似。另一方面由澳洲的廣東華僑雜貨店商，在澳洲觀察當地的百貨公司、甚至實際與其進行交易，獲得關於西方百貨公司的知識後，至香港從新奇商店出發，拓展到百貨公司，並往廣州發展，當他們拓展到上海時，已是直接建立起華麗大型的百貨公司。華僑資本的百貨公司轉譯的內容，不只是向上發展，在屋頂建立遊樂園、電影院、戲園，更在百貨公司的內部不斷擴張出建築空間，設置遊藝場、溜冰場、舞廳等遊樂設施，以及餐廳、旅館、澡堂、理髮廳、銀行、書畫展覽室等都市服務，使百貨公司成為一個濃縮版的上海市南京路遊藝空間。相較於日本的百貨公司對文化及文學的重視，上海四大百貨公司則更借重戲劇與明星的光環。同樣屬於外生因型的百貨公司，廣東幫轉譯的近代百貨公司的內容，是不斷地因應地方商機創製新的部門，例如香港是各國貿易的中心，旅客眾多，於是與購物同時連結的便是旅館和觀光的商機。而在上海所展現出來的轉譯結果，即是在一體型的百貨公司內部，以複合空間的方式將各種遊樂設施、都市機能容納進來，如果從「作功」的角度來看，即是顧客在百貨公司內部所花的力都能夠達成各種功，建築內部是一個有效用的空間──當然，這並未否定上海式百貨公司內部所具有的符號展示與消費行為。複合式的建築空間與有利於作功的內部樓層配置，以及對明星與戲曲的重視，即是上海式百貨公司轉譯後的第二層次的形式。

臺灣在日治時期經歷的，也是一種由上而下的外生因型的近代化，日本殖民政府在臺灣舉辦博覽會、注重商業美術等，帶入了近代的觀看方式與吳服店賞玩、餘白的美學，1920 年代櫥窗布置已在臺北、臺中、新竹、臺南等市街進行比賽。1932 年開幕的菊元百貨與林百貨都是從新奇商店出發轉型為百貨公司，二者也都相當重視文化資本，可以看出此時的百貨公司吸取的是經過日本的轉譯的二

次形式。然而，在內容上，則依臺灣人的喜好、習慣、風土而有少部分的在地化。例如，臺灣人消費時會花較日本人更長的時間挑選，服務應對方式便有所調整。又或是臺灣的氣候炎熱，衣料上就要選擇更透氣的布質。又或是設置臺灣土產部門等。

戰時體制下的百貨公司

然而，還沒有等到臺灣人投資建立自身的一體型大百貨公司，也還沒有等到臺灣的百貨公司轉譯出自身的二次形式，在臺灣第一間百貨公司誕生五年後的1937 年，即爆發了中日戰爭。1937 年至 1940 年間雖然因戰時體制推行了各種節約、實用統制法規，使得臺灣在 1920 年代萌芽、30 年代才含苞待放的消費文化從中斷折，但公定價格使得顧客願意上百貨公司購物以求保障、節約使得百貨公司省下了廣告與展示的費用等等，反而製造了 1930 年代末期的戰爭景氣潮，高雄的吉井百貨即是在這樣的情況下誕生。然而，1941 年七七禁令截斷了百貨公司最重要的商品——奢侈品——的販賣，國民服令的頒布更宣示了全體主義向個人身體表現的全面擴張，百貨公司不僅只是購物處，甚至成為了配給的管道。

1945 年 8 月 15 日，日本宣告無條件投降，中華民國國民政府接受「聯合國最高統帥第一號命令」，代表盟軍接收臺灣，日治時期三大百貨公司也在其內。然而，原本接收後的日產應再交由承繼國家建設臺灣，但臺灣的日產接收卻在尚未簽定和約的狀態下即由國民政府接受，並部分移交給國民黨，其中三大百貨在幾經轉手後，都成為國民黨或中華民國政府的財產，並被交由軍方、警方、或出租／售給銀行、商行等使用。

國共內戰日趨激烈，1949 年底，蔣介石政府敗亡來臺，開啟了歷史上至今最長的戒嚴體制，1951 年行政院長陳誠公布「臺 40（財經）檢第 002 號訓令」（奢侈品禁令），1952 年蔣介石提出經濟、社會、文化、政治四項改造運動，並於1953 年發表《民生主義育樂二篇補述》，明白指出反商業化與非實用性，強調一切要以建立戰鬥精神為主，與日治末期的「奢侈生活抑制方策要綱」、全面禁止浪費的管制、全體主義精神極為類似，可以說在二次大戰後，當日本開始迎向符號消費與「神武景氣」的戰後經濟發展高潮時，曾同為戰爭一方的臺灣卻沒有迎來「終戰」，而是從一個戰時體制，連接進入了另一個戰時體制，直到 1991 年《動員戡亂時期臨時條款》廢止，才算完全終止了臺灣的戰爭體制。

在 1948 年國共內戰局勢對國民黨不利，上海的紡織業等也逐漸移轉到臺灣，

國民黨政府以保護政策將之打造為臺灣 1950 年代的基幹產業，也造就了 1950 年代以布料為主的百貨行的盛行。但 1950 年代的百貨公司，在前述的系列統制政策下，以日用品、布料等實用品為販賣商品，尚無法利用符號或餘白空間製造想像力的遊戲，甚至將軍公教福利中心當成競爭對手，並競相打折，形成百貨公司之間交替起落的現象。而同樣的現象，在 1970 年代末 1980 年代又再度發生了一次輪迴。

1950 年代的百貨公司，能存活至 1970 年代的僅南洋百貨公司，但其真正轉型為百貨公司，也只有 1970 至 1972 年初左右的這段時間而已。大型百貨公司真正在臺灣出現，是在 1960 年代中期，因政府政策轉向出口導向，同時，反攻復國的政策的破綻，使得國民黨政府必須改變對臺灣的定位，從視為跳板轉向視為基地，並加以建設，鬆綁了戰時經濟體制。換言之，這是臺灣在工業上重新近代化過程，有了日治時期的基礎，再次工業現代化是比較容易的。然而，思想上的再次現代化卻要面臨日治時期留下來的古層，事實上，這部分從 1945 年 10 月以後，就在某種程度上以省籍衝突或文化差異的方式展現出來了。

上海商人轉譯下的百貨公司：關於日本元素

1960 年代初，高雄的大新百貨即不斷地增建樓層，從百貨行（新奇商店）轉型為大型百貨公司。臺北市則要直到 1965 年第一公司成立，才出現大於大新百貨的百貨公司。第一公司不是從 1950 年代小型新奇商店轉身而來的百貨公司，而是如上海一般一出場即是以大型建築現身，其主要投資者為上商海人徐偉豐的徐家，主張要成立一個如上海四大百貨般不二價的大型百貨公司。但在人與人的面對面關係仍是主要交易手段的當時，不二價與禮貌服務的執行並不能到位。不過，第一公司所使用的專櫃抽成方式、請明星助陣的上海百貨的手法，都成為至少至 1980 年的臺灣百貨公司的典型。

徐家的第二間今日公司，可以說是臺灣歷史上最經典的上海式轉譯的百貨公司，不僅在建築屋頂建立兒童遊樂場，更在一體型的百貨公司內部設立百貨賣場與「今日世界育樂中心」遊樂園，其中包括了國劇（平劇／京劇）、越劇、布袋戲、話劇、雜耍、歌廳等廳院，餐廳，以及中國大陸風光廳。當然，這是開幕頭一個月時的配置，之後外省戲曲很快便顯示出與本省觀眾間的文化隔閡，而本省人的財貨是百貨公司不能忽視的重要來源，即使今日世界一開始標榜著復興中華文化，並把布袋戲標幟為地方戲，但越劇支撐不到月餘即下檔，國劇院也因客源

不足在 1973 年結束而改為電影院,至 1980 年代初,今日世界已只剩下三家電影院和二家餐廳。今日公司之後 1977 年在南京西路開設分店時只設了保齡球場,保齡球場廢止後改設電影院,沒有再嘗試戲院與遊樂設施,顯示出文化資本在若無法轉換成經濟資本,則在資本主義抬頭時,仍會被市場淘汰。

而另一間老牌的上海商人徐有庠的徐家百貨公司:遠東公司,在 1967 年永綏店成立時,也在內部的五樓設兒童遊樂園,開幕時邀請明星剪綵。換言之,上海商人在臺灣成立百貨公司時,接收了上海式轉譯的二次形式,以複合式空間在內部設置遊樂設施、電影院,並借用明星光環的轉嫁。不過,受限於當時政府的管制,沒有含賭博性質的成人遊藝設施,規模的限制也使之排除了舞廳、跑冰場、戲園等大型遊樂設施,以及銀行等都市功能。第一公司的母體雖然也有經營旅館,但卻是在完全不相關的地點,可以說,上海式的百貨公司二次形式,在臺灣只被保留複合式的空間概念與內部遊樂設施,以及對明星、戲劇的重視。這可以說是一種適應臺灣政治、社會文化的在地再轉譯。這種再轉譯被接下來開幕的百貨公司接收,不論是本省或外省人資本的新設百貨公司,都在內部以複合式空間設置施樂設施或電影院,並在 1980 年以前,大多數的百貨公司活動都會請明星到場,吸引人潮。1980 年後,隨著電視與錄影機的普及與電影熱潮的退散,明星到場的風潮也就隨著時代煙消雲散。

不過另一方面,1972 年遠東公司在寶慶路開店前,創辦人徐有庠派員前往日本的百貨公司參訪,並與日本的伊藤榮堂合作,不僅未如永綏店在店內開設兒童遊樂園或任何遊樂設師,反而將百貨公司定位於高格調,不僅重視櫥窗設計、在一進大門處設置廣圓型廣場等留白空間,更在四樓設了書店、五樓設立藝廊,走向日本百貨公司強調文化資本的取向。遠東公司的這個定位在 1970 年代末,因為地處西門町與中華路林立的百貨公司商圈中,往往牽連到百貨公司的折扣戰火,使得 1970 年代初所建立出來的文化資本、特意進口奢侈品建立的高格調,都在 1980 年代末的消費者眼中化為「最平民化的百貨公司」。[1]但這也顯示出即使是上海商人所建立的百貨公司,也並非只帶入上海式的轉譯,而仍然與臺灣原本日本的百貨公司概念有所呼應。

當然,遠東公司的徐有庠除了與日本的流通百貨業者伊藤榮堂合作,也曾赴美國百貨公司參考,因此其所剩餘出來的奢侈空間、藝廊等,也可以說是原本西方近代百貨公司的形式,但遠東公司出版的刊物,沒有太多的文學作品,卻又超

1　〈消費者心中的百貨公司印象評估〉,《中央日報》,1988/04/02,15 版。

出了西方百貨公司的目錄型態，偏向產業、知識文章與商品廣告，較似上海式百貨公司的轉譯，可以說遠東公司寶慶店是集合了西方與上海、日本形式轉譯後，在 1972 年的成果展示。

外生因與購買力不足的結果：折扣戰與遊樂化

1970 年代中期以後，傳統型百貨再度陷入折扣戰、廣設遊樂設施，並視零售業方式另一端點的地攤為競爭對手的困境。同一時期，另一條新型百貨公司的路線也顯現出來，這些現象都與當時的社會文化與經濟條件緊密相關。事實上，在戰前 1930 年代上海與日本的百貨公司，會出現均一價格商店，或在百貨公司內出現均一價格區或是遊樂設施，也是出於相似的條件。

歐美是在近代資本主義與工業化的基礎上，由內部需求發展出了百貨公司。然而，東亞是由外部帶進了西方文明的奇觀與結晶的象徵：百貨公司。從日本戰前的外國使節赴日訪問時，會被引領去造訪三越百貨，或是從臺灣 1960 至 80 年代的新聞，也可以看到外國的官員或使節來訪、或是「反共義士」抵臺時，會被帶往參觀當時最高檔的第一、遠東公司；[2] 日本節目在介紹臺灣的現代化時，也會以大新百貨為例，[3] 這些都顯現出百貨公司不僅是商業販售處，也是展示國家現代化的地方。這個脈絡可以追溯至百貨公司師法萬國博覽會的手法，以一次性奇觀式地展示大量的物，有效率地「去除原初脈絡—定位—再賦與意義」的近代化展示國威的觀看方式。

然而，百貨公司畢竟是累積資本的場所，因此，當百貨公司僅有一、二間時，當地的上層階級購買力或許尚足以支撐百貨公司，作為具附加價值的消費天堂。然而，當百貨公司林立之時，就必須要考慮是內生因或外生因型。如歐美的百貨公司是在內生因的狀態下，有大量的商品與嚮往正統高級文化的布爾喬亞階級、上中階級同時存在，而在 19 世紀末至 20 世紀初，誕生了運用華麗貴族文化與符號消費的百貨公司，但在這些階級內的符號消費無限擴張，仍然會趕不上資本主

2　〈撫慰醫院病童 瀏覽商店百貨 班達訪華最後一日行程愉快 晚觀彩色巨片萬古流芳〉，《中央日報》，1967/8/11，3 版。〈約旦貿易團 參觀遠東公司〉，《中央日報》，1974/2/17，3 版。〈哥倫比亞小姐 昨拜會張市長 並參觀遠東公司〉，《中央日報》，1974/8/14，3 版。〈東加國王伉儷在臺北 度過輕鬆愉快的一天 到遠東公司購物受市民熱烈歡迎〉，《中央日報》，1977/9/22，3 版。記者高鍵助，「反共義士高東萍參觀遠東百貨」，「聯合知識庫—新聞圖庫」，圖片號碼：5369382。1984/8/17。

3　《南の隣国（1）再放送「20 年目の臺湾」》，1965/5/22，日本 NHK 上午 11:00~11:29 播出。

義擴張的速度，於是歐美的百貨在經過 1880 年代至 1910 年代末這段輝煌時代後，資本主義仍需繼續向其他的階級開拓，也就是大眾化，之後百貨公司更向郊區發展建立商場式分店，這些商場便是複合式空間，包含了百貨賣場、娛樂設施、電影院、餐飲等，對象客群則是一般大眾。

　　從上而下近代化的日本與臺灣日治時期，也是類似的發展進程。日本在 1900 年代時還沒有大型一體化建築，但在形式上已逐步走向百貨公司，可以說類似篷瑪榭等西方近代百貨公司在 1852 年至 1870 年代間的樣態，也就是日本也是在從中型甚至許多連棟建築物的百貨公司，到 1910 年代開始出現一體型洋風華麗建築的百貨公司，但東京真正大型百貨建築的群集出現，是在 1923 年關東大地震後，各百貨公司在廢墟中重現的身影，便是華貴氣派的大型建築。而日本吳服店轉身的百貨公司，原本即有上層階級的客源，雖因明治維新廢除武家制度，但原本身分制度的象徵資本並不會就此消失，而且舊身分制度下的上層階級，在新制度下也能轉換為文化資本與經濟資本，換言之，在從上而下近代化的過程中，由吳服店轉身的日本百貨公司，在初期仍是有一定的文化資本，並在這文化資本之上進行文化資本的再生產。而原有的客源雖然被打散，但上層階級仍然存在，並隨著近代化出現日本所謂的新中間階級，包括了資本家、高級白領階級、以及管理與專業階級。

　　日本的百貨公司雖然向屋頂上拓展，但從 1907 年三越在屋頂上設置花園、神社，一直到 1925 年銀座松坂屋在屋頂花園中設置了動物園、1931 年松屋淺草店在屋頂上設了「運動地」（Sportland），內有小動物園與各種施樂設施為止，1907 至 1924 年這段時間，向上發展的空間也只有庭園、茶室、近代觀看方式的花園與展望臺。遊樂設施的興起是到 1930 年代才成為百貨公司外部拓展空間的主流，而 1930 年代也是日本大眾型終點站百貨公司興起的時期。換言之，遊樂設施與百貨公司的結合，是在百貨公司向下拓展新中間階層這個新客群後的產物。

　　殖民地的臺灣則因為在 1932 年才開設百貨公司，因此向屋頂拓展的空間只到花園、展望臺、神社，林百貨的遊樂設施是一臺電動馬與卡通觀看機。而五年後即遇到中日戰爭爆發，1938 年成立的吉井百貨是在戰時體制下成立。換言之，日治時期的菊元百貨與林百貨應該都還沒有來得及消化上層階級的客群，就進入了節約與實用的非消費態勢，也就沒有面臨大眾化的問題。

　　戰後臺灣在 1960 年代中期開始出現大型百貨公司。以臺北為例，1950 年代戰時體制下以「百貨公司」為名的商店，由於缺乏符號性展演與奢侈品，雖是以

布料為主,也有陳列販賣,但基本上只能稱之為是屬於新奇商店的百貨行。1965年在當時臺北市決策核心的市街中心成立的第一公司,是以新建大樓的方式成立,之後的遠東公司永綏店、萬國百貨、今日公司皆然。而這些百貨公司除了第一公司之外,均設有遊樂園。到了1970年代,新成立的百貨公司則盛行與保齡球館、電影院結合,進入1980年代後電玩開始興起,百貨公司又與電玩遊戲場結合,直到1990年代中期左右。另一方面,這些與遊樂場、電影院等遊樂設施結合的多為傳統型百貨公司,也多是頻繁進行折扣活動的百貨公司,尤其以中華路西門町商圈為主,在1976年以後陷入可謂常態化的折扣戰,百貨公司形式中的「定價出售」已蕩然無存,而「陳列販賣」也在折扣時期的花車堆放中化為烏有。這令人連想到了戰前上海的四大百貨公司,也是與遊樂設施結合,並常態化地進行折扣。[4]

　　換言之,1970年代的臺灣百貨公司與遊樂設施結合、常態化進行折扣,與其說是上海式的轉譯,不如說是面對購買力不足的大眾客群時,在經濟上的反應。事實上,美國百貨公司在1950年代後往郊區開分店,也以商場化的形態進行了大眾化的異業結合。換言之,當臺北市僅有一間第一百貨時,臺北市的上層(非頂級)階級足以支撐起該百貨公司的商業活動,因此第一公司不需要與異業結合。然而,數家百貨公司陸續成立,而且在1960年代末商業化被允許的情況下,衡陽路、成都路商圈中的百貨行致力攬客,攤販也在商圈中出沒,入店自由卻不能定價販賣的百貨公司,只是將面對面的販賣方式從大門延遲到店內,再加上標價高卻有售出不良品的紀錄下,也使得百貨公司難以獲得上層階級的信賴度。換言之,1960至1970年代的傳統型的百貨公司,著重的是實用、節約與換得財貨效率的特質,這當然與此時的國民黨政府鼓吹的國民節約生活有關,但也因此缺失了近代百貨公司形式中重要的文化資本與附加價值,使得原本即為數不多的上層階級,沒有成為其忠誠的客群。

　　也恰好是在1970年代,臺灣經濟開始起飛,1976年正是臺灣第二產業急速興起,勞工工資開始增長的時點。百貨公司面臨的是廣大的收入增加的勞工,以及少數正在增加的管理與專門技術級的白領。傳統型百貨公司透過與遊樂設施以及當時正值巔峰時期的電影業的結合,吸引了大量的客群來到百貨公司,這些傳統取向享樂主義的客群追求立即可得的刺激,獲得快樂,並可以透過重複增加量

4　例如1933年,永安有114天、先施有117天、新新公司有280天在全面大減價。相對的,英商惠羅公司則有87天進行全面大減價。菊池敏夫,《民国期上海の百貨店と都市文化》,頁124-131。

的刺激，獲得更大的快樂，電影院、遊樂設施即是最好的選擇。而百貨公司要讓這些來客可以順帶購物，原價當然不是這些客群能負擔得起的，折扣不僅能讓這些來客掏錢，也可吸引想要在購物上獲得刺激的顧客。然而，在當時，八折已是專櫃廠商的利潤底線，但九折、八折打下來，在西門町商圈內每家百貨公司的專櫃重疊率高、商品沒有特色的狀況下，只能削價競爭，造成顧客認為平時的價格是謊言，常態打折的價格才是真實。至此，臺灣傳統型百貨公司轉譯的百貨公司形式，再度出現 1950 年代末期「廉價購物場所」的形象，失去了文化資本與附加價值的意符，只留下了大型建築裡分類陳列販賣的物而已。

也是在第二產業急速發展的 1977 年，臺北市出現了重視文化資本的百貨公司，相對於 1970 年代以前以紡織業為母體所發展起來的傳統型百貨公司，1977年成立的永琦百貨是由從日治時期以來，便與日本人有深刻淵源的板橋林家，與日本終點站型的東急百貨公司進行技術合作、加上吳服店系百貨公司的白木屋出身者為總經理所成立的。永琦百貨在內部設置了文化館，強調文化資本與展示，1978 年成立的芝麻百貨，也與日本吳服系的松屋百貨簽約，由松屋協助規劃和訓練營業人員。同為 1978 年成立的來來百貨也是採取日式百貨公司的經營方式，而且在百貨公司內設立了藝廊，1985 年因十信案由張國安接手後，請了日本的 KAN 顧問公司進行全面規劃。這三家百貨公司吸收了日本式百貨公司轉譯後的二次形式，強調文化資本，重視氛圍的形塑，在 1980 年代建立起了新型百貨公司的形式。至於日本本身的百貨公司屋頂遊樂園，在 1970 年代初因消防法規的關係，也逐漸不再盛行。

白領階級的興起與新路線的百貨公司：邁向符號消費

來來百貨位於西門町，永琦與芝麻百貨公司立基在東擴的新臺北市核心金融區，它們都放棄全面性客群，前者將主力目標放在青少年少女，而後者則放在上層階級與新白領階級的女性。這三間百貨公司大多不參與折扣活動，芝麻百貨雖然在建築時於內部規劃了電影院，但 1979 年設計師徐莉玲逐漸掌握主導權後，也退出折扣戰火。相對於前述的傳統型百貨公司，同樣在 1970 年代末，而且臺灣僅有不足以形成新中產階層的白領階級，這三間百貨公司卻能不參與折扣戰、不借遊樂設施集客，在十數家百貨公司的競爭中脫穎而出，芝麻／興來／中興百貨公司甚至在 1980 至 90 年代成為時尚流行的教主，這與該店注意到了文化資本的重要性密不可分，亦即一方面維持高價格讓顧客信任定價，一方面建立自身百

貨公司的品牌性，也就是符號的意義。

　　誠然，如同皮耶・布爾迪厄所述，建立文化資本要借助於正統文化，但正統文化——西方藝術或中華文化——的意義貯槽在臺灣經歷戰時體制與鎖國政策後，都過於蒼白而缺乏指示對象，同時，百貨公司本身也沒有象徵權力和文化資本，能讓其在時尚界與藝文界建立符號的意義作用。因此，1980 年代百貨公司花費經濟資本廣設文化教室、發給結業證書、出版刊物、設藝廊、辦服裝秀與說明會等，從大寫的社會象徵體系 A 借用符號以增生意符、意指乃至意義作用，目的即是在利用經濟資本轉換給自身高度的文化資本與象徵資本。之後與京王百貨技術合作而成立的統領百貨、從環亞百貨轉型的鴻源百貨，都是使用類似的手法。

　　這即是啟蒙消費者與建構文化品味的手法，將時尚流行、博物館、藝術表演等文化訊息傳遞給消費者，為消費者的社會認識架構與符號貯槽中注入意義，讓百貨公司本身在購物處的角色上，增添上文化媒介的角色，建立自身百貨公司在消費者心中的文化發言權。到了 1980 年代中期以後，隨著資訊逐漸開放，百貨公司作為文化媒介的重要性逐漸淡化，但是作為時尚引領者的定位與高文化資本的意象卻會被保留下來——只要百貨公司能夠維持這種誤認。

　　1987 年日本吳服系的 SOGO 百貨與臺灣太平洋建設公司合資，在臺灣開設太平洋崇光百貨時，依然可以看到文化教室、文化館／藝術空間的存在，但同時，也加入了書店、咖啡店等文化消費空間。此時的太平洋 SOGO 百貨雖說是將日本的百貨公司原樣搬進了臺灣，但它的仍在內部設有電玩遊樂場，一直到 1990 年代中期才退去。而 1991 年新光百貨與日本三越百貨合資的新光三越南西店開幕時，販售名畫的藝廊與展覽廳、頂樓花園與舞臺的設置、國際名牌 Tiffany 在臺灣百貨公司首次設點等，可說是日本三越百貨在臺灣的再現。然而，新光三越站前店卻是不同的風貌，臺北車站作為終點站（terminal station），是一般大眾旅客來往之處，因此遊樂設施、日用商品仍然有其商機，而且遊樂場的專櫃抽成是諸專櫃中最高的，可以達到四成左右，[5] 新光三越與相鄰的大亞百貨為了競爭，大亞百貨在六樓、新光三越在十三樓設置了電玩遊樂場，不過，兩者雖然都在大樓內部，但卻也是在百貨賣場的外部：大亞百貨賣場是從地下一樓到五樓，新光三越站前店則是從地下一樓到十一樓。

　　臺灣的新中產階級在 1990 年代已經形成一個相對穩定的階層，能夠進行符號遊戲的客群也逐漸增加，1993 年每年平均家戶儲蓄傾向到達最高點的 30.7％

5　〈百貨公司與專櫃 恩怨扯不清〉，《聯合報》，1998/5/17，19 版。

後，開始下滑，而平均每戶實質可支配所得與實質消費支出成長曲線雖趨緩，但仍持續向上。[6] 傳統取向享樂主義的遊樂設施大概到 1990 年代中後期，逐漸從百貨公司退場，電影院則早在 1980 年代初就與百貨公司脫鉤。而以 18 至 35 歲女性為主的專門百貨公司「衣蝶百貨」，則在 1995 年 5 月於新光三越南西店隔鄰登場，並有男性門僮為女性消費者開車門、鞠躬、打招呼、拿手提袋等的服務，二至四樓各層有不同風格的餐廳與咖啡館，提供下午茶的生活風格，[7] 衣蝶女性專門百貨一開始叫好不叫座，過了一季後有了起色，到了 1997 年開出了高業績，[8] 1999 年 12 月再新建了衣蝶生活流行館新館。[9] 自衣蝶百貨起，連五星級的化妝室都成為各百貨公司的重點所在。[10] 這顯示出不僅臺灣的符號消費已擴及新中產階級或以下，甚至新中產階級中的女性，也足以支撐起專門的百貨公司。臺灣在 1990 年代才真正進入了大眾消費社會。

均屬於後發型資本主義的上海與日本，上海式的娛樂與複合式空間的百貨公司二次形式，是華僑不斷應對著在地商機，由下而上地現代化建立；相對的，日本式的百貨公司二次形式，則是在國家由上而下給予近代化典範的脈絡下，從吳服店雅致賞玩的高級店鋪中轉型而來，特別強調文化資本。同屬後發型資本主義的臺灣百貨公司，在戰前挪移了日本百貨公司的二次形式，卻因為戰爭而被迫中斷，1960 年代再現後，雜揉地承接了西方、上海、日本的百貨公司形式，並在各個時期留取或被迫留下適應的元素，形塑不同的臺灣百貨公司樣貌。

從臺灣的百貨公司發展過程史中，可以看見其承接日本與中國轉譯的西方形式，在演化的過程中，與臺灣的社會文化有多重的、複雜的交會低音不斷在迴響。不同時期的政治因素確實影響著臺灣購物／消費文化，因為無論是在個人或社會層次上，只要沒有浪費與剩餘的迴旋空間，就沒有百貨公司形式存在的可能性。即使政治的空隙讓個性透了進去，鑽出刺激與享樂的需求，也不代表能開拓

-----

6 行政院主計總處網站，〈我國家庭休閒、文化及教育平均消費支出〉，《105~109 年家庭收支調查報告》，2002。頁 62。https://stat.moc.gov.tw/ImportantPointer_LatestDownload.aspx?sqno=46（查看日期：2022/8/17）

7 原本是力霸百貨南西店。〈女性專賣店 男性守門員〉，《聯合報》，1995/5/19，15 版。〈百貨業打造商店魅力〉，《經濟日報》，1995/6/12，15 版。〈女性百貨公司 idee 衣蝶近日為妳開〉，《聯合報》，1995/5/17，46 版。

8 〈個性鮮明 小賣場也有大作為〉，《民生報》，1997/8/18，26 版。

9 〈探險與尋寶衣蝶新館新遊戲空間〉，《聯合報》，2000/1/2，20 版。〈衣蝶二館 月底開幕〉，《聯合報》，1999/12/8，19 版。

10 〈衣蝶策略：形象專門大店〉，《民生報》，1999/11/15，24 版。〈百貨貼心女性空間大而美 京華城 10 坪補妝間彩妝免費試用〉，《聯合報》，2003/7/23，E3 版。

出符號揮灑的空間。同時，臺灣百貨公司的發展過程，也顯現出臺灣雙重近代化的歷史。1930 年代百貨公司內服務態度與入店門檻的衝突，在戰爭爆發後中斷，沒有來得及發展出近代化互為主體性的服務精神，同樣的情況在戰時體制鬆綁後的 1960 年代中期大型百貨登場後，以禮貌小姐／先生、微笑運動等方式，再度上演未完成式。1950 年代末的奢侈品禁令實質上與形式上的解除，帶來百貨公司折扣戰後的此起彼落與衰退潮，同樣的情況在 1970 年代末至 80 年代經濟奇蹟下，所開拓出的百貨公司潮中再度上演，重疊的商品種類、同樣強調作功與購買處的百貨公司，再度陷入折扣戰與倒閉潮。直到民主化運動鬆動封閉的壓迫，讓文化沙漠自由灑入資訊，臺灣才真正走到現代化的消費社會的路途上，新中產階級興起，個人有了選擇的主體性，百貨公司也才能作為一種消費的天堂存在。

　　1990 年代，隨著解嚴後，曾經被壓抑的不可言說的日治時期的記憶與經驗，以及日本動漫、日劇、偶像等日本大眾文化由地下化一舉噴發，形成了所謂的「哈日現象」，日本也正值泡沫經濟的尾聲，經濟大國的形象仍有餘溫，「日本」對臺灣人而言在身體化經驗上與文化上的親近性，再加上日本（大眾）文化所形塑出「日本」作為一種品牌的高品味，[11]都使得日系百貨公司成為臺灣人所熟悉並喜愛的百貨公司形式。法國春天百貨曾在 1993 年來臺參與「明德春天」的創立，明德春天採法國百貨的風格，空間以開放式寬敞概念為主，全棟臨忠孝東路五段的二面牆與天井均採用大片玻璃，猶如一座大型的玻璃宮，[12]然而業績始終不佳，[13]2001 年甚至在地下二至三樓引進量販店「愛買」，[14]但仍無法挽救頹勢，2002 年由中興百貨接手，法國春天黯然退場。[15]法國百貨公司開闊寬敞的風格，

11　李衣雲，《臺湾における「日本」イメージの変化、1945-2003「哈日現象」の展開について》（東京：三元社，2017）。

12　「在空間設計方面，採中庭挑高貫穿來創造寬敞舒適的購物空間。並採用陳列在凱旋廣場的春之頌銅雕與主色為紅、白、藍的法國 Lady 標幟為精神象徵。」「不管是設計、氣氛、動線、顏色、燈光，甚至建材，都有別於現行百貨的『味道』。為了企畫一全館的法國風味，該百貨對於專櫃廠商的裝潢也要求設計凸顯歐洲的風格。透過陳列道具的強調，帶給消費者不一樣的賣場氣氛。」〈明德春天百貨 後天開幕〉，《民生報》，1995/1/18，47 版。〈明德春天百貨 法式景觀趣味〉，《民生報》，1995/1/22，27 版。〈 '法國的光圈' 亮不亮？明德春天百貨明天開幕 歐式風格受注目〉，《民生報》，1995/1/19，32 版。

13　〈中興百貨懂得養客戶 主打高檔商品 打出獎勵措施掌握消費族群 業績逆勢上揚〉，《經濟日報》，1998/5/1，27 版。

14　〈百貨業 地盤保衛戰 奇招競出〉，《民生報》，2001/8/26，A4 版。

15　當然也可能與選址地過於東邊有關，1995 年時忠孝東路五段尚屬未開發的信義區，但 1997 年在新光三越百貨信義店開幕，華納威秀進駐信義區新光三越信義店對面，臺北東區包括明德春天、統領、明曜、環亞百貨、遠東仁愛、先施等百貨公司的業績卻都不進反退。唯一

與臺灣人對百貨公司的概念有異，「過於開闊」容易指向「空曠」而非「留白」，對熟悉「過多選擇的奢侈」的臺灣消費者而言，明德春天可能因而顯得難以親近。[16]

1990 年代是臺灣百貨公司興盛的時期，2000 年代網路興起後，網購也隨之興盛，尤其是 2010 年代智慧型手機普及，更讓人可以隨時購物，展示與購物是否會分流，讓百貨公司只成為展場，臺灣的百貨公司又是否會面臨歐美的百貨公司在 1950 年代後的沒落，或是日本的百貨公司在 2000 年後一連串的合併、倒閉潮？[17]這是一個未來需要再持續考察的課題。

此外，本書以消費文化為主題，因此對於資本本義先進國與後進國之間的關係疏於討論。如同大塚久雄所說的，商業與生產並不必然同時發生，資本主義的商業化，以及東亞資本主義對於資本主義理念型的變型，對百貨公司會有什麼樣的作用？又或是在沒有資本主義的發展，但在上層富裕階級能撐起盛行的商業、異國商品大量流入，又會形成什麼樣的百貨公司？在生產體系變化後會產生什麼樣的轉化，這些都是本書的未能完成的課題，也希望未來能看到有相關的商業史、經營史或產業史的研究。

成長的只有善於經濟客群忠誠度的中興百貨，和巨型的 SOGO 百貨。顯示立地選址也不是必然的問題。〈明德春天換手 明起特賣一個月〉《聯合報》，2002/5/9，21 版。〈中興百貨信義店登場〉，《經濟日報》，2002/6/11，38 版。〈明德春天百貨 後天開幕〉，《民生報》，1995/1/18，47 版。〈新光三越信義店有魅力 開幕首日吸引 15 萬人次〉，《民生報》，1997/11/9，2 版。〈臺北信義商圈潛力看得見〉，《民生報》，1997/12/19，30 版。〈明德春天百貨明易名中興信義店〉《聯合報》，2002/6/9，18 版。

16 依 SOGO 忠孝店店長吳素吟的判斷，她認為因為二至三樓也都是玻璃牆，意謂著消費者在逛明德春天時，必須繞到店的裡側來，而裡面的專櫃有一些就會有一是背對外面，對消費者而言，動線其實不像明德春天當初設計時所說的那樣容易逛，建築設計太空曠。也沒有（筆者註：如中興百貨）認真經營消費者，因此來客很少，僅匕年就結束營業。李衣雲訪談，「SOGO 百貨營業本部副總經理兼忠孝店店長吳素吟女士‧販賣促進部副理曹春輝女士訪談」（2013/6/21），地點：臺北 SOGO 忠孝店辦公室。

17 例如 2007 年 8 月 23 日，日本最老牌、排名第 4 的三越百貨公司，與第 5 名的伊勢丹百貨公司宣布統合經營，事實上是伊勢丹以 2,954 億日圓買下三越，合併為三越伊勢丹百貨。2008 年，阪急與阪神百貨合併為「株式会社百急阪神百貨店」。2009 年，西武百貨與 SOGO 百貨合併，成立「株式会社そごう西武」，2010 年老牌的大丸百貨與松坂屋百貨合併。〈伊勢丹、三越：經營統合で合意、統合比率は 1 対 0.34〉，《Bloomberg》，2018/8/22。https://www.bloomberg.co.jp/news/articles/2007-08-23/JN84E01A74E901（查看日期：2022/10/19）。「沿革」，『SEIBU SOGO』。https://www.sogo-seibu.co.jp/info/history.html（查看日期：2022/10/19）。「沿革‧歷史」，『大丸松坂屋百貨店』。https://www.daimaru-matsuzakaya.com/company/chronology.html（查看日期：2022/10/19）

附表一：1965 至 1993 年臺北市大型百貨公司

百貨公司	創始時間	創始人	終止營業時間	面積大小	特色	
第一公司	1965/10/5	萬企集團（上海紡織業）·徐偉峰、徐之豐	1979/9/12 由擁有中信百貨公司等的徐小峰接手為新第一公司	營業 6,612 平方公尺	服務秀	
遠東公司永綏店（原：洋房牌門市部）	1967/10/28	（上海紡織業）·徐有庠 母體為遠東紡織公司	1972/4/9 併入寶慶店經營改為婦女兒童百貨 1973/4/30 結束，6/7 遠東將 2-6F 改為綜合觀光餐廳「如意樓吉祥樓」	規模小於第一百貨		
萬國百貨	1968/11/16	臺灣人 戴德發、陳麗生、張金標	推估 1972	三棟連棟大樓 佔地 10,909 平方公尺 （3,300 坪）		
今日公司	1967/12/8	萬企集團（上海紡織業）·徐偉峰、徐之豐	1987/10/7 今日百貨中華店、忠孝店（原銀河百貨）結束營業 1997/8/31 由誠品商場接手，全今日公司結束	佔地 2,314 平方公尺 營業面積 15,207 平方公尺	單人服裝表演	

今日世界育樂中心 1968/12/15 綜合性戲劇場：3~9F+ 屋頂，下午 2 時 ~ 夜間 12:00 開放，1969 年 6 月增設露天花園與歌舞劇表演的舞台與茶座，樓層總面積 16,529 平方公尺。

與日本合作	樓層簡介	明星賀慶
	B1 餐廳 1-3F 商品賣場、電動玩具機 4F 飲食部、廉價市場 5F 展覽廳 含 B1 共 5 層	有
幹部在開幕前去日本三越、西武受訓，去伊藤榮堂（イトーヨーカ堂）學習管理和銷售。	B1 罐頭食品與家用品、飲料 1F 領帶、皮包、香水等精華百貨等 2F 衣料、時裝 3F 針織品、毛巾床單、鋅筆、訂製衣服 4F 童裝、皮鞋、玩具、唱片、手工藝品 5F 兒童遊樂園 6F 電器、廉價市場 / 展覽會場 含 B1 共 7 層	有
開幕前請日本東京松屋等各大百貨公司來為店員講習	A 棟 5F 水族展覽中心、特價賣場 6F 餐廳 6-7F 兒童樂園 1-4F 商品、書籍 C 棟 B1 生鮮超市。 共 5 層	有
	B2 停車場 B1 生鮮、罐頭食品、家庭用品、現製燒賣，十元商品部、代理部 1F 化妝品、首飾、毛衣、皮鞋等 2F 玩具、電器、文具、珠寶、手工藝品、嬰兒用品、女裝設計沙龍、中外女性時裝部、男裝布料、訂製 3F 兒童遊樂世界、「今日世界育樂中心」的接待室「萬象廳」 含 B1、B2 共 5 層 1974/5/25→3F 兒童迷你樂園：小小水族館、小小遊樂場、小小圖書館、小小童話室、世界玩偶館 1987→設旅行社	有
		有

百貨公司	創始時間	創始人	終止營業時間	面積大小	特色	
大千百貨	1970/4/16	臺北西北區扶輪社社長陳永用與工商界人士共同斥資	1995/7	佔地 2,650 平公尺		
南洋百貨公司博愛店	1970/5/6	上海布料商・龔漢生	1977/2	鎮面積約 2,314 平方公尺	前身：菊元→新台→中華國貨公司→建台百貨 世界書城 共 6 層 + 頂樓 毛衣時裝示範表演	
遠東寶慶店	1972/1/18	（上海紡織業）・徐有庠、 母體為遠東紡織公司	2023/7/25	營業面業 11,570.3 平方公尺	舉辦服裝秀 刊物	
欣欣大眾公司	1972/6/28	國軍退除役官兵輔導委員會	至今	百貨公司營業面積約 2,500 平方公尺		

與日本合作	樓層簡介	明星賀慶
	1F 化妝品、超級市場、百貨類 2F 衣料、時裝，皮鞋等 3F 電器、文具、兒童玩具、餐點部 大稻埕區的地方百貨公司 共三層	有，僅楊麗花一人
	B1 罐頭、食品 1F 百貨、鐘錶、皮鞋、童裝 2F 綢緞、服裝 3F 廚房用品、玩具、書城、文具 4F 冷飲、咖啡、半價市場 5F 電化用具、照相器材、縫紉機、美術燈 6F 傢俱、裝潢、大理石	有
	B2 停車場 B1 超級市場、美式餐廳、統一牛排店、自助洗衣店 1F LOBBY、妝沙龍館、紳士館、愛兒館 2F 女裝部有設計服飾的設計台和裁縫 3F 布料、特賣館、電器、足履部、狄斯耐玩具館 4F 書城、文教館、手工藝館等十餘館 5F（1973-1983）遠東藝廊 1991 火災後→1991/5/177F 活動中心 8F「遠東藝術中心」專業藝廊 含 B2、B1 共 6 層	有
	以榮民榮眷為員工與基礎客群 B1 大眾化生鮮超市，送貨到宅服務 1-2F 百貨 3-4F 1973 年為保齡球館→1978 年 6 月改為欣欣大戲院 5F 兒童遊樂場、大眾綜合餐廳 含 B1 共 4 層	無

百貨公司	創始時間	創始人	終止營業時間	面積大小	特色
人人公司	1972/12/3	蕭水木	1984/11 由巨匠流行城（服飾店）接管[1]	佔地 5,289.28 平方公尺	1F 設詢問台、外幣兌換、賣郵票櫃位獨立但沒有顯著隔間
中信公司	1974/9/15	任顯群、鄭錫華、徐小峰、俞宗元等人	1986/12 結束營業，由永和鴻源接手	營業面積約 16,529 平方公尺	永和地方型百貨

1　〈要留人不給錢！人人百貨發生遣散費糾紛〉，《經濟日報》，1985/4/27，10 版。

與日本合作	樓層簡介	明星賀慶
	B1 食品街、電器、家用五金、唱片 1F 詢問台、男女內衣、淑女飾物、假髮、毛線、男女服裝、傘、帽、床單 2F 文教用品為主，再配上鐘錶、照相材料、儀器、兒童玩具 3F 女性專用品：時裝、布料、化妝品。法國名牌 Coty 的各種用途化妝品；西德名牌 Rewenta 的各款打火機。 含 B1 共 4 層 1974/12 →B1 超市 →1976/12/19 8F 設一座佔地 1157.03 平方公尺的「電動遊樂中心」、展覽會場 1977/12/10 改裝→ B1 超市 1F 化妝品（鑽石形玻璃展示櫃）、開放式成衣部與藍哥牛仔屋 2F 女裝與布料 3F 童裝玩具、文具、體育用品、嬰兒用品 1985→ B1 美食街	有
	B1 養魚場 1F 超級市場 2F 百貨總匯：服裝、玩具、成鞋、手工藝 3F 直營商場：各國電器、樂器、藝術品、書城、綢緞、傢俱、特價區、表演展示 4F 育樂中心：電動機具 5F 保齡球館 6F 雲宵餐廳 共 7 層	有

百貨公司	創始時間	創始人	終止營業時間	面積大小	特色
新光百貨育樂（南西店）	1974/12/4	新光集團（有新光紡織公司）・吳火獅	1989年拆除原建築，重建新光三越南西店新大樓，建地面積41,322.5平方公尺	B1佔地面積3,636平方公尺。1981年擴大賣場至9,256平方公尺	1975/5/4超市舉辦「佳銷烹飪示範觀摩大會」試賣熟食調理包 時裝秀 展覽會
新光百貨民生分公司	1975/12/10	新光集團（有新光紡織公司）・吳火獅		佔地1818.19平方公尺	社區門市
洋洋百貨寶慶店	1976/12/16	葉依生等合資	1979/4 寶慶路、衡陽路、延平南路口		銷售高級女性服飾為主，全女性百貨公司 時裝表演
洋洋百貨博愛店	1977年初	葉依生	1979/4	約2314平方公尺	6F+頂樓 整棟大樓
新光巴而可PARCO	1977/5/8	新光集團（有新光紡織公司）・吳火獅	1995 由「衣魔市」服飾店接手		寶慶路與中華路口新光大樓1F

與日本合作	樓層簡介	明星賀慶
	B1 生鮮超市（1974 時最大）、餐廳 1F 紳士館 2F 淑女館：世界流行女裝 3F 愛兒館 1-3F 另有六十四球道之保齡球館，場內無一根柱子。 1981 年停止保齡球館→擴大百貨賣場擴大 4F 百貨城、設新光電影院 含 B1 共 4 層 1976 年→ 5F 港式飲茶及江浙名菜萬福樓餐廳 1978 年→4F 新闢育樂廣場 1-2F 溫娣漢堡（近 330 平方公尺） 含 B1 共 6 層	有
	超級市場 百貨專櫃 速簡餐廳 1984/3/30→增設新光民生大戲院	有
	B1-4F 國內外仕女服飾中心 5F 西餐廳 6F 美姿美容訓練中心	無
	接收南洋百貨（菊元大樓）	不明
日本 PARCO	1F 少女服飾為主 1980/6→增闢 1F 少女服飾 2F 少女服飾、可愛型靠墊、壁飾、襪子、籐器、精美飾品、皮包、皮鞋等 3F 餐廳、美容屋 共 3 層	不明

百貨公司	創始時間	創始人	終止營業時間	面積大小	特色	
國泰百貨	1977/10/6	董事長沈戊寅 揭幕式蔡萬霖主持 （國泰興來集團）	1984/12 轉讓給國泰的來來百貨。1985 年 9 月變為巨匠服飾		B1-4F	
今日新公司 （1978 年後多稱為南西店）	1977/10/8	徐之豐	1990/7/1 由力霸百貨接手改為力霸百貨南京店	營業面積 13,223.2 平方公尺		

與日本合作	樓層簡介	明星賀慶
	B1 超級市場、「繽繽服飾」各式流行服飾品、「半價廣場」日常用品、「甜蜜走廊」冷熱飲 1F「集錦大街」各式華洋百貨、男女飾品、各國化裝品 2F「芙蓉女裝街」女裝 3F「新潮摩登街」高級男裝、牛仔裝、童裝及文具、玩具、唱片、手工藝品等 4F 福泰酒樓（粵菜與港式飲茶）	無
1985 年・西武	B2 停車場 B1 超級市場及各式小吃攤 1F 男裝百貨、特賣場 2F 布料、女裝部、咖啡廊 3F 童裝、玩具、附設保嬰室 4F 家用電器、冷飲台、超級市場、今日圓環小吃店 5F 是西餐廳＋翡翠大戲院專映西片＋明珠大戲院專映國片。 6F 粵菜港式飲茶 屋頂花園 含 B2、B1 共 8 層＋頂樓 1986/6/22 與西武合作重新開幕→ B1 大食品館：超級市場和西式小吃 1F 流行廣場 2F 淑女服飾、世界名牌商品 3F 男仕服飾用品、運動器材 4F 童裝、玩具、文教禮品 5F 家庭用品、家用電器 6F 餐飲娛樂	有

百貨公司	創始時間	創始人	終止營業時間	面積大小	特色	
永琦百貨	1977/11/29	板橋林家・林明成夫婦	2002/9	營業面積 6,620 平方公尺 1987 年擴大店面	文化教室 刊物	
遠東仁愛店	1977/12/17		2000/2		文化講座	
新光百貨信義店	1978/9/10		1989/10	總面積 2,975 平方公尺	B1+3F 信義路新生南路口	

獅子林新光商業大樓（商場＋電影院）1979/3/30 開幕

與日本合作	樓層簡介	明星賀慶
東急	走高格調 AB 棟 B2 停車場 B1 超級市場 A 棟 A1 青年服飾 1F「彩虹城」化妝品、女士服飾用品 2F「夢幻城」飾品 3F「淑女廳」高級晚禮服、首飾等 4F「名仕館」男性高級用品 5F「文化館」結婚用品及各類禮品、展覽場／藝廊 6F 巨星西餐廳 1980/12/24 火災→改裝後，強調 V. M. D. 視覺化商品展示法 AB 兩館。含 B2、B1 共 8 層	無
	B2 停車場 B1 生鮮大超市（3300 平方公尺）、照相器材、文具書籍、西藥、西點麵包、冷熱飲餐點、皮箱男皮件、床單、廉價廣場 1F 紳士館、化妝品沙龍、紳士用品、女飾品、內衣、男襯衫、領帶、男女皮件 2F 香榭大道、霓裳宮、男女皮鞋、睡衣 3F 紳士館、愛兒館、歐美禮品館：童裝、玩具、男裝、家電、運動器材、贈品處 4F 西餐廳 1978/1/18 開幕： 5F 江浙富貴樓餐廳 含 B2、B1 共 7 層（14 層高大樓）	有
	B1 超市 2F 服飾 含 B1 共 3 層	有

百貨公司	創始時間	創始人	終止營業時間	面積大小	特色	
來來百貨	1978/11/25	國泰信託關係企業 →1985 年轉手豐群集團張國安，仍為來來百貨	2003 年結束營業	全樓層 19,835 平方公尺	走高格調 主要標的客群為少女 文化教室	
芝麻百貨	1978/12/17	華美企業張克東	1984/10 轉手國泰興來集團改名興來百貨	B1-4F 賣場面積 8,595.08 平方公尺	服裝秀	
新第一公司	1979/9/28	徐小峰（徐偉峰之子）	1982/3/1 結束 1982/5/3 由今日青年世界（今日百貨中華店）接手	原第一百貨		
金銀百貨	1979/12/9	甘運義		營業面積 6,611.6 平方公尺	永和地方型百貨	

與日本合作	樓層簡介	明星賀慶
張國安接手後請日本 KAN 顧問公司作全面規劃。	B1「熱浪新潮街」男女女服飾（少女為主） 1F「名品廣場」進口男女服飾、化妝品 2F「新姿館」紳士淑女服飾 3F「名流館」高級男女服飾 4F「大來儂來廣場」女士百貨、咖啡屋、花店 5F「童童世界」嬰童服飾百貨 6F 寵物中心、文具、書店、體育用品 7F「樂紡」樂器、唱片、音響百貨、「藝文天地：藝廊」 8F「溫馨家園館」傢飾傢俱 9-10F 餐廳 含 B1 共 11 層 1988→ B1 改設潔淨衛浴用品區、舒適寢具用品區、美食街、菸酒精品區 6F 規劃為 992 平方公尺的「現代家電科技中心」 1990 年代：電玩遊樂場	有
松屋	B2 停車場 B1 超市、廉價家庭用品、簡餐「小芝麻餐廳」 1F 青春新潮服飾、高級仕女服、化妝品、仕女百貨 2F 貴婦服飾、紳士用品、進口高級服飾、男士用品、鐘錶、眼鏡 3F-4F 金像獎電影院 3F 兒童百貨（含玩具）、芝麻藝文沙龍（畫廊）、圖書文具、唱片、手工藝品 4F 芝麻鄉村咖啡店 含 B2、B1 共 5 層樓	無
		有
	1-2F 中外百貨 3F 電動玩具遊樂場、咖啡座（快餐、西點）	有

百貨公司	創始時間	創始人	終止營業時間	面積大小	特色	
大王百貨	1981/10/6	徐小峰	1982/5/14 由力霸集團接手，改名力霸百貨	臺北市中山堂旁新生報業廣場大廈	中庭式設計，提供休憩處 高格調商品內容及企業象形，在消費大眾間獲得好口碑	
力霸百貨	1982/9/19	力霸集團（有紡織部門）‧湖南‧王又曾	2008/6 全部結束	營業面積14,545.52 平方公尺	時裝秀 化妝表演會	
環亞百貨	1983/1/27	亞洲世界集團	1987/5/23 由鴻源百貨租用 B2-7F	1-7F 賣場面積16,529 平方公尺 每層2,644.64 平方公尺 B1 另開單層的商場：地下名店城：營業面積近13,223 平方公尺，集購物、遊樂、餐飲於一地	走高格調 環亞世界：環亞百貨、商場、超市、環亞貿易展示中心、8-12F環亞育樂中心、餐飲中心、環亞凱悅大飯店共享一建築，佔地 7 萬坪	

與日本合作	樓層簡介	明星賀慶
	超級市場（~1982 春節）	有
	5/30→B1 超市先開幕 B2 停車場 B1 超市、中庭超特價廣場、髮型設計 1F 舶來品、皮件、皮包、飾品、特賣品（1982 年開幕時藝廊） 2F 少男服、紳士服、女裝 3F 女裝、睡衣 4F 嬰童裝、禮服務 5F 家電、唱片、體育用品 6F1983 年→力霸文化會場（藝廊） 港式茶樓 含 B2、B1 共 8 層樓 B1 改為 248 平方公尺電動遊樂場→電玩遊樂場 美食街 1990 改裝→ 4F 小規模的文化教室和展示空間	無
	1F 特選精品 2F 名流紳士 3F 少女銀宮 5F 淑女天地 6F 童裝玩具 7F 生活用品、玻璃陶瓷用品 共 6 層樓 →5/7 開幕 B1 超級市場 3966.96 平方公尺 B1 高山青藝廊	無

百貨公司	創始時間	創始人	終止營業時間	面積大小	特色	
興來百貨	1984/10/28	國泰興來集團	1985/6/29 由中興紡織接手改名中興百貨	賣場面積 11,570.3 平方公尺	服裝秀 目標客群：商圈內上班的職業婦女→增加速食正餐品。 標榜精緻的生活文化	
統領百貨	1984/11	德春建設公司	1999/9/21 結束營業	總面積 11,570.3 平方公尺	高格調路線 刊物	
中興百貨	1985/7/19	中興紡織	2008/7 結束營業		1986/3→續‧文化教室 服裝秀 1985/10→CF 廣告 重視櫥窗 刊物	

與日本合作	樓層簡介	明星賀慶
	擴大芝麻百貨的 B1、1F、4F →取消超級市場 B1 家庭百貨、汽車百貨、電器、廚具、中國陶瓷、家居服等 1-2F 服飾 3F 孕婦用品、兒童文教用品，兒童、青少年及少女服飾、嬰兒用品等 4F 文教休閒育樂用品、韻律裝、體育用品、唱片、音響、書店 3-4F 電影院 含 B1 共 5 層	無
京王百貨簽約合作	左棟 B1 超市（熟食）、花店、美食街、義美食品 1F 京王沙龍：日本名牌服飾、世界精品、化妝品 2F 少淑女服飾、內衣 3F 童裝、家飾、電器、ARABIA 瓷器 4F 紳士服、休閒服、文化用品 5-6F 為忠孝大戲院 7F 展示廣場 1987 年因明曜百貨成立，為區隔市場 →B1 改設日式超市與小吃街 1F 改設約 400 平方公尺的電器賣場。 1995 年電玩業熱潮→6F 電玩遊樂場 左棟含 B1 共 8 層 右棟共 2 層	無
	1986 年→B1 規畫 5 家小吃店→1992 年 28 家攤的美食街 1086/8→5F 健身中心（909 平方公尺）提供健身房、運動醫療保健諮詢、三溫暖及美容屋等服務	無

百貨公司	創始時間	創始人	終止營業時間	面積大小	特色	
先施百貨	1986/7/16	全港資先施百貨	2013/12/17 先施退出百貨業。由「慶城街1號」商場接手	總面積6,612平方公尺	無超市 高價位路線 50-70%以上商品自家由國外採購進口（自營比例），歐洲品牌比例最高	
永和鴻源百貨	1986/12/25接手中信百貨	鴻源機構・沈長聲	1992 太平洋百貨接手，1993年改為太平洋百貨永和店	總面積7,603.34平方公尺	永和地方型百貨 文化教室	
鴻源百貨	1987/5/28掛牌	鴻源機構・沈長聲	1992/12	賣場共26,446.4平方公尺 1988/12/12擴建，總面積為39,669.6平方公尺	文化教室 重視櫥窗 文化講座 文化廣場	

與日本合作	樓層簡介	明星賀慶
	B1 進口高級傢俱、家飾 1F 名牌商品、高級女裝 2F 男裝 3F 童裝、少男、少女裝 4F 法式餐廳 含 B1 共 4 層	無
赤札堂 & KAN Design	B1 超市（約 1660 平方公尺） 1F 名品與流行廣場 2F 男女服飾、運動用品 3F 兒童服飾、家用品及文教用品 4-6F 二家電影院、保齡球場、小吃街、茶樓等遊樂休閒區 1987 設旅行社 1987/5/28→B1 生鮮超市（約 1653 平方公尺）	
	1987/10/27 重新裝潢 B2 超級市場 3966.96 平方公尺、小吃街、兩座小型電影院 B1、生活日用品 1F 特選精品 2F 摩登少女服、內衣 3F 淑女服、進口服飾 健身中心 9F 文化廣場（397 平方公尺） 1988/12/12 改裝→ 多樓層設咖啡座 B1 增設：DJ 廣場、點唱式 MTV 及大型遊樂場 增加 22 種服務：郵票交換中心、超市調理服務、快速沖洗、顧客申訴服務等 22 項服務 含 B2、B1 共 11 層	無

百貨公司	創始時間	創始人	終止營業時間	面積大小	特色	
太平洋崇光 SOGO 百貨忠孝館	1987/11/12	太平洋建設章民強、日本 SOGO 百貨 →2002 年遠東集團徐旭東藉增資太平洋流通成為 SOGO 百貨大股東，掌控 SOGO 百貨股權 →2010 年經濟部依法院判決撤銷太流公司六次變更登記，遠東集團失去經營權，遠東集團提出行政訴訟→最高行政法院判經濟部敗訴，SOGO 經濟權又回復遠東團手中。[2]		總營業面積 42,975.4 平方公尺	文化教室 以新都市生活空間為經營理念的崇光百貨，其商品則是走高品味大眾化價格政策，強調對附加價值的服務項目[3] 服裝秀	
明曜百貨	1987/12/2	統領百貨股東	2011/3 封館結束綜合百貨 2011/9/23 重新開幕，與大型品牌合作，出租大部分店面 1-3F Uniqlo 4F 東急手創館 5F 莫凡彼咖啡 11F 湯姆熊歡樂世界 + 義式屋古拉爵 12F 饗食天堂 2014/10/16 B1 從上島咖啡改為 Uniqlo 的關係服飾店 GU	每層 991 平方公尺	提供嬰兒休息室、兒童髮型設計、眼科醫師驗光、配飾眼鏡、襯衫訂製等服務。 9-11F 挑高天井設計	

2　〈公司法「SOGO 條款」〉，《聯合報》，2020/8/1，A3 版。

3　〈致力創造「百貨經濟櫥窗」〉，《經濟日報》，1988/12/12，6 版。

4　〈百貨公司 電玩管理大死角〉，《聯合報》（臺北），1991/1/1，13 版。

5　李衣雲訪談，「SOGO 百貨營業本部副總經理兼忠孝店店長吳素吟女士‧販賣促進部副理曹春輝女士訪談」（2013/6/21），地點：臺北 SOGO 忠孝店辦公室。

與日本合作	樓層簡介	明星賀慶
	B2 超市 B1 美食街 529 平方公尺電動遊樂場 [4] 1F 化妝品、 2F 女裝 3F 女裝、精品寶石 4F 紳士服 5F 紳士服 6F 童裝、玩具（3,305.8 平方公尺） 7F 文具 9F 畫廊、文化會館 10F 紀伊國屋書店、魔術玩具 [5] 11F 餐廳、港式茶樓 含 B2、B1-13F 共 15 層	
京王百貨	主標的客群 30-40 歲的都市家庭。副標的客群是東區年輕人。 B1 超市小吃 10F 電玩遊樂場 11F 餐廳 含 B1 共 12 層	

百貨公司	創始時間	創始人	終止營業時間	面積大小	特色	
永琦敦南店	1988/12/26		1996/6/30 現為 SOGO 敦化店		走高格調 客群定位 23-34 歲的「新雅痞族」	
力霸南西店	1990/7/1 接手今日南西店	王又曾	1995/3/26 轉為衣蝶本館 2008/6/6 改為新光三越南西二店 2018/9/30 改為誠品南西店			
大亞百貨	1990/12/8	亞洲集團	2004/2/29 結束營業	營業面積 13,300 平方公尺	70%是女性商品，目標客群為16-30 歲的青少女和粉領族。不同樓層的每個時段，均有不同的音樂與燈光秀[6]	
新光三越南西店	1991/10/29	新光集團吳火獅＆日本三越百貨	至今	建地面積 41,322.5 平方公尺 營業面積 29,752.2 平方公尺	文化服務活動為導向的經營特色	
新光三越站前店	1993/12/23			營業面積 26,446.4 平方公尺	標的客群為上班族和學生。商品以中等價位為主。	

6　〈鄭榮榮抓得住流行風尚！〉，《經濟日報》，1990/12/9，30 版。

與日本合作	樓層簡介	明星賀慶
東急簽約合作	B3-B4 停車場。 B1 日本住友合作善美超市 設計成舞台樣貓的文化會場「萬象廳」 商品定位於衣類與相關的高級品、最高級品和生活主要商品，非賣場方面，符合時代潮流的餐廳、服務等，提供具舒適意識的環境計畫 含 B1-4 共 11F	無
	B1 美食街	無
	B2：精緻食坊 B1 流行廣場：流行少女裝及少男裝 1F 流行精品 2F 流行新姿：上班族女性 3F 都會名媛：較高價位的淑女裝 4F 都會紳仕 1993 年為對抗緊鄰的新光三越站前店→增設 6F「SEGA WORLD」電動遊樂場（1983.48 平方公尺） 含 B1 共 5 層（全棟樓高 32 層）	無
與三越簽約各持 50%股份	B2 西點麵包＋超市 4F 上海師傅量身訂製西服老店：百樂門（661 平方公尺） 9F 常設畫廊（165 平方公尺）＋文化藝術會館（約 1,400 平方公尺） 頂樓露天廣場文化藝術表演 B1-4 共 13 層＋頂樓	有，剪綵僅旅日翁倩玉一人。頂樓露天廣場舉行的明華園歌仔戲團公演。
	B1 小吃街（2645 平方公尺） 12F 國賓飯店主持的中西日式餐廳 13F 日本「NAMCO 未來遊戲空間」電動遊樂場（以上二者皆 1653 平方公尺） 40F 展望台（門票） 46F 景觀餐廳 含 B1、B2 共 15F+40F、46F（全棟樓高 51 層）	無

百貨公司	創始時間	創始人	終止營業時間	面積大小	特色	
明德春天 [7]	1995/1/220 開幕，3/29 全館開幕	統領百貨的四大股東之一的德杰集團王明德	2002/5/1 由中興百貨接手，2002/6/10 改為中興百貨信義店	賣場 29,752.2 平方公尺	定位平價、大眾化的歐風商品 全客層百貨，女性佔五成，男性四成 其中有針對住宅商圈基本的日常用品規劃 文化劇場和文化教室 服裝秀	
衣蝶生活流行館本館 id'ee（一館）	1995/5/20 接原力霸南西店	力霸集團王又曾	2008/5/31 由新光三越接手，6/6 改名新光三越，後由誠品南西店接手 新光南西店二館	賣場約 13,300 平方公尺	目標客群：18-35 歲女性。女性專門百貨公司。注重形象品牌。 年輕男性免費代客泊車和五星級的洗手間著稱。	
衣蝶生活流行館新館 id'ees（二館）	2000/12/24			賣場約 10,000 平方公尺	青少年運動專賣店採用最新迎合青少年脾胃的空間設計概念。 遊戲空間的概念。	

-----

7 以下的百貨公司雖然在 1993 年後成立，但由於正文有提到所到，所以在這裡也列出。

與日本合作	樓層簡介	明星賀慶
法國春天百貨 PRINTEMPS 提供技術轉移及服務商標授權、商品供應等	B5-B4 停車場 300 車位 B3「文化劇場」 B2 超市 B1 運動會館、美術設計專業書店「Visual Art Bookshop」 1F~5F 頂尖高級的男女時裝、極平價的休閒服，特別為青少年規畫的大型體育用品及視聽廣場。 館外：精神標識「春之頌」雕塑	無。 結合中、法與明德春天旗幟的旗隊踢正步、傳統的中國式跳加官、祥瑞獻獅正式揭幕
因鄰新光三越 1994/2 聘曾任職日本服飾專門店鈴屋的中野善壽將升任副總經理	B1 超市美食 1F 開架陳列化妝品、皮件、皮鞋、配飾及化妝品 2F 上班女性服飾，臺灣設計師服飾區「解放區」 3F 個性及休閒服飾 4F 家居用品專賣區 5F 知性廣場：唱片、書籍期刊，展出精美畫作、藝術品。	無
	B1 美食街 1F AQUA 餐飲 臨街的一面規劃為咖啡座「Open Cafe」 尖端流行彩妝、飾品 2-3F 旅行為主題的空間設計以博物館、地球儀、潛水艇為主題 設有「雅途旅行社」 廣潤牛仔服飾區 4F 戶外生活 5F 都會運動用品 6F 知名運動品牌大店和視聽賣場和一個半場的室內籃球場 7F 為青少年量身打造的誠品書店	無

參考文獻

一、檔案

《經濟部檔案》，檔號：A313000000G／0040／04990-001641／00001／0003／001、A313000000G／0040／04990-001641／00001／0003／002、A313000000G／0040／04990-001641／00001／0003／034、A313000000G／0040／04990-001641／00001／0002／019、A313000000G／0039／01999-0003／00001／0005／001。新北：國家發展委員會檔案管理局藏。

《臺灣省政府檔案》，檔號：A375000000A／0036／0011／0083／0001／018。新北：國家發展委員會檔案管理局藏。

《臺灣省參議會檔案》，檔號：001_22_300_40001。臺北：中研院臺史所檔案館數位典藏。

《臺灣省臨時省議會檔案》，檔號：002_42_401_44024、002_22_304_4　2003。臺北：中研院臺史所檔案館數位典藏。

《臺灣省議會議事錄》，檔號：001-01-01OA-00-6-3-0-00385。「臺灣省議會史料總庫」，查看日期：2021/8/28。https://drtpa.th.gov.tw/index.php?act=Display/image/17767=ZVG4Zd#2Rei。

二、實體媒體資料

《TheNewLens 關鍵評論》（臺北）
《大阪每日新聞》（大阪）
《中央日報全文資料庫》（臺北）
《中國時報》（臺北）
《中華日報》（臺北）
《今日遊樂》（臺北）
《中華日報》（臺南）
《司法專刊》（臺北）
《民生報》（臺北）
《府報》（臺北）
《官報》（臺北）
《海南新聞》（愛媛）
《消費時代》（臺北）
《朝日新聞》（東京）
《華光》（臺北）
《經濟日報》（臺北）
《經濟參考資料》（臺北）
《臺灣日日新報》（臺北）
《臺灣日日新報夕刊》（臺北）
《臺灣建築會誌》（臺北）
《臺灣省行政長官公署公報》（臺北）
《臺灣省政府公報》（臺北）
《臺灣婦人界》（臺北）
《臺灣新生報》（臺北）

《臺灣實業界》（臺北）

《臺灣藝術新報》（臺北）

《徵信新聞》（臺北）

《聯合知識庫新聞圖庫》。（臺北）

《聯合晚報》（臺北）

《聯合報》（臺北）

《讀賣新聞》（東京）

「南の隣国（1）再放送『20年目の臺湾』」，1965/05/22，『日本NHK放送』上午
11:00~11:29播出。（東京）

三、口訪資料

李衣雲

2011。「石允忠先生訪談」。2011/04/09。

2013。「Sogo百貨營業本部副總經理兼忠孝店店長吳素吟女士·販賣促進部副理曹春輝
女士訪談」。2013/6/21，地點：臺北SOGO忠孝店辦公室。

2015。「太平洋建設章克勤先生訪談」。2015/12/28，地點：忠孝東路四段太平洋建設
辦公室。

李衣雲、黎旻勉訪談

2011。「簡先生訪談」。2011/2/15，地點：大龍峒的咖啡店。

2011。「吳麗珠訪談2」。2011/08/01，地點：吳麗珠大龍峒的家中。

李衣雲、謝國興

2011。「石允忠先生訪談」。2011/03/18、2011/04/09，地點：石允忠家中。

李衣雲、嚴婉玲口訪

2011。「姚老太太口訪」。2011/2/14，地點：姚老太太於新北市大坪林自宅。

洪佩鈺口訪

2009。「吳麗珠訪談1」，2009/01/22，地點：吳麗珠大龍峒的家中。

四、中日文論文（依姓氏筆劃排列）

大塚久雄

1969。〈第一 いわゆる前期資本主義なる範疇〉，收入大塚久雄著，《大塚久雄全集第
3卷》。東京：岩波書店。頁27-82。

1986。〈総説 後進資本主義とその諸類型〉，收入大塚久雄著，《大塚久雄全集第11
卷》（東京：岩波書店），頁233-261。

小林道彦

1992。〈日清戦後の大陸政策と陸海軍：一八九五 - 一九〇六年〉，《史林》（京都）
75（2），頁248-276。

土屋礼子

1999。〈百貨店発行の期間雑誌〉，收於山本武利·西沢保編，《百貨店文化史：日本
の消費革命》，頁223-252。京都：世界思想社。

王志弘

2003。〈臺北市文化治理的性質與轉變，1967-2002〉，《臺灣社會研究季刊》（臺北）52：127-186。

王志弘、高郁婷

2019。〈從大眾日夢到分眾休閒：臺北都市消費轉型下的電影院〉，《區域與社會發展研究》（臺中）10，頁 3-40。

王振寰、姜懿紘

2011。〈第九章：家族關係對臺灣百貨公司發展的影響：以遠東和新光百貨為例〉，收於王振寰、溫肇東編，《家族企業還重要嗎?》。臺北市：巨流。頁 317-355。

王泰升

2009。〈臺湾の法文化中の日本の要素—司法の側面を例として—〉，《名城法学》（名古屋）58（4），頁 45-84。

2012。〈日本統治時代の臺湾における近代司法との接触および継承〉，《中国 21》（名古屋）36，頁 71-96。

今村仁司

1982。〈消費社会の記号論——ボードリヤールの場合〉，收於川本茂雄等編《日常と行動の記号論》，頁 86-102。東京：勁草書房。

古川長市

1932。〈菊元百貨店の設計に就て〉，《臺灣建築會誌》（臺北）4（5），頁 16-18。

古田立次

2001=1930。〈陳列戶棚裝飾の要訣〉，收於北原義雄編，《現代商業美術全集 11 巻 出品陳列裝飾集》，頁 24-30。東京：ゆまに書房。

丸山真男

1997。〈日本思想史における『古層』の問題〉，收於《丸山真男集第十一巻》。東京：岩波書店，頁 3-64。

1984。〈原型・古層・執拗低音——日本思想史方法論についての私の歩み〉，收錄丸山真男等共著《日本文化 のかくれた形》（東京：岩波書店，1984)，頁 88-151。

木下明浩

2016。〈日本におけるアパレル産業の形成〉，《Fashion Talks…: the journal of the Kyoto Costume Institute: 服飾研究》（京都）3，頁 42-51。

末田智樹

2003。〈日本における百貨店の成立過程：三越と高島屋の経営動向を通じて〉，《岡山大学大学院文化科学研究科紀要》（岡山）16：263-288。

平野聡

2015。〈中華帝国の擴大と「東アジア」秩序〉，收入佐藤卓己編，《歴史のゆらぎと再編》。東京：岩波書店。頁 149-174。

平野隆

1966。〈デパートの文化史—常盤橋のはし詰に立って商売を始めた露天商を元祖とするデパート商法の精神は何か〉，《中央公論》（東京）　1966 年 8 月 1 日號，頁 310-317。

2004。〈戦前期における日本百貨店の植民地進出：京城（現・ソウル）の事例を中心に〉，《法學研究：法律・政治・社会》（東京）77（1）：283-312。

吉見俊哉

1992。〈万国博覧会とデパートの誕生〉，《RIRI 流通産業》（東京）24（8），頁 25-30。

1993。〈市中音楽隊からデパート音楽隊へ〉，《RIRI 流通産業》（東京）25（4），頁 36-42。

1994。〈デパート文化研究の現在〉，《RIRI 流通産業》（東京）26（9），頁 36-41。

1995。〈デパートガールたちの世界（下）〉，《RIRI 流通産業》（東京）28（8），頁 32-36。

1996。〈近代空間としての百貨店〉，收於吉見俊哉編，《都市の空間、都市の身体》，頁 138-140。東京：勁草書房。

1996。〈デパート、映画館、群衆〉，《RIRI 流通産業》（東京）28（8）：29-33。

江口潔

2011。〈百貨店における教育：店員訓練の近代化とその影響〉，《日本の教育史学：教育史学会紀要》（東京）54，頁 45-57。

2012。〈戦前の百貨店における女子店員の職務と技能〉，《日本教育社会学会大会発表要旨集録》（東京）64，頁 48-49。

西沢保

1999。〈百貨店経営における伝統と革新——高島屋の奇跡〉，收於山本武利、西沢保編，《百貨店の文化史》，頁 72-87。京都：世界思想社。

谷内正往

2017。〈戦前大阪のデパート・ガール—百貨店のストア・イメージ—〉，《大阪商業大学論集》（大阪）12（3），頁 63-74。

吳忠吉

1989。〈中產階級的興起與未來經濟發展的導向〉，收入蕭新煌主編，《變遷中臺灣社會的中產階級》。臺北：巨流。頁 151-170。

吳詠梅

2014。〈引言〉，收於吳詠梅、李培德編，《圖像與商業文化》，頁 xxviii-xxxi。香港：香港中文大學出版。

吳聰敏

2004。〈臺灣農村地區之消費者物價指數：1902-1941〉，《經濟論文叢刊》（臺北）33（4），頁 321-355。

余耀順

2016。〈臺灣百貨業之環保市場機能分布以及財務績效評估〉，《觀光與休閒管理期刊》（臺中）4（1），頁 109-118。

李廣均

2015。〈臺灣「眷村」的歷史形成與社會差異：列管眷村與自力眷村的比較〉，《臺灣社會學刊》（臺北）57，頁 129-172。

林國彬

2015。〈公司違法增資決議發行新股與公司資本維持原則之關係—以遠東集團增資太平洋流通入主 SOGO 百貨案為例〉，《月旦法學雜誌》（臺北）236，頁 119-146。

林惠玉

1999。〈臺湾の百貨店と植民地文化〉，收於山本武利、西沢保編《百貨店の文化史：日本の消費革命》，頁 109-129。京都：世界思想社。

林憲

1985。〈中產階級意識〉，《健康世界》（臺北）118，頁 42-44。

周志龍

2003。〈後工業臺北多核心的空間結構化及其治理政治學〉，《地理學報》（臺北）34，頁 1-18。

岩永忠康

1992。〈わが国の小売商業調整政策——大型店規制の経緯〉，《第一経大論集》（福岡）22（1），頁 83-116。

和田恒好

1941。〈数字は語る——島都市民の生活様相〉，《臺灣警察時報》（臺北）309，頁 48-57。

泉谷陽子

2014。〈書評：岩間一弘著，上海大衆の誕生と変貌：近代新中間層の消費・動員・イベント〉，《社会経済史学》（東京）79（4）：588-590。

胡同來、何怡萱、謝文雀

2014。〈探討百貨業於關係信任、品牌形象、體驗行銷與顧客忠誠度關聯性之研究〉，《北商學報》（臺北）25/26，頁 55-75。

胡至沛、林旋凱、鄭仁雄

2019。〈百貨公司室內空氣品質管理之認知與評價：以新光三越信義新天地為例〉，《物業管理學報》（臺北）10（1），頁 13-23。

前田和利

1990。〈日本における百貨店の革新性と適応性：生成・成長・成熟・危機の過程〉，《駒大經營研究》（東京）30（3/4）：109-130。

岡田芳郎

2011。〈WOMEN in the TOWN——三越とパルコ、花開く消費文化〉，《AD STUDIES》（東京）37：4-14。

岩渕功一

1997。〈從東京愛情故事到小室家族〉《影響》（臺北）86：82-86．

高山宏

1993。〈贅沢のイメージ・メーキング〉，《RIRI 流通産業》（東京）25（10）：10-24。

高美瑜

2012。〈臺灣民間京劇商業演出研究——以周麟崑與麒麟國劇團為考察對象〉，《戲劇學刊》（臺北）16，頁 57-88。

高橋秀直

1999。〈〈書評〉小林道彦著『日本の大陸政策 1895-1914』〉，《史林》（京都）82（3），頁 466-472。

許嘉猷

1989a。〈臺灣代間社會流動初探：流動表的分析〉，收於伊慶春，朱瑞玲主編，《臺灣社會現象的分析》，頁 517-549。臺北：中研院三研所。

1989b。〈臺灣中產階級的估計及其會經濟特性〉，收入蕭新煌主編，《變遷中臺灣社會的中產階級》，頁 57-76。臺北：巨流。

許麗芩

2017。〈美軍帶來休閒娛樂與商機 晴光商圈 昔日的舶來品購物天堂〉，《臺北畫刊》
（臺北）598，頁 32-35

章英華
1986。〈清末以來臺灣都市體系之變遷〉，收錄於瞿海源、章英華主編，《台灣社會與
文化變遷》，頁 223-273。臺北：中央研究院民族研究所。

國立印刷局
1940。《官報》4118。

連玲玲
2005。〈企業文化的形成與轉型：以民國時期的上海永安公司為例〉，《中央研究院近
代史研究集刊》（臺北）49，頁 127-173。
2008。〈從零售革命到消費革命：以近代上海百貨公司为中心〉，《歷史研究》（北京）
5：79-81

堀新一
1933。〈百貨店の国民經濟上に於ける意義〉，《經済論叢》（京都）36(2)：149-
156。
1934a。〈百貨店の植民地進出（一）〉，《經済論叢》（京都）38(3)：119-128。
1934b。〈百貨店の植民地進出（二）〉，《經済論叢》（京都）38(4)：114-126。

葉龍彥
2002。〈錄影帶時代的來臨〉，《竹塹文獻雜誌》（新竹）23：62-76。

陳妙玲、陳信宏
2009。〈運用顧客終身價值模型及 ARIMA 分析評估顧客價值：臺灣百貨公司個案分析〉，
《中山管理評論》（高雄）17（2），頁 339-365。

陳弘毅
1986。〈臺北市百貨公司避難設施及其使用狀況之研究〉，《警學叢刊》（桃園）17（1），
頁 95-102。

陳竹林
1939。〈市會議員の橫顏 臺北市の卷〉，《臺灣藝術新報》（臺北）5（12），頁 25-
26。

陳亭羽、黃聖芬
2009。〈以直覺模糊集合平均運算衡量商店形象：以百貨公司為例〉，《朝陽商管評論》
（臺中）8（3/4），頁 75-98。

陳建和、吳沛妤
2019。〈白貨公司專櫃人員工作壓力、情緒勞務與工作倦怠之探討〉，《觀光旅遊研究
學刊》（桃園）14（2），頁 41-57。

黃美娥、王俐茹
2012。〈從「流行」到「摩登」：日治時期臺灣あ「時尚」話語的生成、轉變及其文化
意涵〉，收於余美玲編，《時尚文化的新觀照：第二屆古典與現代學術研討會論文集》，
頁 139-182。臺北：里仁。

黃振誼
2015。〈新竹巨城 Big City 週年慶目標管理與促銷策略之探討，《觀光與休閒管理期刊》
（臺中）3（特刊），頁 1-8。

黃佩鈺

2008。〈紡織成衣業升級模式的省思─以五分埔成衣市場的轉型軌跡為例〉，《華岡紡織期刊》（臺中）15（2）：95-102。

黃順星

2017。〈文化消費指南：1980年代的《民生報》〉，《中華傳播學刊》（臺北）31：117-155。

楊晴惠

2016。〈高雄五層樓仔滄桑史──由吉井百貨到高雄百貨公司〉，《高雄文獻》（高雄）6（1），頁96-115。

楊聰榮

1993。〈第三章　從民族國家的模式看戰後臺灣的中國化〉，收於臺灣研究基金會編，《建立臺灣的國民國家》，頁141-175。臺北：前衛出版社。

簡賢文

1987。〈臺北市百貨公司用途建築物火災危險因素選定及消防安全防護等級之調查研究〉，《警政學報》（桃園）11，頁291-318。

劉姿汝

2004。〈百貨公司限制專櫃廠商設櫃區域之行為──談「太平洋百貨案」之地域限制條款〉，《萬國法律》（臺北）134，頁13-22。

蔡淑玲

1989。〈中產階級的分化與認同〉，收於蕭新煌主編，《變遷中臺灣社會的中產階級》，頁77-96。臺北：巨流。

蔡毓純、鄭育書

2016。〈百貨公司週年慶促銷活動對消費者購買意願之影響〉，《華人經濟研究》（臺北）14（2），頁75-89。

蕭新煌

1988。〈臺灣社會結構的轉型〉，《勞工之友》（臺北）449，頁18-23。

1989。〈總論：臺灣中產階級何來何去？〉，收於蕭新煌主編，《變遷中臺灣社會的中產階級》，頁5-20。臺北：巨流。

2007。〈臺灣社會的貧富差距與中產階級問題〉，《臺灣民主季刊》（臺北）4（4），頁143-150。

樺山紘一

1990。〈イタリア・ルネサンスと消費文化〉，《RIRI流通產業》（東京）22(6)，頁2-19。

薛化元

2012。〈戰後臺湾における非常時体制の形成過程に関する再考察〉，《中国21》（名古屋）36，頁51-70。

2013。〈日本統治期臺湾植民地的経済発展の解釈に関する一考察。1895-1945〉，《現代臺湾研究》（大阪）43，頁21-40。

2019。〈戰後臺灣長期戒嚴合法性與正當性的再考察〉，《臺灣風物》（臺北）69（3），頁97-124。

蔣介石

1953。〈民生主義育樂兩篇補述序言〉，《司法專刊》（臺北）33，頁1188-1 191。

1954。〈民生主義育樂兩篇補述〉，《司法專刊》（臺北）36，頁1354-1361。

鶴見俊輔
　　1976。〈知識人の戦争責任〉，收於氏著《鶴見俊輔著作集第五卷》。東京：筑摩書房。
　　頁 9-16。

謝國興
　　2008。〈1949 年前後來臺的上海商人〉，《臺灣史研究》（臺北）15（1），頁 131-
　　172。

顏慧明、林芯伃、劉俐君、呂俊儀、陳薇如
　　2014。〈知名度、顧客滿意度與顧客忠誠度影響之探討——以京站時尚廣場及新光三越
　　站前店為例〉，《觀光與休閒管理期刊》（臺中）2（特刊），頁 104-114。

瀨崎圭二
　　2000。〈三越刊行雜誌文芸作品目録〉，《同志社国文学》（京都）51，頁 62-91。

鵜飼正樹
　　2004。〈大衆演劇の輪郭〉，收於吉見俊哉編，《都市の空間、都市の身体》，頁 165-
　　120。東京：勁草書房。

Natanson, Maurice A.
　　1992。〈導論〉，收於 Alfred Schutz 作，《舒茲論文集第一冊：社會現實的問題》，
　　頁 1-22。臺北：桂冠。（譯自：Collected papers. Vol. I, *The problem of social reality*, Dordrecht:
　　Kluwer Academic Publishers, 1982.）

Nava, Mica
　　2003。〈現代性的否定：女性、城市和百貨公司〉，收於 Pasi Falk &Colin Campbell 編，《血
　　拼經驗》，頁 100-164。臺北：弘智。（陳冠廷譯自："Modernity's Disavowal: Women.", The
　　City and the Department Store , *in The shopping experience*, London: Sage Publications, 1998.）

Simmel, Georg
　　2001。〈時尚心理的社會學〉，收錄於劉小楓編選，《金錢、性別、性代生活風格》。
　　頁 103-104。臺北：聯經。

五、中日文專書（依姓氏筆劃）

三越本社編
　　1990。《株式会社三越 85 年の記録》。東京：三越。
　　2005。《株式会社三越 100 年の記録：デパートメントストア宣言から 100：1904- 2004》。
　　東京：三越。

三越劇場
　　1999。《三越劇場七十年史》。東京：三越劇場。

「三越のあゆみ」編集委員会
　　1954。《株式会社三越創立五十周年記念出版　三越あゆみ》。東京：三越。

大丸二百五十年史編集委員會編
　　1967。《大丸二百五拾年史》。大阪：大丸。

山本哲士監修
　　1985。《欲望のアナトミア 人の卷 消費の幻視人》。東京：ポーラ文化研究所。
　　1985。《欲望のアナトミア 天の卷 消費の夢の王国》。東京：ポーラ文化研究所。

小山周三、外川洋子

1992。《デパート・スーパー》。東京：日本經濟評論社。

丸山圭三郎
　　1974。《言語とは何かソシュールとともに》。東京：朝日出版社。

上海市文史研究館
　　2007。《京劇在上海》。上海：上海三聯書店。

大黑岳彦
　　2010。《「情報社会」とは何か？「メディア」論への前哨》。東京：NTT 出版。

木田元、丸山圭山郎、栗原彬、野家啟一編
　　1989。《コンサインス　20 世紀思想事典》。東京：三省堂。

文可璽
　　2022。《菊元百貨：漫步臺北島都》。臺北：前衛出版。

水野祐吉
　　1937。《百貨店論》。東京：日本評論社。
　　1940。《百貨店研究》。東京：同文館。

日本生産性本部編集
　　1961。《アメリカの百貨店－百貨店経営専門視察団報告書》。東京：日本生産性本部。

今村仁司
　　1986。《資本主義》。東京：新曜社。
　　1994。《近代性の構造：「企て」から「試み」へ》。東京：講談社。
　　1998。《近代の思想構造——世界像・時間意識・労働》。京都：人文書院。

內川芳美編
　　1983。《中国侵略と国家総動員》。東京：平凡社。

石田浩
　　2003。《台湾経済の構造と展開—台湾は開発独裁のモデルか》。東京都：大月書店。

中央銀行
　　2017。《中央銀行年報》。臺北：中央銀行。

中村雄二郎
　　2000。《共通感覺論》。東京：岩波書店。片平秀貴
　　1999。《パワー・ブランドの本質》。東京：ダイヤモンド社。

中國論壇編輯委員會主編
　　1985。《臺灣地區社會變遷與文化發展》。臺北：中國論壇出版社。

文可璽
　　2022。《菊元百貨：漫步臺北城》。臺北：前衛。

石井淳蔵
　　2000。《ブランド：価値の創造》。東京：岩波新書。

石渡泰三郎
　　1925。《歐美百貨店事情》。東京：白木屋吳服店書籍部。

白木屋
　　1957。《白木屋三百年史》。東京：白木屋。

加藤秀俊
　　1971。《都市と娯楽》。東京：鹿島研究所出版会。

加藤幹郎

2006。《映画館と観客の文化史》。東京：中公新書。

北山晴一
1991。《おしゃれの社会史》。東京：朝日新聞社。

吉見俊哉
2010。《博覽會的政治學》。臺北：群學出版社。

向井鹿松
1941。《百貨店の過去現在及未来》。東京：同文館。

江元慶
2014。《司法太平洋：三名董事長流浪法庭的真實故事》。臺北縣：報導文學。

百貨店事業研究會編
1935。《百貨店の実相》。東京：東洋経済新報社。

百貨店新聞社編
2009。《日本百貨店總覽第 1 卷 昭和 12 年版》。東京：ゆまに書房。
2009。《日本百貨店總覽第 2 卷 昭和 14 年版》。東京：ゆまに書房。
2009。《日本百貨店總覽第 3 卷 昭和 17 年版》。東京：ゆまに書房。
2010。《日本百貨店總覽第 6 卷 昭和 12 年刊》。東京：ゆまに書房。

行政院主計處
2006。《國民所得統計摘要》。臺北：行政院主計處。
2008。《國民所得統計摘要》（2008/11）。臺北：行政院主計處。

西谷文孝
1989。《百貨店の時代》。東京：產經新聞社。

何明星
2018。《漫遊人生：陳定國大師的漫畫生涯》。新竹縣：新竹縣政府文化局。

佐伯啓思
1993。《「欲望」と資本主義》。東京：講談社。

佐々木孝次
1985。〈承認の欲望理論〉，收於山本哲士監修，《欲望のアナトミア 人の卷 消費の幻
視人》，頁 194-195。東京：ポーラ文化研究所。

佐々木健一
2010。《日本的感性》。東京：中央公論新社。

佐藤肇、高丘季昭
1975。《現代の百貨店》。東京：日本経済新聞社。

吳克泰
2002。《吳克泰回憶錄》。臺北：人間出版社。

吳果中
2007。《良友畫報與上海都市文化》。長沙：湖南師範大學出版社。

呂紹理
2011。《展示臺灣：權力、空間與殖民統治的形象表述》。臺北：麥田。

李永熾
1989。《徒然集上、下》。臺北縣：稻鄉出版社。
2010。《從啟蒙到啟蒙：歐洲近代思想與歷史》。新北：稻鄉出版社。
2022。《臺灣戰後的光與影》。臺北：允晨。

李永熾・李衣雲

　　2019。《邊緣的自由人：一個歷史學者的抉擇》。臺北：遊擊文化。

李衣雲

　　2017。《臺湾における「日本」イメージの変化、1945-2003「哈日現象」の展開について》。東京：三元社。

阿閉吉男

　　1994。《ジンメル社会学の方法》。東京：御茶の水書房

杜淑純口述

　　2005。《杜聰明與我：杜淑純女士訪談錄》。新北：國史館。

沈孟穎

　　2005。《咖啡時代：臺灣咖啡館百年風騷》。新北：遠足文化。

初田亨

　　1993。《百貨店の誕生》。東京：三省堂。

周百鍊監修、王詩琅纂修

　　1952。《臺北市志稿 卷九 人物志》。臺北：臺北市文獻委員會。

若林正丈

　　2004。《臺灣：分裂國家與民主化》。臺北市：新自然主義。

　　2014。《戰後臺灣政治史》。臺北市：國立臺灣大學出版中心。

岩間一弘

　　2012。《上海大衆の誕生と変貌─近代新中間層の消費・動員・イベント》。東京：東京大学出版会。

拓務省

　　1932。《拓務要覧》。東京：拓務省大臣官房文書課。

東京法制学研究会編

　　1939。《改正戦時税法規集》。東京：東京法制学研究会。

松村昌家

　　1996。《ロンドン万国博覧会。1851 年新聞・雑誌記事集成》。東京都：本の友社。

林果顯

　　2009。〈一九五〇年代反攻大陸宣傳體制的形成〉。臺北：國立政治大學歷史學研究所博士論文。

林洋海

　　2013。《三越をつくったサムライ日比翁助》。東京：現代書館。

林惠玉

　　1999。〈日本統治下台湾の広告研究〉。東京：一橋大學大學院社會學研究科博士論文。

林廣茂

　　2004。《幻の三中井百貨店─朝鮮を席巻した近江商人・百貨店王の興亡》。東京：晩聲社。

段義孚

　　1996。《個人空間の誕生 食卓・家屋・劇場・世界》。東京：せりか書房。

胡霽榮

　　2010。《中國早期電影史 1896-1937》。上海：上海人民出版社。

飛田健彦

1998。《百貨店のものがたり：先達の教えに見る商いの心》。東京：国書刊行會。

張炎憲等編撰
2004。《李登輝先生與臺灣民主化》。臺北市：玉山社出版。

宮島久雄
2009。《関西モダンデザイン史——百貨店新聞広告を中心として》。東京：中央公論美術出版。

宮野力哉
2002。《百貨店「文化誌」》。東京：日本経済新聞社。

徐有庠口述，王麗美執筆
1994。《走過八十歲月—徐有庠回憶錄》。臺北：聯經。

島田比早子、石川智規、朝永久見雄
2008。《高島屋》。東京：出版文化社。

株式会社阪急百貨店社史編集委員会
1976。《株式会社阪急百貨店二十五年史》。大阪：阪急百貨店。

海老原耕水編
1932。《商業美術展覽會記念帖》。臺北：臺灣總督府殖產局主催。

海野弘
2003。《百貨店の博物史》。東京：アーツアンドクラフツ。

神野由紀
1994。《趣味の誕生》。東京：勁草書房。

桜井哲夫
1984。《「近代」の意味：制度としての学校・工場》。東京：日本放送出版協会。

高丘季昭、小山周三
1970。《現代の百貨店》。東京：日本新聞経済社。

高柳美香
1994。《ショーウインドー物語》。東京：勁草書房。

高島屋 135 年史編集委員会編
1968。《高島屋百三十五年史》。大阪：高島屋。

高島屋 150 年史編集委員会編
1982。《高島屋 150 年史》。大阪：高島屋。

高島屋本店編
1941。《高島屋百年史》。京都：高島屋。

高橋雄造
2008。《博物館の歴史》。東京都：法政大学出版局。

高橋潤二郎
1972。《三越三百年の経営戦略》。東京：サンケイ新聞社出版社。

陣内秀信
1992。《東京の空間人類学》。東京：筑摩書房。

商工大臣官房統計課編
1931。《小売物価統計表・昭和 5 年》。東京：東京統計協会。
1933。《小売物価統計表・昭和 6 年及昭和 7 年》。東京：東京統計協会。
1934。《賃銀統計表・昭和 8 年》。東京：東京統計協会。

堀新一
　　1937。《百貨店問題の研究》。東京：有斐閣。
　　1957。《百貨店論》。京都：関書院。
國立歷史博物館編輯委員會編輯
　　2008。《臺灣早期咖啡文化》。臺北：國立歷史博物館。
清水正巳
　　1923。《店頭陳列販賣術》。東京：白洋社。
清水廣一郎
　　2021。《中世イタリアの都市と商人》。東京：講談社。
勝山吉作編
　　1931。《臺灣紹介—最新寫真集》。臺北：勝山寫真館。
鹿又光雄編
　　2010。《始政四十週年博覽會誌》。臺北：成文出版社。
鹿島茂
　　1991。《デパートを発明した夫婦》。東京：講談社。渡部慶之進
　　2004。《臺灣鐵道讀本》。臺北：國史館臺灣史文獻館。
菱山辰一著、伊勢丹創業七十五周年社史編纂委員会編
　　1961。《伊勢丹七十五年のあゆみ》。東京：株式会社伊勢丹。
富永健一
　　1996。《近代化の理論》。東京：講談社。
福田敏彦
　　1990。《物語マーケティング》。東京：竹内書店新社。
経済知識社編
　　1935。《現代女子職業読本》。東京：経済知識社。
蔡宜均
　　2005。〈臺灣日本時代百貨店之研究〉。國立臺北藝術大學碩士論文。
蔡龍保
　　2005。〈殖民統治之基礎工程——日治時期臺灣道路事業之研究（1895-
　　1945）〉。國立臺灣師範大學博士論文。
趙祐志
　　1998。《日據時期臺灣商工會的發展（1895-1937）》。臺北：稻鄉出版社。
関口英里
　　2007。《現代日本の消費空間》。京都：世界思想社。
菊池敏夫
　　2012。《民国期上海の百貨店と都市文化》。東京：研文出版。
連玲玲
　　1993。〈中國家族企業之研究—以上海永安公司為例 1918-1949〉。東海大學歷史研究
　　所碩士論文。
　　2017。《打造消費天堂：百貨公司與近代上海城市文化》。臺北：中央研究院近代史研
　　究所。
陳柔縉
　　2011。《臺灣西方文明初體驗》。臺北：麥田。

陳秀琍

　　2015。《林百貨》。臺北：前衛出版。

陳剛

　　2011。《上海南京路電影文化消費史：1896-1937》。北京：新華書店。

陳培豐

　　2001。《「同化」の同床異夢——日本統治下台湾の国語教育史再考》。東京：三元社。

陳德貴

　　2007。《百貨公司的內裝設計》。臺北縣：新形象。

隅谷三喜男、劉進慶、涂照彥

　　2003。《臺灣之經濟：典型 NIES 之成就與問題》。臺北：人間出版社。

臺灣省文獻委員會編

　　1968。《臺灣省通志·卷四經濟志商業篇，第二冊》。臺北：臺灣省文獻委員會。

臺灣總督府

　　1912。《臺灣總督府第十四年統計書》。臺北：臺灣總督官房統計課。

　　1924。《臺灣國勢調查集計原表第一回 大正 9 年》。臺北：臺灣總督官房臨時調查部。

　　1927。《臺灣總督府第二十九統計書 大正 14 年》。臺北：臺灣總督官房臨時調查部。

　　1932。《臺灣總督府第三十四次統計書 昭和 5 年》。臺北：臺灣總督官房調查課。

　　1934。《國勢調查結果表 全島篇 昭和 5 年》。臺灣總督府。

不明。《國勢調查結果表 昭和 10 年》。臺北：臺灣總督府。

　　1942。《國勢調查結果表 臺灣總督府第四十四統計書 昭和 10 年》。臺北：臺灣總督府。

臺灣總督府交通局鐵道部內 JTB 臺北支部代表者·小川嘉一編

　　1934。《臺灣鐵道旅行案內》。臺北：臺灣總督府交通局鐵道部內 JTB 臺北支部代表者。

臺灣總督府財務局編

　　1938。《臺灣租稅法規提要增補》。臺北：臺灣總督府財務局。

蕭新煌

　　1984。《臺灣的社會問題（七十三年版）》。臺北：巨流。

劉進慶

　　1995。《臺灣戰後經濟分析》。臺北：人間。

廣松涉

　　1997。《近代の超克》。東京：岩波書店。

薛化元主編

　　2017。《715 解嚴三十週年紀念專刊》。新北市：國家人權博物館籌備處。

薛化元、蘇瑞鏘、楊秀菁

　　2015。《戰後臺灣人權發展史》。新北市：稻鄉出版社。

薛化元、楊秀菁、黃仁姿

　　2021。《臺灣言論自由的過去與現在》。臺北：允晨。

藤岡里佳

　　2006。《百貨店の形成》。東京：有斐閣。

蘇少荻

　　2006。〈成衣產業的興衰：一種文化經濟學的分析〉，新竹：國立清華大學研究所碩士論文。

Ariès, Philippe
  1980。《〈子供〉の誕生：アンシァン・レジーム期の子供と家族生活》。東京：みすず書房。（杉山光信，杉山恵美子譯自：*L'enfant et la vie familiale sous l'Ancien Régime*. Paris: Plon, 1960.）
Arendt, Hannah
  1981。《全体主義》。東京：みすず書房。（大久保和郎、大島かおり譯自：*The origins of totalitarianism*, New York: Harcourt, Brace & World, 1968.）
Barthes, Roland
  1976。《神話作用》。東京：現代思潮社。（篠沢秀夫譯自：*Mythologies, Paris Éditions du Seuil*, 1953.）
  1984。《第三の意味》。東京：みすず書房。（沢崎浩平譯自：*L'obvie et l'obtus essays critiques III*, Paris: Editions du Seuil, 1982.）
  1992。《符號學美學》。臺北：商鼎文化出版。（董學文、王葵譯自：*Elements of semiology.*）
  1998。《流行體系》。臺北：桂冠。（敖軍譯自：*Systeme de la mode.*）
  2008。《符號的想像》。臺北：國立編譯館。（陳志敏譯自：*Essaia Critiques*, Paris: Seuil, 1964.）
  2012。《表徴の帝国》。東京：筑摩書房。（宗左近譯自：*L'empire des signes*, Paris: Flammarion, 1970.）
Baudrillard, Jean
  1979。《消費社会の神話と構造》。東京：紀伊國屋書店。（今村仁司、塚原史譯自：*La societe de consommation : ses mythes, ses structures*, Paris: Gallimard, 1970.）
  2018。《物體系》。臺北：麥田。（林志明譯自：*Le système des objets.*）。
Benedict, Anderson
  2010。《想像的共同體》。臺北：時報出版。（吳叡人譯自：*Imagined communities: reflections on the origin and spread of nationalism*. London: New York: Verso, 1991.）
Benjamin, Walter
  1998。《說故事的人》。臺北：臺灣攝影出版。林志明譯。
Böhme, Gernot
  2006。《雰囲気の美学》。京都：晃洋書房。（梶谷真司、斉藤渉、野村文宏編譯自：*Anmutungen: über das Atmosphärische*, Cajarc: Edition Tertium, 1998.）
Bourdieu, Pierre
  1988《実践感覚 I》。東京：みすず書房。（今村仁司、港道隆譯自：*Le sens pratique*, Paris: Éditions de Minuit, 1980.）
  2002。《ディスタンクシオン I、II》。東京：藤原書店。（石井洋二郎譯自：*La distinction: critique sociale du jugement*, Paris: Les éditions de minuit, 1979.）
ブルデュー（Pierre Bourdieu）社会学研究会編
  1999。《象徴的支配の社会学：ブルデューの認識と実践》。東京：恒星社厚生閣。
Bruno, Zevi
  2001。《如何看建築》。臺北：田園城市文化。（張似贊譯自：*Architecture as space: how to look at architecture*, New York: Horizon Press, 1957.）
Campbell, Colin

2016。《浪漫倫理與現代消費主義精神》。臺北：國家教育研究院。（何承恩譯自：*The Romantic Ethic and the Spirit of Modern Consumerism*, Oxford: B. Blackwell, 2005.）

Clammer, John
　　2001。《都市と消費の社会学》。東京：ミネルヴァ書房。（橋本和孝、堀田泉、高橋英博、善本裕子譯自：*Contemporary urban Japan*, Oxford: Blackwell Pub, 1997）

Corbin, Alain
　　2021。《惡臭與芬芳》。臺北：臺灣商務印書館。（蔡孟貞譯自：*Le miasma et la jonquille*, Paris: Flammarion, 1991）

Creighton, Millie
　　1995。〈デパート——日本を売ったり、西洋を商ったり〉，收於 Joseph J. Tobin 編，武田徹譯《文化加工装置ニッポン》，頁 59-80。東京：時事通信社。

Csikszentmihalyi, Mihaly
　　2009。《モノの意味》。東京：誠信書房。（市川孝一、川浦康至譯自：*The meaning of things: domestic symbols and the self*, Cambridge: Cambridge University Press, 1981.）

Culler, Jonathan
　　1992。《ソシュール》。東京：岩波書店。（川本茂雄譯自：*Saussure*, CA: Fontana Press, 1976.）

Dale, Tim
　　1982。《ハロッズ：伝統と栄光の百貨店》。東京：リブロポート。（坂倉芳明譯自：*Harrods: The Store and the Legend*, London: Pan Books, 1986.）

Ewen, Elizabeth & Ewen, Stuart
　　1988。《欲望と消費：トレンドはいかに形づくられるか》。東京：晶文社。（小沢瑞穂譯自：*Channels of desire*, New York: McGraw-Hill, 1982.）

Foucault, Michel
　　1990。《性意識史》。臺北：桂冠。（尚衡譯自：*Histoire de la sexualite*, Paris: Gallimard.）

Gombrich, Ernst Hans Josef & Hochberg, Julian & Black, Max
　　2021。《藝術、知覺與現實》。臺北：木馬文化。（錢麗娟譯自：*Art, perception and reality*, 1972.）

Hall, Edward T.
　　1970。《かくれた次元》。東京：みすず書房。（日高敏隆、佐藤信行譯自：*The hidden dimension*, N.Y.: Doubleday, 1966.）

Hartnell, Jack
　　2021。《中世紀的身體》。臺北：時報文化。（徐仕美譯自：*Medieval bodies: life, death and art in the Middle Ages*, London: Profile Books, 2018.）

Julier, Guy
　　2009。《設計的文化》。臺北：韋伯文化。（鄭郁欣譯自：*The culture of design*, London: SAGE, 2000.）

Maslow, Abraham Harold
　　1987。《人間性の心理学》。東京：産業能率短期大学出版部。（小口忠彥譯自：*Motivation and personality*, New York: Harper & Row）

Mason, Roger
　　2003。《顕示的消費の経済学》。名古屋：名古屋大学出版会。（鈴木信雄、高哲

男、橋本努譯自：*The economics of conspicuous consumption: theory and thought since 1700*, Cheltenham: Edward Elgar, 1998.）

McCracken, Grant David

1990。《文化と消費とシンボルと》。東京：勁草書房。（小池和子譯自：*Culture and consumption: new approaches to the symbolic character of consumer goods and activities*, Bloomington: Indiana University Press,1988.）

Morin, Edgar

2012。《大明星：慾望、迷戀與現代神話》。臺北：群學出版社。（鄭淑鈴譯自：*Les Stars. Paris*: Seuil, 1972.）

Prieto, Luis J.

1974。《記号学とは何か メッセージと信号》。東京：白水社。（丸山圭三郎譯自：*Messages et signaux.*）

Ritzer, George

2009。《消費社会の魔術体系》。東京：明石書店。（山本徹夫、坂田恵美譯自：*Enchanting a disenchanted world: revolutionizing the mean of consumption*, London: Pine Forge Press, 2005）

Schivelbusch, Wolfgang

1982。《鉄道旅行の歴史》。東京：法政大学出版局。（加藤二郎譯自：*Geschichte der Eisenbahnreise: zur Industrialisierung von Raum und Zeit im 19. Jahrhundert*, München: Wien Hanser, 1977.）

Schmitz, Hermann

1986。《身体と感情の現象学》。東京：產業圖書。（小川侃編、石田三千雄、伊藤徹、井上克人、魚住洋一、気多雅子、品川哲彦、高田珠樹、中敬夫、中山善樹、松井良和、水谷雅彦、宮原勇、鷲田清一譯自：*Phänomenologie der Leiblichkeit und der Gefühle.*）

Schutz, Alfred

1992。《舒茲論文集第一冊：社會現實的問題》。臺北：桂冠。（盧嵐蘭譯自：*Collected papers. Vol. I, The problem of social reality*, Dordrecht: Kluwer Academic Publishers, 1982.）

Schutz, Alfred

1998。《アルフレッド・シュッツ著作集 3──社会理論の研究》，東京：マルジュ社。（渡部光、那須壽、西原和久譯自：edited and introduction by Arvid Brodersen, *Collected papers II: Studies in social theory*, The Hague: Martinus Nijhoff, 1976）

Simmel, Georg

1976。《ジンメル著作集 . 7 文化の哲学》。東京：白水社。（円子修平、大久保健治譯自：*Philosophische Kultur*: gesammelte Essais 。）

2001。〈時尚心理的社會學研究（1895）〉，《金錢、性別、現代生活風格》。臺北：聯經，頁 101-110。顧仁明譯。

2004。《社会学の根本問題》。東京：社会思想社。（居安政譯自：*Grundfragen der Soziologie*: Individuum und Gesellschaft.）

Smith, Peter D.

2013。《都市の誕生：古代から現代までの世界の都市文化を読む》。東京：河出書房新社。（中島由華譯自：*City: a guidebook for the urban age*, New York: Bloomsbury, 2012.）

Sombart, Werner

1987。《恋愛と贅沢と資本主義》。東京：論創社。（金森誠也譯自：*Liebe, Luxus und Kapitalismus*, München: Deutscher Taschenbuch, 1967.）

Sombart, Werner

2000。《奢侈與資本主義》。上海：上海人民出版社。（王燕平、侯小河譯自：*Luxus und kapitalismus, München:* Duncker & Humblot, 1913.）

Trentmann, Frank 著

2019。《爆買帝國》。新北：野人文化。（林資香譯自：*Empire of things: how we became a world of consumers, from the fifteenth century to the twenty-first*, London: Penguin, 2016.）

Urry, John

2007。《觀光客的凝視》。臺北：書林出版。（葉浩譯自：*The tourist gaze*, 2nd ed.）

Williams. Rosalind H.

1996。《夢の消費革命》。東京：工作舍。（吉田典子、田村真理譯自：*Dream worlds: mass consumption in late nineteenth-century France*, Berkeley: University of California Press, 1981.）

Williamson, Judith

1985。《広告の記号論》。東京：拓植書房。（山崎カヲル、三神弘子譯自：*Decoding advertisements: ideology and meaning in advertising*, London & New York: Marion Boyars, 1978.）

Williamson, Judith

1993。《消費の欲望》。東京：大村書店。（半田結、松村美土、山本啓譯自：*Consuming passions: the dynamics of popular culture*, London & New York: Marion Boyars, 1988.）

Zola, Emile François

2002。《ボヌール・デ・ダム百貨店》。東京：論創社。（吉田典子譯自：*Au Bonheur des Dames*, Paris: Jean De Bonnot,1983.）

六、英文論文

Ashby Arved

2013. "Introduction." In Arved Ashby, ed., *Popular Music and the New Auteur*. pp. 1-24. Oxford: Oxford University Press.

Claire, Walsh

1999. "The Newness of the department store: a view from the eighteenth century." In Geoffrey Crossick and Serge JaumainHaunt, ed., *Cathedrals of Consumption*. pp. 46-60. Hants: Asugate Publishing Limited.

Cole, Tim

1999. "Department store as retail innovations in Germany: a historical-geographical perspective on the period 1870 to 1914." In Geoffrey Crossick and Serge JaumainHaunt, ed., *Cathedrals of Consumption*. pp. 72-96. Hants: Ashgate Publishing Limited.

David, Chaney

1983. "The Department Store as a Cultural Form." *Theory, Culture and Society*. (SAGE Journals）1（3）:22-31.

Hall, Stuart

1980. "Encoding / Decoding." In Stuart Hall, Dorothy Hobson, Andrew Lowe, and Paul Willis ed., *Culture, Media, Language: Working Papers in Cultural Studies*. pp. 128-138. London: Hutchinson.

Laermans, Rudi

1993. "Learning to Consume: Early Department Stores and the Shaping of the Modern Consumer Culture." *Theory, Culture and Society*.(SAGE Journals) 10 (4) :79-102.

Littmann, William,

2011. "The American Department Store Transformed, 1920–1960 (review) ." *Buildings & landscapes*. (Baltimore) 18 (1):105-107.

Knight, Michael & Chan, Dany

2010. "Shanghai: Art of the City", In Asian Art Museum, Shanghai Museum, ed., *Shanghai: Art of the City*. San Francisco: Asian Art Museum.

MacPherson, Kerrie L.

1998. "Introduntion: Asia's Universal Providers." In Kerrie L. MacPherson eds., *Asian Department Stories*, pp. 1-33. Honolulu: Univerrtistyof Hawaii press.

七、英文專書

Bourdieu, Pierre

1990. *The Logic of Practice*. Cambridge: Polity Press.

1991. *Language and Symbolic Power*. Cambridge: Polity Press.

1993. *The Field of Cultural Production*. Cambridge: Polity Press.

Bourdieu, Pierre & Wacquant, Loic J. D.

1992. *An Invitation to Reflexive Sociology*. Cambridge:Polity Press.

Crossick, Geoffrey & Jaumain, Serge ed.

1999. *Cathedrals of Consumption*. Hants: Ashgate Publishing Limited.

Deaton, Angus & Muellbauer, John

1980. *Economics and Consumer Behavior*. Cambridge: Cambridge University Press.

Fish, Stanley

1980. I*s there a text in the class?: The Authority of interpretive communities*. Cambridge & Mass: Harvard University Press.

Grippo,Robert M.

2009. *Macy's: the store, the star, the story*. N.Y.: Square One Publishers.

Harrods L.T.D.

2008. *Harrods 1912 III*. Tokyo: Athena Press.

Howard, Vicki

2015. *From Main Street to Mall: The Rise and Fall of the American Department Store*. Philadelphia: University of Pennsylvania Press.

Hower, Ralph Merle

1943. *History of Macy's of New York, 1858-1919*. Cambridge, MA: Harvard University Press.

Jean-Noël Kapferer

1992. *Strategic Brand Management*. NY: Kogan Page.

Lancaster, Bill

1995. *The Department Store: a social history*. London: Leicester University Press.

Masset, Claire

2010. *Department stores*. N.Y.: Shire.

Maslow, Abraham Harold

1998. *Toward a psychology of being, 3rd Edition*. New York: Wiley & Sons.

Miller, Michael

1981. *The Bon Marché: bourgeois culture and the department store, 1869-1920*. New Jersey: Princeton University Press.

Pasdermadjian, Hrant

1954. *The Department Store: Its Origins, Evolution and Economics*. London: Newman Books.

Wanamaker, John

1911. *Golden Book Of The Wanamaker Stores: Jubilee Year 1861 – 1911*. London: copy right by John Wanamaker.

Winstanley, Michael J.

1983. *The Shopkeeper's World*. Manchester: Manchester University Press.

八、網路資料

「その四　デパ地下グルメの発祥は松坂屋！？」，『松坂屋史料室』（＃松坂屋ヒストリア小話）。https://shopblog.dmdepart.jp/nagoya/detail/?cd=038757&scd=002618（參考日期：2022/8/8）

「三越劇場」，『三井広報会』。http://www.mitsuipr.com/special/spot/08/index.html（查看日期：2015/02/08）

「三越の歴史」，『三井広報委員会』。https://www.mitsuipr.com/history（查看日期：2021/8/18）

「沿革」，『SEIBU SOGO』。https://www.sogo-seibu.co.jp/info/history.html（參考日期：2022/10/19）

「沿革・歴史」，『大丸松坂屋百貨店』。https://www.daimaru-matsuzakaya.com/company/chronology.html（參考日期：2022/10/19）

「公平交易委員會對於百貨公司與專櫃廠商間交易行為之處理原則」，『公平交易委員會』。https://www.ftc.gov.tw/internet/main/doc/docDetail.aspx?uid=171&docid=285（查看日期：2016/5/23）

「日本標準産業分類。平成25年10月改定。平成26年4月1日施行-分類項目名」，『日本總務省』。http://www.soumu.go.jp/main_content/000290728.pdf（查看日期：2016/5/23）

「日治時期鐵路分布圖」，『中央研究院臺灣史研究所許維珊整理。』http://thcts.ascc.net/themes/rd15-07030.php（查看日期：2021/8/18）

「伊勢丹、三越：経営統合で合意、統合比率は1対0.34」，『Bloomberg』，2018/8/22。https://www.bloomberg.co.jp/news/articles/2007-08-23/JN84E01A74E901（參考日期：2022/10/19）

「行政院主計處・行業名稱及定義」，『行政院主計處』。https://www.dgbas.gov.tw/ct.asp?xItem=38933&ctNode=3111&mp=1（查看日期：2016/5/23）

「我們的島704集『五層樓仔傳』」，『公共電視臺』，播出時間：2013/4/29。https://www.youtube.com/watch?v=cu3NB_o39kY（查看日期：2022/7/25）

「国民服制式特例 昭和18年勅令第499号」，『中野文庫 勅令・政令』。https://web.archive.org/web/20190103170444/http://www.geocities.jp/nakanolib/rei/rs18-499.htm（查看日

期：2021/09/11）

「菊元百貨公司老闆——重田榮治的故事 1-4」。http://tw.myblog.yahoo.com/mars311521/article?mid=41&next=1&l=f&fid=16（查看日期：2013/7/21）

「食米毋知米價（一）」，『金山面文史工作室』。https://blog.xuite.net/wu_0206/twblog/134477210（查看日期：2022/8/1）

「高島屋の包装紙はなぜバラ柄？理由と誕生秘話を聞いた」，『OZmall 高島屋官網』。2019/5/14。https://news.line.me/articles/oa-rp14062/28b4d262c2c0（查看日期：2022/07/25）

「値段史」。『明治・大正・昭和・平成・令和』。https://coin-walk.site/J077.htm（查看日期：2022/7/8）

「慎入！2004 中興百貨廣告 12 年後鄉民直呼恐怖」，『SETN 三立新聞網』。https://www.setn.com/News.aspx?NewsID=128830（查看日期：2016/3/9）

「《經典》貓在鋼琴上昏倒了」。
https://www.youtube.com/watch?v=WyXKyE1hVw4（查看日期：2021/8/17）

「表格・平均工資・年」，中華民國統計資訊網。https://reurl.cc/GEj2W3（下載日期：2022/8/30）

「臺灣百年歷史地圖」，『地理資訊科學研究中心』。http://gissrv4.sinica.edu.tw/gis/taipei.aspx（查看日期：2022/7/16）

「【臺灣意識形態廣告】 1980 年代思迪麥顛覆傳統」。https://www.youtube.com/watch?v=VkOHFMkGOS0（查看日期：2021/8/17）

「【懷舊廣告】 1988 年~2005 年 民國 77 年~民國 94 年 懷舊電視廣告 - 中興百貨」。https://www.youtube.com/watch?v=TJYd_Yqz6O0（查看日期：2021/8/18）

〈【懷舊廣告】 1985 年 民國 74 年 司迪麥 我有話要講篇（何篤霖） 電視廣告〉』。https://www.youtube.com/watch?v=t6EyFqkvnmg（查看日期：2021/8/17）

「關於關於詩特莉」，『Aunt Stella 臺灣官灣』。https://auntstella.com/pages/%E9%97%9C%E6%96%BC%E8%A9%A9%E7%89%B9%E8%8E%89（查看日期：2021/9/5）

山梨県統計調査課
《国勢調査結果時系列データ》。http://www.pref.yamanashi.jp/toukei_2/HP/koku_jikeiretu.htm（查看日期：2021/8/18）

上海檔案資訊網
〈圖說南京路四大百貨公司〉http://www.archives.sh.cn/shjy/tssh/201212/t20121211_37487.html（查看日期：2015/05/24）

國家圖書館期刊文獻資訊網。期刊指南。https://tpl.ncl.edu.tw/NclService/journalguide（查看日期：2022/9/6）

川勝堅一
〈「高島屋十錢二十錢ストア」に就いて〉（東京：商工省商務局，不詳）。https://dl.ndl.go.jp/info:ndljp/pid/1905774?tocOpened=1（查看日期：2022/7/4）

財團法人中華經濟研究院
2012。〈由消費支出結構探討臺灣產業結構調整之趨勢與策略〉。101 年度國內外及中國大陸經濟研究及策略規劃工作項目一。https://www.moea.gov.tw/Mns/cord/content/wHandMenuFile.ashx?file_id=1956（查看日期：2022/8/17）

臺視影音文化資產
1972。「遠東百貨公司分公司揭幕 臺視影星觀禮 陳莎莉、華真真」，影片編號：

new0241445」。https://www.ttv.com.tw/news/tdcm/viewnews.asp?news=0241445（查看日期：2021/12/30）

1972。「人人百貨公司開幕」，影片編號：new0248074。https://www.ttv.com.tw/news/tdcm/viewnews.asp?news=0248074（查看日期：2021/12/30）

行政院文化建設委員會
2008。〈第二節 文化消費〉，《2008 文化統計》，頁 141-146。https://twinfo.ncl.edu.tw/tiqry/hypage.cgi?HYPAGE=search/merge_pdf.hpg&type=s&dtd_id=11&sysid=T1144382（查看日期：2022/8/17）

行政院主計總處
2002。〈我國家庭休閒、文化及教育平均消費支出〉，《105~109 年家庭收支調查報告》。https://stat.moc.gov.tw/ImportantPointer_LatestDownload.aspx?sqno=46（查看日期：2022/8/17）

2022。〈家庭主要設備普及率 - 年〉。https://reurl.cc/eODOZm（查看日期：2022/8/20）

李玉瑛
2005。〈Shopping 文化：逛街與百貨公司〉，發表於「去國‧汶化‧華文祭：2005 年華文文化研究會」2005/1/8-9 於交通大學由文化研究學會主辦。http://www.srcs.nctu.edu.tw/speech_pages/CSA2005/papers/0108_A3_2_Li.pdf（查看日期：2013/8/10）

林小昇之米克斯拼盤
〈流轉的日產專欄，盛進商行〉。http://linchunsheng.blogspot.com/2021/07/blog-post.html（查看日期：2022/7/14）

林廣茂，
2019。〈京城の五大百貨店の隆盛と、それを支えた大衆消費社会の検証〉。https://www.jkcf.or.jp/wordpress/wp-content/uploads/2019/11/05-03j_j.pdf（查看日期：2022/7/10）

周思含
2016。〈南京東路「券商第一街」傳奇：臺股百億富豪發跡地，「臺北華爾街」的流金歲月〉，《財訊雙週刊》第 496 期。https://www.thenewslens.com/article/36982（查看日期：2022/9/4）

徐旭東
2021。〈關於遠東人〉，《遠東人》。https://magazine.feg.com.tw/magazine/tw/about.aspx（查看日期：2022/7/16）

徐莉玲
2021。〈學學文創│創辦人徐莉玲：看見臺灣的「缺」—我們看見自己了嗎？〉，《dfun》。http://www.dfunmag.com.tw/see-the-lack-of-taiwan-have-we-see-ourselves/（查看日期：2021/7/19）

陳殷念慈口述、陳凌仙輯錄
2012。〈一位堅強母親的自畫像——陳殷念慈女士回憶錄〉。http://blog.udn.com/cty43115/6029655（查看日期：2013/8/11）

陳清河
2009。〈「臺灣地區電視產業歷史考察及文物史料調查研究」研究案（結案報告）〉。https://nccur.lib.nccu.edu.tw/bitstream/140.119/53744/1/98014.pdf（查看日期：2022/8/20）

蔣介石

1952。〈中華民國四十一年元旦告全國軍民同胞書〉，《總統蔣公思想言論總集 卷三十三 書告》。「財團法人中正文教基金會」。http://www.ccfd.org.tw/ccef001/index.php?option=com_content&view=article&id=372:0001-85&catid=231&Itemid=256（查看日期：2021/9/24）

蔡維友、胡麗麗

2014。〈民國小報的價值再發現——對《先施樂園日報》的多角度解讀〉，《今傳媒》12。http://media.people.com.cn/BIG5/n/2014/1205/c391183-26156196.html（查看日期：2022/7/25）

蔡坤憲

2021。〈能量守恆嗎？從作功看能量的轉換〉，《科學月刊》期618。https://www.scimonth.com.tw/archives/5224（查看日期：2022/8/21）

蕭容慧

1984。〈擁有自己的天空——女性主管嶄頭露角〉，《臺灣光華雜誌》。https://www.taiwanpanorama.com.tw/Articles/Details?Guid=021a2bb8-46d5-4c22-9e46-9f3fe1d9b079（查看日期：2022/9/6）

Perry, Dame & Co., Perry.

1919. "Dame & Co. Catalog Fall & Winter 1919-1920. No.72." N.Y.: Perry, Dame & Co. https://archive.org/details/newyorkstylesfal00perr/mode/2up?view=theater（查看日期：2022/6/22）

Sally

2020。〈愛馬仕包「配貨潛規則」大公開！想買包先花雙倍加購周邊，人氣BKC光有錢也買不到〉，『GirlStyle 臺灣女生日常』。https://reurl.cc/GE54eG（查看日期：2022/9/2）

U.S. Census Bureau

"North American Industry Classification System," http://www.census.gov/cgi-bin/sssd/naics/naicsrch?code=452111&search=2012%20NAICS%20Search（查看日期：2016/5/23）

The Whiteley London

"The Whiteley London：History." https://www.thewhiteleylondon.com/history（查看日期：2022/6/20）

UK SIC 2007

"UK Standard Industrial Classification of Economic Activities 2007," http://webarchive.nationalarchives.gov.uk/20160105160709/http://www.ons.gov.uk/ons/guide-method/classifications/current-standard-classifications/standard-industrial-classification/index.html（查看日期：2016/5/23）

國家圖書館出版品預行編目 (CIP) 資料

實用與娛樂、奢侈與消費：臺灣百貨公司文化的流變 / 李衣雲作 . -- 初版 . -- 新北市：左岸文化，
左岸文化事業有限公司出版：遠足文化事業股份有限公司發行, 2024.07
　　面；　公分
ISBN 978-626-7462-08-9（平裝）

1.CST: 百貨商店 2.CST: 文化研究 3.CST: 臺灣

498.5　　　　　　　　　　　　　　　　　　　　　　　　　　　113007326

特別聲明：
有關本書中的言論內容，不代表本公司／出版集團的立場及意見，由作者自行承擔文責

 黑體文化　　 讀者回函

實用與娛樂、奢侈與消費：臺灣百貨公司文化的流變

作者・李衣雲 | 責任編輯・涂育誠、施宏儒 | 美術設計・林宜賢 | 出版・左岸文化 第二編輯部
／左岸文化事業有限公司 | 總編輯・龍傑娣 | 發行・遠足文化事業股份有限公司（讀書共和國
出版集團）| 地址・23141 新北市新店區民權路 108 之 3 號 8 樓 | 電話・02-2218-1417 | 傳真・
02-2218-8057 | 客服專線・0800-221-029 | 客服信箱・service@bookrep.com.tw | 官方網站・http://
www.bookrep.com.tw | 法律顧問・華洋法律事務所・蘇文生律師 | 印刷・中原造像股份有限公司
| 初版・2024 年 7 月 | 定價・550 元 | ISBN・9786267462089 | EISBN・9786267462072（EPUB）・
9786267462065（PDF）|
版權所有・翻印必究 | 本書如有缺頁、破損、裝訂錯誤，請寄回更換